Íngrid Vendrell Ferran

Die Emotionen

Gefühle in der realistischen Phänomenologie

Philosophische Anthropologie Band 6

Herausgegeben von Hans-Peter Krüger und Gesa Lindemann

Was bisher Leben und Bewusstsein, Sprache und Geist genannt wurde, steht in den neuen biomedizinischen, soziokulturellen und kommunikationstechnologischen Verkörperungen zur Disposition. Diese neuen Sozio-Technologien führen zu einer tiefgreifenden anthropologischen Entsicherung, die eine offensive Erneuerung der Selbstbefragung des Menschen als vergesellschaftetes Individuum und als Spezies herausfordert.

Die philosophische Anthropologie reflektiert die Grenzen sowie die interdisziplinären Grenzübergänge zwischen den verschiedenen erfahrungswissenschaftlichen Disziplinen und ihren jeweiligen Anthropologien. Sie behandelt diese Grenzfragen philosophisch im Hinblick auf die Fraglichkeit der Lebensführung im Ganzen.

Diese Reihe ist ein Ort für die Publikation von Texten zur philosophischen Anthropologie. In ihr werden herausragende Monographien und Diskussionsbände zum Thema veröffentlicht.

Íngrid Vendrell Ferran

Die Emotionen

Gefühle in der realistischen Phänomenologie

Akademie Verlag

Gedruckt mit Unterstützung der FAZIT-STIFTUNG.

Abbildung auf dem Einband: Albrecht Dürer: Melancholia I

Bibliografische Information der Deutschen Nationalbibliothek
Die Deutsche Nationalbibliothek verzeichnet diese Publikation in der Deutschen Nationalbibliografie; detaillierte bibliografische Daten sind im Internet über http://dnb.d-nb.de abrufbar.

ISBN 978-3-05-004387-6

Das eingesetzte Papier ist alterungsbeständig nach DIN/ISO 9706.

Lektorat: Mischka Dammaschke
Satz: Veit Friemert, Berlin
Druck: MB Medienhaus Berlin
Bindung: Druckhaus „Thomas Müntzer", Bad Langensalza
Einbandgestaltung: Petra Florath, Berlin

Printed in the Federal Republic of Germany

Für Christoph N. Johanssen

Inhalt

Vorwort

Diese Arbeit wurde zwischen Februar 2004 und September 2006 an der Freien Universität Berlin geschrieben. Eine philosophische Arbeit zu schreiben, ist niemals eine rein individuelle Leistung. Daher möchte ich mich an dieser Stelle bei denen bedanken, die mich unterstützt haben. Meiner Doktormutter PD Dr. Hilge Landweer bin ich besonders zu Dank verpflichtet. Sie hat mit ihren Kenntnissen und Ratschlägen meine Arbeit und persönliche Entwicklung in den vergangenen Jahren vorangebracht. Mein besonderer Dank gilt auch Prof. Gunter Gebauer für seine wichtigen Anregungen und Anmerkungen zu meiner Arbeit. Die Idee, über die realistische Philosophie der Emotionen zu schreiben, entstand durch eine Vortragsreihe, die Prof. Kevin Mulligan zwischen Mai und Oktober 1999 an der Universitat de Barcelona über dieses Thema hielt. Er hat mir das Thema vorgeschlagen und mir dank seines guten Überblicks mit vielen Hinweisen bei der Literatursuche helfen können. Ohne die Kenntnisse, die ich aus den Gesprächen mit ihm über das Thema gewinnen konnte, wäre diese Arbeit nicht zustande gekommen. Jedes der Kapitel dieser Dissertation wurde zwischen 2004 und 2006 in den Kolloquien von PD Dr. Landweer und Prof. Gebauer vorgestellt und diskutiert. Auch für die zahlreichen Kommentare und Anregungen, die ich dabei von den Teilnehmern bekam, möchte ich mich bedanken. Den Herausgebern des Bandes, Prof. Hans-Peter Krüger und Prof. Gesa Lindemann, verdanke ich viele Verbesserungsvorschläge. Herrn Dr. Norbert Axel Richter möchte ich für das abschließende Lektorat danken. Er hat das ganze Buch gelesen und, wo nötig, verbessert. Mein Dank gilt auch Matthias Schloßberger – nicht nur für seine Freundschaft und die vielen philosophisch anregenden Gespräche, sondern auch, weil er sich darum bemüht hat, dass dieses Buch in der bestmöglichen Form erscheint. Meinen Eltern Miquel Vendrell Garcia und Montse Ferran Llopart kommt bei dieser Danksagung wegen ihres Vertrauens und ihrer Unterstützung während jener Jahre eine besondere Stelle zu. Christoph Johanssen hat jede Seite gelesen, sprachlich verbessert und inhaltlich mit mir diskutiert. Wegen seiner unterstützenden Art und des jahrelangen gemeinsamen Philosophierens, das mich entscheidend beruflich vorangebracht hat, widme ich ihm diese Arbeit. Zu Dank verpflichtet bin ich schließlich auch der Freien Universität Berlin, die mir den institutionellen Rahmen geboten und mit einem Stipendium nach dem Nachwuchsförderungsgesetz die Arbeit finanziert hat, und der FAZIT-Stiftung für einen Druckkostenzuschuss.

Vorwort

1. Einleitung

Gegenstand dieses Buches sind die Emotionen. Was sind Emotionen? Wie werden sie erlebt? Welche Hauptmerkmale haben sie? Welche Typen von Emotionen gibt es? Das sind die leitenden Fragen meiner Untersuchung. In ihrem Verlauf werde ich mich mit verschiedenen philosophischen Fragen der Ontologie, Epistemologie, Anthropologie und Ethik beschäftigen, denn die Emotionen sind – wie Ronald de Sousa treffend feststellt – eine Art philosophischer Radnabe, von der aus man leicht zu verschiedenen klassischen Themen der Philosophie gelangen kann.[1] Allerdings werde ich zunächst nicht von einer vorgegebenen, festen Definition oder Theorie der Emotionen ausgehen, sondern von unserer alltäglichen Erfahrung des Affektiven. Erst am Ende der Arbeit soll auf diesem Wege ein allgemeines, umfassendes und schlüssiges Bild der Emotionen erreicht werden.

Die Philosophie des Geistes beschäftigt sich seit ungefähr vier Jahrzehnten intensiv mit dem Thema der Emotionen, und diese Debatte hat eine umfangreiche Literatur hervorgebracht. Die wichtigsten Beiträge stammen von analytischen Philosophen wie Anthony Kenny, Ronald de Sousa, Robert Solomon, Jon Elster, Martha Nussbaum, Peter Goldie u.a. Vor dem Hintergrund einer derart starken Produktivität auf dem Gebiet der Gefühlsforschung entsteht zwangsläufig die Frage, was eine neue Arbeit über die Emotionen noch bieten kann. Ein Blick auf die aktuellen Beiträge zeigt jedoch, dass die verschiedenen philosophischen Positionen zu den Emotionen sich – sofern sie überhaupt philosophiegeschichtlich orientiert sind – auf Quellen wie die Scholastik, die Stoiker, Descartes, Hume, Sartre und Heidegger beziehen. Und damit werden die Untersuchungen einer Gruppe von Phänomenologen, die man als realistische, ontologische oder frühe Phänomenologen bezeichnet, bislang ignoriert. Diese Vernachlässigung ist umso erstaunlicher, als fast alle Kontroversen, Thesen und Argumente der heutigen Debatte bereits in den Debatten der Frühphänomenologen und in den Emotionstheorien der Wende des XIX. zum XX. Jahrhundert vorweggenommen worden sind und viele aktuelle Fragen der analytischen Philosophie auch in der Frühphänomenologie thematisiert worden sind: etwa die Verbindung der Emotionen mit den Werten, der emotionale Ausdruck, die Leiblichkeit und die Intentionalität und auch die Analyse einzelner Emotionen. Darüber hinaus übertreffen die in Vergessenheit geratenen phänomenologischen Analysen der Emotionen die heutigen Analysen oft deutlich an Erfahrungsnähe und Präzision, so dass sie die aktuelle Debatte

---

[1] R. de Sousa, *The Rationality of Emotion*, Cambridge, Mass. 1987, S. 1, 18.

bereichern könnten. Es ist der Sinn meiner Studie, einen Beitrag zur aktuellen analytischen Debatte über die Emotionen zu leisten, der sich auf jenen vergessenen Teil der Geschichte der Phänomenologie bezieht und eine systematische Antwort auf virulente Fragen der analytischen Debatte zu geben versucht. Dass ich mich auf die Traditionen der Frühphänomenologie und der analytischen Philosophie beschränkt habe, rührt daher, dass beide dieselben Fragestellungen teilen und dass es in beiden jeweils umfassende Theorien der Gefühle gibt, die in der späteren Entwicklung der Phänomenologie, etwa beim späteren Husserl, bei Heidegger, Sartre oder Merleau-Ponty keine Rolle mehr spielen. Eine Ausnahme bilden einige Thesen über die Emotionen in der sogenannten Neuen Phänomenologie, auf die ich mich dort bezogen habe, wo sie direkt an die Frühphänomenologie anschließen und sie weiterentwickeln.

Was ist die realistische Phänomenologie? Sie ist eine historische philosophische Strömung, zu der zunächst eine sehr heterogene Gruppe von Forschern gehörte. Ihren Ausgangspunkt findet sie in der Philosophie Franz Brentanos, aber als Bewegung organisiert sie sich in den ersten Dekaden des XX. Jahrhunderts um Alexander Pfänder in München und Edmund Husserl in Göttingen. Die Autoren und Autorinnen, die zu diesen Gruppen gehören und über die Emotionen forschen, sind Else Voigtländer, Willy Haas, Moritz Geiger, Max Scheler, Edith Stein, Gerda Walther, Aurel Kolnai und José Ortega y Gasset. All jenen Denkern ist eine methodologische Einstellung gemeinsam, die sie „eidetische Reduktion" nennen und die darin besteht, sich frei von theoretischen Konstrukten und im Hinblick auf die Erfahrung den Phänomenen so, wie sie gegeben sind, zu nähern. Die Perspektive des Erlebenden ist stets Ausgangspunkt der Untersuchung. Daneben arbeiten die Phänomenologen mit dem Brentano'schen Bild des Psychischen, dem zufolge sich die psychischen Akte immer auf etwas richten, also intentional sind.

Die Realisten erben von Brentano auch ein starkes Interesse an der Ethik. Auf Kants Frage „Was soll ich tun?" antworten sie mit einer im Grunde genommen anti-kantischen These: Das, was man tun soll, wird nicht durch Normen bestimmt, sondern durch affektive Akte, denn sie sind eben diejenigen Akte, die den Zugang zu den Werten ermöglichen, und fungieren gleichzeitig als Willensgründe. Die phänomenologische Ethik ist daher keine Normenethik, sondern eine Wertethik, die den Gefühlen große Bedeutung zuschreibt. Im Rahmen der ethischen Frage nach dem richtigen Handeln entwickeln die Realisten das Projekt einer phänomenologischen Untersuchung des Gefühlslebens. So untersucht Pfänder das Wollen, die Motivation und die Gesinnungen, Voigtländer die Selbstgefühle, Haas die unechten Gefühle, Geiger den ästhetischen Genuss und die Einfühlung, Scheler das Fühlen, das Ressentiment, die Demut, die Sympathie, das Leid, die Scham, die Reue, die Liebe und den Hass; Ortega y Gasset den emotionalen Ausdruck und die Liebe und Kolnai den Ekel, den Hochmut und den Hass. Die Grundthese zum Wesen der Emotionen, die all jene Autoren implizit vertreten und die aus ihren Texten abzuleiten ist, lautet, dass die Emotionen per se intentionale Akte sind, die sich auf Werte richten und gleichzeitig leiblich gefühlt werden. Intentionalität und Leiblichkeit sind laut den Frühphänomenologen die Wesensmerkmale der Emotionen.

Eine solche Grundthese scheint für die zeitgenössische Debatte hochaktuell, denn die analytischen Theorien der Emotionen sind seit ihren Ursprüngen in den 60er Jahren – als eine Art Gründungsurkunde der Debatte kann Anthony Kennys *Action, Emotion and Will* betrachtet werden – in ihrer Mehrzahl streng kognitivistischer Natur. Das heißt, dass sie die Emotionen als Akte verstehen, die entweder ihre Intentionalität von den Urteilen, auf denen sie fußen, ableiten (so die Theorien von Kenny, Taylor und der Mehrheit der analytischen Autoren der 80er Jahre) oder selbst Urteile, urteilsähnliche Phänomene oder Kombinationen von Urteilen und anderen Elementen sind (so die Theorien der Emotionen von Solomon, Nussbaum, Ben-ze'ev, Marks, Green). Diese Konzeption der Gefühle hat zu einer teils deutlichen Entfernung von der Perspektive des erlebenden Subjekts geführt. Konsequenz dieser Vernachlässigung der Perspektive der ersten Person ist, dass wesentliche Aspekte der Emotionen wie ihre spezifische Intentionalität und ihre Leiblichkeit kaum berücksichtigt wurden. Der Blickwinkel der analytischen Philosophie ist daher in Hinblick auf die Emotionen in weiten Teilen reduktionistisch. Demgegenüber hat sich allerdings in jüngerer Zeit eine neue Tendenz entwickelt. Besonders seit der Veröffentlichung von *The Emotions* von Peter Goldie wird in der analytischen Philosophie auch versucht, beide Aspekte – den intentionalen und den leiblichen – als für die Emotionen wesentlich zu bestimmen. Goldie etwa spricht von den Emotionen als „feelings towards", und in derselben Richtung haben andere Autoren wie Helm, Döring, Ratcliffe usw. Theorien entwickelt, in denen sowohl der kognitive als auch der leibliche Aspekt beachtet werden.

Obwohl diese Beiträge einen Versuch der Überwindung des herrschenden Kognitivismus in der analytischen Philosophie darstellen, bleiben sie meines Erachtens noch stark dem kognitivistischen Paradigma verhaftet. Es scheint mir daher geboten, sich den Emotionen aus einem Blickwinkel zu nähern, der nicht vom Kognitivismus geprägt ist. Insofern kann der Rekurs auf die frühphänomenologischen Ansätze gerade im Rahmen der gegenwärtigen Gefühlsforschung sinnvoll sein, denn die frühphänomenologischen Analysen der Gefühle, die von der Perspektive des Erlebenden ausgehen, erfassen in vielerlei Hinsicht die Emotionen sehr viel genauer und differenzierter als eine Tradition, die seit Dekaden in hohem Maße mit dem Versuch beschäftigt ist, die Emotionen auf andere Phänomene zu reduzieren. Die aktuelle analytische Debatte kann von den frühphänomenologischen Ansätzen stark profitieren, indem sie, die ja von denselben Fragestellungen beseelt ist, jenen anderen Blickwinkel, der sich als hochgradig produktiv erwiesen hat, berücksichtigt.[2] Das frühphänomenologische Verständnis der Emotionen als intentionale und leibliche Phänomene und die daraus sich ergebenden Thesen bieten einen guten Ausgangspunkt, um vor dem Hintergrund des heutigen analytischen Kontextes eine eigene Theorie der Gefühle zu entwickeln. Obwohl die realistischen Thesen und Ansatzpunkte als Inspirationsquelle dienen können, verlangen sie doch eine gründliche Herausarbeitung und Umformung in Richtung der neuesten Analysen in der analytischen Philosophie, wenn sie einen wirklichen Beitrag zur aktuellen Debatte leisten sollen. Eben dies ist das zentrale Anliegen meiner Arbeit: aus der Perspektive der aktuellen, von der analytischen

---

2 Meines Erachtens war der Frühphänomenologe Aurel Kolnai der Erste, der bemerkt hat, dass und wie die analytische Tradition von den frühphänomenologischen Gefühlskonzeptionen profitieren könnte. Vgl. Í. Vendrell Ferran, „Zwischen Phänomenologie und analytischer Philosophie: Aurel Kolnai", in: Accarino, Bruno/Schloßberger, Matthias (Hg.), *Expressivität und Stil. Helmuth Plessners Sinnes- und Ausdrucksphilosophie. Internationales Jahrbuch für Philosophische Anthropologie*, hg. v. B. Accarino/J. de Mul/H.-P. Krüger, Band 1, Berlin 2008, S. 285–295.

Philosophie im weitesten Sinne geprägten Debatte und mit Rücksicht auf ihre Thesen und Argumente eine eigene Konzeption der Emotionen zu entwickeln, die auf die frühphänomenologischen Thesen von Husserl, Pfänder, Scheler und deren Schülern zurückgreift.

Die vorliegende Arbeit versteht sich insofern als historischer und systematischer Beitrag zum Thema Emotion. Einerseits geht es nach Maßgabe dieses Themas um die Rekonstruktion der Grundzüge einer Theorie der Emotionen, die kaum Beachtung bekommen hat und dennoch von allergrößter Bedeutung für die heutige Debatte ist. Andererseits aber ist die Arbeit systematisch konzipiert, da die Kapitel nach den Themen und Problemfeldern geordnet sind, die die heutige Debatte bestimmen. Es ist der systematische Blickwinkel, der die Thesen der Frühphänomenologie in einen aktuellen Kontext zu platzieren und mit ihnen kritisch umzugehen erlaubt. An vielen Stellen werden frühphänomenologische Thesen auf Beiträge aktueller Autoren bezogen, weiterentwickelt und damit in die heutige Debatte eingebracht. Daher habe ich in jedem als systematisch konzipierten Kapitel zunächst die aktuellen Thesen zu einer bestimmten Thematik geschildert, danach die phänomenologischen Thesen zu derselben Frage dargestellt, die Parallelen gezeigt und dann, ausgehend von beiden, meine eigene argumentative Position entwickelt.

Ziel der Arbeit ist es, nicht nur einen zu Unrecht vernachlässigten Teil der Geschichte der Philosophie wieder bekannt zu machen, sondern auch mit einer eigenen Theorie einen systematischen Beitrag zur aktuellen Diskussion zu leisten. So ist die Arbeit auch als eine Art Dialog zwischen einem Teil der Geschichte der Phänomenologie und der aktuellen analytischen Philosophie zu verstehen. Wenngleich beide philosophischen Richtungen oft als Gegner im vermeintlichen Kampf einer kontinentalen gegen eine analytische Philosophie angesehen werden, teilen sie einen gemeinsamen historischen Ursprung und in bestimmter Hinsicht auch ein gemeinsames Verständnis der Philosophie.[3] Wie fruchtbar das Gespräch sein kann, zeigt sich bei der Untersuchung der Emotionen bestens.

Die Entwicklung einer solchen Konzeption der Gefühle ist auch unter dem Gesichtspunkt der philosophischen Anthropologie von Bedeutung. Zunächst, weil die historische Rekonstruktion der realistischen Phänomenologie der Emotionen Licht auf eine philosophische Periode wirft, in der die Grundsteine für die Begründung der philosophischen Anthropologie gelegt worden sind, was insbesondere an der weiteren Entwicklung von Schelers Anthropologie deutlich wird. Dennoch sind auch hier nicht nur historische Aspekte von Bedeutung. Was die Methode anbelangt, wird in meiner Arbeit die Aktualität der phänomenologischen Arbeitsweise als einer der Methoden der philosophischen Anthropologie deutlich. Was die Thematik angeht, sind Gefühle einer der wichtigsten Aspekte der menschlichen Struktur und der Art und Weise, in der der Mensch sich auf die Welt bezieht. Der Mensch ist immer von Gefühlen betroffen und sie sind für seine Orientierung mit maßgeblich. Gefühle bilden den Kern der personalen Identität und erschließen Gebiete der Realität, die uns sonst verborgen bleiben würden.

Eine solche Studie trifft auf einige Schwierigkeiten. Eine erste besteht darin, an die Texte vieler der genannten Autoren heranzukommen. Die realistischen Phänomenologen, die sich mit den Emotionen beschäftigen, sind oft kaum bekannt; viele Texte wurden

---

[3] G. Soldati, „Frühe Phänomenologie und die Ursprünge der analytischen Philosophie", in: *Zeitschrift für philosophische Forschung,* 54 (2000), 3, S. 313–340.

nicht rezipiert, andere sind fast verloren gegangen. Eine zweite Schwierigkeit besteht darin, den Kreis der relevanten Autoren einzugrenzen. Die realistischen Phänomenologen waren keine homogene Gruppe von Philosophen, sondern eine Gruppe von unabhängigen Forschern mit unterschiedlichen Hintergründen und Interessen. Diese Forscher kamen aus vielen verschiedenen Ländern wie Polen, Tschechien, Ungarn, Österreich, Spanien und Deutschland und haben hauptsächlich auf Deutsch geschrieben, aber auch auf Englisch, Ungarisch und Spanisch. Sie gehörten prinzipiell zu zwei verschiedenen phänomenologischen Kreisen: dem Göttinger Kreis und dem Münchener Kreis. Allerdings gibt es Autoren wie Aurel Kolnai und José Ortega y Gasset, die zu keiner jener Gruppen gehören und gleichwohl zur realistischen Phänomenologie gezählt werden können. Die Philosophen des Münchener Kreises waren stark von Theodor Lipps und der entstehenden Psychologie beeinflusst, so dass die Zuordnung der Autoren zu einer bestimmten Disziplin manchmal problematisch ist. Die dritte Schwierigkeit hat damit zu tun, dass *die* realistische Phänomenologie der Emotionen als eine fertige und einheitliche Theorie nicht existierte – vielmehr gab es viele Autoren mit vielen verschiedenen Thesen, die gleichwohl *einer* philosophischen Einstellung entstammten. Von den genannten Autoren entwickeln nur Alexander Pfänder und Max Scheler eine eigene Phänomenologie der Gefühle, die anderen bemühen sich um genaue Untersuchungen konkreter emotionaler Phänomene. Und obwohl es hinter all den Analysen ein implizites, gemeinsames Verständnis der Emotionen und ein gemeinsames Anliegen gibt, das den Hintergrund der Forschung bildet und darin besteht, die ethische Rolle der Emotionen und der Gefühle ans Licht zu bringen, vertreten die Autoren manchmal durchaus einander entgegengesetzte Thesen. Wir haben es insofern einerseits mit einem gemeinsamen Projekt zu tun, andererseits mit vielen Forschern und verschiedenen Richtungen und Thesen. Eine solche Ausgangslage birgt zunächst die Gefahr, sich in den Streitigkeiten zwischen einzelnen Autoren zu verlieren und sich zu sehr auf die historischen Auseinandersetzungen zu konzentrieren; oder aber sich auf einen einzigen Autor zu konzentrieren und die anderen zu vernachlässigen; oder auch sich in der Rekonstruktion einer philosophischen Bewegung zu verlieren, ohne aktuellen Bezug und ohne aktuelle Relevanz. Auch um solchen Gefahren zu entkommen, habe ich mich für eine in erster Linie systematische Darstellung entschieden. So wird der Leser zwar einen Einblick in eine bestimmte philosophische Periode bekommen, im Mittelpunkt steht aber die Herausarbeitung und Wiederbelebung der zentralen realistischen Thesen für die aktuelle Debatte.

Die Struktur der Arbeit ist folgende: Im Kapitel „Kontextualisierung der realistischen Phänomenologie der Emotionen" wird die Bedeutung der frühphänomenologischen Gefühlskonzeptionen für die aktuelle Debatte aufgezeigt. Im ersten Unterkapitel stelle ich die zeitgenössische Literatur der Emotionen dar und zeichne eine Art Landkarte, auf der die zentralen Positionen in der zum Teil sehr verästelten und manchmal etwas unübersichtlichen aktuellen Debatte eingetragen sind, vor deren Hintergrund der vorliegende eigene Betrag zu verstehen ist. Hierbei wird deutlich, dass die aktuelle Debatte von kognitivistischen Theorien dominiert wird, die leibliche zugunsten von kognitiven Aspekten der Emotionen vernachlässigen. Nach einer Dekade der Kritik an allzu streng kognitivistischen Ansätzen versuchen allerdings seit kurzem einige Autoren, die leiblichen Aspekte ebenfalls zu berücksichtigen. In diesem Rahmen einer erfahrungsangemessenen Theorie der Emotionen ist der Beitrag des Buchs zu verstehen. In einem zweiten Unterkapitel untersuche ich den Kontext, in dem die Frühphänomenologie entsteht, und wende meine Aufmerksamkeit den Emotionstheorien der Wende des XIX. zum XX. Jahrhundert zu. In jener Periode, und ganz im Gegensatz zu heute, sind gerade die qualitativen Theorien der Emotionen dominant und der Kognitivismus beginnt erst, sich zu entwickeln. Mit der Absicht, die historische Wende zu verstehen und den Kontext der Realisten darzustellen, wende ich mich den drei einflussreichsten Theorien der Emotionen des XIX. und frühen XX. Jahrhunderts zu: der sensualistischen Lehre von James und Lange, der Inhaltspsychologie von Wundt und der Aktpsychologie Brentanos. Die kritische Darstellung der heutigen Debatte und des Kontextes, in dem sich die Frühphänomenologie herausbildet, dient gleichsam als Propädeutik meiner Darstellung der Frühphänomenologie und ihrer Bedeutung für die heutigen Gefühlstheorien. Das dritte Unterkapitel stellt die realistische Phänomenologie als philosophische Strömung sowie ihre Hauptthesen zur Methode, zum Bild des Psychischen und zur ethischen Rolle der Emotionen dar. Ziel ist es, die Bedeutung einer Wiederbelebung und Weiterentwicklung der frühphänomenologischen Thesen über Emotionen für die heutige Debatte zu zeigen. Das Kapitel endet mit der Darstellung der methodologischen Richtung meiner Arbeit, die zum Teil an die Frühphänomenologie anschließt, da der Ausgangspunkt der Studie keine feste Theorie ist, die bewiesen werden soll, sondern die Frage danach, was Emotionen sind. Im Mittelpunkt stehen die Perspektive der ersten Person und das Erleben der Emotionen. Das bedeutet eine Verpflichtung auf die Erfahrung und eine Haltung der Offenheit, damit unterschiedliche Aspekte der menschlichen Struktur ans Licht kommen.

Im Kapitel „Die Gegebenheit der Emotionen: Realität und Schein“ werden die unterschiedlichen Formen untersucht, in denen die Emotionen in der Erfahrung gegeben sind. Kern des Kapitels ist die Frage danach, was eine reale Emotion ist. Obgleich diese Frage von einigen analytischen Philosophen behandelt worden ist, entwickle ich eine eigene Position im Ausgang vom Realitätsbegriff der Frühphänomenologie. Reale Emotionen werden durch eine Reihe von Kriterien bestimmt: Sie haben eine kognitive Basis, können nicht nach Herzenslust ausgeschaltet werden, werden leiblich gefühlt, beeinflussen Denken und Wollen und richten sich auf Objekte in der Welt. Ausgehend von jenen Kriterien untersuche ich die Möglichkeit von Täuschungen. Der interessanteste Fall ist dabei die Einbildung einer Emotion selbst – ein Phänomen, das ich als „Scheinemotion“ bezeichne und als das imaginative Pendant und falsche Duplikat der realen Emotionen verstehe. Verbunden mit der Frage nach Realität und Schein der Emotionen ist die Frage nach der Echtheit und Unechtheit der Emotionen, die in der analytischen Debatte heute sehr präsent ist. Auch hier versuche ich, die heutige Diskussion mit Hilfe einiger frühphänomenologischer Thesen weiterzuentwickeln, da in der analytischen Philosophie oft die Frage nach der Echtheit mit der Frage nach der Realität verwechselt wird und ich beide Phänomene streng unterscheide. In vorliegender Arbeit wird als Kriterium für die Echtheit der Gefühle das eigenleibliche Erleben des Subjekts genommen. In diesem Zusammenhang untersuche ich auch Emotionen, die sich auf Fiktionen beziehen. Das Kapitel endet mit einer Untersuchung der Gegebenheit der Emotionen im Bewusstsein. Gegenüber dem heutigen Sprachgebrauch, der den Terminus Emotion bloß für bewusste Zustände anwendet, vertrete ich die These, dass es unterbewusste Emotionen gibt, die streng von den unbewussten Emotionen der Psychoanalyse und den emotionalen Dispositionen der analytischen Philosophie zu trennen sind. In jedem Abschnitt versuche ich jedoch gleichzeitig, die realistischen Thesen in eine Verbindung zu aktuellen Beiträgen aus der analytischen Philosophie zu bringen und mögliche Brücken zwischen beiden philosophischen Strömungen aufzuzeigen, da beide Traditionen oft von derselben Fragestellung ausgehen und ähnliche Positionen entwickeln.

Im Kapitel „Die Ursprünglichkeit der Emotionen" zeige ich das Spezifische des Phänomens Emotion gegenüber ähnlichen Phänomenen auf. In der aktuellen Debatte gibt es drei Haupttendenzen bei der Erklärung der Emotionen: Entweder werden die Emotionen auf andere Phänomene zurückgeführt – insbesondere auf Urteile und Wahrnehmungen; oder sie werden als Kompositum von verschiedenen Phänomenen verstanden – etwa von Urteilen und Wünschen und Empfindungen; oder sie werden als ein irreduzibles Phänomen behandelt. In diesem Kapitel argumentiere ich für letztere These. Bei der Abgrenzung der Emotionen von anderen Phänomenen arbeite ich die Wesensmerkmale der Emotionen heraus, um damit eine erste Bestimmung des Phänomens zu leisten. Dabei werden auch die Beziehungen, in denen die Emotionen zu jedem der anderen Phänomene stehen, aufgedeckt und erklärt. Insbesondere untersuche ich die Verbindung zwischen den Emotionen und Körperempfindungen, Gefühlsempfindungen (rein körperlicher Lust und Schmerz), Wahrnehmungen, Urteilen, Werturteilen, Phantasien, Wünschen, Willensakten, Stimmungen, Dispositionen und Charakterzügen sowie die Frage, inwiefern die Emotionen eine besondere Sorte von Gefühlen sind, denn in meiner Arbeit wird zwischen Gefühlen und Emotionen unterschieden. Emotionen sind – so die These – leibliche Intentionen, die sich wesentlich auf Werte richten. Als Gefühl dagegen wird in meiner Arbeit jedes Betroffensein bezeichnet, so dass Emotionen eine besondere Klasse von Gefühlen sind. Im letzten Abschnitt zeige ich die Unmöglichkeit, die Emotionen auf eines der genannten anderen Phänomene zurückzuführen, obwohl erstere mit letzteren zusammen auftreten können. Nachdem sich bei der ersten Bestimmung der Emotionen gezeigt hat, dass sie sich durch Leiblichkeit und Intentionalität auszeichnen, werden in den folgenden Kapiteln beide Momente untersucht.

Das fünfte Kapitel widmet sich der „Emotionalen Leiblichkeit und dem körperlichen Ausdruck". Der Begriff der Leiblichkeit als eines konstitutiven Moments der Emotionen muss erarbeitet werden. Daher wird zunächst eine Abgrenzung der Leiblichkeit von anderen Phänomenen vorgenommen, die mit physiologischen Veränderungen und Verhalten zu tun haben, ohne jedoch leiblich in einem strengen Sinne zu sein. In diesem Rahmen wende ich mich dem Leibbegriff der Frühphänomenologie zu und versuche, ihn in Richtung der Neuen Phänomenologie von Hermann Schmitz und Hilge Landweer umzuarbeiten. Die Umarbeitung ist wichtig, weil es ohne einen angemessenen Begriff des Leibes schwer zu verstehen ist, inwiefern Leiblichkeit ein wesentliches Moment der Emotionen sein soll. Die These lautet, dass jede Emotion auf eine besondere, einzigartige, eindeutige und charakteristische Weise leiblich gefühlt wird. Nach einer Untersuchung der Leiblichkeit wende ich mein Augenmerk dem emotionalen Ausdruck zu, d.h. der Frage, worin er besteht und was sein Verhältnis zu den Emotionen ausmacht. Sodann werden zwei Fragen aus einer phänomenologischen Perspektive behandelt, die auch in aktuellen Debatten eine Rolle spielen: die Frage, ob der emotionale Ausdruck universell oder angelernt ist, und die andere Frage, ob der emotionale Ausdruck zweckmäßig oder außerzweckmäßig ist. Die darwinistische These, dass der emotionale Ausdruck wegen eines mutmaßlichen Zweckes entstanden sei, wird widerlegt, und es wird gezeigt, dass der emotionale Ausdruck vom realistischen Standpunkt aus aufgrund seiner wesentlichen Verbundenheit mit der Emotion außerzweckmäßig ist (was nicht bedeutet, dass der emotionale Ausdruck den vitalen Zwecken entgegensteht).

Thema des sechsten Kapitels sind die „Intentionalität der Emotionen, das Fühlen und die Werte". Hier untersuche ich das andere wesentliche Merkmal der Emotionen, nämlich die Intentionalität. Zunächst wende ich meine Aufmerksamkeit dem intentionalen Objekt zu. Im ersten Abschnitt untersuche ich die kognitive Basis der Emotionen. Hier interessiere ich mich für die Frage, wie die Objekte uns gegeben sind, auf die sich die Emotionen richten. Die Mehrheit der aktuellen Theorien von Kenny bis Solomon, Nussbaum und Greenspan vertritt die Auffassung, dass die Emotionen ausschließlich auf Urteilen gründen. Dagegen mache ich mich für eine andere Position stark, nach der als kognitive Basis der Emotionen nicht nur Urteile, sondern auch Annahmen, Erinnerungen, Wahrnehmungen, Vorstellungen und andere Akte fungieren können. Solch alternative Position wird heutzutage von Mulligan, Goldie, Stocker und anderen Autoren vertreten, jedoch wurde sie auch schon von den realistischen Phänomenologen entwickelt. Im zweiten Unterkapitel untersuche ich dann verschiedene Möglichkeiten, die Intentionalität der Emotionen zu verstehen: in einem starken Sinne als Erfassung eines Gegenständlichen, oder in einem schwachen Sinne – den ich vertrete – als Objektgerichtetheit. Wichtig ist hier zu zeigen, dass die Emotionen per se intentionale Akte sind, die sich auf Werte richten, und ihre Intentionalität daher nicht von den Urteilen geborgt sein kann. In diesem Rahmen stellt sich die Frage nach den Werten als den formalen Objekten der Emotionen. Verschiedene Positionen der Verbindung zwischen Emotionen und Werten in der aktuellen Literatur werden untersucht: emotivistische Theorien, dispositionale Wertkonzeptionen, Konstitutionstheorien und wertrealistische Konzeptionen. Eben für letztere argumentiere ich. Danach untersuche ich die grundlegende Frage, ob Fühlen ein Gefühl ist, oder – wie ich darlegen werde – ob es sich hier um zwei verschiedene Phänomene handelt. Das ist zugleich die besagte Frage danach, ob die Emotionen intentional in einem starken Sinne sind, das heißt, ob sie die Werte, die sie intendieren, erfassen, oder ob sie auf diese Werte gerichtet sind, obgleich sie sie nicht selbst erfassen. Die Frage wird sowohl von ihren historischen Wurzeln her als auch hinsichtlich ihrer argumentativen Plausibilität untersucht. Als Vertreter der ersten Möglichkeit sind Husserl, Meinong, Stein und Kolnai zu nennen. In der aktuellen Debatte hat Christine Tappolet eine „épistémologie expérientialiste" entwickelt, in der eben jene These vertreten wird, die Emotionen seien ein Fühlen von Werten, ein Wertfühlen. In der anderen Richtung gibt es Geiger und Scheler, denen zufolge die Emotionen bloße Antwortreaktionen sind, während das Fühlen für die Erfassung der Werte verantwortlich ist. Als gegenwärtigen Vertreter einer solchen Position finden wir in direktem Anschluss an Scheler Kevin Mulligan. Nachdem ich beide Positionen untersucht habe, lege ich die Gründe dar, die meines Erachtens für den zweiten Ansatz sprechen. Allerdings unterscheide ich hier zwischen verschiedenen Arten von Emotionen.

Die Untersuchung führt dann zu der Frage, wie unser Zugang zur Welt emotionaler Natur sein kann. Die vertretene These lautet, dass unsere affektiven Haltungen als Kern unserer Persönlichkeit unser Interessenehmen an der Welt bedingen und daher fundamentaler als das Erkennen und Wollen sind. Diese Thematik führt schließlich zu einigen ethischen Fragen hinsichtlich der Gefühle. Ob es richtige und falsche Emotionen gibt, ob von irrationalen Emotionen die Rede sein kann und inwiefern eine Ethik auf dem Fühlen und den Emotionen aufgebaut werden kann – das sind die Hauptfragen, die ich anhand phänomenologischer Thesen behandele.

Im siebten Kapitel „Emotionale Phänomene" nehme ich konkrete Analysen einzelner Emotionen vor. Die einzelnen Untersuchungen der Emotionen bei den realistischen Phänomenologen werden hier zusammengefasst und kritisch dargestellt. Dabei werden einerseits die verschiedenen entwickelten Thesen mit konkreten Beispielen illustriert, andererseits wird die Aktualität einiger dieser Analysen gezeigt, indem ich die realistischen Thesen mit analytischen Thesen über dieselben emotionalen Phänomene in Verbindung bringe. Die konkreten Analysen emotionaler Phänomene betreffen Ressentiment, Scham, Ekel, Reue, Hochmut, Demut, Liebe und Hass.

Die Struktur des Buchs spiegelt die methodologische Strategie einer phänomenologischen Untersuchung der Emotionen wider. Zunächst gibt es eine kritische Darstellung anderer Theorien der Emotionen, die dazu dient, den eigenen Beitrag dieser Arbeit in seinem Kontext zu platzieren. Danach wird die Gegebenheitsweise der Emotionen untersucht. Mit Blick auf die Erfahrung wird dann eine negative Abgrenzung der Emotionen von ähnlichen Phänomenen vorgenommen, die die Wesensmerkmale der Emotionen hervorhebt. Daran anschließend stehen Leiblichkeit und Intentionalität im Mittelpunkt der Untersuchung, und das Buch endet mit einem Einblick in Einzelanalysen der Emotionen in der Frühphänomenologie, wobei die Parallelität dieser Analysen zu Beiträgen der heutigen Debatte erneut deutlich wird. Am Ende soll der Leser nicht nur einen Einblick in die historische Strömung der Frühphänomenologie und ihre Analyse der Emotionen bekommen haben, sondern auch eine Bestimmung der Emotionen aus einer neuen Perspektive.

Den roten Faden der Arbeit bildet die These, dass sich die Emotionen gleichzeitig durch Leiblichkeit und Intentionalität auszeichnen. Leiblichkeit und Intentionalität sind zwei Aspekte desselben Phänomens Emotion, die nur analytisch zu trennen sind, für das erfahrende Subjekt jedoch als Einheit gegeben sind. Die Leiblichkeit bedeutet, dass die Emotionen in einer bestimmten, für sie charakteristischen Weise gefühlt werden. Jede Emotion wird in dieser Hinsicht von einer bestimmten leiblichen Tonalität geprägt. Mit Intentionalität wird die Tatsache bezeichnet, dass die Emotionen nicht eine von den Urteilen geliehene Intentionalität haben, sondern per se intentionale Akte besonderer Art sind, die sich wesentlich auf Werte richten. Eben eine solche Definition der Emotionen kann in der heutigen vom Kognitivismus geprägten analytischen Debatte fruchtbar sein, da mit ihr versucht wird, die Perspektive des Erlebenden in den Mittelpunkt zu stellen und die grundlegenden Aspekte der Emotionen nicht aus den Augen zu verlieren. In diesem Sinne soll die Arbeit dazu beitragen, neue Ausblicke für die heutige Philosophie zu gewinnen, die nicht von der Erfahrung abgelöst sind. Die Gefühle sind eines der philosophischen Themen, die uns als Menschen am nächsten stehen, und die Rückbindung an die Erfahrung ist daher für eine Theorie der Gefühle von besonderer Bedeutung.

2. Kontextualisierung der realistischen Phänomenologie der Emotionen

Dieses Kapitel zielt darauf ab, einen Einblick in die aktuelle Debatte über die Emotionen zu geben, ihre historischen Ursprünge aufzudecken und die realistische Phänomenologie darzustellen. Zunächst erfolgt eine Nachzeichnung der aktuellen Debatte über die Emotionen in Theorien des Fühlens und kognitivistischen Theorien. Danach richtet sich die Aufmerksamkeit auf die Theorien des XIX. Jahrhunderts, die den Rahmen bilden, in dem die Frühphänomenologie entsteht. Sodann werden methodologische und inhaltliche Hauptthesen der realistischen Phänomenologie dargestellt, die der Ausgangspunkt für einen eigenen Beitrag über die Emotionen als leibliche Intentionen sind. Das Kapitel endet mit einigen Überlegungen über die phänomenologische Methode, wie sie in dieser Arbeit angewendet wird.

2.1. Die aktuelle Debatte: Theorien des Fühlens und kognitivistische Theorien

Die vorliegende Studie versucht, einige frühphänomenologische Thesen über die Emotionen für die aktuelle Debatte wiederzugewinnen und argumentativ stark zu machen. In dieser Absicht wird zunächst eine kurze Revision der aktuellen Literatur und ihrer historischen Ursprünge vorgenommen. Die heutige Literatur über die Emotionen ist umfangreich und vielfältig. In gewisser Hinsicht sind dabei die Beiträge von de Sousa, Solomon, Nussbaum, Ben-ze'ev und vielen anderen jeweils als einzigartig zu verstehen, so dass der Versuch einer schematischen Subsumierung dieser Theorien in Gruppen das Risiko einer zu starken Vereinfachung in sich birgt. Vor solchem Hintergrund aber scheint es am Anfang der Untersuchung sinnvoll zu sein, eine Art Landkarte der unübersichtlichen und zum Teil verästelten gegenwärtigen Debatte zu zeichnen, wenn der Ort des eigenen Beitrags in der heutigen Diskussion bestimmt werden soll.

In den achtziger und neunziger Jahren des XX. Jahrhunderts wurde besonders im angelsächsischen Raum versucht, die Theorien der Emotionen in zwei große Gruppen zu unterteilen: Theorien des Fühlens einerseits und kognitivistische Theorien andererseits.[1] Diese Unterteilung präsentierte sich als ein Entweder-oder-Paradigma, in dem jede Theo-

---

[1] P. Griffiths, *What Emotions really are,* Chicago 1998, S. 3.

rie der Emotion zu verorten war. Die Mehrheit der Theorien war kognitivistischer Natur, versuchte die Verbindung der Emotionen mit Denkakten hervorzuheben und „vergaß" dabei den leiblich-qualitativen Aspekt des Emotionalen. Demgegenüber machten einige Autoren geltend, dass keine Annäherung an die Emotionen gelingen könne, wenn das Leibliche vergessen werde. Diese Berücksichtigung des Leiblichen hat dazu geführt, dass die jüngeren Theorien der letzten Jahre versuchen, die Polarisierung hinter sich zu lassen und sowohl kognitive als auch leibliche Aspekte zu berücksichtigen. Es gibt seit einigen Jahren eine im Moment noch schwache, aber an Einfluss gewinnende Tendenz, Theorien des Fühlens und kognitivistische Theorien nicht mehr als absolute Gegenpole zu betrachten, sondern als jeweils auf einen Aspekt konzentrierte Anschauungsweisen, die sich idealerweise verbinden lassen. Im Folgenden soll ein konkretes Verständnis der Theorien des Fühlens und der kognitivistischen Theorien gewonnen werden. Was ist der Kern der zwei verschiedenen Positionen?

A. Die Theorien des Fühlens – im Englischen „feeling theories" – verstehen die Emotionen als eine besondere Sorte von Erlebnissen, die sich durch gefühlte Qualitäten charakterisieren lassen. Zwei Merkmale kennzeichnen grosso modo die Emotionen nach diesem Verständnis: Emotionen sind bewusste Erfahrungen und ihnen ist ein qualitativer Aspekt wesentlich. Die gefühlten Qualitäten fungieren nach diesen Theorien als Unterscheidungsmerkmal der Emotionen voneinander, sie sind das Principium individuationis der Emotionen. Ursprünglich geht diese Theorie auf Descartes' Auffassung der Emotionen als Wahrnehmungen zurück. Die cartesianische Definition der Emotionen als „perceptions qu'on rapporte seulement à l'âme"[2] bildet den *noude vital* dieser Theorien und übernimmt seit ihrer Formulierung eine dominierende Stellung in der Philosophie der Emotionen bis zum Anfang des XX. Jahrhunderts.

Die bekannteste Theorie der Emotionen zu Beginn des XX. Jahrhunderts ist die von William James und Karl Lange, der zufolge die Emotionen Wahrnehmungen von körperlichen Änderungen sind; diese Theorie ist eine Variante der cartesianischen Tradition. Unter den heutigen Autoren gibt es einige, die das Qualitative in ihrer Definition der Emotionen als zentral und gegenüber kognitivistischen Aspekten vorrangig betrachten. Michael Stocker ist einer der ersten jüngeren Autoren, die sich für die Berücksichtigung solchen qualitativen Fühlens engagiert haben, und fasst Emotionen als „psychic feelings" auf.[3] Hilge Landweer ihrerseits begreift dieses qualitative Fühlen der Emotionen als eine leibliche Erfahrung, die als Widerfahrnis auftritt, und versucht, diese Erfahrung mittels des Leibbegriffs der Neuen Phänomenologie von Hermann Schmitz genauer herauszuarbeiten.[4] Jesse Prinz gelangt zu einer Definition der Emotionen, die derjenigen von James und Lange am ähnlichsten ist und der zufolge die Emotionen eine Form von Wahrnehmung sind, so dass wir Änderungen im Organismus und der Umgebung gewahr werden, indem wir

---

2 R. Descartes, *Die Leidenschaften der Seele,* Art. 27–29, Hamburg 1984, S. 47. Wobei Descartes auch die Tatsache anerkennt, dass die Emotionen eine kognitive Basis haben.

3 M. Stocker, „Emotional Thoughts", in: *American Philosophical Quarterly* 24 (1987) 1, S. 59–69.

4 H. Landweer, „Phänomenologie und die Grenzen des Kognitivismus", in: *Deutsche Zeitschrift für Philosophie* 52 (2004) 2, S. 467–486.

körperliche Zustände beachten.[5] Allerdings wird heutzutage selten das Qualitative als das einzige definitorische Merkmal der Emotionen verstanden. Eher gilt die Hervorhebung des qualitativen Aspekts als Kontrapunkt und Inspirationsquelle gegen die in den 80er und 90er Jahren vorherrschende kognitivistische Auffassung des Emotionalen.

B. Die kognitivistischen Theorien – auch „propositional attitude theories" genannt – versuchen dagegen, einen Aspekt des Denkens – insbesondere das Urteilen – als für das Verständnis der Emotionen zentral aufzuweisen. Dieser Denkaspekt sei es auch, der es ermögliche, eine Emotion von einer anderen zu unterscheiden.[6] Der historische Ursprung dieser theoretischen Richtung ist bei Hume festzumachen[7] und sie hat allmählich eine dominierende Rolle im Bereich der Emotionstheorien übernommen. In der Tat kann die Mehrzahl der heutigen Ansätze als kognitivistisch in einem solchen sehr allgemeinen Sinne bezeichnet werden. Allerdings verstehen nicht alle kognitivistischen Theorien den Aspekt des Denkens für die Emotionen in derselben Hinsicht als wesentlich. Die Rolle des Denkens kann sehr verschiedenartig verstanden werden, so dass hier von Varianten gesprochen werden kann.

B.1. Eine *schwache Variante* des Kognitivismus versteht das Denken als Grundlage der Emotionen. Nach dieser Version benötigen die Emotionen eine kognitive Basis, um stattzufinden. Das Denken ist hier die ermöglichende Grundbedingung der Emotionen, die Emotionen selbst aber sind nach dieser Fassung von den Denkakten dennoch deutlich zu unterscheiden. Die schwache Variante präsentiert sich in zwei Formen.

a. Eine *nicht reduktive Form*[8] behauptet, dass die Basis der Emotionen Kognitionen seien. Ohne Urteile, Annahmen, Wahrnehmungen, Phantasien, Erinnerungen usw., die als kognitive Grundlagen fungieren, seien Emotionen nicht möglich. Diese These wird von den realistischen Phänomenologen – u.a. Alexander Pfänder und Edith Stein – vertreten. Heutzutage ist die These in den Beiträgen Michael Stockers[9], Kevin Mulligans[10] und Peter Goldies[11] zu finden, obgleich sie keine dominierende Rolle in den aktuellen Theorien der Emotionen spielt. In Kap. 6 dieser Arbeit mache ich selbst eine solche Position stark und liefere Argumente dafür.

b. Die *reduktive Form* der schwachen Variante des Kognitivismus vertritt die These, dass nur die Urteile und urteilsähnlichen Phänomene (Annahmen, Glaubenssätze usw.) als kognitive Basis der Emotionen zu betrachten seien. Philosophiegeschichtlich ist diese These bei Hume, Brentano und Stumpf zu finden, die behaupten, dass die Emotionen immer in Urteilen gründen. Solange die philosophische Debatte über die Emotionen von den Theorien des Fühlens dominiert war, wurde diese Ansicht kaum beachtet. Mit

---

[5] J. Prinz, *Good Reactions. A perceptual Theory of Emotion*, New York 2004.

[6] W. Lyons, *Emotion*, Cambridge 1980, S. 33.

[7] M. Frank, *Selbstgefühl. Eine historisch-systematische Erkundung*, Frankfurt/M. 2002, S. 20.

[8] Ich übernehme hier von Jan Slaby eingeführte Termini, benutze diese Ausdrücke jedoch in einem anderen Sinn. Vgl. J. Slaby, „Nicht-reduktiver Kognitivismus als Theorie der Emotionen", in: *Handlung, Kultur und Interpretation. Zeitschrift für Sozial- und Kulturwissenschaften* 13 (2004) 1, S. 50–85.

[9] M. Stocker, „Emotional Thoughts", a.a.O.

[10] K. Mulligan, „From Appropriate Emotions to Values", in: *The Monist* 81 (1998) 1, S. 168.

[11] P. Goldie, *The Emotions*, Oxford 2002.

der Veröffentlichung von Anthony Kennys Buch *Action, Emotion and Will*[12] und dem Aufschwung des Kognitivismus in den 60er Jahren wurde diese These jedoch dominant und viele analytische Philosophen (Gabrielle Taylor u.a.) gehen in ihren Studien von ihr aus.

B.2. Eine *starke Variante des Kognitivismus* besagt, dass die Emotionen eine kognitive Funktion haben: Emotionen vermitteln Information über die Welt. Die Denkaspekte sind in der starken Variante den Emotionen wesentlich, weil die Emotionen selbst sich *wie* Denkakte verhalten. Es gibt zwei Möglichkeiten, dies zu verstehen, so dass von zwei Formen der starken Variante des Kognitivismus gesprochen werden kann.

a. Eine *nicht reduktive Form* behauptet, dass die Emotionen – genau wie Denkakte – eine kognitive Funktion haben, allerdings nicht auf Kognitionen zu reduzieren sind. Diese These wurde in der Geschichte der Philosophie von Alexius von Meinong und einigen Phänomenologen wie Aurel Kolnai und Edith Stein vertreten. Zu den heutigen Vertretern sind Ronald de Sousa[13] und Christine Tappolet[14] zu rechnen. Beide Autoren behaupten, dass die Emotionen Werte erschließen.

b. Nach der *reduktiven Form* erfüllen die Emotionen eine kognitive Funktion, weil sie einfach Kognitionen *sind*. Emotionen selbst werden hier auf Denkakte – insbesondere auf Urteile, Werturteile und Wahrnehmungen – oder auf Kombinationen von Denkakten und anderen Phänomenen zurückgeführt. Zu dieser Gruppe gehört die Auffassung Robert Solomons von Emotionen als Urteilen[15], Martha Nussbaums Definition der Emotionen als Evaluationen oder Werturteile[16], die „Belief-Desire"-Theorie der Emotionen von Joel Marks[17] und O. Harvey Green[18], nach der die Emotionen Kombinationen von Urteilen und Wünschen sind, sowie die von Aaron Ben-ze'ev vertretene „Mehrkomponententheorie", nach der die Emotionen eine Zusammensetzung von vier unterschiedlichen Teilelementen sind – nämlich „cognition, evaluation, motivation, and feeling"[19], ferner Sabine Dörings frühere Definition von Emotionen als einer Klasse von Wahrnehmungen.[20]

Während Ende des XX. Jahrhunderts beide Gruppen von Theorien als absolute Gegenpole präsentiert worden sind, versuchen in jüngster Zeit einige Autoren, beide Aspekte als wesentlich für die Emotionen zu bestimmen. Peter Goldie leistet 2000 in *The Emotions* mit seiner Definition der Emotionen als „Feeling towards" einen ersten Versuch, die Emotionen sowohl durch ihre qualitativen als auch ihre kognitiven Aspekte zu charakterisieren. Nach ihm haben andere Autoren diesen mittleren Weg einer Definition der

---

12 A. Kenny, *Action, Emotion and Will*, London 1963.

13 R. de Sousa, *The Rationality of Emotion*, a.a.O.

14 C. Tappolet, *Émotions et valeurs*, Paris 2000.

15 R. C. Solomon, *The Passions: Emotions and the Meaning of Life*, Indianapolis 1993.

16 M. Nussbaum, *The Upheavals of Thought. The Intelligence of Emotions*, Cambridge 2005.

17 J. Marks, „A Theory of Emotions", in: *Philosophical Studies* 42 (1982), S. 227–242. Zit. nach P. Griffiths, ebd.

18 O. H. Green, *The Emotions*, Dordrecht, Boston, London 1992.

19 A. Ben-ze'ev, *The Subtility of Emotions*, Massachusetts 2000, S. 49ff.

20 S. A. Döring/V. Mayer, *Die Moralität der Gefühle*, Berlin 2002.

Emotionen versucht: so etwa Sabine Döring mit ihrer neuen Definition der Emotionen als „affective perceptions" oder Bennett Helm mit seiner Definition der Emotionen als „felt evaluations" u.a.[21] Auch meine Studie vertritt eine solche Position, in der sowohl der qualitative Aspekt als auch der kognitive als zentral für die Emotionen betrachtet wird. Allerdings werde ich mich nicht auf die genannten analytischen Ansätze stützen, da sie immer noch nicht in ihrer Vollkommenheit entwickelt und oft noch dem alten bipolaren Paradigma verhaftet sind: Hinter den Termini „affective perceptions" oder „felt evaluations" versteckt sich m.E. die Idee, dass Emotionen Kognitionen sind; zwar gefühlte Kognitionen, bei denen aber immerhin der kognitive Aspekt im Vordergrund bleibt.

Als Ausgangspunkt und Inspirationsquelle meiner Arbeit werde ich die bislang weitgehend ignorierten frühphänomenologischen Beiträge über die Emotionen heranziehen. Der Grund dafür ist zum einen, dass in den verstreuten und oft vergessenen Texten der ersten Phase der Phänomenologie ein implizites Verständnis der Emotionen als leibliche Intentionen zu finden ist, dessen kritische Darstellung und argumentative Weiterentwicklung einen wichtigen Beitrag zur aktuellen Diskussion leisten kann. Das implizite Verständnis der Emotionen als leibliche Intentionen und die damit verbundenen Thesen über ihre Gegebenheit, Realität, Echtheit und Unechtheit, Leiblichkeit und Intentionalität werden hier aus einem aktuellen Blickwinkel und einer aktuellen Fragestellung heraus rekonstruiert, herausgearbeitet und weiterentwickelt, denn eine realistische Phänomenologie der Emotionen als in sich geschlossenes Ganzes hat so nicht existiert. Zum anderen aber spricht für den phänomenologischen Blickwinkel die Tatsache, dass er nah an der Erfahrung bleibt und sich nicht in der Analyse sprachlicher Konstruktionen oder biologistischer Annahmen verliert.

Warum kam es in den vergangenen Jahrzehnten zum Aufstieg der kognitivistischen Theorien? Während es ein gemeinsamer Aspekt der herrschenden Emotionstheorien bis zum Ende des XIX. Jahrhunderts war, dass sie sich alle als Theorien des Fühlens klassifizieren lassen, ist heutzutage – mit Ausnahme der oben erwähnten neuen Tendenzen – die Mehrheit der Theorien kognitivistischer Art. Im Folgenden wird die Hypothese skizziert, dass Ende des XIX. Jahrhunderts eine Wende stattfindet, die die Entstehung kognitivistischer Theorien ermöglicht und die herrschende Rolle des Kognitivismus im XX. Jahrhundert begünstigt.

Bis zum Ende des XIX. Jahrhunderts war das Studium des Emotionalen gleichzeitig das Studium des Bewusstseins und seiner „Inhalte". Das Bewusstsein wurde als eine feste Entität konzipiert, die mittels der Introspektion (Wundt, Titchener), der inneren Wahrnehmung (Descartes), der Ausfragemethode (Külpe und die Würzburger Schule) usw. analysiert werden konnte. Die Motivation zu einer Untersuchung der Gefühle bestand also darin, sie von anderen Phänomenen zu unterscheiden, sie zu charakterisieren und in ihren qualitativen Aspekten zu erfassen. Doch Anfang des XX. Jahrhunderts wird eine neue Konzeption des Bewusstseins entwickelt, und auch die Motive der Erforschung des Affektiven ändern sich.

---

21 Für weitere Bezeichnungen: J. Slaby, „Don't Believe the Hype", unveröff. Vortrag, Universität Bielefeld 2006. Auch: J. Slaby, *Gefühl und Weltbezug*, Paderborn (im Erscheinen, Preprint-Version benutzt).

Zwei verschiedene Faktoren konfluieren in der neuen Konzeption. Erstens die von Franz Brentano entwickelte neue Auffassung des Bewusstseins als eines intentionalen Aktes anstelle des Innenraumes oder des „cartesianischen Theaters". Diese Auffassung versteht die Emotionen als Akte, die ein Objekt haben und die unsere Handlungen erklären, und nicht mehr als „Inhalte" mit bestimmten Qualitäten. Seit jener Formulierung Brentanos eröffnete sich eine neue philosophische Richtung, die durch Husserl und die Phänomenologie weiterentwickelt wurde und die man auch in der analytischen Auffassung des intentionalen Psychischen im Laufe des XX. Jahrhunderts verfolgen kann.

Zweitens wurde die neue Konzeption bestimmt durch eine neue, von Darwin inspirierte funktionalistische Auffassung des Bewusstseins als einer Anpassungsfunktion. Im Mittelpunkt steht hier das Verhalten als messbares, objektives und festes Objekt der Erforschung. Dem Bewusstsein wird Aufmerksamkeit geschenkt, nicht insofern es ein Innenraum oder eine Substanz ist, sondern insofern es Innenseite des Verhaltens ist. Der Aufstieg dieser neuen Auffassung wird bei Autoren wie William James deutlich. James bleibt stark an die Tradition des Fühlens gefesselt, allerdings analysiert er das Bewusstsein als etwas Flüchtiges, Zirkumstanzielles und etwas, das nur wegen seiner adaptiven Funktion von Bedeutung ist. Die Emotionen sind für ihn immer noch nach ihren qualitativen Aspekten definiert, jedoch werden sie erst nach Maßgabe ihrer adaptiven Funktion wichtig. Das Psychische ist hier nur von Bedeutung, insofern es eine adaptive Funktion hat. Diese Position wird später von den Behavioristen mit der Leugnung des Bewusstseins auf die Spitze getrieben. Brentanos und Darwins Auffassungen eröffnen insofern eine neue Konzeption des Bewusstseins, die bis heute als herrschend gilt.

Die neue Auffassung des Bewusstseins erreicht ihre Klimax mit der Entwicklung der Kognitionswissenschaften. Auch sie richten ihr Augenmerk auf das Verhalten. Diese Ausrichtung bedeutet für die Emotionen, dass sie nicht mehr als mentale Zustände durch Introspektion erfasst werden, sondern als eine besondere Art von adaptivem Verhalten gelten. Die Wende impliziert, dass die Erforschung der Emotionen nicht mehr das qualitative Erfahren hervorhebt, sondern die Anpassungsfunktion der Emotionen und ihre Bedeutung für rationales Handeln. Diese Perspektive wird dann Mitte der 50er Jahre dominant und findet ihre Klimax in den 80er und 90er Jahren. Die kognitivistischen Ansätze haben insofern ihren Ursprung in der Analyse des Verhaltens. Zwar sind die Kognitivisten nicht so radikal wie die Behavioristen, denn sie leugnen das Bewusstsein nicht, doch ihr Interesse gilt dem Verhalten, der Funktion der Emotionen und ihrer Bedeutung für rationales Handeln. Emotionen sind selbst Kognitionen oder ihnen analog. Sie sind die interne Seite des Verhaltens. Daher ist es für kognitivistische Ansätze nicht wichtig, wie Gefühle qualitativ gefühlt werden, sondern wie Gefühle eine Erkenntnisfunktion erfüllen, wie sie uns im Leben orientieren, dass sie rational sind als gute Willensgründe, dass sie eine Spielart von Intelligenz beinhalten, die blitzartig funktioniert usw. Die kognitiven Aspekte der Emotionen und ihre Funktion stehen in diesen Theorien im Vordergrund, das Leibliche und das Qualitative sind aus solcher Perspektive nicht von Interesse, sie liefern keinen Aufschluss und werden daher vernachlässigt.

Der Wende entspricht auch eine Motivationsänderung der Forschung. Im XX. Jahrhundert verstärkt sich das Interesse an den Emotionen, weil sich das Interesse an der Kontrolle des Handelns verstärkt. Man versucht heute, die Emotionen unter der Kontrolle des Selbst zu halten und zu zeigen, dass sie selbst rational sind, indem sie eine kognitive Funktion erfüllen. Das kann als Versuch angesehen werden, die Emotionen in das Paradigma des rationalen Handelns zu integrieren. Der Versuch wird insbesondere bei kognitivistischen Theorieansätzen deutlich und erklärt deren Aufschwung. In solchem Kontext ist es dann zu verstehen, warum die beiden genannten Positionen als Gegenpole begriffen worden sind.

In den folgenden Abschnitten thematisiere ich den historischen Wendepunkt Ende des XIX. und Anfang des XX. Jahrhunderts, denn er ist nicht nur für das Verstehen der heutigen Debatten wichtig, sondern zugleich der Kontext, in dem die realistische Phänomenologie entstanden ist. Von allen Theorien der Emotionen der damaligen Zeit sind drei von besonderer Bedeutung: die Theorien von William James und Karl Lange, die von Wilhelm Wundt und die von Franz Brentano. Die Darstellung dieser Theorien und ihrer internen Kritiken sowie ihre Bewertung sind Gegenstand des folgenden Abschnitts (aus Gründen der Klarheit erfolgt die historische Darstellung in umgekehrter Reihenfolge). Leitfaden der Untersuchung sind dabei folgende Fragen: Was sind Emotionen? Wie ist ihre leibliche Erfahrung? Welche Objekte haben sie?

2.2. Theorien der Emotionen um die Wende des XIX. zum XX. Jahrhundert

2.2.1. Emotionen als phänomenale Zustände: James/Lange

a. Die sensualistische Theorie von James und Lange

Zunächst sei die Aufmerksamkeit auf die bekannteste Theorie des Fühlens gerichtet: die sensualistische Lehre von James und Lange. In dieser Theorie ist sowohl der Einfluss der cartesianischen Tradition zu finden, die die Emotionen als introspektive qualitative Phänomene versteht, als auch jenes starke Interesse am Verhalten und an der adaptiven Funktion der Emotionen, das – an Intensität zunehmend – bis zu den heutigen kognitivistischen Ansätzen zu verfolgen ist. Diese Position ist hier von Interesse, weil sie als Inspirationsquelle für heutige Autoren fungiert, um alternative Positionen zu dem starken Kognitivismus zu entwickeln. Sie wurde im Jahr 1884 von William James in der Zeitschrift *Mind* unter dem Titel „What is an emotion?" präsentiert und davon unabhängig ein Jahr darauf vom dänischen Arzt Carl G. Lange in seinem Buch *Om Sindsbevaegelser* vertreten. Die Schlussfolgerungen, zu denen beide Autoren völlig unabhängig voneinander kommen, sind, dass die Emotionen Wahrnehmungen von körperlichen Veränderungen sind und dass die Ursache dieser Körperveränderungen Sinnesempfindungen sind, die durch einen Reiz entstehen. Was ist der Hintergrund der These?

Zunächst sei die James'sche Lehre der Emotionen betrachtet. James war der Meinung, dass fast alles, was in der Psychologie über Emotionen geschrieben worden war, bloße Beschreibung sei. Zwar gebe es in der philosophischen und psychologischen Literatur eine Vielzahl detaillierter Beschreibungen bestimmter Emotionen, es fehle jedoch „a central point of view, or a deductive or generative principle. They [die Beschreibungen – Í.V.F.] distinguish and refine and specify *in infinitum* without ever getting on to another logical level"[22]. Der Grund für diesen Mangel war nach James, dass man die Emotionen bislang als einzelne Phänomene betrachtet habe, d.h. als psychische Sachen, die man lediglich einordnen kann. Um diesen Zustand zu überwinden, müsste man nach James die Emotionen als Wirkungen allgemeiner Ursachen auffassen, die ihm zufolge physiologischer Natur sind. Dieser theoretische Ausgangspunkt bedingt James' Theorie von Anfang an. Wenn er die Emotionen in „What is an emotion?" und in *Principles of Psychology* zu definieren versucht, kommt er zu der Hauptthese, dass die Emotionen Wahrnehmungen physiologischer Änderungen sind. So behauptet James, „that the bodily changes follow directly the PERCEPTION of the exciting fact, and that our feeling of the same changes as they occur IS the emotion"[23].

Die These hat zwei Implikationen. Die erste ist, dass die Gefühle mit einer besonderen Art von Wahrnehmung gleichgesetzt werden. In der Tat beinhaltet diese Theorie, dass, ausgehend von organischen und viszeralen Änderungen, in uns ein Fühlen, Empfinden, Bemerken oder Wahrnehmen jener körperlichen Veränderungen stattfindet und dass das Fühlen, Empfinden, Bemerken oder Wahrnehmen die Emotion selbst ist. Die Emotionen werden als Wahrnehmungen von physiologischen Veränderungen beschrieben, als organische Empfindung von Veränderungen der Atmungs-, Herz-, Magen- und Darmtätigkeit, und somit auf Wahrnehmungen, subjektives Bewusstsein, Bemerken oder Empfinden zurückgeführt.[24] Da die Emotionen außerdem in den Viszeren entstehen, die stets periphere Zentren sind, spielt das Gehirn nur eine sekundäre Rolle für das emotionale Leben. Mit anderen Worten: Es entstehen in jenen peripheren motorischen und sensorischen Zentren durch die hier ablaufenden Veränderungen normale Wahrnehmungsvorgänge, die James Emotionen nennt, so dass es nach solcher Ansicht keine besonderen zerebralen Zentren für die Emotion gibt.

Die zweite Implikation dieser Definition der Emotionen ist, dass sie die nach dem alltäglichen Verständnis bestehende Reihenfolge der Vorgänge umkehrt: „Common-sense says, we lose our fortune, are sorry and weep; we meet a bear, are frightened and run; we are insulted by a rival, are angry and strike. The hypothesis here to be defended says that this order of sequence is incorrect, that the one mental state is not immediately induced by the other, that the bodily manifestations must first be interposed between, and that the more rational statement is that we feel sorry because we cry, angry because we strike, afraid because we tremble, and not that we cry, strike, or tremble, because we are sorry, angry, or fearful, as the case may be. Without the bodily states following on the perception, the latter

22 W. James, *The Principles of Psychology*, Band II, New York 1905, S. 448.

23 W. James, „What is an emotion?", in: C. G. Lange/W. James, *The Emotions*, New York und London 1967, S. 13. Mit dem Terminus „Perception" wird von James ein Beachten oder Empfinden der körperlichen Veränderungen bezeichnet.

24 James behauptet, dass seine Theorie eine allgemeine Gültigkeit besitze, so dass sie nicht nur für diejenigen Emotionen gelte, die mit einem Ausdruck einhergehen, sondern auch für die „subtler emotions", d.h. die ethischen, intellektuellen und ästhetischen Gefühle. Vgl. W. James, *The Principles of Psychology*, a.a.O., S. 468.

would be purely cognitive in form, pale, colorless, destitute of emotional warmth. We might then see the bear, and judge it best to run, receive the insult and deem it right to strike, but we should not actually *feel* afraid or angry."[25] Halten wir intuitiv diejenige Reihenfolge der Geschehnisse für die gewöhnliche, nach der zuerst das Objekt wahrgenommen wird, dann die Emotion erlebt wird und zuletzt die physiologischen Veränderungen erfahren werden, so wird in genauer Umkehrung jener Reihenfolge laut James zuerst das Objekt als Reiz wahrgenommen, dann finden die physiologischen Reaktionen oder körperlichen Veränderungen statt, und zuletzt erscheint das Gefühl als das subjektive Bewusstsein jener Reaktionen. Dieses Bewusstsein ist nach James dabei stets vorhanden, denn „every one of the bodily changes, whatsoever it be, is *felt*, acutely or obscurely, the moment it occurs"[26]. In gewisser Weise handelt es sich um einen psychophysischen Parallelismus, den auch Wundt, der Lehrer von James, vertritt. Wenn jede körperliche Veränderung gefühlt werden muss, so besteht nach solcher Auffassung eine Kausalbeziehung zwischen dem Äußeren (den körperlichen Veränderungen) und dem Inneren (der Veränderungswahrnehmung oder Emotion).

Seine Theorie versucht James prinzipiell mit zwei Argumenten zu stützen, die ich hier genau zu analysieren versuche, um dann im Abschnitt 2.2.5 eine Kritik folgen zu lassen. Das erste Argument lautet: „*If we fancy some strong emotion, and then try to abstract from our consciousness of it all the feelings of its bodily symptoms, we find we have nothing left behind,* no ‚mind-stuff' out of which the emotion can be constituted, and that a cold and neutral state of intellectual perception is all that remains."[27] Nach diesem Argument bleibt uns, wenn wir bei einer Emotion von allem absehen, was sich auf die physische Äußerung ihrer selbst bezieht, nur die bloße Wahrnehmung des Objekts, denn jede Emotion ist die Summe von vielen Elementen, deren Ursache ein physiologischer Vorgang ist, und aus diesem Grund können wir sagen, dass die Ursache der Emotion selbst körperlicher Natur ist. Jede Emotion entsteht durch die Änderungen, die wir normalerweise als ihren Ausdruck bezeichnen. Als Stütze der These nimmt James die Tatsache, dass die Emotion verschwindet, wenn wir vermeiden, sie auszudrücken. Das ist etwa bei dem Zornigen der Fall, dem man empfiehlt, bis zehn zu zählen, bevor er einen Wutanfall hat, oder bei dem Menschen, der singt oder pfeift, damit die Angst weggeht. Nun geht James aber noch ein Stück weiter und behauptet, dass in dem hypothetischen Fall, ein Mensch würde die Fähigkeit verlieren, körperlich zu fühlen, dieser Mensch überhaupt kein Gefühlsleben mehr hätte. Ein Beweis für die Theorie läge also dann vor, wenn folgender Fall faktisch eintreten würde: Stellen wir uns einen Menschen vor, dessen Sinne völlig betäubt sind, der aber motorisch nicht gelähmt ist, so dass Gegenstände, die normalerweise Emotionen erwekken, ihn zu den gewöhnlichen körperlichen Ausdrucksbewegungen veranlassen können. Dieser Mensch müsste uns sagen, dass er keine Emotion fühlt. Obwohl er fähig wäre, die Emotion auszudrücken, könnte er sie wegen der Betäubung innerlich nicht fühlen.

James' zweites Argument geht von der Untersuchung objektloser Emotionen aus. Dabei zieht James zwei Fälle als Beleg heran: die Todesangst und den Zorn.[28] Mit der

---

25 W. James, *The Principles of Psychology*, a.a.O., S. 449f.

26 W. James, „What is an emotion?", a.a.O., S. 16.

27 W. James, *The Principles of Psychology*, a.a.O., S. 451.

28 Ebd., S. 460: „morbid fear" und „rage".

Todesangst sind gelegentliche Panikanfälle gemeint, die keine erkennbare Ursache haben. Man hat Herzklopfen, Atemnot, ein Gefühl des Unwohlseins und zittert am ganzen Leib. Der Mensch, der einen solchen Zustand durchlebt, befindet sich in Panik, obwohl seine Angst kein konkretes Objekt hat. Diese Anfälle dauern einige Minuten und verschwinden dann, und obgleich das Subjekt eine Erklärung sucht, findet es keine Ursache. Beim Zorn geht es um den Fall, dass ein Mensch vor Wut kocht und von einer vorübergehenden Raserei ohne Motiv besessen ist. Der Zornige zerschlägt und zerstört alles, was er findet. Nach einigen Stunden schläft er ein, und wenn er wach wird, erinnert er sich nicht mehr daran, was geschehen ist. In der Tat kann in vielen Fällen der Zornige innerlich unbeteiligt bleiben, denn „the *intellect* may, in fact, be so little affected as to play the cold-blooded spectator all the while, and note the absense of a real object for the emotion“[29]. Nach der Ansicht von James sind diese Fälle ein unwiderlegbarer Beweis seiner Theorie: Zuerst gibt es den körperlichen Zustand, danach die Emotion. In beiden oben genannten Fällen finden an erster Stelle die somatische Aktivierung, die Gebärde und die Ausdrucksbewegungen statt, ohne sich von einer Emotion abzuleiten.

Wenden wir uns nun den Grundannahmen der Theorie von Carl Lange zu. 1885, also nur ein Jahr nach der Publikation von James' Theorie der Emotionen, veröffentlichte Lange *Om Sindsbevaegelser*. Die dort vorgestellte Theorie hat große Ähnlichkeit mit der von James. Die zentrale These lautet, dass die Emotionen ohne ihre physischen Manifestationen nicht existieren können. Den Beweis dafür findet Lange in folgender Überlegung: „Take away the bodily symptoms from a frightened individual; let his pulse beat calmly, his look be firm, his color normal, his movements quick and sure, his speech strong, his thoughts clear; and what remains of his fear?“[30] Die Antwort ist eindeutig, denn für Lange gilt ebenso wie für James: Wenn ihre physischen Äußerungen verschwinden, verschwindet auch die Emotion. Infolgedessen sind die Emotion einerseits und die somatischen Veränderungen andererseits so wesentlich miteinander verbunden, dass erstere nicht existieren kann, ohne dass zuvor die körperlichen Veränderungen stattgefunden haben. Daher muss, damit es eine Emotion gibt, zunächst etwas vorhanden sein, das als „Ursache“ oder Reiz wirkt, indem es einen sinnlichen Eindruck bedingt, der mit einer Idee oder Erinnerung verbunden ist. Anschließend müssen als „Wirkungen“ dieses Sinneseindrucks vasomotorische Veränderungen stattfinden, von denen dann mentale und/oder körperliche Veränderungen abhängen, deren Wahrnehmung zuletzt die Emotion ist.

Aus dieser Perspektive kann Lange behaupten, dass „we may expect that every influence involving general changes in the vascular nervous system must have an emotional expression“[31]. Das heißt: Obwohl Lange im Unterschied zu James den vasomotorischen Veränderungen als zentralen Veränderungen bei der Entstehung der Emotion mehr Bedeutung beimisst, begreift er andererseits genau wie James die Emotion als Wahrnehmung von physiologischen Veränderungen. Um seine Theorie besser zu erklären und gleichzeitig Argu-

---

29 Ebd., S. 461.

30 C. G. Lange, „The Emotions. A psychophysiological Study“, in: C. G. Lange/James, W., *The Emotions*, a.a.O., S. 66.

31 Ebd., S. 68.

mente zu ihren Gunsten vorzutragen, nennt Lange verschiedene Beispiele für Substanzen, die fähig sind, unseren seelischen Zustand zu verändern – Alkohol, der zunächst Freude verschafft; bestimmte Pilzarten und Drogen, die zu depressiven Zuständen oder Euphorie führen. Die Einnahme solcher Substanzen könne dazu führen, „that emotions may be induced by a variety of causes which are utterly independent of disturbances of the mind, and that, on the other hand, they may be suppressed and modified by pure physical means“[32].

Auch in dieser Theorie ist die intuitiv normale Reihenfolge der Phänomene umgekehrt, denn auf die körperlichen Veränderungen, deren Ursache rein physischer Natur ist, folgt eine Wahrnehmung der Veränderungen, und diese Wahrnehmung ist die Emotion. Nach Meinung von Lange waren alle Theorien, die die Emotionen als etwas rein Psychisches betrachtet haben, auch wenn das von einer gewissen Expressivität begleitet sein konnte, Theorien, die die unmittelbare Erfahrung unbeachtet ließen und stattdessen lieber mit vorgefertigten Meinungen arbeiteten, denn „no man, in fact, is capable of differentiating between a sensation of mental and one of physical nature. No man, in fact, is capable of differentiating between psychical and somatic feelings“[33]. Lange meint, dass die physisch bedingten und die psychisch bedingten Affekte sich so ähnlich sind, dass sogar in der Sprache dieselben verbalen Ausdrücke benutzt werden, um sie zu bezeichnen. So gibt es z.B. ein psychisches Leiden und ein physisches, es gibt ein Zittern vor Angst und ein Zittern vor Kälte. Hier wird die Absicht Langes deutlich: Er will die physische Herkunft der Emotionen, d.h. ihre äußere Ursache betonen. Die Emotionen selbst sind allerdings, insofern sie als Wahrnehmungen von vasomotorischen Veränderungen verstanden werden, auch für Lange etwas Inneres und als solches nur dem Subjekt, das sie erfährt, zugänglich. Das eröffnet ein Feld von möglichen Problemen, denn wie kann man unter diesen Voraussetzungen die Emotionen erforschen? Wie wird für den Vertreter der sensualistischen Theorie die fremde innerliche Erfahrung zugänglich? Bevor wir die Frage zu beantworten versuchen und die Einwände gegen James und Lange ausführlicher entwickeln, müssen wir noch etwas anderes untersuchen: die Rolle des Ausdrucks in dieser Theorie.

b. Funktionalität der Emotionen: Ausdruck, Empfindung und Instinkt

Bei der Untersuchung der Rolle des Ausdrucks in der Theorie von James und Lange sind zwei Aspekte von Bedeutung: die Beziehung zwischen Ausdruck und Emotion und die Funktion des emotionalen Ausdrucks. Beide sollen ausführlich untersucht werden.

Im Kapitel „The genesis of the various emotions“[34] versucht James, die Herkunft einer ganzen Reihe von Emotionen zu erklären. Für seinen Versuch rekurriert er auf Prinzipien, die zuvor von Autoren wie Spencer, Darwin und Wundt formuliert worden sind. Das erste James'sche Prinzip, das auf Darwin zurückgeht, ist „das Prinzip zweckmäßiger associierter Gewohnheiten“[35]. Nach diesem Prinzip sind einige expressive Bewegungen schwache

---

32 Ebd., S. 66.

33 Ebd., S. 65.

34 W. James, *The Principles of Psychology*, a.a.O., S. 477–485.

35 C. Darwin, *Ausdruck der Gemüthsbewegungen bei dem Menschen und den Thieren.* Stuttgart 1901, S. 24f.

Wiederholungen von Reaktionen, die in der Vergangenheit *zweckmäßig* waren, dann zu Gewohnheiten wurden und an die nächste Generation vererbt wurden. Ein Beispiel dafür ist das Knurren oder das Fletschen der Zähne, wenn man verärgert ist, das dem Anderen signalisiert, dass er lieber weggehen sollte, oder das Heben der Augenbrauen (um besser sehen zu können), das Aufmerksamkeit ausdrückt. James erwähnt auch, dass andere expressive Bewegungen, die ebenfalls schwache Wiederholungen von vorherigen Bewegungen sind, von solchen Bewegungen stammen, die in anderen Umständen *notwendige physiologische Reaktionen* waren und bis heute als organische Reminiszenzen an Reflexe überlebt haben. Das ist der Fall beim Heben der Nasenflügel im Zustand der Wut, eine Reminiszenz daran, wie unsere Vorfahren atmen mussten, wenn sie mitten im Kampf den Gegner mit dem Mund gefangen hatten; oder beim Erröten der Haut, damit der Blutdruck im Gehirn abnimmt.

James referiert auch das zweite Prinzip Darwins, „das Prinzip des Gegensatzes"[36], und kritisiert es, weil es ein Prinzip ist, mit dessen Hilfe man den Ursprung der Emotionen nur erklären kann, wenn man bereits weiß, wie diese sich entwickelt haben. Darwins Prinzip besagt Folgendes: Auch wenn es einige Emotionen gibt, deren Ausdrucksbewegungen sich auf eine zweckmäßige Handlung zurückführen lassen, gibt es gleichzeitig andere Emotionen, deren Ausdrucksbewegungen einfach in den den zweckmäßigen Ausdrucksbewegungen einer gegenteiligen Emotion genau entgegengesetzten Bewegungen bestehen und insofern selbst nicht zweckmäßig sind: „Gewisse Seelenzustände führen zu bestimmten gewohnheitsgemäßen Handlungen, die, nach unserem ersten Prinzip, zweckmäßig sind. Wenn nun ein direct entgegengesetzter Seelenzustand herbeigeführt wird, so tritt eine sehr starke und unwillkürliche Neigung zur Ausführung von Bewegungen einer direct entgegengesetzten Natur ein, wenn auch dieselben von keinem Nutzen sind."[37] Auf solche Weise erklärt Darwin den Ausdruck der Machtlosigkeit – die Bewegungen der Arme, die der Augen, überhaupt die ganze Körperhaltung usw. – als die dem Ausdruck von Macht und Stärke entgegensetzte Bewegung. Es sei hier betont, dass Darwin, der die Emotionen als eine evolutionäre Leistung ansieht, angesichts dieser Prinzipien eine nicht-adaptive Evolution für möglich hält. Im Widerspruch zu der natürlichen Auslese, die Darwin in seinen Untersuchungen über die Entwicklung der Arten postuliert, sind hier das Bestehen und die Vererbung eines emotionalen Ausdrucks erlaubt, der keine Zweckmäßigkeit mehr besitzt (wie im ersten Prinzip dargelegt) und der keinem Anpassungsmechanismus dient (wie im zweiten Prinzip dargelegt).[38] Diese Eigensinnigkeit des Ausdrucks deutet m.E. bereits auf eine besondere Beschaffenheit desselben hin, der demnach nicht nur als evolutionäre Anpassung angesehen werden darf.

Ein anderes Prinzip, das James erwähnt und das wir später im Zusammenhang der Lehre Wundts noch näher untersuchen werden, ist „the principle of reacting similarly to

36 Ebd.

37 Ebd.

38 Vgl. für eine detaillierte Erklärung dieser Verteidigung der nicht-adaptiven Entwicklung und der Vererbung von Gewohnheiten, die nicht mehr zweckmäßig sind: W. Montgomery, „Charles Darwin's Thought on Expressive Mechanisms in Evolution", in: G. Zivin (Hg.), *The Development of Expressive Behavior. Biology-Environment Interactions,* Orlando 1985, S. 27–50.

analogous-feeling stimuli“[39]. Die Beobachtungen, auf denen dieses Prinzip fußt, stammen aus der Populärpsychologie und finden ihren Niederschlag in der sprachlichen Konvention, nämlich darin, dass man dieselben beschreibenden Adjektive für die Sphäre der Sinnesempfindungen und die Gefühlssphäre benutzt. Gefühlszustände, die in verschiedenen Sprachen als bitter, süß usw. bezeichnet werden, sind mit der Nachahmung der entsprechenden Bewegungen des Mundes bei den jeweiligen Geschmacksempfindungen verbunden. James' Beispiel ist hier der Ekel. Der Ekel geht mit einem gewissen Würgereiz einher, auch wenn der Ausdruck sich auf das Ziehen einer Grimasse beschränkt. James fasst das Prinzip so auf, dass diese spezifische Verbindung zwischen bestimmten Emotionen und den dazugehörigen autonomen Reaktionsmustern als Beispiel für seine Theorie dient, insofern sich demnach jeder Emotion ein bestimmter physiologischer Vorgang zuordnen lässt.

James ist sich dessen bewusst, dass einige dieser Prinzipien nur Vermutungen darstellen, so dass die Herkunft vieler emotionaler Bewegungen nicht wirklich geklärt werden kann. James behauptet, dass diejenigen Emotionen, deren Herkunft wir nicht erklären können, „may be reactions which are purely mechanical results of the way in which our nervous centres are framed, reactions which, although permanent in us now, may be called accidental as far as their origin goes.“[40] Obwohl der Ausdruck vieler Emotionen also als eine atavistische Bewegung bestimmt werden kann, erkennt James selbst an, dass einige dieser Bewegungen zufällig entstanden sind: „It would be foolish to suppose that none of the reactions called emotional could have arisen in this *quasi*-accidental way.“[41]

Das Postulat einer grundsätzlichen Funktionalität der Emotionen manifestiert sich auch in James' Beschreibung des Zusammenhangs von Emotion und Instinkt. Indem James behauptet, dass der Grund für die Entstehung von Emotionen in den Reminiszenzen an vergangene zweckmäßige Bewegungen und „physiologically necessary effects“[42] zu finden ist und dass ferner Emotionen und Instinkte „shade imperceptibly into each other“[43], stellt er eine enge Verbindung zwischen bestimmten Emotionen und Instinkten her. Nach diesem Ansatz können einige unserer Emotionen als das Fühlen somatischer Veränderungen erklärt werden, die auf Instinkte zurückgehen, die zu einem bestimmten Zeitpunkt der Gattungsentwicklung zweckmäßig waren. Die Emotionen wären demnach Reminiszenzen an Reaktionsarten, die wesentlich waren für das Überleben der menschlichen Spezies. Das bisher Gesagte lässt sich dahingehend zusammenfassen, dass die Emotion wesentlich mit ihrem jeweiligen Ausdruck (der Quelle der Emotion als bewusstem Vorgang) verbunden ist, die Emotion jedoch insofern auch mit der Empfindung verbunden ist, als jede Veränderung wahrgenommen werden muss, damit eine Emotion als subjektives Bewusstsein entsteht, und bestimmte Emotionen mit dem Instinkt verbunden sein müssen, da sie ihre Herkunft in primitiven instinktiven Reaktionen haben. Die

---

39 W. James, *The Principles of Psychology*, a.a.O., S. 481.

40 Ebd., S. 484.

41 Ebd.

42 Ebd., S. 478.

43 Ebd., S. 442.

Hauptrolle der Emotionen ist daher diejenige eines evolutionären Anpassungsmechanismus des Menschen an die Umwelt.

Die Ansicht, nach der die Emotionen qua ihres Ausdrucks evolutive und funktionale Elemente sind, ist typisch für den amerikanischen Pragmatismus, den James entwickelte. Diese Theorie versteht die Emotionen als bewusste Vorgänge, damit bleibt sie im Rahmen der cartesianischen Tradition.[44] In einem wichtigen Punkt unterscheidet sie sich allerdings von den anderen Theorien über die Emotionen am Ende des XIX. Jahrhunderts. Die Lehre von James und Lange beinhaltet schon ein starkes Interesse an der Rolle der Emotionen für unsere Anpassung an die Umgebung und legt damit den Akzent auf das Verhalten. Diese Sichtweise wird der Behaviorismus bis zu ihrer letzten Konsequenz verfolgen und sie ist heute in der Philosophie der Emotionen immer noch dominierend.

c. *Introspektive Qualitäten, Physiologie und Behaviorismus*

Wie bereits gezeigt, war es die Absicht der sensualistischen Theorie, das emotionale Erlebnis von anderen Erlebnissen abzugrenzen. Das Individuierende der Emotionen liegt danach in den physiologischen Veränderungen als Ursache der Emotionen. Damit legt die sensualistische Theorie den Akzent auf den physiologischen Aspekt der Emotionen und auf ihre Anpassungsfunktion, was den Weg zum Behaviorismus eröffnet[45] und noch im heutigen Kognitivismus nachwirkt. Kann deswegen diese Theorie als eine Form von Behaviorismus verstanden werden?

Es gibt auf den ersten Blick gewisse Gemeinsamkeiten zwischen der sensualistischen Theorie und dem Behaviorismus. Zunächst ist da die umgekehrte Reihenfolge der Phänomene, nach der es ohne Wahrnehmung der körperlichen Veränderungen keine Emotion gibt. Die ständige Absicht, die Physiologie als Herkunft der Emotion hervorzuheben, und das starke Interesse daran, die Emotionen von jeglicher Bindung an das Gehirn zu befreien, indem man sie als Wahrnehmung viszeraler oder vasomotorischer Veränderungen versteht, hat auffallende Ähnlichkeit mit behavioristischen Postulaten, nach denen zuerst die Reaktion auf einen Reiz auftritt und wir danach, indem wir die körperlichen Veränderungen als objektive Variablen beobachten, wissen, dass es einen emotionalen Zustand gibt. Ferner verstehen beide Strömungen den Menschen als ein reaktives oder auf Anpassung ausgerichtetes Wesen, dessen Absicht es ist, sich so gut wie möglich an die Umwelt anzupassen.

Es gibt allerdings zwischen beiden Theorien fundamentale Unterschiede. An erster Stelle darf man eines nicht außer Acht lassen: Trotz des Nachdrucks, den James und Lange auf den physiologischen Aspekt der Emotion legen, postulieren beide, dass die

---

44 Die Theorie wurde von James formuliert, bevor er Pragmatist wurde. Dennoch fand sie unter den Pragmatisten keine Beachtung. Es sei hier auch angemerkt, dass diese pragmatische Wende in der amerikanischen Philosophie, zu der James wesentlich beiträgt, von der Phänomenologie fast immer, besonders aber von Scheler unzutreffend kritisiert worden ist. Vgl. H.-P. Krüger, *Zwischen Lachen und Weinen*, Band II, Berlin 2001, S. 144–336.

45 Einige Autoren, wie z.B. Lyons, behaupten, dass James' Theorie als Vorgänger des Behaviorismus angesehen werden kann, obwohl sie innerhalb der cartesianischen Tradition bleibt. W. Lyons, *Emotion*, a.a.O., S. 12.

Emotion die Wahrnehmung, die Empfindung oder das Bemerken dieser körperlichen Veränderungen ist. Also lassen sich die Emotionen als introspektive Erfahrungen durch eine bestimmte Qualität charakterisieren. Diese Definition bleibt sehr nah an der cartesianischen Definition der Emotionen als Perzeptionen der Seele. Damit ist ein grundlegender Unterschied zum Behaviorismus Watsons und Skinners bezeichnet. Während in der Theorie von James und Lange die physiologischen Veränderungen die Emotion verursachen und die kausale Beziehung eine Umkehrung der für uns intuitiv normalen Reihenfolge bedeutet, da zuerst die physiologische Änderung auftritt und danach durch die Wahrnehmung dieser Veränderungen die Emotion entsteht, gibt es für den Behaviorismus überhaupt keine Innenseite der Emotion, da Emotion und Ausdruck für ihn ein und dieselbe Sache sind. Deshalb hält der Behaviorist die Unterscheidung zweier Momente der Emotion, die die Theorie von James und Lange verteidigt, für unmöglich. Auch gegenüber dem heutigen Kognitivismus gibt es hier einen Unterschied; denn auch wenn James den Akzent auf das Verhalten und die Funktion legt, werden die Emotionen als gefühlte Qualitäten verstanden, und das Leibliche bleibt im Mittelpunkt der Untersuchung. Der aktuelle Kognitivismus vernachlässigt oft den Empfindensaspekt.

Noch in einer anderen Hinsicht bleiben James und Lange innerhalb der cartesianischen Tradition. Mit der Behauptung, dass die Emotion selbst etwas Innerliches und der einzige Zugang zu ihr die Introspektion sei, lassen sie das dualistische Paradigma unhinterfragt, nach dem es zwei verschiedene und getrennte Bereiche gibt: einerseits die physische Welt, andererseits eine psychische Welt, die in sich selbst abgeschlossen und nur aus einer Perspektive der ersten Person zugänglich ist. Der Unterschied liegt aber darin, dass für Descartes sich beide Bereiche gleichzeitig ändern, während bei James und Lange zunächst die physiologischen Änderungen geschehen und man sich danach solcher Änderungen in der Emotion bewusst wird.

Trotzdem bleibt die Introspektion bei James die Hauptmethode der Untersuchung. James geht von der Annahme der Existenz eines privaten Bereichs, der nur dem Einzelnen unmittelbar gegeben ist, sowie von dem Postulat eines Evidenzvorzugs der inneren Wahrnehmung aus. Diese Annahmen stellten die Forscher, die die Eigenschaften und Beschaffenheit jenes psychischen Bereiches untersuchen sollten, vor große Schwierigkeiten, denn es gibt demnach nur zwei mögliche Forschungsmethoden: Entweder vertrauen wir der Auskunft, die jeder von uns als einziger Zeuge über seine eigenen inneren Zustände gibt; oder wir schließen vom *Verhalten* des Anderen auf seine psychischen Zustände. Die ausschließliche und übertriebene Verwendung der letzteren „Methode", die sich auf den körperlichen Ausdruck und auf die physischen Reaktionen als einzige mögliche Realität beschränkt und nichts als die detaillierte Erforschung des Verhaltens zum Ziel hat, führt zum Behaviorismus.[46] Wenn wir hingegen die erste von beiden Lösungen wählen, verwenden wir die introspektive Methode. Diese Methode setzt im Allgemeinen voraus, dass die Emotionen – genau wie die anderen Erlebnisse

[46] In diesem Sinn hat der Behaviorist nur Interesse für das, was er beobachten kann: das Verhalten. Die Art und Weise, wie man sich verhält, wird als Reaktion auf einen Reiz verstanden, denn „der Behaviorist behauptet, dass es zu jedem wirksamen Reiz eine Reaktion, und zwar eine unmittelbare Reaktion gibt". J. B. Watson, *Behaviorismus*, Köln und Berlin 1968, S. 43, 47.

des Bewusstseins, denn für James ist Bewusstsein nur und ausschließlich Erlebtsein – innerlich, privat und für die anderen auf eine unmittelbare Weise nicht erreichbar sind.

Die Introspektion hat dabei zwei große Nachteile. Ein Einwand lautet, dass die Emotionen, wenn sie jeweils nur dem einzelnen Subjekt zugänglich sind, kaum ein Forschungsgegenstand sein können, über den Übereinstimmung hergestellt werden kann. Der andere Einwand besteht im Hinweis darauf, dass jedes unserer Erlebnisse einmalig ist und wir es daher auch nur ein einziges Mal wahrnehmen können. Eine Wiederholung der Beobachtung eines bestimmten Erlebnisses ist daher nicht möglich; jede neue Beobachtung verändert die Erlebnisse selbst. Wir können uns irren und täuschen, und möglicherweise haben wir dabei keine Chance, zu bemerken, dass wir uns geirrt und getäuscht haben. Diesen Einwänden meinen die Verteidiger der Introspektion insofern begegnen zu können, als sie die Möglichkeit zugestehen, dass die jeweiligen Versuchspersonen lernen, das eigene Bewusstsein mit so viel Geschicklichkeit und Sachkenntnis zu beobachten, dass die Bewusstseinserlebnisse schon mit einer einzelnen Beobachtung für sie vollkommen klar und deutlich auftreten und daher mit einem Höchstmaß an Objektivität beschreibbar und mitteilbar sind.

Obwohl also James und Lange die Ursache der Emotionen als etwas Physisches erklärten, waren sie nie der Meinung, dass die Emotion nichts als eine externe Äußerung sei, glaubten vielmehr fest an die Eignung der Introspektion als Methode der Untersuchung des Inneren. Wenngleich also die funktionalistische Lehre das Bewusstsein als Fluss von Erlebnissen erklärte, den Weg für den Behaviorismus eröffnete und den Akzent auf das Verhalten und die Anpassungsfunktion des Bewusstseins legte, blieb sie doch im cartesianischen Modell des Bewussten.

d. Die Kritik von Cannon

Abgesehen von der vielfältigen Kritik, die andere philosophische Strömungen an dieser Theorie geübt haben, gibt es eine Kritik, die aus der eigenen philosophischen Strömung hervorging und die 1915 von W. B. Cannon formuliert wurde. Cannon hatte zunächst die Absicht, die Verbindung zwischen den viszeralen Veränderungen, der Wahrnehmung dieser Veränderungen und der Emotion zu erforschen, und zwar mit dem Ziel, die Gültigkeit der James/Lange-Theorie nachzuweisen. Entgegen dieser ursprünglichen Absicht entdeckte er, dass die Theorie in einigen Punkten falsch war.

Der erste Einwand lautet, dass die völlige Isolierung der Viszeren vom Zentralnervensystem das emotionale Verhalten nicht verändert. Während James und Lange behaupteten, dass es keine Emotion mehr gibt, wenn wir *in der Vorstellung* die Empfindungen wegdenken, zeigt Cannon hingegen, ausgehend von den Forschungen Sherringtons, dass bei verschiedenen Tieren die emotionalen Reaktionen weiter stattfanden, obwohl man die Verbindung zwischen Eingeweiden und Gehirn getrennt hatte: „operations which, in terms of the theory, largely or completely destroy emotional feeling, nevertheless leave the animals behaving as angrily, as joyfully, as fearfully as ever.“[47] Der zweite Einwand lautet, dass gleiche viszerale Veränderungen bei sehr verschiedenartigen emotionalen

47 W. B. Cannon, *Bodily changes in pain, hunger, fear and rage*, Boston 1953, S. 350.

Zuständen und sogar bei nicht emotional bedingten Zuständen auftreten. So steigert sich etwa der Puls und es erhöht sich der Adrenalinausstoß sowohl, wenn wir Angst empfinden, als auch, wenn wir Wut empfinden, als auch, wenn wir einfach nur Fieber haben. Ferner sind die Viszeren zu unempfindliche und zu rudimentäre Organe, als dass anhand ihrer Wahrnehmungen die Emotionen unterschieden werden könnten. Außerdem scheint es unmöglich, dass jeder von uns sich der Einzelheiten der viszeralen Veränderung bewusst werde.[48] Also ist das individuierende Prinzip der Emotionen, das James und Lange postuliert haben, nicht gültig.

In den 80er Jahren entdeckten Ekman und Levenson[49] aber, dass *einige* Emotionen eigene Reaktivitätsmuster besitzen, die uns dabei helfen können, zwischen Emotionen zu unterscheiden, was einige als eine Stütze der James/Lange-Theorie auffassten. Demnach könnte man behaupten, dass für bestimmte Emotionen eine spezifische Physiologie existiert. Nach diesen Forschern gilt, dass „if certain emotions are most closely allied with certain behavior patterns, and if different behaviors require different kinds of automatic support, then there is a basis for some amount of emotion-specific autonomic activity“[50]. Die autonomen Reaktivitätsmuster waren leicht zu finden in negativen Emotionen wie „anger, disgust, fear and sadness“. Allerdings zeigte die Untersuchung von positiven Emotionen wie „amusement and contentment“, dass nicht alle Emotionen eigene Reaktivitätsmuster besitzen, so dass der Einwand von Cannon gültig bleibt. Jene Autoren aber haben die Differenz als einen Indikator einer möglichen anderen Art von Nützlichkeit der negativen Emotionen gegenüber den positiven interpretiert: Die Erklärung der Autoren war, dass die Anpassungskraft der negativen Emotionen wichtiger für das menschliche Überleben ist als die der positiven Emotionen, die keine so wichtige Rolle spielen.

Darüber hinaus stellte Cannon fest, dass die viszeralen Veränderungen zu langsam geschehen, um Emotionen auslösen zu können. Da die Viszeren viel später reagieren, als die Emotionen selbst stattfinden, können die Viszeren nicht die Ursache der Emotionen sein. Zuletzt zeigte Cannon, dass die künstliche Herbeiführung von viszeralen Veränderungen[51], die für starke Emotionen typisch sind, solche Emotionen nicht entstehen lässt. Er wies nach, dass die Subjekte, obwohl sie physiologische Veränderungen erfuhren und so reagierten, als ob sie eine bestimmte Emotion hätten (d.h. mit Herzklopfen, Zittern, Schweißausbrüchen etc.), tatsächlich keine Emotion spürten (d.h. sie fühlten keine Angst, keine Wut, etc.). Es besteht also ein grundlegender Unterschied

---

48 Ebd., S. 354. In diesem Punkt ist die James/Lange-Hypothese mehrfach widerlegt worden. So etwa auch von Schachter und Singer in ihren Experimenten.

49 Vgl. P. Ekman, „All Emotions are Basic“, in: P. Ekman/R. J. Davidson, *The Nature of Emotion*, New York 1994, S. 15–20; R. W. Levenson, „The Search for Autonomic Specifity“, in: ebd., S. 252–257.

50 R. W. Levenson, ebd., S. 253.

51 Cannon führte die Experimente mit einer Adrenalinspritze durch. Dabei stellte sich heraus, dass die Personen, denen Adrenalin gespritzt wurde, keine spezifische Emotion erlebten. Außerdem griff er auf die Ergebnisse der Experimente von Gregorio Marañón zurück, nach denen die Wirkungen des Adrenalins von einigen Versuchspersonen zwar als Empfindungen aufgefasst wurden, sie die Wirkungen aber nur dann, wenn eine Stimmung bereits vorhanden war, als Emotionen auslegten.

zwischen der Wahrnehmung der körperlichen Veränderungen und der echten Emotion als psychischem Ereignis. Alle diese Beobachtungen waren offensichtlich Belege gegen die These von den Viszeren als organischer Basis der Emotionen. Diese Einwände haben seit Jahrzehnten als Beweise gegen die „Feeling"-Theorien gedient und sind stark genug, dass die James/Lange-Theorie als falsch betrachtet werden kann.

e. Emotionen als qualitatives Fühlen und die Reaktion auf den Kognitivismus

Eine kritische Bewertung der James/Lange-Theorie soll nunmehr gleichermaßen deren Nachteile wie Vorteile aufweisen. Einige Punkte, die auf die Aktualität dieser Theorie hindeuten, seien hier skizziert.

Einer der ersten problematischen Aspekte ist, dass sie die Emotionen auf Empfindungen oder Wahrnehmungen körperlicher Änderungen zurückführt. Gegen diesen Punkt kann man einerseits einwenden, dass es zwar Emotionen gibt, die mit einer Wahrnehmung körperlicher Veränderungen zusammen auftreten *können* – und insofern berücksichtigt die Theorie solche Fälle –, doch haben wir diese Wahrnehmung nicht immer, wenn wir eine solche Emotion haben. Ferner sind die Emotionen einzigartige Phänomene, die weder auf Empfindungen noch auf Wahrnehmungen zurückgeführt werden können.

Problematisch an der Theorie ist auch, dass sie als Unterscheidungskriterium zwischen zwei Emotionen den phänomenalen Zustand nimmt, ihn jedoch zu biologistisch und körperlich auffasst. Die Emotionen können – anders als die sensualistische Theorie behauptet – normalerweise nicht durch körperliche Änderungen bestimmt werden. Obwohl einige Emotionen eigene Reaktivitätsmuster besitzen und dies partiell die sensualistische Lehre stützt, bestimmen die Zustandsänderungen der Viszeren und des Kreislaufapparats nicht immer die konkreten Emotionen, so dass der gleiche physiologische Zustand bei zwei unterschiedlichen Emotionen auftreten kann. Es ist insofern nötig, den qualitativen Zustand mit einem anderen Kriterium zu kombinieren.

Ein weiteres Problem liegt darin, dass der phänomenale Zustand als Wahrnehmung körperlicher Änderungen verstanden wird. Dieses Verständnis aber ist zu begrenzt, um das Phänomen der Leiblichkeit der Emotionen zu begreifen. James und Lange unterscheiden nicht zwischen Empfindungen als Körperphänomenen und Empfindungen als Phänomenen des Leibes, d.h. als Phänomenen, die ein Einheitsbewusstsein ermöglichen.

Problematisch ist zudem, dass ihnen zufolge *alle* körperlichen Änderungen gefühlt werden. Allerdings werden nicht alle körperlichen Änderungen von einem reflexiven Bewusstsein begleitet. So kann ich vor Angst schwitzen, ohne dass ich dabei ein reflexives Bewusstsein des Schwitzens habe.

Ferner: Da die Emotionen bloße phänomenale Zustände sind, sind sie mit ihrem Objekt zufällig verbunden. Jede Emotion kann irgendetwas als Objekt haben. Wie Anthony Kenny zutreffend kritisiert hat, ist es nach dieser Theorie nicht merkwürdig, sich über etwas Schreckliches zu freuen.

Ein Problem jener Theorie ist auch, dass sie, da sie die Emotionen als Wahrnehmung von Körperzuständen versteht, die Existenz von mehreren gleichzeitig gegebenen Emotionen nicht erklären kann. Es kann zum Beispiel nach James/Lange nicht sein, dass wir in einem Moment Schreck und Ekel empfinden, denn beide sind in ihren phänomenalen Eigenschaften anders. Damit hängt ein weiterer Einwand zusammen. Unerklärbar bleibt in dieser Lehre, wie es möglich ist, eine Emotion über eine Emotion zu haben. Man kann sich ja etwa seiner Wut schämen. Diese Scham ist eine Emotion zweiter Ordnung oder Meta-Emotion, die phänomenal anders ist als die Wut. Die Theorie kann nicht erklären, wie zwei verschiedene phänomenale Zustände gleichzeitig als Bewusstsein körperlicher Änderungen möglich sind.

Wenn Emotionen das bloße Bemerken der organischen Veränderungen sind, berücksichtigt diese Theorie darüber hinaus nicht die Möglichkeit, dass es ein Bemerken von organischen Veränderungen gibt, das keine Emotion ist. So kann ich etwa, wenn ich mich schlapp oder mutlos fühle, nach dem Wahrnehmen jener Tatbestände glauben, dass ich traurig bin, obwohl ich tatsächlich vielleicht einfach krank bin. Die Möglichkeit solcher Täuschungen ist insofern in dieser Theorie nicht genügend bedacht.

Ein weiterer problematischer Aspekt ist, dass diese Bestimmung die Emotionen auf momentane Erlebnisse und die ganze psychische Realität auf das Erlebtsein zurückführt, indem sie das Bewusstsein als Erlebnisstrom begreift und damit ungeklärt lässt, warum die Emotionen in der Zeit andauern. Dann lässt sich kaum erklären, warum Emotionen auf unser Handeln und Denken auch dann noch einwirken können, wenn sie bereits nicht mehr erlebt werden und keinen körperlichen Ausdruck mehr finden; kurz: wie unterbewusste Emotionen möglich sind.

Ein weiterer Einwand betrifft die kausale Auffassung der Emotionen. Es wird m.E. eine kausale Verbindung postuliert zwischen einem Reiz – sei es ein äußerer Reiz, etwa die Wahrnehmung eines Objektes, oder ein innerer Reiz, etwa eine Erinnerung –, den darauf folgenden somatischen Veränderungen und zuletzt der Wahrnehmung der Veränderungen bzw. dem subjektiven Bewusstsein oder der Emotion. Indem die Emotionen als letztes Glied dieser kausalen Kette gesetzt werden, sind sie nichts als Wirkungen. Die Rolle der Emotionen in der Gestaltung unserer Reizwahrnehmungsmöglichkeiten wird in dieser Theorie vergessen. Oft wird das, was wir wahrnehmen, durch unsere emotionale Lage bedingt.

Die Emotionen werden als funktional und nützlich angesehen, denn obwohl James das Bestehen von Emotionen anerkennt, die ihrer Herkunft nach zufällig sind, sind die Emotionen der Hauptsache nach Reminiszenzen an Bewegungen, die in der Vergangenheit zweckmäßig für das Überleben der Art und des Individuums waren, und Erinnerungen an Reaktionen, mit denen sich der Mensch an bestimmte Umstände anpasste. Es handelt sich also eher um Anpassungsmechanismen. Aber eine solche Erklärung der Entstehung des emotionalen Ausdrucks durch eine vermeintliche Zweckmäßigkeit ist m.E. nicht immer zutreffend.

Die Verantwortung für die eigenen Emotionen wird hier ebenfalls nicht berücksichtigt. Wenn die funktionalistische Theorie recht hätte, gingen die Emotionen auf bloße Reaktionen oder Mechanismen der Anpassung zurück, und das Subjekt, das sie erfährt, wäre bloß ein passives Wesen. Damit wird die Theorie jedoch dem Umstand nicht gerecht, dass Personen als Subjekte handeln und Welt konstituieren. Funktionalistisch betrachtet ist der Mensch ein passiver Wahrnehmender der eigenen körperlichen Veränderungen, der zu einem bestimmten Verhalten gedrängt wird: zu einer Reaktion oder zu einer Anpassung gegenüber der Umwelt, was aber lediglich zwei defiziente Modi des Handelns sind.

Die Beziehung zwischen der Reizwahrnehmung, den körperlichen Änderungen und der Änderungswahrnehmung als Emotion wird als kausale Beziehung bestimmt. Und man fragt sich, inwiefern dem Menschen Verantwortung für die eigenen Emotionen zugeschrieben werden kann.

Auch wenn die sensualistische Theorie der Kritik nicht entkommen kann, ist sie in einer gewissen Hinsicht wertvoll: Sie versucht, den qualitativen Aspekt des Fühlens als für die Emotionen konstitutiv aufzufassen. Die Idee, dass sich die Emotionen wegen der Art und Weise, in der sie gefühlt werden, bzw. wegen ihrer phänomenalen Eigenschaften oder Qualia unterscheiden, sollte in der heutigen Debatte mit mehr Nachdruck vertreten werden. Die These der Qualia für die Emotionen hat in den letzten Jahren gewisse Aufmerksamkeit bekommen. Die Grundidee ist: Genau wie sich eine Farbe von einer anderen hinsichtlich ihrer phänomenalen Qualität unterscheidet, trifft das auch für die Emotionen zu. Diese Qualia verstehen James und Lange als etwas Körperliches. Aktuell versuchen einige Autoren, wenn auch anders als bei James und Lange, den qualitativen Aspekt der Emotionen hervorzuheben und als wesentlich zu verstehen. So kann von einem Revival der Theorien des Fühlens als Kontrapunkt zu den stark kognitivistischen Auffassungen der Emotionen gesprochen werden, die das Leibliche vernachlässigen. Zu jenen neueren Theorien des Fühlens gehören die Theorien der Neuen Phänomenologie von Schmitz und Landweer einerseits, bestimmte Ansätze innerhalb der analytischen Philosophie wie die von Goldie, Helm und Döring andererseits, wenn auch Goldie der Autor ist, der mit seiner Definition der Emotionen als „Feelings towards“ das einheitlichste Bild der Emotionen anbietet. Auch die Theorie der Emotionen, die in meiner Arbeit entwickelt wird, versucht, den qualitativen Aspekt als für die Emotionen wesentlich aufzuweisen und als leiblich zu interpretieren, ohne dabei die kognitiven Aspekte zu vergessen.

2.2.2. Emotionen als dimensionale Erlebnisse: Wundt

a. Emotion und Gefühl nach Wundt

Die Theorien des Fühlens waren bis zum Anfang des XX. Jahrhunderts dominant. Vor der James/Lange-Theorie der Emotionen gab es eine andere sehr einflussreiche Theorie des Fühlens, die hier kurz skizziert werden soll: die Theorie Wilhelm Wundts. Nach ihm ist das Bewusstsein ein Vorgang mit „Inhalten“, der bestimmten Gesetzmäßigkeiten folgt. Die genaue Untersuchung der Inhalte des Bewusstseins – und nicht der Funktionen wie bei James – ist die Aufgabe der psychologischen Philosophie. Gemeinsam ist ihr mit der James/Lange-Theorie jedoch, dass beide sich auf den Schienen des Cartesianismus bewegen: Die Emotionen werden durch ihre gefühlten Qualitäten definiert und mit der Methode der Introspektion untersucht. Die Emotionen werden hier als eine besondere Art von Bewusstseinsvorgang aufgefasst: ein Erlebnis, das zwischen verschiedenen Dimensionen schwankt und dem aufgrund psychophysischer Gesetze eine physische Äußerung entspricht.

Wie lassen sich Emotionen von ähnlichen Phänomenen unterscheiden? Im *Grundriss der Psychologie* unterscheidet Wundt zwischen Gefühl und Affekt. Das Hauptmerkmal des „Gefühls“ liegt darin, dass es kein dauernder Zustand ist, sondern ein Vorgang, der

„nie ein gewisses mittleres Maß der Intensität überschreitet"[52] und der in keiner Beziehung zu vorausgegangenen und nachfolgenden Vorgängen steht. Die „Affekte" – oder in unserem modernen Terminus „Emotionen" – treten hingegen dort auf, „wo sich eine zeitliche Folge von Gefühlen zu einem zusammenhängenden Verlaufe verbindet, der sich gegenüber den vorausgegangenen und den nachfolgenden Vorgängen als ein eigenartiges Ganzes aussondert, das im allgemeinen zugleich intensivere Wirkungen auf das Subjekt ausübt als ein einzelnes Gefühl."[53] Demnach sind die Emotionen Einheiten, die eine höhere Intensität als die Gefühle besitzen. *Intensität* und *Einheit* sind daher die Unterscheidungsmerkmale, die nach Wundt Emotionen von Gefühlen abgrenzen.

Was die Intensität anbelangt, so schreibt Wundt, dass „es nicht sowohl spezifische subjektive Erfahrungsinhalte sind, die den Affekt von dem Gefühl scheiden, als vielmehr die Wirkungen, die er infolge der eigentümlichen Verbindung bestimmter Gefühlsinhalte ausübt".[54] Kraft des psychophysischen Parallelismus, den Wundt vertritt, können diese Wirkungen sowohl die Verlaufsform der Gefühle verändern, indem sie die Inhalte modifizieren, als auch Veränderungen der körperlichen Begleiterscheinungen verursachen. Die Emotionen sind demnach Vorgänge, die mit Empfindungsverläufen und mit Vorstellungsverläufen verbunden sind. In dieser Hinsicht folgt Wundt der cartesianischen Lehre, nach der die physiologischen Änderungen und das Bewusstsein dieser Änderungen gleichzeitig geschehen.

Wenn die Intensität das einzige Unterscheidungsmerkmal wäre, könnte irgendein Gefühl sich durch Steigerung seiner Intensität in eine Emotion verwandeln, und so würde die Demarkationslinie zwischen beiden verschwinden. Daher führt Wundt eine zweite Kennzeichnung an und behauptet, dass die Emotionen nicht nur als von stärkerer Intensität, sondern auch als einheitliches Ganzes beschrieben werden müssen. Als Einheiten schließen sie selbst Gefühle in sich ein und haben eine bestimmte Verlaufsform. Sie entstehen mit einem „Anfangsgefühl, das durch seine Qualität und Richtung sofort für die Beschaffenheit des Affekts kennzeichnend ist, und das entweder in einer durch einen äußeren Eindruck hervorgerufenen Vorstellung (äußere Affekterregung), oder in einem durch Assoziations- und Apperzeptionsbedingungen entstehenden psychischen Vorgang (innere Affekterregung) seine Quelle hat".[55] Darauf folgt ein Vorstellungsverlauf, der von den entsprechenden Gefühlen begleitet wird und der Unterschiede zeigt, die von der Qualität der Gefühle und von der Geschwindigkeit des Vorgangs abhängig sind. Schließlich hört die Emotion mit einem Endgefühl auf, auf das eine ruhige Gemütslage folgt. In dieser Auffassung ist die Idee eines zeitlichen Verlaufs schon impliziert: Die Emotionen werden als Vorgänge betrachtet, die mit körperlichen Änderungen und Vorstellungsinhalten verbunden sind und die vor allem eine bestimmte Verlaufsform besitzen und in Phasen stattfinden.

---

52 W. Wundt, *Grundriss der Psychologie*, Stuttgart 1920, S. 203.

53 Ebd., S. 204.

54 Ebd.

55 Ebd., S. 205f.

b. Die körperliche Begleiterscheinung: der Ausdruck als Symptom

Wundts These der Ausdruckslehre im *Grundriss der Psychologie* und in *Grundzüge der physiologischen Psychologie* lautet, dass die Emotionen nicht nur „Wirkungen" auf den Vorstellungsinhalt, sondern auch auf den Körper haben. In diesem Punkt folgt er einem strengen psychophysischen Parallelismus, nach dem „sich unser Inneres daher immer in Ausdrucksbewegungen [spiegelt], die in ihren mannigfachen Abstufungen ein treues Bild des nie rastenden Flusses der Gemüthsbewegungen sind"[56]. Der Ausdruck der Emotionen ist dann die bloße Wirkung der Emotionen auf den Körper, steht in einer kausalen Verbindung zu den Emotionen als inneren Vorgängen und hat daher nur „symptomatischen Charakter"[57].

Die Ausdrucksbewegungen der Emotionen lassen sich nach Wundt in Abhängigkeit von ihrem Ursprung in drei Klassen teilen, insofern jede Bewegung, die aus einer Emotion hervorgeht, sich auf eines von drei Prinzipien zurückführen lässt.

Das erste Prinzip der direkten Innervationsänderung betrifft die Ausdrucksformen stärkerer Affekte, die „bei mäßigeren Graden in gesteigerten Bewegungen, bei sehr heftigen Affekten in plötzlicher Hemmung oder Lähmung der Bewegung"[58] bestehen. Ein Beispiel für die unmittelbare Wirkung auf die Zentren der motorischen Innervation bei stärkeren Emotionen stellt das Weinen oder das Erröten dar. Diese Ausdrucksformen können nicht durch den Willen kontrolliert werden. Sie sind unwillkürlich, spezifisch menschlich und „scheinen verhältnismäßig spät von der Gattung Homo erworben zu sein, da Kinder in der ersten Zeit ihres Lebens weder weinen noch erröthen"[59].

Nach dem zweiten Prinzip der Assoziation analoger Empfindungen, das bereits bei der Darlegung der Theorie von James erwähnt wurde, bestehen die qualitativen Gefühlsäußerungen aus mimischen Gesichtsbewegungen, „unter denen Reaktionen der Mundmuskeln, die den auf süße, saure und bittere Geschmackseindrücke folgenden Reflexen gleichen, die vorwiegende Rolle spielen"[60]. So entspricht der Gesichtsausdruck, der demjenigen gleicht, den wir haben, wenn wir etwas Süßes schmecken, den Lustaffekten, während der saure und der bittere den Unlustaffekten entspricht; ferner werden sowohl Erregung und Depression als auch Spannung und Lösung durch die Gesichtsmuskeln (besonders durch Mund- und Nasenbewegungen) ausgedrückt. Diese Übertragung der Namen aus dem Gebiet der sinnlichen Eindrücke auf die Emotionen geschieht durch einen Mechanismus der Assoziation, so dass beim Vollzug bestimmter muskulärer Bewegungen die entsprechenden Geschmackseindrücke empfunden werden.

Das dritte Prinzip ist das Prinzip der „Vorstellungsäußerungen", das die pantomimischen Bewegungen (Mienen und Gebärden) bestimmt, „bei denen entweder auf die

---

56 W. Wundt, *Grundzüge der physiologischen Psychologie*, Dritte, umgearbeitete Auflage, Zweiter Band, Leipzig 1887, S. 408.

57 Ebd., S. 504.

58 W. Wundt, *Grundriss der Psychologie*, a.a.O., S. 207.

59 W. Wundt, *Grundzüge der physiologischen Psychologie*, a.a.O., S. 506.

60 W. Wundt, *Grundriss der Psychologie*, a.a.O., S. 207. Zum alten Schema von Piderits *Mimik und Pantomimik* fügt Wundt den sauren Geschmack hinzu.

Gegenstände des Affekts hingewiesen wird (hinweisende Gebärden), oder bei denen die Gegenstände sowie die mit ihnen zusammenhängenden Vorgänge durch die Form der Bewegung angedeutet werden (darstellende Gebärden)“[61]. Nach jenem Prinzip benutzen wir unseren Körper, und nach Wundt insbesondere die Arme und die Hände, um bestimmte Raum- und Zeitverhältnisse nachzubilden, wenn wir mit Affekt sprechen oder handeln.

Die drei Prinzipien deuten auf besondere Eigenschaften der Emotionen in Bezug auf ihren Ausdruck hin. Anhand des ersten Prinzips sind einige emotionale Ausdrücke unkontrollierbar: Weinen, Lachen, Erröten usw. Das zweite Prinzip weist auf die Beziehung zwischen den Emotionen und bestimmten Gesichtsausdrücken hin, die mit Empfindungen zu tun haben. Diese Feststellung Wundts wird heute auch von vielen Ausdruckstheoretikern bestätigt und erweitert, so dass nicht nur die Übertragung der Namen aus dem Gebiet der Geschmäcke auf die Emotionen belegt wird, sondern auch die von anderen sinnlichen Eindrücken. Allerdings besitzen, wie schon erwähnt, nicht alle Emotionen solche autonomen Reaktivitätsmuster. Mit dem dritten Prinzip wird auf ein bestimmtes Merkmal des emotionalen Ausdrucks hingedeutet: die Tatsache, dass die Emotionen mit bestimmten Handlungsneigungen auftreten.

Zwei Kritiken des Prinzips sind hervorzuheben. Zum einen erwähnt Wundt von allen Arten pantomimischer Bewegung nur die Bewegungen der Arme und Hände. Diese Begrenzung hat ihren Ursprung in der Fixierung Wundts auf die „Gebärdensprache“[62] und ist der Grund dafür, dass er andere Bewegungen übersieht, wie etwa Körperhaltungen. Anstatt das Phänomen des Ausdrucks als ein Ineinander von Innen und Außen zu interpretieren, reduziert Wundt zum anderen den Ausdruck auf eine bloße äußere Wirkung von etwas Innerlichem auf den Körper. Aufgrund des vertretenen psychophysischen Parallelismus bleibt seine Erklärung der pantomimischen Bewegung in dem alten bipolaren Paradigma des Innen und Außen, des Psychischen und des Physischen, der Seele und des Körpers. Der Terminus „Vorstellungsäußerungen“ offenbart schon, dass Wundt den Ausdruck als Wirkung des Seelischen auf den Körper interpretiert, was m.E. jedoch dem Phänomen des Ausdrucks nicht gerecht wird. Wenn ich in einer Gebärde eine bestimmte Bewegung vollziehe, wenn ich z.B. mit meiner Faust vor Wut auf die Wand schlage, hat diese Bewegung sicher eine entladende Funktion. Sie ist aber gleichzeitig etwas mehr als eine bloße Zweckbewegung: Sie ist die *räumliche Darstellung* meiner Wut. Wenn ich traurig bin und meine Augen senke, langsam laufe und eine gekrümmte Haltung einnehme, so ist das die räumliche Darstellung meiner Traurigkeit. Es gibt dann eine enge Verbindung zwischen dem, was ich leiblich fühle, und dem Raum, die nicht in den Termini des psychophysischen Parallelismus erklärt werden kann und die eine ausführliche phänomenologische Arbeit an den Begriffen des Körpers und des Leibes verlangt.

---

61 Ebd., S. 207.

62 Vgl. Karl Bühlers Kritik: K. Bühler, *Ausdruckstheorie. Das System an der Geschichte aufgezeigt*, Stuttgart 1968, S. 135.

c. Die drei Dimensionen des emotionalen Erlebnisses

Während sich Wundt bei der Untersuchung der Ausdrucksbewegungen an physiologischen Gesichtspunkten orientiert, nimmt er für die Untersuchung der Emotionen eine psychologische Perspektive ein und benutzt hauptsächlich die introspektive Methode. Aus solch psychologischer Perspektive heraus versucht er im *Grundriss der Psychologie*, die Grundformen der Affekte durch ihre unmittelbaren Eigenschaften zu bestimmen. Die Unterscheidungsmerkmale sind: Qualität, Intensität und Verlaufsform. Dabei ist die Qualität dasjenige Merkmal, das den allgemeinen Charakter der Emotion bestimmt, während die beiden anderen als sekundäre Unterscheidungsmerkmale dienen. Die Theorie hat insofern die typischen Merkmale einer Theorie des Fühlens: Die Emotionen sind etwas Leibliches – hier in verschiedenen qualitativen Momenten beschrieben – und sie sind bewusst.

Nach der *Qualität* unterscheidet Wundt zwischen Lust- und Unlustemotionen, erregenden und deprimierenden (Exitation und Beruhigung) sowie spannenden und lösenden Emotionen. Die Emotionen sind dann jeweils „gemischte Formen". Jede der drei genannten Qualitätsunterscheidungen stellt eine Dimension dar, zwischen deren Gegenpolen die Emotionen sich bewegen. Daher wird Wundts Theorie als dreidimensionale Theorie der Emotion bezeichnet. Normalerweise ist der Grundcharakter der Emotion durch die Ausrichtung innerhalb einer der drei Dimensionen bestimmt, die dann die *primäre* ist, während die Ausrichtungen in den anderen beiden Dimensionen den *sekundären* Charakter der Emotion bestimmen und Unterformen der primären Emotion entstehen lassen. So ist etwa die Freude ihrem Grundcharakter nach ein Lustaffekt und wird in ihrem Verlauf durch die Steigerung des Gefühls zu einem erregenden Affekt.

Die wichtigste der drei Dimensionen bildet aber nach Wundt das Paar „Lust – Unlust", und wenn die Ausrichtung in dieser Dimension feststeht, bestimmen die anderen zwei Achsen, nämlich „Spannung – Lösung" und „Erregung – Beruhigung", die Variationen der Emotion. Es handelt sich insofern um asymmetrische Dimensionen, als das Paar „Lust – Unlust", das heute „hedonistische Valenz" genannt wird, für den Charakter der Emotion grundlegender ist als die beiden anderen Paare. Die Dimension „Lust – Unlust" ist in diesem Sinne die *primäre* Dimension. Eine aufmerksame Analyse von Wundts Texten ergibt, dass er die Emotionen hauptsächlich in drei Klassen ordnet, die Wundt über die in der Alltagssprache für die Emotionen gebräuchlichen Begriffe bestimmt.

An erster Stelle gibt es „Bezeichnungen subjektiver, hauptsächlich nach dem Gemütszustand selbst unterschiedener Affekte".[63] Das ist der Fall bei der Freude und beim Leid sowie bei den Unterarten des letzteren, die sich aus der Ausrichtung innerhalb der anderen Dimensionen ergeben: „erregend (E) – deprimierend (D)" und „spannend (S) – lösend (L)". Nach Wundts System – das ich mit Buchstaben abgekürzt habe – lassen sich folgende Emotionen charakterisieren: Wehmut (DL), Kummer (EL), Gram (DS) und Schreck (ES).[64] An zweiter Stelle gibt es die „Bezeichnungen objektiver, auf einen äuße-

[63] W. Wundt, *Grundriss der Psychologie*, a.a.O., S. 215.

[64] Diese Zuordnungen sind hier und im Folgenden eigene; Wundt beschränkt sich darauf, die jeweiligen Beispiele für Affekte zu nennen, ohne die konstitutiven Ausrichtungen anzugeben. Vgl. ebd.

ren Gegenstand sich beziehender Affekte"[65], wie Vergnügen und Missvergnügen, sowie die Unterarten des letzteren, die nach den verschiedenen Richtungen in Wundts System folgende sein können: Verdruss (DL), Unwille (DS), Zorn (EL) und Wut (ES). Zuletzt gibt es „Bezeichnungen objektiver Affekte, die sich auf äußere Ereignisse beziehen, die erst in der Zukunft zu erwarten sind"[66], wie Hoffnung und Furcht, und als Unterarten derselben Angst (ES) und Sorge (DS). Diesbezüglich beobachtet Wundt, dass die Sprache für die Unlustaffekte eine viel größere Mannigfaltigkeit von Namen geschaffen hat als für die Lustaffekte, und er glaubt, dass eine Erklärung dafür in der größeren Mannigfaltigkeit der Unlustformen liegt und in der Tatsache, dass sie in höherem Grad die Aufmerksamkeit auf sich lenken. Diese Frage bereitet der Philosophie der Emotionen auch heute noch Kopfzerbrechen.[67]

Nach der *Intensität* kann man zwischen schwachen und starken Emotionen unterscheiden, aber nicht wegen ihrer physischen „Wirkungen", sondern wegen ihrer psychischen Stärke. Da die Intensität einer Emotion sowohl fallweise unterschiedlich sein kann als auch sich im Verlauf ändern kann, ist dieses Unterscheidungsmerkmal „von untergeordneter Bedeutung".[68]

Nach der *Verlaufsform* gibt es drei Arten von Emotionen. Diejenigen Emotionen, die plötzlich auftreten und schnell ihr Maximum erreichen, um dann wieder abzunehmen (Überraschung, Erstaunen, Schreck und Wut); diejenigen Emotionen, die allmählich ansteigen (Sorge, Zweifel, Kummer, Traurigkeit, Erwartung und in einigen Fällen Freude, Zorn und Angst), und die intermittierenden Emotionen, d.h. Emotionen mit aufsteigenden und absteigenden Phasen, wie es in der Regel bei allen länger dauernden Emotionen der Fall ist. Die Tatsache, dass Wundt sie als intermittierend charakterisiert, offenbart schon seine Annahme, dass das Bewusstsein ein wesentliches Merkmal der Emotionen ist. Damit wird die Existenz unterbewusster Emotionen geleugnet. Völlig rätselhaft bleibt in dieser Unterteilung, warum einige Emotionen allmählich entstehen, andere plötzlich und wieder andere nur in der intermittierenden Form vorkommen. Außerdem wird auch die Beziehung der Emotionen zu dem, was Wundt ihren Vorstellungsgehalt nennt – also wohl die Objekte der Emotionen –, nicht weiter untersucht.

d. Die Kritik von Titchener

Im Folgenden werden die Dimensionen des emotionalen Erlebnisses unter Rückgriff auf die Untersuchungen des Wundt-Schülers Edward Bradford Titchener diskutiert. Ich beziehe mich dabei auf das *Textbook of Psychology*, die *Lectures on the elementary psychology of feeling and attention* und einige Zeitschriftartikel Titcheners. Titchener beschreibt die Emotionen – ebenso wie Wundt – als Vorgänge mit einer bestimmten Qualität, Inten-

---

65 Ebd.

66 Ebd.

67 Diese Tatsache hat die Aufmerksamkeit verschiedener Forscher auf sich gezogen. Vgl. O. H. Green, *The Emotions*, a.a.O., S. 181–188.

68 W. Wundt, *Grundriss der Psychologie*, a.a.O., S. 216.

sität und Dauer, die mit Empfindungen und Vorstellungen verbunden sind.[69] Allerdings behauptet Titchener – wie auch die aktuellen Theorien der Emotionen –, dass das Paar Lust – Unlust die einzige Dimension ist, in der die Emotionen schwanken.[70] Zu dem Ergebnis gelangt Titchener, nachdem ihn die bereits angedeutete offensichtliche Asymmetrie zwischen Wundts Dimensionen dazu veranlasst hatte, die dreidimensionale Theorie einer genauen Prüfung zu unterziehen.

Einige *theoretische* Untersuchungen der die Dimensionen konstituierenden Gegensatzpaare führen zur Widerlegung der Dreidimensionalitätsthese. Wie Titchener bemerkt, ist der Gegenpol zur Spannung in Wirklichkeit nicht die Lösung, da sie vielmehr den Punkt bezeichnet, an dem die Spannung gleich null ist. Demnach stellt dieses Paar keine Dimension dar, in der die Emotionen zwischen Gegenpolen schwanken, sondern vielmehr den Nullwert und Höchstwert einer Skala der Spannung. Anders ist es bei der Dimension Lust – Unlust: die Unlust ist nicht einfach der Nullpunkt der Lust. Ferner bildet auch das Paar Erregung und Beruhigung kein echtes Gegensatzpaar, da unklar ist, warum das Gegenteil der Erregung gerade die Beruhigung sein soll. Wundt selbst bezeichnet das Gegenteil der Erregung einmal als Beruhigung, ein anderes Mal als Depression, wieder ein anderes Mal als Gelassenheit. Bei Beruhigung, Depression und Gelassenheit handelt es sich jedoch um drei verschiedene Phänomene. Die Überlegungen zeigen, dass nur die Dimension Lust – Unlust ein echtes Gegensatzpaar darstellt.

Experimentelle Untersuchungen stützen die Kritik an Wundts dreidimensionalem Schema. Ich werde mich auf zwei Experimente beziehen, eins von Titchener und eins von einem seiner Schüler. In beiden Untersuchungen wurde eine Versuchsperson mit paarweise gegebenen Reizen konfrontiert. In der ersten Untersuchung wurden Harmoniumklänge benutzt, um die Dimensionen Lust – Unlust und Erregung – Beruhigung zu untersuchen, sowie Metronomschläge, um die Dimensionen Lust – Unlust und Spannung – Lösung zu erforschen.[71] In der zweiten Untersuchung wurden Harmoniumklänge und Metronomschläge angewandt, um alle drei Dimensionen zu untersuchen[72]. Zu jedem Paar von Reizen wurde die Versuchsperson gefragt, welcher der beiden angenehmer und welcher unangenehmer sei, ferner welcher erregender und welcher deprimierender sei usw. Die Antworten wurden festgehalten und in Koordinatenkreuzen zu Sequenzkurven zusammengestellt. Der dem Experiment zugrunde liegende Gedanke war, dass ein voneinander unabhängiger Verlauf der Sequenzkurven der verschiedenen Dimensionen ein Zeichen für die Unabhängigkeit der mutmaßlichen Dimensionen wäre. Wenn hingegen die verschiedenen Sequenzkurven, etwa die von Lust und Erregung, zusammenfallen, so würde das bedeuten, dass sich die drei Dimensionen auf eine einzige reduzieren lassen. Auch die Frage, ob Erregung und Beruhigung tatsächlich ein Gegensatzpaar

69 E. B. Titchener, *Textbook of Psychology*, New York 1980, S. 471f.

70 Ebd., S. 226.

71 Vgl. E. B. Titchener, „Ein Versuch, die Methode der paarweisen Vergleichung auf verschiedene Gefühlsrichtungen anzuwenden", in: *Philosophische Studien* XX, hg. v. W. Wundt, Leipzig, 1902, S. 382–406.

72 S. Perkins Hayes, „A study of the affective qualities", in: *American Journal of Psychology* XVII, hg. v. G. St. Hall, New York 1906, S. 358–393.

bilden, sollte im Rahmen des Experiments geklärt werden. Wenn das nämlich der Fall wäre, so müsste die Sequenzkurve zu der Frage, welcher der Töne der erregendere sei, die genaue Umkehrung der Sequenzkurve zu der Frage sein, welcher der Töne der beruhigendere sei.

Die Ergebnisse dieser experimentellen Untersuchungen lassen sich folgendermaßen zusammenfassen: Die Subjekte haben keine Schwierigkeit, Lust und Unlust zu identifizieren, die entsprechenden Urteile waren einfach zu fällen und es gab nicht verschiedene Arten von Lust und Unlust, sondern es handelte sich um homogene Kategorien. Die Urteile über die Erregung waren aber nicht so unmittelbar wie Urteile über Lust und Unlust, was daran liegt, dass der Begriff der Erregung als zweideutig aufgefasst wird: Einerseits bezeichnet er das Gegenteil der Depression; dort, wo Erregung so verstanden wird, stimmt ihre Sequenzkurve mit der Sequenzkurve der Lust überein. Andererseits kann Erregung als Gegenteil der Gelassenheit aufgefasst werden; wo dies der Fall ist, fällt die Sequenzkurve der Erregung mit der Sequenzkurve der Unlust zusammen. Das zeigt, dass die Erregung in keinem Fall Pol einer eigenständigen Dimension ist. Ferner ist es leicht zu beurteilen, ob Spannung vorliegt, aber nach Aussage der Versuchspersonen entspricht einer Steigerung der Spannung stets eine Steigerung der Unlust, während die Lösung stets als Lust und Depression bewertet wird. Das legt nahe, dass es sich auch bei der Dichotomie von Spannung und Lösung um keine eigenständige Dimension handelt. All diese Untersuchungen veranlassen uns, der These Titcheners zuzustimmen, dass es hier nur *eine* primäre Dimension gibt: Lust und Unlust, zwischen denen die Emotionen schwanken und um die herum sich die anderen Begriffspaare anordnen.[73] Emotionen bewegen sich insofern in der hedonistischen Dimension der Lust und der Unlust, d.h., so wie sie sich am Leib anfühlen, charakterisiert man sie als angenehm oder unangenehm.

e. Hedonistische Valenz

Die Inhaltspsychologie Wundts und Titcheners ist in einigen Aspekten kritisierbar. Genauso wie bei James und Lange wird in ihrem theoretischen Rahmen als Individuierungsprinzip der Emotionen eine bestimmte phänomenale Qualität verstanden, was aber unzureichend ist, um Emotionen voneinander zu unterscheiden. Auch hier wird der phänomenale Zustand als leibliche Erfahrung interpretiert, ohne dass dabei der Leibbegriff vom Körperbegriff differenziert würde. Außerdem bleibt die Verbindung zwischen Emotionen und ihren Objekten bei beiden Autoren ungeklärt. Emotionen sind qualitativ gefühlte Phänomene, ihre Bezogenheit auf ein Objekt wird in diesen Theorien – wie auch bei James und Lange – nicht weiter untersucht. Die Versuche einer Typologie der Emotionen gründen daher immer auf dem qualitativen Fühlen und beziehen das emotionale Objekt nicht ein. Positive und negative Emotionen sind dementsprechend Emotionen, die sich leiblich angenehm oder unangenehm anfühlen. Die in ihnen enthaltenen Stel-

---

73 Titchener ist der Meinung, dass Wundt zwar nicht drei Dimensionen der einfachen Gefühle entdeckt habe, wohl aber Gegensätze, die bei Komplexen von Gefühlen eine Rolle spielen. E. B. Titchener, „Ein Versuch, die Methode der paarweisen Vergleichung auf verschiedene Gefühlsrichtungen anzuwenden", in: a.a.O., S. 405.

lungnahmen zum Objekt und die möglichen Handlungen hinsichtlich des Objekts werden nicht berücksichtigt. Tatsächlich jedoch würde gerade die Betrachtung der Beziehungen zwischen Emotionen und ihren Objekten ein Feld neuer Interpretationen jener Positivität und Negativität ermöglichen.

Problematisch ist auch, dass zwischen Vorstellungsverläufen und Empfindungsverläufen, d.h. zwischen den Emotionen und den „körperlichen Ausdruckserscheinungen", ein Verhältnis der Kausalität postuliert wird. Der Ausdruck wird als Spiegelung der Emotionen im Körper interpretiert, und aufgrund des psychophysischen Parallelismus wird eine kausale Beziehung zwischen der Emotion als Erlebnis und ihrem körperlichen Ausdruck behauptet, so dass letzterer als bloßes Symptom aufgefasst wird. Wundt und Titchener versuchen, die Beziehung zwischen beiden Phänomenen unter Rückgriff auf eine kausale und physische Erklärung zu beschreiben, die sich weiter im Rahmen des dualistischen Paradigmas von Innen und Außen bewegt.

Ein weiteres Problem besteht im Verständnis der gesamten psychischen Realität als eines bloßen Vorgangs, eines Stroms, einer Kette oder eines Ablaufs von Erlebnissen. Die innere Realität ist demzufolge ein reiner Erlebnisstrom ohne Tiefe: Es existiert nichts anderes als dieses bewusst erlebte Geschehen. Dabei erkennt Wundt selbst die Existenz von intermittierenden Emotionen an, also solchen Emotionen, die regelmäßig auftauchen und verschwinden, und Titchener kann sich nicht erklären, warum Emotionen in der Zeit andauern. Was mit den Emotionen passiert, während sie nicht bewusst sind, warum man sie durch Erinnerungen und Gedanken hervorrufen kann, wie sie – obwohl sie „verschwunden" sind – immer noch unsere Gedanken bestimmen (z.B. in der Form obsessiver Ideen) und unser Handeln motivieren können, bleibt unter solchen Voraussetzungen ein unlösbares Rätsel.

Dennoch befassen sich die zuletzt analysierten Theorien mit einem wesentlichen Merkmal der Emotionen, das heute unter dem Einfluss des Kognitivismus oft unberücksichtigt bleibt, nämlich mit der Tatsache, dass die Emotionen eine affektive Tonalität besitzen. Diese wurde hier als angenehm oder unangenehm interpretiert, insofern Wundt und Titchner behaupten, dass die Emotionen zwischen den Polen von Lust und Unlust zu verorten sind, was in der heutigen Terminologie heißt: Emotionen haben eine hedonistische Valenz. Wenn hier von Lust und Unlust die Rede ist, handelt es sich immer um eine gefühlte Qualität der Erfahrung, die deren Positivität und Negativität im Sinne von angenehm und unangenehm bedingt. Die These, dass die Emotionen in bestimmter Weise dimensional strukturiert sind, ist nicht neu; man kann sie bereits bei Aristoteles und Descartes finden. Einige analytische Philosophen – etwa Elster und Green – bezeichnen die Lust-Unlust-Dimension als „experiential criterion" und beschreiben sie als „the hedonic tone of emotional experience".[74] In jüngster Zeit hat Bennett Helm jenes Kriterium in seine Theorie der Emotionen eingeführt und die Emotionen als „felt evaluations" charakterisiert. Das hedonistische Kriterium ist Helm zufolge für die Unterscheidung zwischen positiven und negativen Emotionen verantwortlich. Die Hervorhebung des qualitativen Aspekts des Fühlens macht Wundts Theorie zu einer Theorie des Fühlens und kann als Ausgangspunkt für eine Rückkehr zur Erfahrung des Emotionalen gegenüber dem dominierenden Kognitivismus genommen werden.

---

[74] Vgl. O. H. Green, *The Emotions*, a.a.O., S. 172.

2.2.3. Emotionen als intentionale Akte: Brentano

a. Franz Brentano über physische und psychische Phänomene

Grundlegend anders als die zwei vorher dargestellten Theorien der Emotionen ist die Theorie Franz Brentanos. Brentano ist der Meinung, dass die Emotionen sich nicht wegen eines qualitativen Fühlens individuieren lassen, sondern wegen ihrer kognitiven Leistungen. Die Emotionen sind eine besondere Art intentionaler Bewusstseinsakte, die mit Vorstellungen, Urteilen, Annahmen usw. verbunden auftreten, und die einem bestimmten psychischen Inhalt sittlichen Wert oder Unwert zuschreiben. Diese Theorie, die Brentano unter Rückgriff auf Elemente der Scholastik entwickelt, bietet eine neue Annäherung an das Phänomen der Emotion, die den kognitiven und ethischen Aspekt derselben hervorhebt. Ohne den Beitrag Brentanos und ohne die Verarbeitung seiner Thesen seitens Carl Stumpfs, Edmund Husserls und der Frühphänomenologen hätte der kognitivistische Ansatz Anthony Kennys in den 60er Jahren schwerlich eine so gute Rezeption finden können. Brentano bereitet insofern dem Kognitivismus das Feld, das Kenny, ebenfalls ausgehend von der scholastischen Tradition, entwickelt[75], der so stark die aktuellen Theorien prägt. Um zu verstehen, wie Brentano zum neuen Verständnis der Emotionen kommt, muss zunächst seine innovative Auffassung des Bewusstseins untersucht werden.

1874 präsentiert Brentano in *Psychologie vom empirischen Standpunkt* eine sehr innovative These über das Psychische mit starken Implikationen für eine Philosophie der Emotionen. Diese Theorie wird im späteren Werk *Vom Ursprung sittlicher Erkenntnis* (1889) weiter entwickelt. Die These lautet, dass das Bewusstsein weder als bloßes psychisches Korrelat des Körpers noch als Inhaltsstrom oder bewusster Vorgang mit Inhalten anzusehen ist, sondern als intentionaler Akt.[76] Bewusstseinsakte – die Brentano als „psychische Phänomene" bezeichnet – sind in dem Sinne intentional, dass sie ein Objekt als Inhalt intendieren; außerdem können sie Objekt einer inneren Wahrnehmung sein. Ausgehend von dieser strengen Trennung zwischen Akten und Objekten muss sich die Erforschung des Bewusstseins damit beschäftigen, die Bewusstseinsakte und die Modi, in denen sie Objekte intendieren, zu untersuchen. Die Abgrenzung desjenigen, was Akt, von demjenigen, was Inhalt des Bewusstseins ist, soll daher am Anfang der Darstellung stehen.

In der Untersuchung der Akte und Inhalte des Bewusstseins unterscheidet Brentano zwischen zwei Arten von Bewusstseinsinhalten, die er „Phänomene" nennt. Auf der einen Seite stehen die „physischen Phänomene" wie „eine Farbe, eine Figur, eine Landschaft, die ich sehe; ein Akkord, den ich höre; Wärme, Kälte, Geruch, die ich empfinde;

---

75 Einige Autoren, etwa Paul Griffiths, verorten die Ursprünge der „propositional attitude theories" in Kennys Werk. P. Griffiths, *What Emotions really are*, a.a.O., S. 21. Dagegen vertrete ich hier die These, dass der Ursprung solcher Theorien schon viel früher bei Brentano zu finden ist.

76 Brentanos Lehre wird auch „Aktpsychologie" genannt. Die Aktpsychologie entwickelte sich an den Universitäten von Wien, Graz und Prag, und die Autoren, die mit ihr verbunden werden, sind neben Brentano Meinong, Witasek, Lipps und Stumpf.

sowie ähnliche Gebilde, die mir in der Phantasie erscheinen“[77]. In allen Fällen sind die physischen Phänomene das, was gehört oder gesehen wird usw., aber nicht das, was zwar als physische Entität existiert, aber *nicht* gesehen oder gehört wird; also nicht das physische Ding und seine Eigenschaften, sondern die Bewusstseinsinhalte, in denen dieses Ding gegeben ist. Es handelt sich hier somit nur um die Bewusstseinsinhalte über die äußere Welt, die Objekt eines Bewusstseinsaktes, d.h. eines „psychischen Phänomens“ – wie etwa eines Aktes der Empfindung – sein müssen, um überhaupt irgendeine Existenz zu haben. In diesem Sinn ist die Existenz der physischen Phänomene nur phänomenal und intentional.

Auf der anderen Seite stehen die „psychischen Phänomene“, die außer der intentionalen auch eine wirkliche Existenz haben. Sie haben insofern eine doppelte Existenz. Einerseits werden die psychischen Phänomene, die selbst Bewusstseinsakte sind, Objekt anderer Bewusstseinsakte, und indem sie Inhalt von Bewusstseinsakten sind, kommt ihnen genau wie den oben beschriebenen physischen Phänomene eine intentionale Existenz zu. Andererseits haben sie, indem sie als Bewusstseinsakte einen Bewusstseinsinhalt intendieren, auch eine wirkliche, nicht phänomenale Existenz, die den physischen Phänomenen fehlt, weil sie nie ein Objekt intendieren. Dieses Merkmal der Bewusstseinsakte, dass sie nämlich stets einen Inhalt in sich einschließen und immer Bewusstsein von etwas sind, mit anderen Worten: „[d]ie Beziehung auf einen Inhalt, die Richtung auf ein Objekt (worunter hier keine Realität zu verstehen ist), oder die immanente Gegenständlichkeit“[78], bezeichnet Brentano als Intentionalität. Damit schließt er an die bis dahin vergessene scholastische Tradition an. Viel wichtiger noch ist aber, dass er mit seiner Beschreibung des Psychischen mit der cartesianischen Tradition bricht. Während nach Descartes die Ideen die äußeren Objekte repräsentieren und selbst von Empfindungen konstituiert werden, präsentiert nach Brentano das Psychische als Akt die äußeren Objekte und kann nicht auf Basiselemente zurückgeführt werden.

Die den psychischen Phänomenen eigene Intentionalität ist eine zweifache: Sie richtet sich erstens auf das, was Brentano als primäres Objekt bezeichnet, etwa den Ton in einem Akt des Hörens oder die Farbe im Akt des Sehens. Zweitens erfasst jedes psychische Phänomen jedoch auch sich selbst in dem Sinne, dass wir uns im Akt des Hörens eines Tones nicht nur des Tones, sondern auch des Hörens selbst bewusst sind, ohne dass dafür ein zweiter Akt, ein zweites psychisches Phänomen nötig wäre. Den Akt, insofern er Inhalt seiner selbst ist, bezeichnet Brentano als sekundäres Objekt: „In demselben psychischen Phänomen, in welchem der Ton vorgestellt wird, erfassen wir zugleich das psychische Phänomen selbst, und zwar nach seiner doppelten Eigentümlichkeit, insofern es als Inhalt den Ton in sich hat, und insofern es zugleich sich selbst als Inhalt gegenwärtig ist. Wir können den Ton das primäre, das Hören selbst das sekundäre Objekt nennen.“[79] Dabei unterscheiden sich die psychischen Phänomene hinsichtlich derjenigen Intentionalität, die auf das primäre Objekt geht, in der Weise voneinander, dass es drei originäre, nicht

77 F. Brentano, *Psychologie vom empirischen Standpunkt*, Band I, Leipzig 1924, S. 112.

78 Ebd., S. 125.

79 Ebd., S. 179f.

aufeinander zurückführbare Hauptarten direkter intentionaler Akte gibt: die Vorstellung, das Urteil und die Gemütsbewegung.

b. Intentionalität

Der einfachste Bewusstseinsakt ist nach Brentano die *Vorstellung* durch Empfindung und Phantasie. Dieser Begriff wird dabei so allgemein gebraucht, dass jeder Bewusstseinsakt entweder eine Vorstellung ist oder auf einer Vorstellung aufbaut, so dass gilt: „Nichts kann beurteilt, nichts kann aber auch begehrt, nichts kann gehofft oder gefürchtet werden, wenn es nicht vorgestellt wird."[80] Allerdings sei hier angemerkt, dass als Vorstellung dabei nicht das, was vorgestellt wird, sondern der Akt des Vorstellens bezeichnet wird. Das soll an folgenden Beispielen deutlich werden: „Wenn wir etwas sehen, stellen wir uns eine Farbe, wenn wir etwas hören, einen Schall, wenn wir etwas phantasieren, ein Phantasiegebilde vor."[81] In all diesen Fällen sind Sehen, Hören und Phantasieren Vorstellungsakte. Ihr primäres Objekt ist etwas Sinnliches wie eine Farbe oder ein Ton oder aber eben etwas Unsinnliches wie ein phantastisches Gebilde, etwa der Gott Jupiter oder Centaurus.

Im Anschluss an die Beispiele lassen sich einige Charakteristika der Klasse der Vorstellungsakte angeben, durch die diese Klasse sich von anderen abgrenzt. Die dabei für Brentano wichtigen Parameter sind Gegensätzlichkeit, Intensität, Vollkommenheit und Gesetzlichkeit. Was die Gegensätzlichkeit angeht, so finden sich bei den Vorstellungsakten keinerlei Gegensätze außer denen der Objekte; etwa wenn eine Vorstellung einen tiefen, eine andere einen hohen Ton zum Inhalt hat. Eine solche Gegensätzlichkeit des Inhalts bedeutet aber keinen Unterschied des Vorstellungsaktes als solchen. Ebenso ist die Rede von Intensität bei den Vorstellungen nur in Bezug auf die größere oder geringere Schärfe und Lebhaftigkeit des Inhalts sinnvoll. So kann ich etwa einen Baum klarer oder unklarer sehen, das beinhaltet jedoch keine Verschiedenheit der Akte selbst, ebenso wenig wie bei den Gegensätzen. Ferner gibt es im Bereich der Vorstellung keinerlei Vollkommenheit und Unvollkommenheit, d.h. Vorstellungen können weder richtig oder falsch noch sittlich gut oder schlecht sein. Was die Gesetzlichkeit anbelangt, so genügt hier der Hinweis darauf, dass der Klasse der Vorstellungen eigene Gesetze der Sukzession und Entwicklung zukommen.

Ein zweite Art psychischer Phänomene sind die *Urteile*. Sie gründen zwar auf Vorstellungen, haben aber eine andere Beziehung zu dem immanenten Inhalt. In dieser Klasse tritt zu der Vorstellung des Objektes eine zweite intentionale Beziehung hinzu, die in einem Annehmen oder Verwerfen des vorgestellten Objektes besteht. Halten wir uns an die von Brentano aufgestellten Parameter zur Unterscheidung der verschiedenen Aktklassen, so lässt sich in Bezug auf die Urteile sagen, dass es in dieser Klasse Gegensätze gibt, die auf den verschiedenen Aktqualitäten der jeweiligen Urteile über einen Inhalt beruhen, der angenommen oder verworfen werden kann, und nicht, wie es bei den Vorstellungen der Fall ist, lediglich auf Verschiedenheiten der Inhalte. Die beiden möglichen Aktquali-

---

80 Ebd., S. 112.

81 F. Brentano, *Psychologie vom empirischen Standpunkt*, Band II, Hamburg 1959, S. 34.

täten der Annahme und der Verwerfung eines Inhalts implizieren dabei nicht die Wahrheit oder Falschheit des Inhalts. Damit ein Inhalt wahr ist, muss er nicht nur angenommen werden, sondern auch richtig sein, und damit der Inhalt falsch ist, muss er nicht nur verworfen werden, sondern er muss tatsächlich unrichtig sein. Infolgedessen ist nicht alles, was wir in Urteilen annehmen, wahr, und nicht alles, was wir verwerfen, falsch. In der Klasse der Urteile besteht nach solcher Auffassung die Möglichkeit des Irrtums. So gibt es blinde und instinktive Urteile, die in Vorurteilen unserer Kindheit, in ungenauem Gedächtnis und in der äußeren Wahrnehmung gründen. Auf der anderen Seite gibt es laut Brentano auch evidente und unfehlbare Urteile, die in logischen Prinzipien und in der so genannten inneren Wahrnehmung gründen.

Die These über die Urteile hat eine interessante Implikation, die später Husserl und die Frühphänomenologen kritisieren werden und die wichtig für eine Philosophie der Emotionen ist. Sie impliziert nämlich einen epistemologischen Unterschied zwischen der äußeren und der inneren Wahrnehmung, so dass sowohl zwischen äußerer Wahrnehmung und nicht evidenter, fehlbarer Wahrnehmung als auch zwischen innerer Wahrnehmung und evidenter, unfehlbarer Wahrnehmung eine Beziehung der Äquivalenz postuliert wird. Die äußere Wahrnehmung ist nach Brentanos kritischem Realismus ein Urteil über oder ein Glaube an die Wirklichkeit des Wahrgenommenen bzw. ein Existenzurteil über die in der Empfindung präsentierten Daten. Diese Daten sind die physischen Phänomene, und da sie nur eine intentionale Existenz haben, kann der Glaube oder das Urteil falsch sein. Die innere Wahrnehmung hingegen gründet zwar ebenso wie die äußere auf einer Vorstellung und auf einem Urteil, doch ist hier das vorgestellte Objekt selbst ein psychisches Phänomen oder ein Bewusstseinsakt. Da das Objekt der inneren Wahrnehmung immanent im Bewusstsein enthalten ist, ist hier nach Brentano das Urteil über das Vorgestellte stets ein direktes Urteil und deswegen immer wahr und evident. Gerade diese Kennzeichnung bezeichnet den epistemologischen Vorzug der inneren Wahrnehmung gegenüber der äußeren Wahrnehmung, die „streng genommen nicht eine Wahrnehmung [ist]; und die psychischen Phänomene können somit als diejenigen bezeichnet werden, in Betreff deren allein eine Wahrnehmung im eigentlichen Sinne des Wortes möglich ist“[82].

Kraft jener Kennzeichnung der „inneren Wahrnehmung“ spielt sie zusammen mit der nachträglichen, inneren Beobachtung eine wichtige Rolle bei der nicht-experimentellen empirischen Erforschung des Bewusstseins, so dass Brentano die innere Wahrnehmung der eigenen psychischen Phänomene als erste Quelle der psychologischen Untersuchung versteht. Derart gründet Brentanos empirische Psychologie, die psychische Phänomene behandelt, auf innerer Wahrnehmung und innerer Erfahrung, genauso wie die Naturwissenschaft, die von physischen Phänomenen handelt, auf äußerer Wahrnehmung und äußerer Erfahrung beruht. Diese These wird besonders bedeutend, wenn man an ihre Implikationen für die Emotionen denkt. Da die Emotionen laut Brentano in der inneren Wahrnehmung gegeben sind, sind sie immer evident, und es gibt in Bezug auf sie keine Täuschung; eine eigentlich sehr cartesianische These in Brentanos nichtcartesianischem Bewusstseinsparadigma. Husserl und die ersten Phänomenologen werden die cartesianische These bestreiten und das Bewusstseinsparadigma weiterentwickeln.

---

[82] F. Brentano, *Psychologie vom empirischen Standpunkt*, Band I, a.a.O., S. 129.

Was die Intensität anbelangt, so lässt sich bezüglich der Urteile sagen, dass sie insofern von verschiedener Intensität sein können, als es Verschiedenheiten des Grades an Gewissheit über einen Urteilsinhalt gibt: Einige Inhalte werden im entsprechenden Urteil mit größerer Überzeugung, andere mit geringerer Überzeugung angenommen oder verworfen.

Das dritte Unterscheidungsmerkmal ist die Vollkommenheit bzw. Unvollkommenheit des Annehmens und Ablehnens, die sich in der Erkenntnis bzw. im Irrtum offenbart. Erkenntnis bedeutet, dass das, was angenommen wird, richtig ist und deswegen auch das Annehmen richtig ist, oder aber dass das, was abgelehnt wird, unrichtig ist, und deswegen die Ablehnung richtig ist. Ein Irrtum liegt hingegen vor, wenn das, was angenommen wird, unrichtig ist und deswegen auch das Annehmen unrichtig ist, oder wenn das, was abgelehnt wird, richtig ist und deswegen die Ablehnung unrichtig ist.

Zuletzt besitzt diese Klasse zwei Arten von Gesetzlichkeiten. Einerseits geht die Gesetzlichkeit der Vorstellungen in die Urteile ein, weil die Urteile auf Vorstellungen basieren. Andererseits gibt es die Gesetzlichkeit der Urteile selbst, die in den Gesetzen der Logik liegt. Diese Gesetze sind nach Brentano „natürlich gültige Regeln des Urteilens“[83], deren Befolgung zu sicheren Urteilen führt und deren Verletzung das Urteil der Möglichkeit des Irrtums aussetzt. Wenn wir logische Regeln befolgen, dann offenbart sich darin folglich nicht zuletzt ein „natürlicher Vorzug des regelgemäßen [...] Denkverfahrens“[84] und das heißt hier: der Wahrheit.

Die dritte Klasse von intentionalen Bewusstseinsakten sind die *Gemütsbewegungen*, auch „Interesse“ oder „Liebe und Haß“ genannt. Sie sollen hier gesondert untersucht werden.

c. Emotion, Wert und Willensakt

Mit dem Oberbegriff „Gemütsbewegung“ bezeichnet Brentano eine ganze Reihe von Phänomenen: „von dem einfachsten Angemutet- oder Abgestoßenwerden beim bloßen Gedanken bis zu der in Überzeugungen gründenden Freude und Traurigkeit und den verwickeltsten Phänomenen der Wahl von Zweck und Mitteln“[85]. Diese Klasse schließt also verschiedene Arten von Bewusstseinsakten ein, unter anderem die Emotionen und die Affekte, aber auch jeden Wunsch, jeden Entschluss und jede Absicht. Die Vielfalt von Phänomenen ist gekennzeichnet durch eine neue Beziehung zum intendierten Objekt, die, wie der Name „Liebe und Haß“ schon anzeigt, darin besteht, das Objekt zu akzeptieren oder abzulehnen.

In dieser Klasse konstituiert die Dichotomie von Liebe und Gefallen auf der einen und Hass und Missfallen auf der anderen Seite den spezifisch emotionalen Gegensatz. Er lässt sich nicht vom Gegensatz in der Klasse der Vorstellungen ableiten, da dortige Gegensätze immer solche der Inhalte waren, während auf der Ebene der Gemütsbewegungen offensichtlich ein und derselbe Inhalt geliebt oder gehasst werden kann. Auch

83 F. Brentano, *Vom Ursprung sittlicher Erkenntnis,* Leipzig 1921, S. 11.

84 Ebd.

85 Ebd., S. 16. Auch in: F. Brentano, *Psychologie vom empirischen Standpunkt,* Band I, a.a.O., S. 35.

lässt der emotionale Gegensatz sich nicht vom Gegensatz der Klasse der Urteile ableiten, da das Annehmen und Verwerfen im Urteil frei von jeder emotionalen Färbung ist. Allerdings leitet Brentano die Charakteristika dieser Klasse in strenger Analogie zu den Urteilen ab. Genau wie bei den Urteilen von den zwei entgegengesetzten Beziehungen des Annehmens und Verwerfens immer eine richtig und die andere unrichtig ist, so gibt es auch bei Liebe und Hass oder Gefallen und Missfallen ein Richtig und ein Unrichtig. So entsprechen den auf die Urteile bezogenen Begriffen der Wahrheit und Falschheit auf der Seite der Gemütsbewegungen die Begriffe des Guten und des Schlechten. Brentano formuliert die starke These so: „Wir nennen etwas wahr, wenn die darauf bezügliche Anerkennung richtig ist. Wir nennen etwas gut, wenn die darauf bezügliche Liebe richtig ist. Das mit richtiger Liebe zu Liebende, das Liebwerte, ist das Gute im weitesten Sinne des Wortes."[86]

Auch die Liebe bzw. ein Akt der Gemütstätigkeit kann nach Brentano „gut" sein. Dazu ist Folgendes nötig: „1. Daß er richtig sei, 2. Daß er ein Akt des Gefallens, nicht ein Akt des Mißfallens sei. Fehlt ihm das eine oder andere, so ist er bereits in gewisser Beziehung in sich selbst schlecht; die Schadenfreude ist schlecht aus dem ersten, der Schmerz beim Anblick der Ungerechtigkeit aus dem zweiten Grunde. Fehlt ihm beides, so ist er noch schlechter, entsprechend dem Prinzip der Summierung [...]."[87] Die gute Gemütsbewegung ist eine richtige Liebe oder ein richtiges Gefallen, d.h. eine angemessene Liebe zu einem liebenswerten Objekt. So wie die Erkenntnis bei den Urteilen die Annahme von etwas Wahrem oder das Ablehnen von etwas Falschem impliziert und ein Urteil richtig ist, wenn es wahr ist, so ist hier das Gute eine Liebe zu etwas in sich Liebenswertem, und eine Gemütsbewegung ist richtig, wenn sie ihrem Objekt angemessen ist.[88] Wenn nun eine Liebe dann richtig ist, wenn sie sich auf etwas Liebenswertes richtet, worin besteht dann etwas Liebenswertes? Liebenswert ist nach Brentano das, was in uns Liebe auszulösen pflegt, und nicht eine von uns unabhängige Qualität. Diese Position kennt man als Dispositionalismus. So können für Brentano die Emotionen geeignet oder ungeeignet sein, ohne dass er dafür postulieren muss, dass es unabhängige Werte gebe, in Bezug auf die die Emotionen geeignet oder nicht geeignet sind. Darin unterscheidet er sich von den Frühphänomenologen, die in Bezug auf die Werte Wertrealisten sind und sie als unabhängig von uns verstehen.

Der Analogie zu den Urteilen weiter folgend, stellt Brentano noch eine andere These auf. Wie beim Urteil ein Annehmen nicht die Wahrheit des Angenommenen und ein Ablehnen nicht die Falschheit des Abgelehnten beweist, so beweist hier bei den Gemütsbewegungen die Existenz der Liebe nicht, dass dasjenige, was geliebt wird, liebenswert und als solches gut ist, und genauso wenig die Existenz des Hasses, dass dasjenige, was gehasst wird, hassenswert und als solches schlecht ist: „Wir haben keine Gewähr dafür, daß wir von allem, was gut ist, mit einer als richtig charakterisierten Liebe angemutet

86 F. Brentano, *Vom Ursprung sittlicher Erkenntnis,* a.a.O., S. 17.

87 Ebd., S. 60.

88 An dieser Stelle offenbart sich bereits, dass die Analogie mit den Urteilen nicht genau ist, denn bei den Gemütsbewegungen kann nach Brentano ein Hass nie etwas Gutes sein, selbst wenn er sich auf etwas Schlechtes richtet, während bei den Urteilen ein Ablehnen von etwas Falschem zu Recht den Status von Erkenntnis hat.

werden. Wo immer dies nicht der Fall ist, versagt unser Kriterium, und das Gute ist für unsere Erkenntnis und praktische Berücksichtigung soviel wie nicht vorhanden."[89] Da das Phänomen der Liebe keine Gewähr dafür beinhaltet, dass das, was geliebt wird, gut ist, besteht die Möglichkeit einer instinktiven und blinden Liebe und eines instinktiven und blinden Hasses analog zu der Möglichkeit blinder und instinktiver Urteile. Das ist dann der Fall, wenn jemand Hass auf eine Sache fühlt, die *eigentlich* gut ist, oder wenn jemand Liebe zu einer Sache fühlt, die *eigentlich* schlecht ist.

Diese Thesen haben wichtige Implikationen, die nicht übersehen werden dürfen. Sie setzen voraus, dass die Emotionen konkrete Objekte haben, in Bezug auf die sie richtig oder falsch sein können. Liebe ist mit dem Liebenswerten verbunden, Hass mit dem Hassenswerten, und – wenn man dies weiterführt – Freude mit dem Erfreulichen, Ekel mit dem Ekelhaften usw. Wenn aber die Freude sich auf Ekelhaftes bezieht, ist diese Freude nicht richtig. Die These der intentionalen Objekte der Emotionen, die implizit bei Brentano zu finden ist, wurde unabhängig davon in den 60er Jahren von Anthony Kenny entwickelt. Kenny bezeichnete die intentionalen Objekte der Emotionen, in Bezug auf die sie richtig oder falsch sind, als „formale Objekte" – heute ein Topos der Philosophie der Emotionen. Darüber hinaus sind diese intentionalen Objekte der Emotionen spezifische axiologische Eigenschaften oder Werte. So meint es Brentano, wenn er etwa behauptet, dass eine richtige Liebe eine Liebe zu etwas Liebenswertem sei. Die Verbindung zwischen Emotionen und Werten, die er vertritt (Dispositionalismus), wird von keinem seiner Schüler geteilt. Allerdings ist wichtig, dass Brentano auf die Verbindung aufmerksam macht und die große Bedeutung der Emotionen für die Ethik erkennt, die die Frühphänomenologen und die heutige Philosophie seit Mitte der 90er Jahre beschäftigt.

Was die Intensität anbelangt, so kann in dieser Klasse von intentionalen Bewusstseinsakten der Grad an Liebe oder Hass, den wir zu einem Gegenstand empfinden, variieren. Die verschiedenen Intensitäten haben nichts mit den verschiedenen Gewissheitsgraden der Urteile zu tun.

Auch Vollkommenheit und Unvollkommenheit haben bei Liebe und Hass eine andere Bedeutung als bei den Vorstellungen, wo die Vollkommenheit lediglich die Klarheit bezeichnet, mit der uns der Inhalt präsentiert wird, und auch eine andere Bedeutung als bei den Urteilen, wo die Vollkommenheit der Erkenntnis und die Unvollkommenheit dem Irrtum entspricht. Aber genauso wie bei den Urteilen ein Inhalt als wahr angenommen oder als falsch verworfen werden konnte, kann bei den Gemütsbewegungen ein Inhalt als gut angenommen oder als schlecht verworfen werden. Wo dort Wahrheit und Falschheit der Urteile vorlagen, liegen hier das Gute und das Böse, der Wert und der Unwert, die Tugend und die sittliche Schlechtigkeit der Gemütsbewegungen vor. Die These impliziert einerseits, dass sich die Gemütsbewegungen als positive oder negative Akte präsentieren, und zwar in Abhängigkeit von der Richtigkeit oder Unrichtigkeit hinsichtlich ihrer Objekte. Andererseits wird hier vertreten, dass jedem positiven Akt ein negativer entspricht: So etwa entspricht die Liebe dem Hass, die Lust dem Schmerz usw. Die darin liegende These der Symmetrie und Polarität von Liebe und Hass wird in der Phänomenologie lebhaft diskutiert.

[89] F. Brentano, *Vom Ursprung sittlicher Erkenntnis*, a.a.O., S. 21f.

Was die Gesetzlichkeit anbelangt, so vertritt Brentano sehr deutlich Thesen, die eine Vergleichbarkeit von Emotionen mit kognitiven Akten nahelegen und den Emotionen eine Rolle für die Ethik zuschreiben. Seine Thesen beschäftigen die Frühphänomenologie und werden auch in der heutigen Literatur von einigen Autoren vertreten. Brentanos These lautet, dass die Gemütsbewegungen die Gesetzlichkeit der Klasse der Vorstellungen und die der Urteile besitzen, aber darüber hinaus komme ihnen auch eine eigene Gesetzlichkeit zu. Dies hat einige Implikationen. Dass die Gesetzlichkeit der Vorstellungen und der Urteile sich auf die Gemütsbewegungen überträgt, impliziert, dass die Gemütsbewegungen Urteile und Vorstellungsakte als Basis haben und von ihnen abhängig sind. Wenn wir also eine Emotion haben, muss vorher eine kognitive Basis vorhanden sein; Emotionen schließen Vorstellungen und Urteile in sich ein. Wenn sich die kognitive Basis ändert, dann ändern sich auch die Emotionen, die auf dieser Grundlage basieren – eine These, die in der Geschichte der Philosophie nicht neu ist, man kann sie bei den Stoikern, bei Descartes, Spinoza und Hume finden. Allerdings ist an Brentanos Fassung neu, dass er diese Tatsache als grundlegend und für die Emotionen unabdingbar versteht. Damit wird m.E. späteren kognitivistischen Theorien der Emotionen – in all ihren Varianten – der Weg geebnet. Schließlich wird hier ein Aspekt des Denkens als zentraler Aspekt der Emotionen behandelt. Darüber hinaus ist der Mensch hier nicht passiver Erleber der Emotionen, sondern es wird die Möglichkeit eröffnet, die eigenen Emotionen unter Kontrolle zu bringen, etwa indem man versucht, ein Urteil zu ändern. Damit bekommt der Mensch ein gewisses Maß an Verantwortung für seine Gemütsbewegungen.

Eine andere Implikation besteht darin, dass die Gemütsbewegungen zu der Erkenntnis führen, was gut und was schlecht ist. Wiederum arbeitet Brentano hier mit einer starken Analogie zu den Urteilen. Bei den Urteilen gibt es eine Art von innerem Vorzug der Wahrheit und der Erkenntnis oder des Denkens, der den logischen Prinzipien entspricht – einen Vorzug, der Grund dafür ist, dass ein Urteil als wahr angenommen und als falsch verworfen wird, und der die Grundlage der Logik bildet. Dasselbe behauptet er nun von den Gemütsbewegungen: Bei ihnen gebe es ein inneres Vorziehen des Sittlichen und Guten vor dem Unsittlichen und Schlechten, das uns zeigt, was gut ist, und das die psychologische Grundlage der Ethik bildet.

Allerdings hat die Analogie nach Brentano auch eine Grenze. Obwohl es sowohl bei Urteilen als auch bei Gemütsbewegungen jenen inneren Vorzug gibt, ist er jeweils von unterschiedlicher Art. Während der innere Vorzug der Logik ein dichotomischer Vorzug der Wahrheit gegenüber der Falschheit ist, handelt es sich in der Ethik darum, einen guten, richtigen und sittlichen Zweck einem schlechten, unrichtigen und unsittlichen vorzuziehen. Dabei wird bei den Gemütsbewegungen vieles zugleich als gut erkannt, und im Unterschied zu den Urteilen, wo das Wahre immer gleich wahr ist und es keinen Grad an Wahrheit gibt, kann hier etwas in unterschiedlichem Maße gut sein. Da es somit in der Ethik eine Vielfalt von Gutem gibt und von diesem Guten einiges besser ist als anderes, ist es nötig, dass jener innere Vorzug die verschiedenen Grade, gut zu sein, in einer Werthierarchie ordnet und das Beste wählt.

Die Gesetzlichkeit der Gemütsbewegungen verbindet sie mit der Ethik. Die Verbindung soll nicht als ein Psychologismus verstanden werden, sondern als eine Kritik desselben. Solche Kritik wird die Phänomenologie Husserls und seiner Schüler begleiten und ist die Inspirationsquelle der frühphänomenologischen Wertethik, die den Emotionen von daher eine wichtige Rolle zuschreibt, und der frühphänomenologischen Kritik am Psychologismus. Nach Brentano gilt: „Es gibt also keine natürlichen sittlichen Vorschriften und Rechtssätze in dem Sinne, daß sie uns mit der Natur selbst gegeben, daß sie uns angeboren wären."[90] Die Tatsache, dass es keine angeborenen sittlichen und rechtlichen Gesetze gibt, impliziert allerdings nicht, dass alle Gesetze relativ seien und es keine universell gültigen sittlichen Gesetze gebe. Vielmehr gibt es nach Brentano ein solches universelles sittliches Gesetz, das, obwohl es nicht angeboren ist, entdeckbar und auf natürliche Weise erkennbar ist mit Hilfe des inneren Vorzugs der Akte der dritten Klasse. Als erkennbares und für alle Menschen gültiges kann es durchaus als natürliches Gesetz bezeichnet werden: Es kann „im Gegensatz zum willkürlich, durch positiven Machtspruch Bestimmten, die Regel bedeuten, welche an und für sich und ihrer Natur nach als richtig und bindend erkennbar ist"[91]. Somit ist dasjenige, was mit Hilfe der Emotionen entdeckt wird, nicht etwas bloß Subjektives, sondern es ist ein sittliches Gesetz, das so normativ ist wie jedes logische Gesetz. Daher kann Brentano die Analogie zwischen Urteilen und Liebe und Hass postulieren. Andererseits werden die Emotionen mit der Ethik auch noch in anderer Hinsicht verbunden. Der Tradition von Aristoteles folgend, ist für Brentano eine gute Person eine Person, die gute Emotionen hat, und das heißt, die Emotionen hat, die der Situation angemessen sind. Auch in der Phänomenologie wird dieser Punkt berücksichtigt, und er ist in der aktuellen Philosophie des Geistes wiederzufinden.

Eine Besonderheit der Klasse der Gemütsbewegungen ist, wie bereits angedeutet, dass sie eine Vielfalt von Phänomenen beinhaltet: Emotionen, Wünsche, Wollungen, Absichten und Interessenehmen u.a. Von all jenen Phänomenen behauptet Brentano zweierlei. Erstens, dass sie trotz ihrer Verschiedenheit dieselbe Grundstruktur besitzen. Zweitens, dass die Unterschiede zwischen diesen Phänomenen keine wesentlichen Unterschiede sind, sondern nur graduelle. Die Argumente dafür sollen hier untersucht werden.

Das erste Argument ist nach Brentano der Aufweis dessen, dass die besagten Phänomene alle dieselbe Art von intentionaler Beziehung zu ihrem Objekt haben, die darin besteht, dieses Objekt zu lieben oder zu hassen und damit Güte und Schlechtigkeit, Wert und Unwert des Objekts zu entdecken. Das wird in folgendem Beispiel klar: „Wer sich nach etwas sehnt, der liebt es zu haben; wer über etwas trauert, dem ist das unlieb, worüber er trauert; wer sich über etwas freut, liebt, daß es so ist; wer etwas tun will, liebt es zu tun (wenn nicht an und für sich, so doch in Rücksicht auf diese oder jene Folge) u.s.f., und die genannten Akte sind nicht etwas, was bloß mit einem Lieben zusammen besteht, sondern sie selbst sind Akte der Liebe."[92] Wenn wir uns demnach nach etwas sehnen, über etwas traurig sind, uns über etwas freuen oder etwas tun wollen, so handelt es sich nach Brentano bei all diesen Gemütsbewegungen im weiteren Sinne um die Liebe zu oder den

90 Ebd., S. 7.

91 Ebd., S. 6.

92 F. Brentano, *Psychologie vom empirischen Standpunkt,* Band I, a.a.O., S. 99.

Hass auf etwas, so dass ein Zusammenhang besteht zwischen jenen Akten und der Güte oder Schlechtigkeit bzw. dem Wert oder Unwert. In diesem Sinne liegt jedesmal die gleiche intentionale Beziehung zum Inhalt vor.

Das zweite Argument ist in den Unterschieden zwischen dieser Klasse und den Klassen der Vorstellungen und der Urteile zu finden. Die Gegensätzlichkeit, die Intensität, die Vollkommenheit und die Gesetzlichkeit aller Gemütsbewegungen sind nach Brentano dieselben, in Abgrenzung von denen der Vorstellungen und Urteile. So sind die Gegensätze zwischen Freude und Traurigkeit und zwischen Wollen und Nichtwollen von derselben Art, insofern als „hier und dort im Grunde genommen derselbe Gegensatz von Lieb- und Unliebsein, Gefallen und Mißfallen uns entgegentritt"[93]. Was die Intensität anbelangt, so gibt es hier verschiedene Gradunterschiede im Lieben und Hassen, die vergleichbar sind, so dass man sagen kann, dass man etwas in einem bestimmten Maße liebt und etwas anderes in einem anderen Maße hasst. Aber Brentano fügt hinzu: „Und nicht bloß die Stärke von Gegensätzen, sondern auch die von Freude und Verlangen und Willen und Vorsatz kann ich im Verhältnis zueinander als größer und geringer bestimmen. Ich freue mich mehr darüber, als ich nach jenem verlange [...]."[94] Der Vergleich wäre unmöglich, wenn die verglichenen Phänomene zu verschiedenen Klassen gehören würden. Im Hinblick auf Vollkommenheit und Unvollkommenheit bei dieser Klasse behauptet Brentano, dass es auch beim Willen, genau wie bei den Gefühlen, Tugend und Schlechtigkeit gibt. Was zuletzt die Gesetzlichkeit betrifft, so ist er der Meinung, dass wesentlich dieselben Gesetze, die die Grundlage der Ethik bilden, bei den Gefühlen und dem Willen zu finden sind und dass Akte des Wollens und des Gefühls auseinander hervorgehen können; so „erzeugt die Gewohnheit des Genusses bei eingetretenem Mangel eine stärkere Begierde, wie umgekehrt ein vorausgegangenes längeres Verlangen den eingetretenen Genuß verstärkt und hebt"[95].

Das dritte Argument besteht im Hinweis darauf, dass die Unterschiede zwischen all jenen Phänomenen nur graduelle sind und dass ein kontinuierlicher Übergang von einem dieser Phänomene zu einem anderen möglich ist: „Zwischen den Gefühlen der Lust und Unlust und dem, was man gewöhnlich Wollen oder Streben nennt, stehen andere Erscheinungen in der Mitte; und zwischen den Extremen mag der Abstand groß erscheinen. Wenn man aber die mittleren Zustände mit in Betracht zieht; wenn man immer nur das nächststehende mit dem nächststehenden Phänomene vergleicht: so zeigt sich auf dem gesamten Gebiete nirgends eine Kluft, sondern ganz allmählich finden die Übergänge statt."[96] Also ist es nach Brentano möglich, zwischen der einfachen Lust und Unlust einerseits und dem Wollen andererseits eine graduelle Reihe von verwandten Phänomenen zu finden. Das Phänomen der Lust bezeichnet schon eine Willensrichtung, wie die Frage „Hast Du Lust ...?" im Sinne von „Willst Du ...?" selbst bereits andeutet, und „andererseits ist der ‚Unwillen' kaum ein Willen zu nennen, obwohl der Ausdruck daher entlehnt ist, und der

93 Ebd., S. 107.

94 Ebd.

95 Ebd., S. 110.

96 Ebd., S. 84.

‚Widerwillen' als Bezeichnung gewisser Erscheinungen des Ekels ist unverkennbar der Name eines Gefühls geworden."[97]

In allen Fällen handelt es sich also um Phänomene von „Liebe und Haß", zwischen denen es einen graduellen Unterschied gibt. Diese Gradualität lässt sich nach Brentano mit einem Beispiel veranschaulichen: „Traurigkeit – Sehnsucht nach dem vermißten Guten – Hoffnung, daß es uns zuteil werde – Verlangen, es uns zu verschaffen – Mut, den Versuch zu unternehmen – Willensentschluß zur Tat. Das eine Extrem ist ein Gefühl, das andere ein Willen; und sie scheinen weit voneinander abzustehen."[98] Ausgehend von einer Emotion kann sich demnach in uns eine Neigung zu etwas entwickeln, die Neigung kann sich in ein Begehren verwandeln, und das kann zu dem Entschluss werden, eine Handlung zu vollziehen. Wenn die These gültig sein soll, lässt sich die Kette nicht nur in dieser Richtung durchlaufen, sondern es muss möglich sein, dass die Reihe mit einem anderen Phänomen der besagten Klasse anfängt, etwa mit einem Begehren und nicht mit einer Emotion, was für Brentano doch möglich zu sein scheint. Brentano meint, dass die Möglichkeit, graduell und kontinuierlich von einem Phänomen zu einem anderen überzugehen, die Zugehörigkeit zu derselben Klasse impliziert. Allerdings bleibt hier unklar, was bei jenen graduellen Übergängen geschieht. Etwas scheint sich verwandeln zu müssen, damit ein Übergang zu einem anderen Phänomen möglich ist. Doch was das genau ist, bleibt in Brentanos Ausführungen unklar. Die Gültigkeit der drei Argumente soll nach der Darstellung von Husserls Kritik in Frage gestellt werden.

d. Die Kritik von Husserl

Obwohl Husserl keine Theorie der Gefühle entwickelt hat, ist seine Kritik an Brentanos Intentionalitätsbegriff in den *Logischen Untersuchungen* der Ausgangspunkt der frühphänomenologischen Erforschung des Emotionalen. Die Kritik basiert auf drei Thesen, die wichtige Implikationen für das Verständnis des Phänomens Emotion haben. Die erste These widerspricht der gewöhnlichen historischen Interpretation, nach der für Husserl alle Erlebnisse intentional sind, denn das ist nicht der Fall. Als Beispiel für nicht intentionale Erlebnisse werden die Empfindungen genannt. Die zweite These besagt, dass die Wahrnehmung kein Akt des Urteilens ist, und die dritte These, dass wir nicht von einem Evidenzvorzug der inneren Wahrnehmung sprechen können, weil die innere und die äußere Wahrnehmung denselben erkenntnistheoretischen Status haben. Das soll im Folgenden erläutert werden.

Im Kern richtet sich die Kritik Husserls gegen Brentanos Definition aller „psychischen Phänomene", da sie im Gegensatz zu den „physischen Phänomene" als Bewusstseinsakte beschrieben werden, die ein Objekt intendieren. Diese Definition ist für Husserl deswegen problematisch, weil sie nicht alle psychischen Phänomene erfasst. Außerdem führten die Ausführungen Brentanos zu zwei Missverständnissen über das intentionale Erlebnis. Erstens werde die intentionale Beziehung als „ein reale[r] Vorgang oder ein reales sich Beziehen […], das sich zwischen dem Bewußtsein oder Ich und der ‚bewußten' Sache

[97] F. Brentano, *Psychologie vom empirischen Standpunkt*, Band II, a.a.O., S. 98.

[98] Ebd., S. 84.

abspiele"[99] verstanden, und zweitens werde eine strenge Trennung zwischen intentionalem Akt und intentionalem Objekt postuliert, insofern sie als zwei verschiedene Sachen aufgefasst werden, die im Bewusstsein reell zu finden wären.

Was das erste Missverständnis anbelangt, so behauptet Husserl, dass die Intentionalität nicht als Beziehung im realen Sinne zwischen Bewusstsein oder Ich einerseits und bewusstem Objekt andererseits verstanden werden könne. Wenn wir etwas erleben, z.B. wenn wir ein Märchen lesen oder uns in der Phantasie Dinge vorstellen, merken wir von dem Ich als Bezugspunkt der vollzogenen Akte nichts. Es ist nach Husserl selbstverständlich, dass dieses Ich sich intentional in jedem Akt auf einen Gegenstand bezieht, weil das Ich „als nichts weiter gilt denn als die ‚Bewußtseinseinheit' als das jeweilige ‚Bündel' der Erlebnisse, oder aber in empirisch realer Fassung und natürlicher, als die kontinuierliche, dingliche Einheit, welche sich in der Bewußtseinseinheit als das persönliche Subjekt der Erlebnisse intentional konstituiert"[100]. Das Ich wird als „konkrete Komplexion von Erlebnissen"[101] verstanden, in der ein bestimmtes Erlebnis, das etwa als Vorstellung oder Urteil zu bezeichnen ist, präsent sein kann. Nur in diesem Sinn kann man sagen, dass das Ich sich einen Gegenstand vorstellt, ihn beurteilt usw.; nicht aber im Sinne Brentanos, dem zufolge alle psychischen Phänomene Objekt eines Ich oder eines inneren Bewusstseins sind und immer als solche „bewusst" werden.

Was das zweite Missverständnis angeht, so stellt Husserl fest, dass es sich hier nicht um zwei Sachen handelt – den erlebten Gegenstand und das intentionale Erlebnis, das jenen intendiert –, sondern nur um *eine* Sache: nämlich um das intentionale Erlebnis, dessen Charakter es voraussetzt, dass, wenn das Erlebnis präsent ist, auch der Gegenstand präsent sein muss: „Ist dieses Erlebnis präsent, so ist *eo ipso*, das liegt, betone ich, an seinem eigenen Wesen, die intentionale ‚Beziehung auf einen Gegenstand' vollzogen, *eo ipso* ist ein Gegenstand ‚intentional gegenwärtig'; denn das eine und andere besagt genau dasselbe."[102] Es handelt sich also nicht um zwei wirklich getrennt bestehende Dinge im Bewusstsein; beide sind gleichzeitig präsent.

Nachdem Husserl die zwei möglichen Missverständnisse in Brentanos Begriff des intentionalen Erlebnisses angemerkt hat, richtet er seine Aufmerksamkeit auf Brentanos Definition aller „psychischen Phänomene" als intentionaler Akte, die er für unrichtig hält. Nach Husserl, und das ist seine erste Kritik an Brentano, gibt es eine Art von Erlebnis – in Brentanos Termini: „psychischem Phänomen" –, das nicht intentional ist. Diese nicht intentionalen Erlebnisse sind die Empfindungen und die Empfindungskomplexionen, die wir über einen Gegenstand der Außenwelt haben. Husserl folgt in jenem Punkt seinem Lehrer Carl Stumpf und ist diesbezüglich eindeutig: „Irgendein Stück des empfundenen Gesichtsfeldes, wie immer es durch visuelle Inhalte erfüllt sein mag, ist ein Erlebnis, das vielerlei Teilinhalte in sich fassen mag, aber diese Inhalte sind nicht etwa von dem ganzen intendierte, in ihm intentionale Gegenstände."[103] Mit Husserls Bestimmung der Empfin-

---

[99] E. Husserl, *Logische Untersuchungen*. Zweiter Band, I. Teil, Hamburg 1992. S. 385.

[100] Ebd., S. 390.

[101] Ebd., S. 391.

[102] Ebd., S. 386.

[103] Ebd., S. 383.

dungen – die nach Brentano Akte des Empfindens sind, die ein „physisches Phänomen" intendieren – als einer Art von Erlebnissen, denen das Merkmal der Intentionalität fehlt, wird die Trennung zwischen „physischen" und „psychischen Phänomenen" auf der Basis des Vorhandenseins oder Fehlens von Intentionalität hinfällig. Unterscheiden lässt sich lediglich zwischen intentionalen und nicht intentionalen Erlebnissen.

Mit der ersten Kritik Husserls an Brentano hängt noch eine zweite zusammen. Laut Husserl erleben wir in den Empfindungen die sinnlichen Inhalte so, wie sie sind, weil sie uns mit dem Erlebnis der Empfindung direkt gegeben werden und wir uns insofern nie im Hinblick auf sie täuschen können. Es gibt also nach dieser Konzeption, die auch als direkter oder naiver Realismus bezeichnet wird, keinen Akt des Empfindens, der diese Inhalte intendiert, und kein Wahrnehmungsurteil über sie, wie das bei Brentanos kritischem Realismus der Fall war. Obwohl diese Empfindungen nicht Akte sind, können dennoch Akte der Apperzeption auf ihnen aufgebaut werden, deren Aktcharakter die Empfindung „gleichsam beseelt und es seinem Wesen nach macht, daß wir dieses oder jenes Gegenständliche wahrnehmen"[104]. Das heißt, dass die Empfindungen einen Akt der Auffassung erfahren, der die Wahrnehmung ist, und so als darstellende Inhalte von Wahrnehmungsakten fungieren. Durch diese Auffassung kann es sein, dass wir gleiche Empfindungsinhalte „einmal so und das andere Mal anders ‚auf[fassen]'"[105], so dass, ausgehend von denselben Inhalten, in Abhängigkeit von der jeweiligen Auffassung verschiedene Gegenstände wahrgenommen werden können. Und umgekehrt können „[v]erschiedene Akte dasselbe wahrnehmen und doch ganz Verschiedenes empfinden"[106]. Das ist der Fall, wenn wir einen Ton erst aus nächster Nähe und dann aus größerer Entfernung hören, so dass wir beide Male denselben Ton wahrnehmen, aber jeweils etwas anderes empfunden wird.

Auch in solchem Kontext ist ein Beispiel der Gesichtswahrnehmung von Bedeutung. Wenn wir eine Schachtel sehen, uns um sie herum bewegen und dabei auf sie schauen, so haben wir jedesmal neue erlebte Inhalte und entdecken neue Aspekte der Schachtel. In der Wahrnehmung der Schachtel haben wir verschiedene erlebte Inhalte eines wahrgenommenen Gegenstandes, und trotz aller Verschiedenheit wird dieselbe Schachtel wahrgenommen, weil dank eines Identitätsbewusstseins die Empfindungsinhalte in demselben Sinne aufgefasst werden. Und dies hat zur Folge, „daß die Auffassung nach diesem ‚Sinne' ein Erlebnischarakter ist, der allererst das ‚Dasein des Gegenstandes für mich' ausmacht"[107]. Also ist Wahrnehmen kein Akt des Urteilens.

Aus der zweiten Kritik an Brentano geht noch eine dritte hervor. Wenn sehr verschiedene Inhalte erlebt werden und trotz der Vielfalt von Inhalten derselbe Gegenstand wahrgenommen wird, deutet das darauf hin, dass die Wahrnehmung des Gegenstandes nicht dasselbe ist wie die Wahrnehmung der erlebten sinnlichen Inhalte: „Also sehr verschiedene Inhalte werden erlebt, und doch wird derselbe Gegenstand wahrgenommen. Also ist weiter der erlebte Inhalt, allgemein zu reden, nicht selbst der wahrgenommene

[104] Ebd., S. 399.

[105] Ebd., S. 395.

[106] Ebd.

[107] Ebd., S. 397.

Gegenstand."[108] Brentano aber verstand die äußere Wahrnehmung als Urteilsakt über die Empfindungen[109], die laut ihm trügerische „physische Phänomene" intendieren. Nach Husserl hingegen ist die äußere Wahrnehmung eine Auffassung der sinnlichen Inhalte, an denen man nicht zweifeln kann, weil sie uns direkt gegeben sind: Die äußere Wahrnehmung ist also keine Wahrnehmung der sinnlichen Inhalte, sondern eine Wahrnehmung des Gegenstandes mittels der sinnlichen Inhalte oder Empfindungen. Das heißt, dass wir zwar diese sinnlichen Inhalte zum Objekt einer Wahrnehmung machen können und sie dann wahrnehmen, aber die Wahrnehmung dieser sinnlichen Inhalte ist nicht dasselbe wie die Wahrnehmung eines äußeren Objekts: „[D]ann nehmen wir sie allerdings wahr, aber nun nicht durch sie den äußeren Gegenstand. Diese neue Wahrnehmung hat offenbar genau denselben Anspruch auf Untrüglichkeit und Evidenz wie nur irgendwelche ‚innere' Wahrnehmung."[110] Wenn wir somit die sinnlichen Inhalte, die „physischen Phänomene" von Brentano, zum Objekt einer Wahrnehmung machen, dann sind sie dem Bewusstsein immanent, und deswegen ist diese Wahrnehmung erkenntnistheoretisch nicht zu unterscheiden von der Wahrnehmung der psychischen Phänomene. Der epistemologische Vorzug der inneren Wahrnehmung, die von Brentano kraft der Immanenz von Akten und Objekten im Bewusstsein als evident und untrüglich betrachtet wird, gegenüber der äußeren Wahrnehmung, die kraft der fehlbaren Beschaffenheit der „physischen Phänomene" als nicht evident und fehlbar betrachtet wird, wird damit hinfällig, weil es keinen wesentlichen Unterschied zwischen „physischen" und „psychischen Phänomenen" im Sinne Brentanos gibt. Die äußere Wahrnehmung, wie Brentano sie fasst, ist in Wirklichkeit so bewusstseinsimmanent wie die innere Wahrnehmung.

Die tatsächliche äußere Wahrnehmung ist dabei für Husserl sehr wohl fehlbar, aber nicht weil die sinnlichen Inhalte fehlerhaft sein könnten, sondern weil die Auffassung des sinnlichen Inhalts als einen bestimmten transzendenten Gegenstand darstellend falsch sein kann: „Ich mag zweifeln, ob je ein äußerer Gegenstand existiert, ob also irgendeine auf solche Gegenstände bezügliche Wahrnehmung richtig sei: aber an dem jeweilig erlebten sinnlichen Gehalt der Wahrnehmung kann ich nicht zweifeln."[111]

Nun findet sich aber in der inneren Wahrnehmung als der Wahrnehmung psychischer Entitäten eine genau analoge Möglichkeit des Irrtums, denn Husserl behauptet, dass innere und äußere Wahrnehmung denselben erkenntnistheoretischen Charakter haben. Somit gibt es auch im Bereich des Inneren neben einer evidenten Wahrnehmung eine nicht evidente, täuschungsanfällige und fehlbare Wahrnehmung, genauso wie im Bereich des Äußeren beide Arten von Wahrnehmung möglich sind. Derart möchte ich folgende Passage interpretieren: „So ist jede Wahrnehmung des Ich oder jede auf das Ich bezogene Wahrnehmung eines psychischen Zustandes gewiß nicht evident, wenn unter Ich verstanden ist, was jedermann darunter versteht und was jedermann in der Ichwahrnehmung wahrzunehmen glaubt, nämlich die eigene empirische Persönlichkeit. Auch ist es klar, daß die meisten Wahrnehmungen psychischer Zustände nicht evident sein können, da sie

108 Ebd., S. 396.

109 E. Husserl, *Logische Untersuchungen*, Zweiter Band, II. Teil, Hamburg 1992, S. 774.

110 Ebd., S. 768.

111 Ebd.

leiblich lokalisiert wahrgenommen werden. Daß *die Angst mir die Kehle zuschnürt*, daß *der Schmerz im Zahne bohrt*, daß *der Kummer im Herzen nagt*, das nehme ich genau in dem Sinne wahr, wie daß *der Wind die Bäume schüttelt*, daß *diese Schachtel quadratisch und braun gefärbt ist* u. dgl. Hier sind freilich mit der inneren auch äußere Wahrnehmungen vorhanden; aber das ändert nichts daran, daß die wahrgenommenen psychischen Phänomene, so wie sie wahrgenommen sind, nicht existieren."[112] Eine Auslegung des Abschnitts berücksichtigt dann folgende Möglichkeiten: Wenn man sich bei der Wahrnehmung psychischer Phänomene täuschen kann, ist es möglich, dass man sich etwas *einbildet*, dass man sich hinsichtlich von etwas *täuscht* oder dass man etwas *übersieht*. Dann gibt es im inneren Bereich einen Unterschied zwischen Sein und Phänomen, d.h. zwischen dem, was real existiert, und dem, was erlebt wird. Die These Husserls, dass innere und äußere Wahrnehmung denselben erkenntnistheoretischen Charakter haben[113], ist der Ausgangspunkt des immanenten psychischen Realismus, den die realistischen Phänomenologen entwickeln und in dem wir genau die drei erwähnten Möglichkeiten – Einbildung, Täuschung, Übersehen – finden.

Der Unterschied zwischen den Thesen Brentanos und dem Postulat der Existenz eines nicht intentionalen Gefühls bei Stumpf und Husserl, das eine neue Differenzierung zwischen Empfindungen und Emotionen ebenso ermöglicht wie weitere Thesen über die Beschaffenheit der inneren und äußeren Wahrnehmung (und daher die Möglichkeit eines immanenten psychischen Realismus eröffnet), gründet auf dem Unterschied zwischen zwei Begriffen von Intentionalität. Brentano, der eine einheitliche und kohärente Psychologie begründen wollte, findet im Begriff der Intentionalität in erster Linie ein ersehntes klassifikatorisches und grundlegendes Prinzip. Intentionalität ist für ihn ein psychologischer Begriff, der nichts anderes bedeutet, als dass Bewusstsein stets „Bewusstsein von etwas" ist, und der als Merkmal aller psychischen Akte erlaubt, das Untersuchungsobjekt der Psychologie von dem Objekt der Naturwissenschaften abzugrenzen.

Anders, als es in dieser klassifikatorischen psychologischen Einstellung geschieht, versteht Husserl die Intentionalität als einen epistemologischen Begriff, der mehr beinhaltet als das bloße Gerichtetsein des Bewusstseins auf ein Objekt. Intentionalität bezeichnet die konstituierende Tätigkeit und die aktive Sinngebung eines Subjekts, durch die ein Objekt als solches gegeben ist. Somit wird das neue Bild des Psychischen, das Brentano eröffnet hat, weiterentwickelt. Nicht die Klassifikation des seelischen Lebens ist für Husserl wichtig, denn nach ihm gibt es „wesentlich verschiedene Arten und Unterarten der Intention"[114], sondern die erkenntnistheoretische Untersuchung der Konstitution des intentionalen Objekts. Eben dieser neue erkenntnistheoretisch ausgerichtete Intentionalitätsbegriff ermöglicht einerseits die Frage nach der Realität des selbstgegebenen Objekts, die insbesondere die realistische oder ontologische Phänomenologie beschäftigt, und andererseits die Frage nach der sinn- und realitätsgebenden, konstituierenden Rolle des Subjekts, der schon in den *Logischen Untersuchungen* und dann besonders in den *Ideen* nachgegangen wird.

---

[112] Ebd., S. 761.

[113] E. Husserl, *Logische Untersuchungen*, Zweiter Band, II. Teil, Hamburg 1992, S. 760.

[114] E. Husserl, *Logische Untersuchungen*, Zweiter Band, I. Teil, S. 381.

e. Kognitivismus, Intentionalität und Wert

Das Neue an Brentanos Auffassung gegenüber den vorher dargestellten Theorien der Emotionen als gefühlten Qualitäten liegt darin, erstens die Emotionen im Anschluss an die vergessene scholastische Tradition als intentionale Akte zu beschreiben, die mit Denkakten verbunden sind, und zweitens ihnen eine ethische Rolle zuzuschreiben. Diese Thesen entstehen, weil Brentano ein neues Bild des Psychischen jenseits des cartesianischen Paradigmas anbietet – auch wenn er selbst im dualistischen cartesianischen Paradigma bleibt: ein Bild, das bis in die heutige Philosophie hineinwirkt. Beide Thesen beeinflussten die spätere Phänomenologie der Emotionen und sind maßgeblich für jede Theorie der Emotionen.

Wenden wir die Aufmerksamkeit zunächst der These der Intentionalität und der kognitiven Basis der Emotionen zu. Intentionalität heißt für Brentano, dass die Emotionen Akte sind, die Objekte intendieren. Die Intentionalität, so wie Brentano sie versteht, setzt voraus, dass das, was wir fühlen, begehren und wünschen, davon abhängt, was wir über einen Sachverhalt oder Gegenstand denken.

Mit der These wird ein wichtiger Punkt getroffen, weil mit ihr versucht wird, die Spaltung zwischen Emotion und Verstand zu überwinden. Indem Brentano die Emotionen an Akte des Denkens anknüpft, sind sie nicht mehr das Denken störende Elemente, sondern mit dem Denken verbundene Akte. Die Theorien, die einen Denkaspekt als für die Emotionen zentral verstehen, habe ich zu Anfang dieses Kapitels als kognitivistische Theorien bezeichnet. Wenn wir der obigen Unterscheidung folgen, ist Brentanos Theorie in zweierlei Hinsicht kognitivistisch. Die Theorie vertritt einen schwachen Kognitivismus reduktiver Art, weil Brentano für die Emotionen die Existenz einer kognitiven Basis in Form eines Urteils oder in Form von urteilsähnlichen Phänomenen voraussetzt. Die Theorie vertritt auch einen starken Kognitivismus nicht reduktiver Art, weil für die Emotionen die kognitive Funktion der Werterfassung postuliert wird. Die kognitivistische Linie wird auch von Carl Stumpf verfolgt. Stumpf postuliert ebenfalls die These, dass die Emotionen auf Vorstellungen und Urteilen gründen. Um sich zu freuen – behauptet er –, muss man denken können. Emotionen beziehen sich nach Stumpf immer auf Sachverhalte, und Sachverhalte sind Inhalte eines Urteils.[115] Das wird in folgender Passage bei Stumpf deutlich: „Bei allen Gefühlszuständen, die zweifellos und im eigentlichen Sinne zu den Affekten gezählt werden, sagen wir, daß sie sich auf einen Sachverhalt beziehen, über den wir uns freuen, ärgern, erzürnen, vor dem wir uns fürchten usw. Das heißt: der Affekt gründet sich auf ein Urteil."[116]

Brentanos These der Intentionalität und der kognitiven Grundlagen der Emotionen wird von Husserl kritisiert und von jedem der Frühphänomenologen diskutiert. Sie gehen der Frage nach, was Intentionalität für die Emotionen heißt und welche kognitiven Grundlagen die Emotionen haben. Seit Brentano ist die Intentionalität der Emotionen wiederholt postuliert worden und sie ist heute ein zentraler Aspekt jeder Theorie der Emotionen. Mitte des XX. Jahrhunderts wird Anthony Kenny, einer der ersten

[115] C. Stumpf, *Gefühl und Gefühlsempfindung*, Leipzig 1928, S. XIII.

[116] Ebd., S. 2f.

analytischen Philosophen, die sich mit den Emotionen befassen, ähnliche kognitivistische Thesen vertreten. Auch Kenny zufolge sind die Emotionen intentionale Akte und gründen auf Denkakten, genauer: auf Urteilen. Spätere Philosophen befassen sich mit der Intentionalität der Emotionen und verstehen sie als grundlegend für dieses Phänomen. Die verschiedenen kognitivistischen Versionen, die die zweite Hälfte des XX. Jahrhunderts beherrschen, untersuchen auch die Verbindung zwischen Denkakten und Emotionen.

Obgleich Brentanos These der Intentionalität der Emotionen deren Verbindung mit Denkakten hervorhebt, ist es wichtig zu betonen, dass sie im Kontrast zu einigen aktuellen kognitivistischen Thesen steht. Sie unterscheidet sich insbesondere von streng kognitivistischen Auffassungen, die die Intentionalität der Emotionen auf die Intentionalität anderer Akte wie Urteile oder Wahrnehmungen reduzieren, so dass die Emotionen eine bloß geliehene Intentionalität hätten. Das ist zum einen bei der Reduktion der Emotionen auf Urteile bei Solomon oder Nussbaum der Fall und geschieht zum anderen bei Kenny, da er die Intentionalität der Emotionen aus den Urteilen ableitet, die als ihre Basis fungieren.

Anders als jene Autoren postuliert Brentano, dass die Emotionen eine Intentionalität sui generis haben, die nicht auf die Intentionalität anderer Akte reduziert werden kann und die sich an erster Stelle durch die Besonderheit ihrer Objekte – der Werte – charakterisiert. Diese Idee wird auch von Husserl und den frühen Phänomenologen weitergeführt und in meiner Arbeit genauer herausgearbeitet, da sie einen guten Ausgangspunkt bildet, um vor dem Hintergrund der aktuellen Debatte eine Theorie der Emotionen zu entwerfen, die nicht dem streng kognitivistischen Paradigma folgt.

Die zweite bedeutungsvolle These Brentanos betrifft die ethische Rolle der Emotionen. Brentanos Lehre ist insofern neu in der Moderne, als er die Emotionen auf Werte bezieht und ihnen eine ethische Bedeutung zuschreibt. Bis Brentano war die Philosophie von Kants Doktrin beeinflusst, nach der die Ethik eigentlich eine Frage der Normen ist. Nun tritt mit Brentano eine Ethik auf, die nicht auf Normen, sondern auf Werten basiert. Die wichtige Frage ist für ihn die Frage danach, was wertvoll ist. Eben das, was wertvoll ist, wird in den Emotionen gezeigt.[117] Die Idee, dass die Ethik eine Wertethik ist und dass die Emotionen dabei eine führende Rolle spielen, wird von Husserl übernommen und bildet den Ausgangspunkt der frühphänomenologischen Überlegungen zu den Werten. Und diese Verbindung zwischen Emotionen und Ethik, die Brentano eröffnet hat, ist seit rund zehn Jahren wieder sehr aktuell in der Debatte über die Emotionen. Brentanos Dispositionalismus finden wir in einer umgearbeiteten Form bei Mulligan, wertrealistische Thesen sind wieder bei Tappolet zu finden.

Allerdings sind Brentanos Thesen in verschiedenerlei Hinsicht problematisch. Das gilt unter anderem für die postulierte Analogie zwischen Gemütsbewegungen und Urteilen. Bei den Gemütsbewegungen gebe es eine sittliche Güte und Schlechtigkeit, genauso wie es bei den Urteilen Wahrheit und Falschheit gibt, so dass das Gute und das Böse nach

---

[117] Obwohl Brentano sagt: „Ich glaube, niemand wird meine Worte so verstehen, als wollte ich sagen, die Phänomene dieser Klasse seien Erkenntnisakte, vermöge deren Güte oder Schlechtigkeit, Wert oder Unwert in gewissen Gegenständen wahrgenommen werde […].“ F. Brentano, *Psychologie vom empirischen Standpunkt*, Band II, a.a.O., S. 89.

dieser Lehre den grundlegenden emotionalen Gegensatz bilden. Das Kriterium, nach dem sich der Gegensatz zwischen Gut und Schlecht konstituiert, unterscheidet sich von dem hedonistischen Kriterium des Gegensatzes zwischen Angenehm und Unangenehm der Inhaltspsychologie, weil es sich hier um ein kognitives Kriterium handelt. Gut ist einfach diejenige Gemütsbewegung, die ein Lieben, ein Gefallen oder eine Lust an etwas Richtigem ist, während die Liebe zu etwas Unrichtigem oder ein Hass, ein Missfallen und eine Unlust niemals gut sein können. Hier aber bricht die Analogie zu den Urteilen ab, denn bei den Urteilen war das Verwerfen von etwas Falschem Erkenntnis. Somit wird auch in Frage gestellt, ob das ganze System, das Brentano auf dieser Analogie aufbaut, sinnvoll für die Theorie der Emotionen ist.

Ein anderes Problem entsteht aus der These, dass Emotionen und Wollen zu derselben Klasse gehören. Brentanos These der Gradualität scheint mir nicht auszureichen, um daraus auf eine Klasseneinheit beider Phänomene zu schließen. Indem Brentano eine gleiche Wesensstruktur für beide Phänomene postuliert, reduziert er m.E. beide Phänomene.

Ein weiteres Problem dieser Analogie zum Wollen ist, dass Brentano die Emotionen intellektualisiert. Im Willensakt müssen wir eine Entscheidung zwischen verschiedenen Optionen treffen und daher sind uns solche Optionen immer bewusst. In den Willensakten evaluieren wir das Objekt und treffen Urteile über dasselbe. Allerdings ist das bei den Emotionen nicht immer der Fall, denn es gibt Emotionen, bei denen es kein Urteil über das Objekt gibt, und die wir haben, ohne uns ihrer bewusst zu sein. Da aber Brentano Emotionen und Willen irrigerweise zu derselben Klasse zählt, erklärt er die Phänomene so, als ob es sich in beiden Fällen um ein zweckgerichtetes Wollen handelte und es somit ein Vorziehen gäbe. Diese These führt leicht zu einer falschen Intellektualisierung der Emotionen[118], die man als *Über*intellektualisierung bezeichnen kann.

Die These des lediglich graduellen Unterschieds zwischen Emotionen und Wollungen ist auch in einer weiteren Hinsicht problematisch. Brentano spricht zwar von einer Klasseneinheit jener Phänomene und postuliert einen graduellen Unterschied, lässt allerdings ungeklärt, warum es diesen graduellen Unterschied gibt. Brentano meint, dass er möglich sei, weil beide zu derselben Klasse gehören. Mir scheint allerdings, dass er möglich ist, nicht weil sie zu derselben Klasse gehören, sondern weil zwischen diesen Phänomenen eine besondere Beziehung besteht: die der Motivation. So geht man von einem der Phänomene zu dem anderen über, weil sie sich gegenseitig in der Form einer Motivation beeinflussen können. Aus der gegenseitigen Motivation folgt jedoch keineswegs die Existenz eines bloß graduellen Unterschiedes zwischen den Phänomenen. Auf diese Problematik werden wir bei der phänomenologischen Analyse noch zurückkommen.

Die Bestimmung der Emotionen als intentionale Akte derselben Klasse wie das Wollen führt noch zu einem weiteren Problem: Die Auffassung der Emotionen als intentionale Akte, die auf Vorstellungen, Urteilen usw. gründen, beschränkt den Bereich des emotionalen Ausdrucks auf den Bereich des absichtlichen Ausdrucks. Brentano versteht als konstitutive Bestandteile der Emotion nur die absichtlichen Phänomene des Ausdrucks,

[118] M. Scheler, *Der Formalismus in der Ethik und die materiale Wertethik. Gesammelte Werke*, Band 2, Bern 1954, S. 34 (Fußnote).

die er als willkürliche physische Veränderungen bezeichnet: die Handlungen, die willkürlich aus einer Gemütsbewegung entstehen. Die nicht absichtlichen Phänomene des Ausdrucks hingegen, die er als unwillkürliche physische Veränderungen bezeichnet – etwa das Erblassen bei Schreck, das Zittern bei Furcht und das Erröten bei Scham –, werden als bloße Begleiterscheinungen, nachfolgende physische Veränderungen oder Zeichen beschrieben und ihre Verbindung mit den Emotionen selbst wird nicht weiter untersucht. Das wird in folgender Passage sehr deutlich: „Es ist offenbar, daß diese Zeichen nicht das Bezeichnete selbst sind, und daß darum nicht, wie manche töricht genug glauben machen wollten, diese äußere und, wie man sie rühmend nannte, ‚objektive' Beobachtung psychischer Zustände losgelöst von der ‚subjektiven' inneren eine Quelle psychologischer Erkenntnis werden könnte."[119] Die Entstehung einer Handlung aus einer Emotion heraus und die physiologischen Veränderungen, die bei einer Emotion auftreten, müssen daher weiter untersucht werden, weil beide Phänomene zum emotionalen „Ausdruck" im allgemeinen Sinne gehören.

Darauf bezogen ist ein weiteres Problem, das auch viele der kognitivistischen Ansätze der Emotionen in den heutigen Debatten begleitet. Im Unterschied zur Auffassung der Emotionen als gefühlte Qualitäten in der cartesianischen Tradition wird hier das Leibliche nicht berücksichtigt. Die Phänomene, die mit den Emotionen auftreten und die damit zu tun haben, wie eine Emotion am Leib gefühlt wird, lässt Brentano außer Acht. Allerdings scheint es mir sehr wohl von Bedeutung – insbesondere nach der kritischen Bewertung der vorherigen Theorien –, auch das Leibliche als einen möglichen konstitutiven Aspekt des Emotionalen neben der Intentionalität zu verstehen. Wenn Brentanos These der Intentionalität sui generis der Emotionen noch zu vertreten ist, muss das also in einem Kontext geschehen, in dem ihre Leiblichkeit berücksichtigt wird.

Problematisch ist ebenfalls die Lehre, nach der alle Erlebnisse intentional sind. Wie schon bei Husserls Kritik gezeigt wurde, gibt es eine Art von Erlebnissen, nämlich die Empfindungen, denen das Merkmal der Intentionalität fehlt. Empfinden heißt: sinnliche Inhalte direkt erleben. Diese Inhalte erfahren einen Akt der Auffassung und es kommt so zu der Wahrnehmung eines Gegenstandes. Insofern setzt die Wahrnehmung kein Urteil über sinnliche Inhalte voraus, und in diesem Sinn kommt der inneren und der äußeren Wahrnehmung derselbe erkenntnistheoretische Status zu.

Brentano ermöglicht ein neues Paradigma des Bewusstseins, bleibt jedoch an einem entscheidenden Punkt in der cartesianischen Tradition befangen, nach der die innere Wahrnehmung einen privilegierten Zugang zu den eigenen mentalen Akten bietet. Das begrenzt die Kenntnisse, die wir aus der intersubjektiven Erfahrung mit anderen über ihre Emotionen machen können. Husserls Begriff der inneren Wahrnehmung scheint hingegen in die Richtung einer Überwindung jener Beschränkungen zu gehen. Einerseits ist die innere Wahrnehmung nicht mit der Selbstwahrnehmung identisch und innere Wahrnehmungen anderer Menschen sind sehr wohl möglich. Andererseits ist die innere Wahrnehmung genau wie die äußere Wahrnehmung täuschungsanfällig und daher nicht privilegiert. Dies wird starke Konsequenzen für die Lehre der Emotionen der Frühphänomenologen haben.

119 F. Brentano, *Psychologie vom empirischen Standpunkt*, Band II, a.a.O., S. 55.

2.3. Die realistische Phänomenologie und die Emotionen

2.3.1. Die realistische Phänomenologie als philosophische Strömung

Anfang des XX. Jahrhunderts entsteht eine neue Auffassung der Emotionen, die auf Brentano zurückgeht und die Emotionen als intentionale Akte versteht, ohne dabei die leiblichen Aspekte zu vernachlässigen. Es handelt sich um das Verständnis der Emotionen als leibliche Intentionen, das implizit in den Texten der frühen Phänomenologen zu finden ist. Deren Texte haben bis heute kaum Aufmerksamkeit gefunden; dennoch erscheinen sie im Rahmen der heutigen Debatte – die immer noch von stark kognitivistischen Positionen beherrscht wird – als hochaktuell. Ihre methodologische Annäherungsweise, die nah an der Erfahrung bleibt, und ihre elaborierten Thesen über die Emotionen und deren Gegebenheit, Leiblichkeit und Intentionalität sowie deren Verbindung mit der Rationalität und der Ethik sind Inspirationsquelle und Ausgangspunkt des vorliegenden Buchs. Daher soll nun die realistische Phänomenologie als philosophische Strömung in ihren zentralen methodologischen und inhaltlichen Thesen dargestellt werden.

Die Phänomenologie findet gleichsam ihre Gründungsurkunden 1900–1901 in Edmund Husserls *Logischen Untersuchungen* und Alexander Pfänders *Phänomenologie des Wollens*.[120] Im Unterschied zu den herrschenden Schulen strebt sie schon von Anfang an danach, das Selbstgegebene zu untersuchen, ohne sich dabei auf vorgegebene theoretische Konstrukte zu stützen. Sie will weniger ein System der Philosophie sein als vielmehr eine Einstellung gegenüber den philosophischen Problemen.[121] Diese Haltung spiegelt sich in der berühmten Maxime „Zu den Sachen selbst“ wider, die das Ideal einer vorurteilsfreien Beschreibung der Dinge offenbart. Solch ein Verständnis von Philosophie wirkte auf eine junge Generation von Philosophen und Philosophinnen sehr anziehend, bald bildeten sich phänomenologische Arbeitskreise und die Phänomenologie begann, sich als eine Strömung zu konsolidieren. Heute wird die erste Phase als Frühe Phänomenologie, realistische Phänomenologie oder auch ontologische Phänomenologie bezeichnet. 1901 gründete in München eine Gruppe von jungen Philosophen einen „Akademisch-Psychologischen Verein“ mit dem Ziel, regelmäßige Treffen abzuhalten. Diese Denker standen unter dem Einfluss von Theodor Lipps. Sie richteten deswegen ihre Aufmerksamkeit auf den Bereich der Ästhetik und der Wertethik. Zum Münchener Kreis der Phänomenologie gehörten neben Johannes Daubert und Alexander Pfänder, der außer der Phänomenologie des Wollens auch eine Psychologie der Motivation und der Gesinnungen vorlegte, ebenfalls Moritz Geiger, der über Einfühlung und ästhetischen Genuss forschte, Hans Theodor Conrad und Hedwig Conrad-Martius, die sich für Themen der Ontologie interessierten, sowie drei heutzutage fast völlig vergessene Doktoranden von Pfänder: Willy Haas, der über unechte Gefühle promovierte, Else Voigtländer, die eine Dissertation über Selbstge-

[120] K. Mulligan, „Phenomenology. Philosophical Aspects“, in: *International Encyclopedia of the Social and Behavioral Sciences*, Oxford 2001.

[121] M. Scheler, „Phänomenologie und Erkenntnistheorie“, in: ders., *Gesammelte Werke*, Band 10, Schriften aus dem Nachlaß, Bonn 1986, S. 379.

fühle schrieb,[122] und Gerda Walther, die über die Ontologie der sozialen Gemeinschaften promovierte.

Parallel zu den Aktivitäten des Vereins bildete sich 1905 eine „Philosophische Gesellschaft" in Göttingen. Die Hauptfiguren des Kreises waren Husserl und Adolf Reinach – ein junger Dozent aus München, der in Göttingen habilitierte. Aus München kamen auch Geiger und das Ehepaar Conrad-Martius. Als Mitglieder der Göttinger Gesellschaft finden wir ferner Edith Stein, die einen wichtigen Beitrag zur Theorie der Einfühlung und des Gemeinschaftslebens hinterlassen hat, Dieter von Hildebrand, dessen Schwerpunkt ebenfalls das Gebiet der Emotionen bildete, und andere später bekannte Philosophen wie Roman Ingarden, Alexander Koyré und Johannes Hering.[123] Zu den Realisten gehörte auch Max Scheler, der sich aufgrund seiner Interpretation und Anwendung der phänomenologischen Methode von beiden genannten Gruppen unterscheidet[124] und der das Phänomen des Fühlens und die Emotionen, das Leid, das Ressentiment, die Scham, die Demut, die Reue, die Liebe und den Hass untersuchte.

Was Einstellung und Thematik anbelangt, können als Frühphänomenologen ebenfalls José Ortega y Gasset[125], der über Liebe und emotionalen Ausdruck schrieb, und Aurel Kolnai, der den Ekel, den Hochmut, den Hass und das Phänomen des Interessenehmens analysierte, bezeichnet werden, obgleich sie räumlich und zeitlich zu keiner der beiden Gruppen gehörten. Ab 1915 aber lassen die Aktivitäten dieser Bewegung nach. Viele Forscher verlassen München und Göttingen und fangen anderswo ihre Karriere an. Die historischen Ereignisse des Ersten Weltkriegs haben dabei eine Rolle gespielt – Reinach etwa ist im Krieg gestorben. Der Hauptgrund der Auflösung der Bewegung liegt jedoch darin, dass die ersten Schüler nicht bereit waren, der „idealistischen Wendung" Husserls in den *Ideen* zu folgen. Die späteren Transformationen der Phänomenologie durch Heidegger, Sartre und Merleau-Ponty haben die anfängliche Phase später in den Schatten gestellt.

Wenngleich jeder der genannten Autoren ein einzigartiges Werk hinterlassen hat, gibt es dennoch einige Hauptmerkmale, die alle teilen. Zunächst teilen die Frühphänomenologen eine allgemeine methodologische Einstellung. Das methodologische Hauptwerk-

---

122 Voigtländer wird in der internen Geschichte der Phänomenologie kaum rezipiert. Das Thema ihrer Dissertation aber ist in der Linie der Lipps-Rezeption der Münchener Phänomenologen zu verstehen; sie selbst bezeichnet außerdem ihre Arbeit mehrmals als phänomenologische Psychologie und arbeitet methodologisch nah an der Phänomenologie. Die explizite Annäherung an die Phänomenologie ist an folgenden Stellen zu finden: E. Voigtländer, *Vom Selbstgefühl,* Leipzig 1910, S. 34, 38, 45, 46, 47, 119. Auch Reinhold Nikolaus Smid zählt Voigtländer zum Kreis der Münchener Phänomenologie. Vgl. R. N. Smid, „‚Münchener Phänomenologie' – Zur Frühgeschichte des Begriffs", in: E. Avé-Lallemant/H. Spiegelberg (Hg.), *Pfänder-Studien*, Den Haag 1982, S. 110ff. Kevin Mulligan versteht sie ebenfalls als Münchener Phänomenologin.

123 Es sei hier auf die große Anzahl an Frauen hingewiesen. Vgl. K. Mulligan, „Phenomenology: Philosophical Aspects", a.a.O., Í. Vendrell Ferran, „Carrera universitaria y Género: primeras filósofas y sociólogas en las universidades alemanas", in: C. Miqueo/C. Magallón/M. J. Barral/T. Fernández/I. Delgado (Hg.), *VI. Congreso Iberoamericano de Ciencia, Tecnología y Género*, Zaragoza 2006.

124 E. Avé-Lallemant, „Die Antithese Freiburg – München in der Geschichte der Phänomenologie", in: E. Avé-Lallemant/H. Spiegelberg (Hg.), *Pfänder-Studien*, a.a.O., S. 19–38.

125 Kevin Mulligan bezeichnet Ortega y Gasset als Botschafter der Phänomenologie in Spanien. K. Mulligan, „La fenomenologia realista", unveröff. Vortragsreihe, Barcelona 1999.

zeug ist die „eidetische Reduktion", mit der Regionen von Realität untersucht werden sollen und deren ursprünglicher Zweck daher sowohl zu Husserls späterer Transzendentalphilosophie als auch zu Heideggers hermeneutischer Wende in einem Spannungsverhältnis steht. Darüber hinaus teilen die Frühphänomenologen ein spezifisches Verständnis des Psychischen, das von Brentano herrührt und sich weiter von dem cartesianischen Paradigma entfernt. Zuletzt teilen sie auch ein gemeinsames Interesse am Thema der Emotionen. Die Mehrheit der Autoren verfasste detaillierte Analysen einzelner Emotionen, und Alexander Pfänder und Max Scheler entwickelten sogar elaborierte Gefühlskonzeptionen.[126]

Fast alle Analysen wurden innerhalb eines einzigen, produktiven Jahrzehnts durchgeführt, nämlich in der Zeit von 1910 bis 1920, und viele von ihnen wurden im *Jahrbuch für Philosophie und phänomenologische Forschung* veröffentlicht, in den fünf Jahren, in denen Geiger, Scheler und Pfänder Herausgeber der Zeitschrift waren. Das Interesse an den Emotionen liegt darin begründet, dass die Frühphänomenologen mit der Untersuchung des unmittelbar Bekannten und Nächstliegenden – im Sinne der Erfahrung – beginnen wollten: „Bekannt sind mir einzig meine Bewußtseinsinhalte, meine Vorstellungen und Gefühle, Sehnsucht, Reue, Wollen, Glücksgefühl, Genuß, Freude, Ärger, meine Willensakte, meine Stellungnahmen. Mit ihnen muß also begonnen werden."[127]

Ein weiterer Grund für das Interesse an den Emotionen ist, dass die Phänomenologen der Münchener Tradition stark von Lipps und der entstehenden Psychologie beeinflusst waren, die die Gefühle in den Mittelpunkt ihres Interesses stellte. Ferner sind die Gefühle der Frühphänomenologie deshalb so wichtig, weil sie im Programm einer neuen Ethik der Werte gegen Kants Ethik der Normen eine große Rolle spielen, denn die Emotionen bilden per se nicht nur eine Region der Untersuchung, sondern sie haben die Funktion, eine Region des Seins – die Werte – zu erschließen, und sind daher für die Ethik unerlässlich. Methode und Bild des Psychischen werden im Folgenden ausführlich analysiert, da sie den Ausgangspunkt für den vorliegenden systematischen Beitrag über die Emotionen bilden.

2.3.2. Die phänomenologische Einstellung

Die Frühphänomenologie ist zunächst durch die methodologische Einstellung der eidetischen Reduktion gekennzeichnet, die auf Husserls *Logische Untersuchungen* zurückgeht und sich später auch durch eine Ablehnung von Husserls Transzendentalphilosophie in den *Ideen* charakterisiert. Das ist zu explizieren.

Die Phänomenologie will bei ihrer Forschung unabhängig von überkommenen Theorien sein. Zwar strebt sie an, Wissenschaft zu werden, aber eine radikale Wissenschaft, deren Ausgangspunkt das direkt Erlebte ist und die sich demzufolge an den Sachen, so

[126] J. Ortega y Gasset, „Für eine Kultur der Liebe", in: ders., *Gesammelte Werke*, Band 1, Stuttgart 1954, S. 96.

[127] M. Geiger, „Fragment über den Begriff des Unbewußten und die psychische Realität", in: *Jahrbuch für Philosophie und phänomenologische Forschung* IV, Halle a. d. S. 1921, S. 11.

wie sie sind, orientiert. Die phänomenologische Einstellung soll es also ermöglichen, im Ausgang von den Tatsachen deren Wesen und Gesetze ans Licht zu bringen, ohne sie zu verfälschen oder einzuschränken. Der Rückgang und die neue Ausrichtung auf die Sachen selbst finden ihren Ausdruck in der Wiederaufnahme und konsequenten Durchdenkung des Intentionsbegriffs[128], den Husserl in seinen *Logischen Untersuchungen* entwickelt hatte. Durch den Begriff der „gegenstandsgerichteten Intentionalität" werden die Sachen nicht mehr als Vorstellungen eines Ich angesehen – wie Brentano sie aufgefasst hatte –, sondern als reale Gegenstände, und sie werden als solche erfassbar. Der neue Intentionalitätsbegriff erscheint dann als Brücke zwischen zwei Gegenpolen: einerseits dem Ich und andererseits den Sachen; er ermöglicht, dass die Sachen selbst in ihrer Unmittelbarkeit – und nicht durch eine Verwandlung der Sache in einen Vorstellungsinhalt – erfasst werden. Wie Moritz Geiger es ausgedrückt hat: „Das Gegenüber von Ich und Objekt und die Überwindung der Spannung – nicht durch Hineinnahme des Objekts in das Subjekt, sondern durch den Begriff der gegenstandsgerichteten Intention – das gab dem Aufbau der unmittelbar gegebenen Welt einen andern Aspekt."[129] Auf solche Weise sind dank des Begriffes der gegenstandsgerichteten Intentionalität die Gegenstände selbst als Objekte des Bewusstseins zu begreifen. Dabei sind Objekt und Subjekt nicht als zwei getrennte Entitäten im Bewusstsein zu verstehen, sondern beide bilden im intentionalen Erlebnis eine unmittelbare Einheit. Intentionalität bedeutet, dass das Bewusstsein nicht mehr als reine Interiorität verstanden wird und die Objekte nicht mehr als reine Exteriorität. Man kann im Bewusstsein sowohl „äußere Sachen" als auch „innere Sachen" finden, um dies in Termini des alten dualistischen Paradigmas auszudrücken. Die Phänomenologen behaupten – und dieser Ausdruck ist in einem erkenntnistheoretischen Sinn zu verstehen –, dass Bewusstsein immer Bewusstsein von etwas ist: Jede *cogitatio* richtet sich insofern direkt auf ein *cogitatum*.

Die Implikationen dieser Behauptung sind zahlreich. Hier interessiert besonders die Tatsache, dass es so viele Arten von *cogitationes* oder intentionalem Bewusstsein gibt, wie es Arten von *cogitata* oder Gegenständen gibt. Die These, nach der Bewusstsein immer Bewusstsein von etwas ist, heißt dann, dass jedes „Etwas", sei es etwas Vergangenes, etwas Geurteiltes, etwas Ersehntes usw., mit einer jeweils eigenen Form einhergeht, in der man sich auf dieses richten muss. Es besteht eine universale Korrelation zwischen dem jeweiligen Gegenstand unserer Erfahrung und der Art und Weise, in der er zur Gegebenheit kommt. Ein Ding der Außenwelt ist mir prinzipiell so gegeben, dass ich immer nur einzelne Seiten abwechselnd sehen kann, der Eindruck eines Schmerzes ist mir hingegen so gegeben, dass dabei nicht verschiedene Seiten wie beim Außenweltding ins Spiel kommen. Insofern ist die Erfahrung eines Gegenstandes der Außenwelt von gänzlich anderer Art als die Erfahrung einer Schmerzempfindung, und diese Verschiedenheit hat ihren Ursprung in der Verschiedenheit der Gegenstandsarten. Da jener Zusammenhang überall zu finden ist, wo sich ein Bewusstsein auf ein intentionales Objekt richtet, kann

128 M. Geiger, „Alexander Pfänders methodische Stellung", in: *Neue Münchener Philosophische Abhandlungen*, hg. v. E. Heller und F. Löw, Leipzig 1933, S. 1–16, hier S. 13.

129 Ebd.

von einem apriorischen Prinzip gesprochen werden, das Husserl universales Korrelationsprinzip von Erfahrungsgegenstand und Gegebenheitsweise nennt.[130]

Die Phänomenologie will damit über einzelne Tatsachenbehauptungen hinaus und zu einer allgemeingültigen Erkenntnis gelangen. Den einzelnen Tatsachen kommt ein individuelles und zufälliges Sein zu, d.h. sie sind so und so, könnten aber auch anders sein. Doch dadurch wird der Anspruch der Phänomenologie nicht ungültig, sie muss ihre Forschung nicht auf ein Gebiet individueller und in gewissem Sinne zufälliger Tatsachen begrenzen, denn diese Zufälligkeit ist stets mit einer Notwendigkeit verbunden. Anders formuliert: Jeder individuelle Gegenstand hat in sich etwas Wesentliches. Aufgrund der Untrennbarkeit von Tatsache und Wesen gibt jedes Individuelle Aufschluss über ein entsprechendes Wesen. Husserl formuliert die Korrelation zwischen Tatsache und Wesen wie folgt: „[D]er Sinn dieser Zufälligkeit, die da Tatsächlichkeit heißt, begrenzt sich darin, daß sie korrelativ bezogen ist auf eine Notwendigkeit, die nicht den bloßen faktischen Bestand einer geltenden Regel der Zusammenordnung räumlich-zeitlicher Tatsachen besagt, sondern den Charakter der Wesens-Notwendigkeit und damit Beziehung auf Wesens-Allgemeinheit hat."[131] Dabei aber gibt es nicht so viele Wesens-Notwendigkeiten und Wesens-Allgemeinheiten wie Individuen. Das Wesen gehört nicht nur zu einem Individuum, sondern es ist vielmehr so, dass mehrere Individuen dasselbe Wesen teilen. Solche Individuen, die ein gemeinsames Wesen teilen, gehören zu derselben Art. Die obersten Wesensallgemeinheiten der Art nennt Husserl „‚Regionen' oder ‚Kategorien' von Individuen"[132], die Seinsregionen umgrenzen. So ermöglicht der neue Intentionalitätsbegriff die Entdeckung neuer Dimensionen und Regionen von Phänomenen und garantiert gleichzeitig, dass, ausgehend vom Individuellen, das Allgemeine erfasst wird.

Tatsachen und Wesen, Wesens- und Seinsregionen sind bis jetzt erwähnt worden. Es stellt sich aber noch eine weitere Frage, nämlich die nach der Möglichkeit der Erforschung des Entdeckten selbst. Obwohl wir Kenntnis über bestimmte Tatsachen erreichen, etwa darüber, dass wir Freude erleben, dass wir gestern wütend waren, dass etwas uns Schmerz verursacht hat, dass wir die Objekte unserer Umwelt wahrnehmen, steht uns doch das Wesen dieser Tatsachen immer noch sehr fern; und obwohl, ausgehend von der Zufälligkeit jener Tatsachen, ein Bereich der Wesensnotwendigkeiten erreicht werden soll, muss doch immer noch die Annäherungsweise an diesen Bereich bestimmt werden. Fest steht, dass es keine Einschränkung auf vorangehende Theorien und Definitionen geben darf, damit die Mannigfaltigkeit der entdeckten Sachen nicht fälschlicherweise reduziert wird. Vielmehr versucht die Phänomenologie, ein „Maximum an Gegebenheit"[133] der Sachen selbst zu erreichen, um zu deren Wesen vorzudringen, ohne es zu verfälschen. Der Sinn und die „Leidenschaft" der Phänomenologie ist es, die Differenzen ans Licht

---

130 Vgl. E. Husserl, *Die Krisis der europäischen Wissenschaften und die transzendentale Phänomenologie*, in: ders., *Gesammelte Schriften*, Band 8, Hamburg 1992, S. 169f.

131 E. Husserl, *Ideen zu einer reinen Phänomenologie und phänomenologischen Philosophie*. Erstes Buch. *Gesammelte Schriften*, Band 5, Hamburg 1992, S. 12.

132 Ebd., S. 13.

133 M. Geiger, „Alexander Pfänders methodische Stellung", a.a.O., S. 3.

zu bringen.[134] Allerdings kann man im Hinblick auf das Entdeckte zwei verschiedenen Richtungen der Forschung nachgehen, da zwei Auffassungen „gegenstandsgerichteter Intentionalität“ möglich sind. Entweder richtet man sich auf den Pol des Ich oder auf den Pol der Sachen. Beide Möglichkeiten sind gleichermaßen legitim, doch jede beschäftigt sich mit einer bestimmten Problematik, und jede bildet eine eigene Weise, die Phänomenologie zu verstehen.

Die erste Möglichkeit zeichnet sich durch eine „Wendung ins Subjektive“ oder eine „Vertiefung der idealistischen Philosophie“[135] aus. Diese Forschungsrichtung, die schon in Husserls *Logischen Untersuchungen* vorherrscht und sich dann in Reinform in den *Ideen* findet, beschäftigt sich nicht prinzipiell mit der Analyse des Gegebenen, sondern mit der „Art des Gegebenseins des Gegebenen“[136]. Da Gegebensein immer Gegebensein für ein Subjekt ist, wird mit dieser Blickrichtung die Analyse des reinen Bewusstseins und seiner konstituierenden Leistungen eröffnet. Eine solche Analyse vollzieht Husserl mit Hilfe der phänomenologisch-transzendentalen Reduktion. Deren Sinn ist es, die Gültigkeit der Wirklichkeit eingeklammert und die natürliche Einstellung der Alltagswelt dahingestellt sein zu lassen, indem man die sogenannte transzendental-phänomenologische Epoché vollzieht und so die Sphäre des reinen Bewusstseins entdeckt. Nachdem die Sphäre des reinen Bewusstseins freigelegt ist, wird mit Hilfe der transzendentalen Reduktion das reine Bewusstsein als weltkonstituierende Subjektivität selbst thematisiert.

Die zweite Möglichkeit wird als „Wendung zum Objekt“[137] bezeichnet, und eben sie wird von der Frühphänomenologie befolgt. Diese Wendung setzt weniger eine Methode des Denkens voraus, der genau zu folgen wäre, als vielmehr eine *Grundeinstellung* „des geistigen Schauens“[138] oder eine „Kunst des Schauens“[139], deren Beschaffenheit von jedem Phänomenologen anders aufgefasst wird. In dieser Hinsicht ist kein phänomenologisches System oder keine Schule möglich. Die frühen Phänomenologen verstehen sich selbst eher als einen heterogenen Kreis von Forschern, die – wie Scheler es ausgedrückt hat – „eine gemeinsame *Haltung* und *Einstellung* gegenüber den philosophischen Problemen einheitlich beseelt, die aber für alles, was sie in dieser Einstellung gefunden zu haben meinen, ja für die Theorie von der Natur dieser ‚Einstellung‘, selbst gesondert die Verantwortung übernehmen und tragen.“[140] Also nicht der Inhalt oder die Methode oder die Weltanschauung ist jenen Forschern gemeinsam, sondern eine philosophische Haltung. Ihr Hauptthema ist nicht die Subjektivität, sondern es sind die selbst gegebenen Gegenstände und die Aspekte und Dimensionen des Realen. Derart wird hier die Phänomenologie als *Real*wissenschaft verstanden und gerade nicht

---

[134] Ebd., S. 4.

[135] Ebd., S. 15.

[136] Ebd.

[137] Ebd., S. 13.

[138] M. Scheler, „Phänomenologie und Erkenntnistheorie“, a.a.O., S. 380. Vgl. auch in diesem Sinne H. Conrad-Martius, „Edith Stein“, in: E. Stein, *Briefe an Hedwig Conrad-Martius*, München 1960, S. 62.

[139] A. Reinach, „Über Phänomenologie“, in: ders., *Sämtliche Werke* I, München 1989, S. 532.

[140] M. Scheler, „Phänomenologie und Erkenntnistheorie“, a.a.O., S. 379.

als Ausschaltung der Realität, wie es bei der transzendentalen Reduktion Husserls der Fall ist. Diese Richtung der Phänomenologie versucht, Ontologien der verschiedenen entdeckten Regionen aufzustellen. Sie ist eine Phänomenologie der Gegenstände, eine *ontologische* oder *realistische* Phänomenologie, deren Ziel die Erfassung der Wesenheiten in Absehung von allem Empirisch-Zufälligen ist.[141] Das Hauptwerkzeug der Untersuchung des Realen hat nichts mit der phänomenologisch-transzendentalen Reduktion, die zur Subjektivität führt, zu tun. Die realistischen Phänomenologen distanzieren sich vielmehr von Husserl, und Adolf Reinach und Alexander Pfänder u.a. unternehmen eine Überarbeitung der phänomenologischen Einstellung, in der Husserls eidetische Reduktion zum zentralen methodologischen Werkzeug wird.

Die eidetische Reduktion als eidetische Variation und Wesensschau charakterisiert somit die methodologische Einstellung der Frühphänomenologie und wird zum Hauptwerkzeug ihrer Analysen, insbesondere ihrer Untersuchungen der Emotionen. Diese Methode soll hier in all ihren Stadien dargestellt werden, weil sie als Anhaltspunkt für die eigene Methode meiner Arbeit dient. Der Zweck der Reduktion besteht darin, vom Faktischen hic et nunc zum Wesentlichen zu führen. Dieser Weg kann sowohl ausgehend von einer natürlichen Einstellung vollzogen werden, indem man ohne eine transzendental-phänomenologische Reduktion von der „realen Tatsache" aus zum Wesen gelangt, als auch im Anschluss an die transzendentale Reduktion, indem man die eidetische Reduktion auf das Produkt der transzendentalen Reduktion anwendet, nämlich auf das „transzendentale Faktum"[142]. Es ist demnach für die eidetische Reduktion selbst irrelevant, ob sie im Zusammenhang mit der transzendental-phänomenologischen Reduktion vollzogen wird oder nicht. Die realistischen Phänomenologen vollziehen denn auch nur die eidetische Reduktion. Das heißt, dass es ihnen allein darum geht, Wesenheiten und ihre gesetzmäßigen Zusammenhänge herauszuarbeiten. Reinach drückt den Sinn desselben so aus: „Von den Wesenheiten gelten Gesetze, und diese Gesetze sind unvergleichlich mit allen Tatsachen und allen Tatsachenzusammenhängen, von denen uns die sinnliche Wahrnehmung Kunde verschafft. Sie gelten von den Wesenheiten als solchen, kraft ihres Wesens – in ihnen haben wir kein zufälliges So-sein, sondern ein notwendiges So-sein-Müssen und dem Wesen nach Nicht-anders-sein-Können."[143] Die Aufgabe der Phänomenologie ist es dann, solche Wesenheiten und ihre Gesetze im Ausgang von zufälligen Tatsachen zu entdecken, zu erfassen und zu beschreiben, damit eine apriorische Erkenntnis erreicht wird, ferner mittels dieser Deskription „das erschaute Wesen in seinen hervorstechendsten Merkmalen kommunikabel wird" und „das vom Einzelnen Erschaute der Gemeinschaft der Erkennenden in seiner Sonderart zugänglich"[144] wird. Zentral ist hier die Frage danach, wie genau mit Hilfe der eidetischen Reduktion das Wesen herausgearbeitet werden kann.

---

[141] G. Walther, „Zur Ontologie der sozialen Gemeinschaften", in: *Jahrbuch für Philosophie und phänomenologische Forschung* VI, Halle a. d. S. 1923, S. 4.

[142] Vgl. O. Becker, „Die Philosophie Edmund Husserls", in: *Kantstudien* 35 (1930), S. 140.

[143] A. Reinach, „Über Phänomenologie", a.a.O., S. 543.

[144] M. Geiger, „Alexander Pfänders methodische Stellung", a.a.O., S. 9, aber im selben Sinne auch Scheler, Pfänder, Reinach.

Zunächst ist hervorzuheben, dass es zum Erreichen dieser apriorischen Erkenntnis keiner sinnlichen Wahrnehmung bedarf und auch nicht irgendwelcher Ableitungen, sondern dass es sich vielmehr „um anschauliche Akte ganz anderer Art [handelt], die jederzeit vollzogen werden können, wo immer auch das vorstellende Subjekt sich befinden mag“[145]. Das Vollziehen der anschaulichen Akte soll es uns ermöglichen, die Wesensmomente aus dem Phänomen herauszuschauen. Wichtig dabei ist es, die Wesenstruktur der Sachen nicht aufzubauen, sondern herauszufinden. Das ganze Verfahren besteht demnach darin, eine Anschauung des Wesens zu vollziehen: eine „Wesenschau“ oder „Wesenserschauung“ – wie sie es nennen. Die Wesenschau ermöglicht uns den Zugang zur Welt des Wesentlichen und seiner Gesetze, die unabhängig von uns existiert und uns offensteht, und dies gleichgültig, ob alle oder viele oder überhaupt keine Menschen oder andere Subjekte sie anerkennen.[146] Charakteristisch für die Wesenschau ist, dass das Subjekt einen anschaulichen Akt vollziehen muss, um eine bestimmte Wesenheit oder Gesetzmäßigkeit zu entdecken, die unabhängig von jenem Akt selbst existiert. Der Anschauungsakt soll nicht als eine Art Eingebung verstanden werden, sondern als ein strategisches Verfahren zur Annäherung an die Sachen: „Wenn wir in der Phänomenologie brechen wollen mit den Theorien und Konstruktionen, und wenn wir die Rückkehr zu den Sachen selbst anstreben, zur reinen, unverdeckten Intuition der Wesenheiten, so ist Intuition dabei nicht gedacht als eine plötzliche Eingebung und Erleuchtung. […] Es bedarf eigener und großer Bemühungen, um aus der Fernstellung, in der wir an sich zu den Objekten stehen, herauszukommen zu ihrer klaren und deutlichen Erfassung […].“[147] Die Wesenschau als Prüfstein der phänomenologischen Methode ist insofern ein mühsames Verfahren, als man beschreibt, vergleicht, unterscheidet, analysiert, zusammenfasst usw.[148]

Zum Anschauungsprozess der eidetischen Reduktion gehört die eidetische Variation. Der Ausgangspunkt derselben ist stets ein wirklicher oder phantasierter individueller Gegenstand, der als Beispiel dient[149] und den der Phänomenologe dem Leser oder Hörer mitteilt, damit dieser den ganzen Veranschaulichungsprozess für sich alleine wiederholt. Die eidetische Variation besteht gerade darin, aus diesem Beispiel viele freie Variationen[150] entstehen zu lassen. In einigen Fällen werden einige der so erzeugten Varianten ein und dasselbe Wesen teilen. In anderen Fällen aber wird unsere eidetische Variation Varianten erzeugt haben, die wesentlich voneinander verschieden sind. Das bedeu-

[145] A. Reinach, „Über Phänomenologie“, a.a.O., S. 543.

[146] Ebd., S. 544.

[147] Ebd., S. 550.

[148] A. Pfänder, *Zur Psychologie der Gesinnungen*, I. Teil, Halle 1922, S. 6.

[149] Dabei ist es gleichgültig, ob das Beispiel, das uns als Ausgangsquelle dient, an unserem oder fremdem Erleben erschaut wird und ob es sinnlich gegeben ist oder nicht. Vgl. M. Scheler, „Die Idole der Selbsterkenntnis“, in: ders., *Gesammelte Werke*, Band 3, Bern 1972, S. 286. Auch M. Geiger, „Alexander Pfänders methodische Stellung“, a.a.O., S. 3. Im gleichen Sinne M. Scheler, „Phänomenologie und Erkenntnistheorie“, a.a.O., S. 380.

[150] Variationen und Varianten und nicht Veränderungen, da gilt: „Bei aller Veränderung bleibt das Individuum identisch dasselbe.“ Vgl. E. Husserl, *Die phänomenologische Methode*, in: ders., *Ausgewählte Texte* I, Stuttgart 1998, S. 265.

tet dann, dass wir die Identität des Individuums unseres Beispiels haben fallen lassen und es in ein anderes Individuum verwandelt haben. Der Sinn der Generierung von Varianten liegt darin, zu beobachten, was in jeder Variation an dem Phänomen gleich bleibt und was nicht. Der nächste Schritt zur Erfassung des Allgemeinen besteht darin, die Bestimmtheiten, die alle Varianten teilen, und die Differenzen, die es zwischen ihnen gibt, zu untersuchen und zu beschreiben. In gewissem Maße spielen bei diesem Beschreibungsverfahren die Negationen eine wichtige Rolle, denn das Wesen muss in allen Richtungen abgegrenzt und von allen Seiten her eingegrenzt werden. Es soll eingegrenzt werden – wie Scheler sagt –, „bis nichts mehr übrig ist als – *es selbst*: es selbst, dessen Nichtdefinierbarkeit in allen nur möglichen Versuchen, es zu definieren, es ja erst als *echtes ‚Phänomen'* aufweist"[151]. So hebt sich aus der Mannigfaltigkeit von Varianten eine Einheit hervor: „Es zeigt sich dann, dass durch diese Mannigfaltigkeit von Nachgestaltungen eine Einheit hindurchgeht, dass bei solchen freien Variationen eines Urbildes, z.B. eines Dinges, in Notwendigkeit eine Invariante erhalten bleibt als die notwendige allgemeine Form, ohne die ein derartiges wie dieses Ding, als Exempel seiner Art, überhaupt undenkbar wäre."[152] Unser Blick richtet sich dann auf diese Einheit, auf das sich in den Variationen durchhaltende Invariante. Das Invariante als Gesamtheit von Möglichkeiten, die zu einem Phänomen gehören, ohne dass sich das Phänomen in ein anderes verwandelt, wird als Wesen oder Eidos bezeichnet. Nur wenn dieses Wesen aus der Mannigfaltigkeit von Varianten heraus deutlich wird, können wir sagen, dass etwas zur Erschauung gebracht worden ist.

Ein Beispiel für eidetische Variation und Wesenschau wird das Verfahren verdeutlichen. Denken wir an einen Tisch. Es gibt Tische mit unterschiedlichen Materialien, Größen, Farben usw. Veranschaulichen wir uns einen großen Tisch aus dunklem Holz, mit vier Tischbeinen und einem schönen Muster. Lassen wir nun die hölzernen Tischbeine sich in Tischbeine aus Plastik verwandeln, das Muster verschwinden und die Größe sich verringern. So haben wir einen Tisch aus Holz in einen Tisch aus Plastik umgewandelt. Hier handelt es sich immer noch um zwei Varianten derselben Gegenstandsart Tisch. Wenn wir jedoch den Tisch noch weiter verkleinern und an einer seiner Seiten eine Rückenlehne entstehen lassen, haben wir den Tisch in einen Stuhl verwandelt. Anhand solcher Beispiele können wir herausfinden, was zum Wesen eines Tisches gehört und was nicht, wo ein Tisch aufhört, Tisch zu sein, und sich in etwas anderes, etwa einen Stuhl, verwandelt.

Was nach der Erläuterung der methodischen Annäherung an die Sachen noch zu klären bleibt, ist die Frage nach der Gültigkeit der apriorischen Kenntnis, die wir mit der Erschauung des Wesens dem Anspruch nach erreicht haben. Zwar handelt es sich bei der Phänomenologie nicht um Introspektion oder innere Beobachtung der Vorgänge – sondern um Erschauung des Wesens, denn „in ihr wird ‚erschaut', nicht ‚beobachtet'"[153] –, daher wird sie nicht in dieselben Irrtümer verwickelt. Aber sie muss sich dennoch mit derselben Frage beschäftigen: Wie überschreitet die Phänomenologie die Grenzen der

[151] M. Scheler, „Phänomenologie und Erkenntnistheorie", a.a.O., S. 392.

[152] E. Husserl, *Die phänomenologische Methode*, a.a.O., S. 257.

[153] M. Scheler, „Die Idole der Selbsterkenntnis", a.a.O., S. 286.

Individualität und gelangt zu einer allgemeinen Kenntnis? Den Phänomenologen zufolge ist die apriorische Kenntnis von allgemeiner Gültigkeit, weil die eidetische Reduktion von den Einzelheiten der Denkakte abstrahiert hat. Wenn das Wesen und seine Gesetze erfasst werden, ist die Notwendigkeit des entdeckten Erkenntnisgegenstands eine Notwendigkeit des Seins und nicht eine Notwendigkeit des Denkens, wie es beim Psychologismus der Fall war. Derart ist eine Subjektivierung der Wesen und ihrer apriorischen Gesetze ausgeschlossen: „Ihr gegenüber gibt es Entdeckung oder Nicht-Entdeckung, niemals aber Täuschung und Irrtum."[154] Das heißt, dass allein die Entdeckung der Wesensnotwendigkeit es schon voraussetzt, dass das Erschaute uns notwendigerweise evident und selbst gegeben ist. Die eidetische Reduktion, die wir hier dargestellt haben, wird von den realistischen Phänomenologen auf ganz unterschiedliche Bereiche angewandt, mit der Absicht, regionale Ontologien aufzustellen, also die Wesenheiten und Wesensgesetze bestimmter Gegenstandsbereiche zu erforschen. Das methodologische Verständnis der Frühphänomenologie stellt einen wesentlichen Unterschied zu Husserls Transzendentalphilosophie dar, die die Bedingungen der Möglichkeit von Erfahrung selbst untersucht, denn in der Frühphänomenologie sind das, was untersucht wird, die Phänomene, wie sie im Erleben gegeben sind – seien sie nun erfahren oder phantasiert. Diese Idee soll im Auge behalten werden, da sie zugleich ein Prüfstein für die Entwicklung einer eigenen Methode in vorliegender Arbeit ist.

2.3.3. Die psychische Realität und die Emotionen

Neben den methodologischen Aspekten ist ein wichtiges Kennzeichen der Frühphänomenologie ihr Bild von der psychischen Realität und ihrer Gegebenheitsform, das wegen seiner Implikationen für die Emotionen hier zu erläutern ist.

Das Psychische wird als eigene Region des Seins mit einer spezifischen Gegebenheitsweise aufgefasst. Psychisch ist in der Frühphänomenologie alles, was seinem Wesen nach ichzugehörig ist. Diese Einheit von Elementen hat einen zentralen Punkt, der „reales Ich", „Ichzentrum" oder „Ichkern" genannt wird, und eine Peripherie, die „Selbst", „Ichleib" oder auch „Ich" im weitesten Sinne genannt wird.[155] Unter diesen sehr weiten Begriff des Psychischen oder des Ichzugehörigen fallen „Zustände, Funktionen und Akte des Ichs"[156]. So umfasst – und die Behauptung steht im Anschluss an Husserls These,

---

154 A. Reinach, „Über Phänomenologie", a.a.O., S. 544.

155 Die These kann man an zahlreichen Stellen finden. Vgl. A. Pfänder, *Psychologie der Gesinnungen*, a.a.O. Auch in: *Motive und Motivation,* München 1963; M. Scheler, „Die Idole der Selbsterkenntnis", a.a.O., und *Formalismus,* a.a.O.; A. Reinach, „Über Phänomenologie", a.a.O., S. 531; W. Haas, „Über Echtheit und Unechtheit von Gefühlen", Nürnberg 1910; E. Stein, *Zum Problem der Einfühlung,* Halle 1917, S. 118; M. Geiger, *Fragment über den Begriff des Unbewussten und die psychische Realität,* a.a.O.; J. Ortega y Gasset, „Vitalität, Seele, Geist", in: ders., *Gesammelte Werke*, Band 1, Stuttgart 1954, S. 317–350; G. Walther, „Zur Ontologie der sozialen Gemeinschaften", a.a.O., S. 15 und S. 56.

156 A. Reinach, „Über Phänomenologie", a.a.O., S. 531. Im selben Sinn auch M. Geiger, *Fragment über den Begriff des Unbewussten und die psychische Realität,* a.a.O., S. 52, S. 71.

dass nicht alles Psychische intentional sei – der Bereich des Psychischen sowohl die nicht intentionalen Zustände des Ich, die als solche an der Peripherie unseres Bewusstseins eine Lokalisation und eine zeitliche Abfolge haben (etwa Schmerz oder Müdigkeit), als auch die intentionalen Funktionen (etwa das intentionale Fühlen der oben genannten Zustände, die wir erleiden, erdulden usw.) und die intentionalen Akte (etwa ein Willensakt oder der Hass). Das Psychische ist demnach eine Einheit von Elementen, die in einer Beziehung mit dem Ich stehen und in der Form „in einem Zusammen“[157] mit ihm erscheinen. Die Besonderheit des Psychischen besteht gerade nicht in der Intentionalität oder in einem Mangel an Ausdehnung. Sie besteht vielmehr in Folgendem: Während uns das Physische in der Form der Trennbarkeit und des messbaren Auseinander von Entitäten der materiellen Welt gegeben ist, zwischen denen nur eine Kausalbeziehung bestehen kann, ist das Psychische in Form des unmessbaren Zusammenseins von Elementen gegeben, die uns derart verflochten erscheinen, dass zwischen ihnen auch andere Zusammenhänge existieren, die für die Sphäre des Psychischen spezifisch sind. „Das Ich erleidet Einflüsse, es wird erregt, motiviert, veranlasst zu etwas, bestimmt, gezwungen und dergleichen mehr. So entfaltet sich ein Reichtum psychischer Zusammenhänge, gegen den die Simplizität des Materiellen primitiv erscheint.“[158]

Das Psychische besitzt per se Realität und unterscheidet sich vom Bereich des Erlebten. Dieser Unterschied wird von den Phänomenologen anhand des Beispiels der Emotionen expliziert, wonach gilt: Wenn wir von Liebe oder Hass, von Hingabe oder Reue erfüllt sind, ist es nicht einfach so, dass wir ein Erlebnis der Liebe, des Hasses, der Hingabe oder der Reue haben, sondern „es geschieht psychisch *realiter* etwas“[159] in uns. Insofern ist nicht nur das erlebte Psychische real, sondern auch das Psychische, das nicht in Erlebnissen auftritt, wird als *real* bezeichnet. Wie kann man nun einem Phänomen psychische Realität zuschreiben? Diese Frage versucht Max Scheler in seiner Schrift „Idealismus – Realismus“ zu beantworten. Etwas Realität zuzuschreiben, bedeutet demnach, dass dieses Etwas seine eigene Wirksamkeit im psychischen Zusammenhang besitzt und einen Widerstand bilden kann. Scheler sagt: „Auch hier ist überall das phänomenale Erlebnis der psychischen Realität der *Widerstand*; objektive Realität des Psychischen aber die *Wirksamkeit* im psychischen Zusammenhang.“[160] Andererseits gibt es auch Scheinphänomene wie Halluzinationen, Einbildungen usw., denen keine Realität in solchem Sinne zugeschrieben werden kann. Diese Auffassung der psychischen Realität soll herausgearbeitet werden. Das Gesagte mag wohl klar sein im Fall physischer Objekte, so etwa bei einem realen Tisch, an dem ich arbeite und der sich von einem irrealen Tisch dadurch unterscheidet, dass ich nicht aufhören kann, ihn wahrzunehmen, d.h. er ist da, egal, ob ich will oder nicht. Aber es bedarf einer Erklärung, wenn es auf das Psychische und insbesondere auf die Emotionen angewandt wird. Schon hier können einige Spezifika angedeutet werden, mit denen ich im dritten Kapitel in Hinblick auf die Emotionen arbeiten

157 M. Scheler, „Die Idole der Selbsterkenntnis“, a.a.O., S. 239, S. 267.

158 M. Geiger, *Fragment über den Begriff des Unbewussten und die psychische Realität*, a.a.O., S. 68.

159 Ebd., S. 37. (Hervorh. Í.V.F.)

160 M. Scheler, „Idealismus – Realismus“, in: ders., *Gesammelte Werke*, Band 9, Bern und München 1976, S. 214.

werde. Charakteristisch für die Realität von psychischen Elementen ist, dass sie in einen *Sinnzusammenhang eingebettet* auftreten: Im psychischen Bereich sind die Phänomene nicht isoliert gegeben, sondern sie sind in Konstellationen von Phänomenen (Urteilen, Vorstellungen, Gedanken, Wollungen usw.) eingebettet, zwischen denen es vielfältige Beziehungen gibt, die auf vergangene Erfahrungen, potenzielle Erlebnismöglichkeiten usw. verweisen können. Als Kriterien für psychische Realität können insofern diese unterschiedlichen Einflussmöglichkeiten eines Phänomens auf andere Phänomene sowie die Auswirkungen des Phänomens und die Unmöglichkeit, es auszuschalten, in Betracht kommen.

Charakteristisch für das Psychische ist, dass es in einem Akt der inneren Wahrnehmung gegeben ist, so wie das Physische in einem Akt der äußeren Wahrnehmung zur Gegebenheit kommt. Das Zusammensein des Psychischen ist uns in einer „Rückbiegung des Ich auf sich selbst“[161] in der Aktrichtung der inneren Wahrnehmung gegeben und setzt in seinem Gegebensein einen „Umschlag ins Reflexive“[162] voraus, ebenso wie umgekehrt das Auseinander des Physischen in der Aktrichtung der äußeren Wahrnehmung gegeben ist.[163] Es handelt sich hier um zwei Arten, zur Gegebenheit zu kommen, die sich prinzipiell nur in der Aktrichtung unterscheiden: Einerseits gibt es die innere Wahrnehmung, die sich auf die innere Sphäre richtet – und nicht unbedingt auf die eigene innere Sphäre, denn den Realisten zufolge ist innere Wahrnehmung nicht dasselbe wie Selbstwahrnehmung[164] –, und anderseits die äußere Wahrnehmung, die sich auf die äußere Sphäre richtet. Diese Auffassung folgt Husserls Behauptung, „daß innere und äußere Wahrnehmung, wofern man diese Termini naturgemäß versteht, von ganz gleichem erkenntnistheoretischen Charakter sind“[165], so dass innere und äußere Wahrnehmung sich nur durch die Verschiedenheit der Aktrichtungen unterscheiden.

Jene Auffassung der Gegebenheit des Psychischen bringt zwei Thesen mit sich, die hier wegen ihrer Bedeutung für die Emotionen herausgearbeitet werden sollen und die bei der Darstellung von Husserls Thesen schon erwähnt wurden. Die erste These besagt: Da die innere Wahrnehmung keinen Vorzug der Evidenz gegenüber der äußeren Wahrnehmung besitzt, kann auch die innere Wahrnehmung falsch sein. Die Rede von der Möglichkeit der Täuschung in Bezug auf psychische Phänomene, die mittels der inneren Wahrnehmung wahrgenommen werden und uns als Erlebnisse gegeben sind, stützt sich auf die bereits erwähnte Behauptung Husserls in den *Logischen Untersuchungen*, nach der „die wahrgenommenen psychischen Phänomene, so wie sie wahrgenommen sind, nicht existieren“ müssen.[166]

161 M. Geiger, „Fragment über den Begriff des Unbewußten und die psychische Realität“, a.a.O., S. 14.

162 Ebd.

163 M. Scheler, „Die Idole der Selbsterkenntnis“, a.a.O., S. 237. Im selben Sinne M. Scheler, *Der Formalismus in der Ethik und die materiale Wertethik,* a.a.O., S. 81ff.

164 Diese These besagt, dass man auch die Erlebnisse anderer unmittelbar fühlen kann. M. Scheler, „Wesen und Formen der Sympathie“, in: ders., *Gesammelte Werke*, Band 7, hg. v. Manfred Frings, Bern und München 1973, S. 244, 250, 252f.

165 E. Husserl, *Logische Untersuchungen*, Zweiter Band, I. Teil, a.a.O., S. 760.

166 E. Husserl, ebd., S. 761.

Diese These hat zwei Implikationen, einerseits, dass wir uns über etwas Psychisches *täuschen* können, so dass wir dann eine falsche Auffassung von diesem Psychischen haben, genauso, wie wir uns über etwas Physisches täuschen können. Max Scheler behandelt die Täuschungsfälle ausführlich in „Die Idole der Selbsterkenntnis", und es ist heute generell – entgegen dem cartesianischen Paradigma – akzeptiert, dass man sich über Psychisches täuschen kann. Die These impliziert andererseits, dass wir uns etwas Psychisches *einbilden* können, das in Wirklichkeit nicht existiert, genauso, wie wir uns etwas Physisches einbilden können. Die Möglichkeit eines nicht realen Psychischen wird von Max Scheler etwa im folgenden Absatz in „Phänomenologie und Erkenntnistheorie" angedeutet: „Und genau wie es in der physischen Sphäre den Unterschied gibt zwischen Schein und Wirklichkeit – bald physikalisch bedingt wie bei Regenbogen, Fata Morgana, Spiegelbild, Gebrochenheit eines Stabes im Wasser, bald physiologisch bedingt wie bei den Gegenständen optischer Täuschungen, etwa der längeren Vertikalen im Sehding –, so gibt es auch hier denselben Unterschied von wirklichem und scheinhaftem Schmerz, wirklichen und scheinhaften Gefühlen, wirklicher und scheinhafter Wahrnehmung (z.B. echte Halluzination)."[167]

Aussagen in derselben Richtung lassen sich auch in „Idealismus – Realismus" finden: „Das Realitätsproblem tritt eben in *allen* möglichen Sphären auf, nicht nur in der Außenweltsphäre. [...] Andererseits hat ‚Sein in der Sphäre der Außenwelt' noch keinerlei Anspruch auf Realität. Der Raum, der die Außenwelt sogar konstituiert, hat sicher keine Realität, da er nicht *wirken* kann; Schatten, Spiegelbilder, virtuelle Bilder, der Regenbogen, eine Fata Morgana, Flächenfarben usw. sind zwar durchaus Beispiele von ‚Gegenständen der Außenwelt', aber keineswegs darum bereits *real*. Andererseits gibt es [...] auch in der Innenweltsphäre den Unterschied von real und irreal."[168] Willy Haas, Alexander Pfänder, Edith Stein und José Ortega y Gasset vertreten ebenfalls die Trennung zwischen Wirklichkeit und Schein, Realität und Irrealität, so dass nicht alles, was uns gegeben ist, als *real* gilt. Die Übertragung dieser Thesen auf die Emotionen eröffnet die Möglichkeit *emotionaler Täuschungen* und die Möglichkeit *emotionaler Einbildungen*, die systematisch im folgenden Kapitel untersucht werden.

Eine zweite These entspringt aus Husserls Analogie zwischen innerer und äußerer Wahrnehmung. Die These lautet, dass genau wie bei der äußeren auch bei der inneren Wahrnehmung nicht alles, was existiert, wahrgenommen wird. Das Psychische wird,

---

[167] M. Scheler, „Phänomenologie und Erkenntnistheorie", a.a.O., S. 387.

[168] M. Scheler, „Idealismus – Realismus", a.a.O., S. 215. In einem Punkt möchte ich mich hier von Schelers Realitätskonzept abgrenzen. Er bezeichnet als Scheinphänomene und somit als „irreal" sowohl Einbildungen, wie etwa eine Fata Morgana, als auch Phänomene wie einen Regenbogen oder ein Spiegelbild. Für mich sind hingegen diese letzten Phänomene durchaus real, denn ein Regenbogen, den jedermann sehen kann, ist im Unterschied zu einem eingebildeten Regenbogen, den nur ein Wahnsinniger sehen kann, etwas durchaus Reales. Vgl. für eine detaillierte Kritik an Schelers Auffassung: C. Johanssen, *Die Bestimmung des Realen in phänomenologischer Perspektive*. Magisterarbeit (unveröff.), FU Berlin 2004, S. 66f. Ich werde im Folgenden den Begriff des Scheins nur für den Fall der Einbildungen verwenden. Zutreffend bezeichnet die Neue Phänomenologie Phänomene mit sozusagen „schwacher" Realität als „Halbdinge". Vgl. H. Schmitz, *System der Philosophie*, Dritter Band, Bonn 1978.

genauso wie das Physische, als ein sehr viel weiteres Feld aufgefasst als das Feld dessen, was in den Horizont der Wahrnehmung fällt. Wie das Physische existieren kann, ohne wahrgenommen zu werden, so kann das Psychische existieren, ohne dass es uns in den Erlebnissen der inneren Wahrnehmung gegeben ist. Die Analogie zwischen Innenwelt und Außenwelt wird hier bis zu ihrer letzten Konsequenz geführt: „So wie man nur von der gesamten Außenwelt einen gelegentlichen und zufälligen Ausschnitt wahrnehme, so erlebe man nur einen Teil der psychisch realen Welt."[169] Was uns an Erlebnissen gegeben ist, ist nur ein Ausschnitt der ganzen psychisch-realen Welt, während ein anderer Teil des Psychischen uns verborgen bleibt. Hier handelt es sich nicht um Täuschung oder Irrealität, sondern um die verschiedenen Formen, in denen die realen Phänomene uns gegeben oder nicht gegeben sind.

Das Bild, das die These am besten veranschaulichen kann, ist der Vergleich Geigers mit dem Astronom und der Unermesslichkeit des Universums: „Wir sind in unserem Erleben wie der Astronom vor seinem Fernrohr, der in jedem Augenblick nur einen Teil der Himmelsvorgänge herausgreifen und beobachten kann. Wir ziehen in unserem Erleben ein Stück der realen psychischen Welt ans Licht, die sich zeitlich und im Raum des geistigen Nebeneinander nach allen Richtungen ins Dunkel verliert."[170] Es gibt folglich einen Unterschied zwischen Sein und Phänomen, Realität und Erlebnis, Psychischem und Bewusstsein, so dass nicht alles, was psychisch real ist, notwendigerweise zur Erscheinung kommt und „bewusst" ist. Die Erlebnisse sind Teil der psychischen Realität, aber sie ist damit nicht erschöpft. Das Psychische ist nicht deckungsgleich mit dem Bewusstsein, denn das Bewusstsein ist nur eine Möglichkeit des Psychischen.

Nach der zweiten These ist es möglich, dass etwas Psychisches *übersehen* wird, das in Wirklichkeit da ist, aber eben nicht in den Kreis der Wahrnehmung fällt. Also kann es sein, dass in uns ein psychisch-reales Vorkommnis stattfindet, etwa ein Wollen, ein Gefühl, eine Einstellung usw., von dem wir nichts wahrnehmen und von dem wir keine Kenntnis haben und das uns trotzdem erfüllt und möglicherweise unser Denken und Verhalten beeinflusst. Nur wenn es sich in einem Erlebnis manifestiert, ist es uns bewusst, sonst bleibt es ein reales aber „*un*erlebtes"[171] oder „*unter*erlebtes"[172] Vorkommnis, d.h. unter der Schwelle des Bewusstseins stehend. (Keinesfalls soll hier die Negation des Erlebens im Wort „*un*erlebt" als „*nicht*-erlebt" interpretiert werden.) Die Existenz eines psychischen Geschehens ist dann von seinem Wahrgenommenwerden vollkommen unabhängig: „Liebe und Haß sind ihnen keine zusammenfassenden Namen für Erlebnisse, sondern reale Einstellungen, reale Gesinnungen, reale Kräfte des Seelenlebens; Hingabe und Reue keine bloßen Bewußtseinszustände, sondern reale Mächte des seelischen Geschehens."[173] Diese These wird von Scheler in „Idole der Selbsterkenntnis" und von Geiger im „Fragment über das Unbewußte und die psychische Realität" formuliert und

---

[169] M. Geiger, *Fragment über den Begriff des Unbewußten und die psychische Realität,* a.a.O., S. 90.

[170] Ebd., S. 4f.

[171] Ebd., und G. Walther, „Zur Ontologie der sozialen Gemeinschaften", a.a.O.

[172] M. Scheler, „Die Idole der Selbsterkenntnis", a.a.O., und J. Ortega y Gasset, *Über die Liebe,* Stuttgart 1957, S. 132.

[173] M. Geiger, *Fragment über den Begriff des Unbewußten und die psychische Realität,* a.a.O., S. 1f.

herausgearbeitet, wobei auch Edith Stein[174] und José Ortega y Gasset[175] sie vertreten. Wir finden sie in ähnlicher Weise bei heutigen Autoren. So etwa bei Ronald de Sousa, wenn er zwischen „mental" und „conscious" unterscheidet und für die Emotionen postuliert: „emotions are essentially mental without being essentially conscious"[176]. Auch bei Richard Wollheim lässt sich diese These finden.

Mit dem Postulat eines unterbewussten Psychischen entfernt sich die Frühphänomenologie noch weiter vom alten cartesianischen Paradigma. Sie steht im Gegensatz zum „Erlebnisrealismus"[177], von dem die vorher erläuterten Theorien der Emotionen – James, Wundt, Titchener, Brentano – eine Variante bilden, denn diese Theorien führen die psychische Realität auf eine bloße Kette, einen Fluss oder einen Strom von Erlebnissen zurück, zwischen denen eine unmittelbare Kausalität und Gesetzmäßigkeit in der zeitlichen Sukzession besteht.[178] Gegenüber dieser Reduktion behaupten die Realisten, dass die psychische Realität und ihre Gesetzlichkeit auf gar keinen Fall auf die Realität und Gesetzlichkeit der Erlebnisse reduziert werden darf. Im metaphorischen Sinne kann man sagen: Das Psychische wird nicht mehr linear konzipiert, sondern sozusagen wie ein Relief, in dem einige Elemente im Vordergrund und andere im Hintergrund stehen und einige Elemente gar nicht „wahrzunehmen" sind. Wie Scheler behauptet: „Nur eine realistische Psychologie, in der der Gehalt der inneren Wahrnehmung genau unterschieden wird vom Wahrgenommenen, d.h. dem real psychischen Bestande, führt hinaus über die unmittelbare Bewußtseinsgegenwart."[179] Die phänomenologische Ontologie des Psychischen erlaubt es dann nicht nur, die erlebte Realität, sondern auch die untererlebte Realität zu berücksichtigen. Hier steht auch die realistische Phänomenologie im Gegensatz zu Husserl selbst. Zwar ist der Ursprung der zweiten These in Husserls *Logischen Untersuchungen* zu finden, doch wird sie vom späteren Husserl nicht geteilt. Die realistische These, nach der es sowohl in der Sphäre der Außenwelt als auch in der Sphäre der Innenwelt einen Unterschied zwischen Realität und Im-Erlebnis-wahrgenommen-Sein gibt, steht insofern im bewussten Gegensatz zu der idealistischen Wendung Husserls nach 1911 in *Philosophie als strenge Wissenschaft* und in den *Ideen*. Während der idealistische Husserl postuliert, dass es „in der psychischen Sphäre [...] m.a.W. keinen Unterschied zwischen Erscheinung und Sein gibt"[180], behaupten die Realisten – und dies im Ausgang vom frühen Husserl –, dass nur ein Teil des Psychischen wahrgenommen werde, während ein anderer Teil der Realität *unter*erlebt weiterexistiere.

Doch die Behauptung, dass man psychische Realitäten, zu denen die Emotionen zu rechnen sind, nicht unbedingt wahrnehmen muss, und die Auffassung des Psychischen

---

174 E. Stein, „Beiträge zur philosophischen Begründung der Psychologie und der Geisteswissenschaften", in: *Jahrbuch für Philosophie und phänomenologische Forschung*, Fünfter Band, Halle a. d. S. 1922, S. 18f.

175 J. Ortega y Gasset, *Über die Liebe*, a.a.O.

176 R. de Sousa, *The Rationality of Emotion*, a.a.O., S. 83.

177 M. Geiger, *Fragment über den Begriff des Unbewußten und die psychische Realität*, a.a.O., S. 54.

178 M. Scheler, „Die Idole der Selbsterkenntnis", a.a.O., S. 270.

179 M. Scheler, „Wesen und Formen der Sympathie", a.a.O., S. 217.

180 Vgl. E. Husserl, *Philosophie als strenge Wissenschaft*, Frankfurt/M. 1965, S. 35.

als eines Reliefs bringen den immanenten psychischen Realismus andererseits in eine verblüffende Nähe zur Lehre des Unbewussten, die die Möglichkeit der Existenz „unbewusster" Vorgänge[181] vertritt und die ebenfalls eine „Topik"[182] des Psychischen postuliert.

Umso wichtiger ist es, die Unterschiede zwischen beiden Auffassungen deutlich zu sehen. Die Lehre des Unbewussten vertritt die These, dass neben den psychischen Erlebnissen eine „unbewusste", uns prinzipiell verborgene und andersartige Realität existiert, die nur aus den Lücken, Lapsus und Störungen, die zwischen den Erlebnissen bestehen, abgeleitet werden kann. Das Unbewusste und das Bewusste sind voneinander unabhängig und einander fremd.[183] Ganz im Gegensatz dazu ist den Realisten zufolge die untererlebte Realität immer potenziell erlebbar[184] und von derselben Art und Gesetzlichkeit wie die erlebte; beide stehen außerdem in einer Beziehung der Abhängigkeit. Die potenzielle Erlebbarkeit schließt schon die Möglichkeit aus, die unerlebte psychische Realität als „transzendent" oder „Ding an sich" zu verstehen – daher auch der Name der Bewusstseinskonzeption der Frühphänomenologie: immanenter psychischer Realismus. Auch auf den Unterschied zur Auffassung Sartres sei hier hingewiesen, dem zufolge eben wegen jener Charakterisierung die Emotionen dem Bewusstsein transzendent sind und daher auch manchmal unbewusst im Sinne Freuds sein können.[185]

Das Gegenteil gilt für die Realisten: Sie sprechen von einem „*unterbewussten* Teil des Ich", d.h. von einem Teil des Bewusstseins, der die Grenzen zum Bewussten nicht überschritten hat. Hier tritt nochmals hervor, dass unerlebt nicht im Sinne von nichterlebt gemeint ist, sondern im Sinne von unter der Schwelle des Bewusstseins stehend und insofern, obgleich existierend, nicht wahrgenommen. Im Unterschied zur Lehre des „Unbewussten" handelt es sich nicht um zwei verschiedene unabhängige Daseinsformen des Psychischen, zwischen denen ein Wesensunterschied bestünde, vielmehr um zwei Gegebenheitsmodi – erlebt oder bewusst werdend einerseits, unerlebt oder unterbewusst bleibend andererseits –, denen eine einzige Form des Psychischen entspricht: „Nur unter besonderen Bedingungen trete das psychische Sein in den Umkreis des Erlebens, aber auch wenn diese Bedingungen fehlen, existiere es – existiere es genau in derselben Weise, wie wenn es erlebt wird. Das Erleben erschien uns ehemals unter dem Bild einer Beleuchtung."[186] Für das Wesen der psychischen Realität ist ohne Bedeutung, ob sie erlebt wird oder nicht, hinsichtlich der psychischen Realität ist das Erlebtwerden ebenso eine zufällige Tatsache wie das Wahrgenommenwerden hinsichtlich der physischen Natur. Infolgedessen besteht kein Notwendigkeitszusammenhang zwischen psychischem Sein und Erlebtwerden, zwischen Realität und Erlebnis.

---

181 Obwohl die Psychoanalyse heutzutage die Existenz von „unbewussten Affekten" vertritt, war dies zur Zeit der Entwicklung der realistischen Phänomenologie nicht so. Vgl. Freuds Aufsatz „Das Unbewußte" von 1915, in: S. Freud, *Das Ich und das Es,* Frankfurt/M. 2005, S. 117–155.

182 Vgl. S. Freud, ebd., S. 126ff.

183 Ebd., S. 123.

184 Vgl. M. Scheler, „Die Idole der Selbsterkenntnis", a.a.O., S. 245.

185 Vgl. M. Frank, *Selbstgefühl,* a.a.O., S. 16.

186 M. Geiger, *Fragment über den Begriff des Unbewußten und die psychische Realität,* a.a.O., S. 90.

Die Implikationen, die diese methodologische Auffassung und die erläuterten frühphänomenologischen Thesen über die Gegebenheitsweise des Psychischen für die Theorie der Emotionen haben, bilden den Ausgangspunkt des systematischen Beitrags meines Buchs, der eine Wiederbelebung und argumentative Weiterentwicklung der phänomenologischen Auffassung versucht. Obwohl die Arbeit im Rahmen der aktuellen Debatte über die Emotionen stattfindet und von den heutigen Fragestellungen ausgeht, versteht sie sich doch in mehrfacher Hinsicht als phänomenologisch. Zum einen ist sie phänomenologisch hinsichtlich der Methode, zum anderen inspirieren die frühphänomenologischen Thesen die eigene systematische Annäherung an das Phänomen des Emotionalen. Die Frage nach der „phänomenologischen" Methode der Arbeit ist nun explizit zu machen.

2.4. Philosophie der Emotionen: Methodologische Aspekte

In der philosophischen Anthropologie ist die Frage nach der Methode der Untersuchung besonders schwierig, weil ihr Objekt der Mensch selbst ist.[187] Die Untersuchung aber verkompliziert sich noch, wenn sie sich auf die Gefühle richtet, denn die Erforschung der Emotionen hat mit einigen Schwierigkeiten zu ringen, die in der Natur des Phänomens selbst liegen. Emotionen scheinen uns zu privat, subjektiv, innerlich, flüchtig zu sein, um erfasst zu werden. Ihre Untersuchung verlangt daher die Entwicklung einer Methode, die sie in ihrer Wesensstruktur erfassen kann und zu objektiven Kenntnissen zu gelangen erlaubt, sonst ist sie zum Scheitern verurteilt. Wenn sich die Untersuchung als philosophische Anthropologie versteht, muss sie darüber hinaus von der menschlichen Erfahrung ausgehen. Wie kann man das Wesen von etwas erfassen, das im Erleben nicht Objekt werden und daher immer nur nachträglich untersucht werden kann? Wie ist es möglich, eine allgemeingültige Kenntnis von etwas auf den ersten Blick so Individuellem zu erreichen? In diesem Abschnitt möchte ich die Phänomenologie als eine von mehreren Methoden der philosophischen Anthropologie kritisch darstellen und sie als fruchtbare Methode für die Anwendung auf das Feld der Emotionen aufzeigen.

In der heutigen Debatte zeichnen sich verschiedene Methoden der Untersuchung ab, die sich weit von den introspektiven Techniken der Wende des XIX. zum XX. Jahrhundert distanzieren und auf eine „objektive Kenntnis" der Gefühle durch andere Mittel zielen. Eine der Methoden basiert auf der Physiologie der Gefühle und legt das Gewicht auf deren biologische Funktion der Anpassung oder der Steigerung der Überlebenschancen. Diese Ansicht untersucht die Gefühle ausgehend von ihren messbaren Aspekten wie etwa der Körpertemperatur, dem Puls oder der Gehirnaktivität. Solche Art der Analyse – die besonders von den Kognitionswissenschaften und der Psychologie inspiriert ist – stößt aber auf einige Schwierigkeiten, wenn es darum geht, die Emotionen zu erklären. Zunächst wird mit dieser Methode die Perspektive der ersten Person auf die Emotionen – die zu stark an die Introspektion erinnert – durch eine Analyse der messbaren Aspekte

[187] H.-P. Krüger/Lindemann, G. (Hg.), *Philosophische Anthropologie im 21. Jahrhundert*, Berlin 2006, S. 15–125.

der Emotionen ersetzt, denen angeblich eine angemessene „Objektivität" zukommt. Das subjektive Erleben der Emotionen als qualitative Erfahrungen, das am unmittelbarsten gegeben ist, wird dann aus dem Terrain des „Wissenschaftlichen" verbannt, weil es nicht Objekt einer Messung werden kann. Darüber hinaus wird mit einer solchen Ansicht die moralische Dimension der Gefühle in den Schatten ihrer Anpassungsfunktion gerückt und vernachlässigt.

Eine andere methodologische Richtung, die in der analytischen Philosophie herrscht, besteht darin, die Emotionen ausgehend von ihren sprachlichen Bezeichnungen zu untersuchen. Aber wenn diese sprachlichen Bezeichnungen das einzige Werkzeug sind, dann stellt es sich als problematisch heraus. Gegen diese methodologische Richtung spricht schon die Tatsache, dass die Fähigkeit der Menschen, das, was sie empfinden, in Worten auszudrücken, sehr unterschiedlich ist.[188] Das emotionale Leben von Menschen, die die eigenen Emotionen aufgrund eines mangelnden Wortschatzes oder einer mangelnden Selbstreflexion oder wegen Krankheit nicht sprachlich ausdrücken können, soll nicht unzugänglich bleiben. Ein weiteres Argument gegen den Sprachreduktionismus ist, dass die Beziehung der Sprache der Emotionen zu den Emotionen nicht eine Beziehung von Wort und Referenz ist. Die emotionalen Erfahrungen sind so reich, vielfältig und nuanciert, dass sie sich nicht in Worten erschöpfen: Viele Weisen, uns selbst in der ersten Person zu erleben, bekommen in der Sprache keine Aufmerksamkeit. So gibt es in der Regel einen sehr armen Wortschatz, um leibliche Erfahrungen zu beschreiben, und dennoch werden sie empfunden und gefühlt. Die ausschließlich von der Sprache ausgehende Analyse der Emotionen lässt all diese Mannigfaltigkeit außer Acht.

Physiologische und sprachliche Methoden vergessen die Tatsache, dass die Emotionen hauptsächlich dem Subjekt als leibliche Erfahrungen gegeben sind. Solches Vergessen hat zu Konzeptualisierungen der Emotionen als Urteile, Werturteile, Wahrnehmungen oder Kombinationen von Urteilen und Wünschen geführt, die den qualitativen Aspekt vernachlässigen und sich weit von der Erfahrung entfernen. Auch die neuen, schon erwähnten Definitionen der Emotionen als „felt *evaluations*" (Helm) oder „affektive *Wahrnehmungen*" (Döring u.a.), die das Leibliche berücksichtigen wollen, fallen in das alte kognitivistische Paradigma, indem sie das Gewicht auf das Kognitive legen. Es fehlt daher eine Annäherungsweise, die in ihrer theoretischen Arbeit auf die subjektive Erfahrung der Emotionen abzielt und somit Aspekte wie die Leiblichkeit, die nicht messbar sind oder sprachlich nicht leicht aufgefasst werden können, ebenfalls berücksichtigt. Die Phänomenologie bietet ihrem Grundsatz und Anspruch nach eine brauchbare Alternative. Deshalb soll die phänomenologische Einstellung hier angeeignet und auf das Gebiet der Emotionen angewandt werden. In welcher Form und nach welchem Verständnis, wird im Folgenden ausgeführt.

Obgleich die Phänomenologie eine sehr einflussreiche philosophische Strömung des XX. Jahrhunderts gewesen ist, gibt es heute kaum Analysen „phänomenologischer Art" der Emotionen, obwohl eine Anwendung jener Methode auf das Gebiet sehr fruchtbar sein könnte. Eine Ausnahme bilden im deutschsprachigen Raum die Beiträge der sogenannten

---

[188] Vgl. für eine ausführliche Kritik dieser Ansicht R. Wollheim, *Emotionen. Eine Philosophie der Gefühle*, München 1999.

Neuen Phänomenologie, die bei Hermann Schmitz ihren Ausgangspunkt findet. Was die Methode anbetrifft, so entwickelt Schmitz eine dreischrittige Annäherungsweise, die stark an die bereits dargestellte Methode der Frühphänomenologie erinnert.[189] Nach Schmitz beginnt die Untersuchung mit einer Deskription des Phänomens, wobei die Aufmerksamkeit auf einen bestimmten Bereich der Lebenserfahrung gelenkt wird. Der nächste Schritt besteht in der Analyse, bei der Aspekte des erforschten Bereiches mit Hilfe der Sprache fixiert werden. Und die Untersuchung endet mit dem kombinatorischen Stadium, in dem die entwickelten Begriffe miteinander verbunden werden. Diese Methode hat bei der Erforschung der Emotionen den Vorteil, auf der Erfahrung derselben zu basieren. Die Aufmerksamkeit auf das Erleben erlaubt, dass einige Aspekte der Gefühle in den Vordergrund treten, die sonst leicht verborgen blieben. So werden die Leiblichkeit der Gefühle und ihre Räumlichkeit und Dynamik bei Schmitz als zentrale Aspekte aufgefasst. Diese Aspekte fasst Schmitz in die Formulierung, dass Gefühle Atmosphären sind, die unabhängig von den Menschen im Raum existieren und eine eigene räumliche Dynamik besitzen. Damit wird er der Erfahrung der Emotionen gerecht, wonach sie nicht nur subjektiv sind, sondern von mehreren Menschen erfasst werden können und eine gewisse Objektivität der Situation zeigen.

Wenngleich diese Auffassung der Gefühle per se wertvoll ist und ihre Vorteile hat, kann sie hier doch nicht den Ausgangspunkt der Untersuchung bilden, denn die Definition der Gefühle als Atmosphären kann in zwei Richtungen interpretiert werden, die beide problematisch sind. Eine Möglichkeit ist, dass der Leser diese Definition als Metapher interpretiert und dann den elaborierten metaphorischen Gebrauch der Neuen Phänomenologen übernimmt. Da dieses begriffliche Instrumentarium für die Neue Phänomenologie spezifisch ist, wird es unmöglich, es auf andere Begriffe aus aktuellen philosophischen Strömungen zu „übertragen". Es bleibt mitsamt seinen weiteren Differenzierungen selbstreferenziell, so dass ein Dialog mit der analytischen Tradition, auf den ich hier abziele, geradezu ausgeschlossen wird. Die andere Möglichkeit besteht darin, die Bezeichnung der Gefühle als Atmosphären wörtlich zu verstehen, was zu einer kaum glaubwürdigen Ontologisierung der Gefühle als eigene Entitäten führt.

Daher werde ich nicht vom Blickwinkel der Neuen Phänomenologie ausgehen, auch wenn ich mich mit ihr an mehreren Stellen auseinandersetze, sondern von der Frühphänomenologie. Schließlich zeigt auch die Neue Phänomenologie, was ihren methodologischen Anspruch anbelangt, starke Übereinstimmungen mit der frühphänomenologischen Einstellung. Die frühphänomenologische Annäherungsweise wirkt hier inspirierend, weil sie von der Unmittelbarkeit der Erfahrung ausgeht und die Gegebenheit eines Gegenstandsbereiches untersucht. In meiner Arbeit wird daher die Untersuchungsmethode, die aus der frühphänomenologischen Einstellung entsteht, als Ausgangspunkt genommen. Ich werde hier methodologisch für die Erforschung des Emotionalen die phänomenolo-

[189] Vgl. für eine detaillierte Darstellung und Kritik, an der ich mich hier orientiere: A. Blume/C. Demmerling, „Gefühle als Atmosphären? Überlegungen zu Reichweite und Grenzen der gefühlstheoretischen Analysen von Hermann Schmitz", in: H. Landweer (Hg.), *Gefühle – Struktur und Funktion*, Berlin 2007, S. 113–133.

gische Einstellung in ihrem ursprünglichen Sinne anwenden. Das bedeutet, dass ich von der Alltagserfahrung des Phänomens Emotion ausgehen werde und nicht von einer bereits festen Definition des Emotionalen. Damit wird eine Verpflichtung auf das philosophische Vorgehen der Phänomenologie eingegangen, allerdings nicht auf deren konkrete Thesen über die Emotionen, mit denen ich kritisch umgehen werde. Die Distanzierung von den Thesen soll es erlauben, die frühphänomenologischen Ansätze in einen Dialog mit der aktuellen Philosophie zu bringen und sie mit heutigen Thesen zu vervollständigen. Die Perspektive des Erlebenden steht dabei folglich im Mittelpunkt der Untersuchung. Das wird erlauben, die leibliche Erfahrung des Emotionalen nicht aus dem Blick zu verlieren und ihr ihre grundlegende Bedeutung zuzugestehen. Eine Herausarbeitung der frühphänomenologischen Methode ergibt dann folgende Schritte, die die Struktur dieser Arbeit bedingen.

1. Zunächst soll die Untersuchung mit einer *Kritik der vorherigen Theorien* anfangen, damit bloß theoretische Konstrukte als solche aufgewiesen werden können und ein Rückgang auf die Erfahrung möglich wird. Diese Kritik fungiert als Propädeutik der konzeptuellen Arbeit am Phänomen Emotion selbst und hilft, die leitenden Fragen der Untersuchung genauer zu umreißen.

2. Im nächsten Schritt wird dann die Aufmerksamkeit auf die *Erfahrung des Phänomens Emotion* selbst gelenkt. Diese Erfahrung darf real oder phantasiert sein, unmittelbar oder durch andere vermittelt. Hier geht es darum, genauer zu untersuchen, wie die Emotionen im Erleben zur Gegebenheit kommen. Wichtig ist dabei, einige Phänomene voneinander abzugrenzen, die wegen ihrer Besonderheiten in ihrer Gegebenheit nicht als Ausgangspunkt unserer Erforschung des Emotionalen dienen können. So werden wir reale Emotionen von Scheinemotionen abgrenzen, echte von unechten Emotionen und aktuelle von inaktuellen und unterbewussten Emotionen.

3. Der dritte Schritt besteht in einer *negativen Abgrenzung* des Phänomens. Das ist durch die Erzeugung von Varianten – also durch das, was die Frühphänomenologie als eidetische Variation bezeichnet – zu leisten, die helfen soll, das einem Phänomen Wesentliche und das Unwesentliche voneinander abzugrenzen. Am Ende dieses Stadiums sollen dann die Wesensmerkmale des Phänomens ans Licht gebracht werden: nämlich das, was eine Emotion als solche individuiert und von anderen, ähnlichen Phänomenen abgrenzt.

4. Der nächste Schritt besteht darin, das Phänomen mit Genauigkeit zu beschreiben und zu analysieren. Das ist die Phase der *analysierenden Beschreibungen*. Erst an deren Ende entsteht ein Gesamtbild des Phänomens, das eine allgemeingültige Kenntnis des Emotionalen ermöglicht, die gleichzeitig auf dem Boden der Erfahrung bleibt, denn in dieser Hinsicht kann man von der Erfahrung ausgehen, um mit Hilfe von Abgrenzungen, Vergleichen, Analysen und Beschreibungen allgemeingültige Erkenntnisse zu erlangen.

Wenngleich die Methodologie der Arbeit der Frühphänomenologie geschuldet ist, werden hier zwei Aspekte berücksichtigt, die eine Distanzierung von einigen ihrer Annahmen bedeuten, denn in der Frühphänomenologie wird oft versucht, das Wesen der Emotionen zu erfassen, als ob sie feste, zeitlose Phänomene wären. Damit wird aber nicht ausreichend berücksichtigt, dass dem sozialen Kontext eine wichtige Rolle bei der Gestaltung der Erfahrung der Emotionen zukommt. Das Nachdenken über Emotionen lässt sich niemals aus dem sozialen Kontext herauslösen. Gesellschaftliche Faktoren beeinflussen, gestalten, bestimmen und schaffen sogar die Emotionen, die wir fühlen. Über Gefühle zu sprechen impliziert, sich auf soziale Normen und Gefühlskulturen zu beziehen. Der Einfluss des sozialen Kontextes bei der Gestaltung der emotionalen Erfahrung selbst wird in der Arbeit bei der Behandlung der Frage danach, was Emotionen sind, stärker als in der Frühphänomenologie berücksichtigt. Das wird bei der Untersuchung emotionaler Täuschungen, Scheinemotionen und unechter Emotionen oder auch bei der Untersuchung emotionaler Ausdrucksbewegungen deutlich werden. Der andere Aspekt, unter dem hier eine Distanzierung von der Frühphänomenologie nötig ist, liegt in der Tatsache, dass die Sprache und das Zur-Sprache-Bringen die Erfahrung der Gefühle mitgestalten. Sprachliche Überlegungen können meiner Ansicht nach sehr aufschlussreich sein, um bestimmte Aspekte der Gefühle herauszustellen.

3. Die Gegebenheit der Emotionen: Realität und Schein

Ziel des Kapitels ist es, die unterschiedlichen Gegebenheitsweisen der Emotionen zu erforschen. Im Mittelpunkt des Interesses stehen die Merkmale der Realität und des Scheins, der Echtheit und Unechtheit und die verschiedenen Modi des Bewusstwerdens der Gefühle. Diese Fragen werde ich im Hinblick auf die aktuelle Debatte systematisch verfolgen. Die Hauptthesen der Frühphänomenologie werden in Verbindung zu aktuellen Thesen gesetzt und argumentativ weiterentwickelt, um eine eigene Analyse des Emotionalen zu leisten.

3.1. Reale Emotionen und Scheinemotionen

3.1.1. Reale Emotionen und emotionale Selbsttäuschungen

Die Frage nach der Gegebenheit der Emotionen im Erleben impliziert eine erste Unterscheidung zwischen realen Emotionen und emotionalen Selbsttäuschungen, also Fällen, in denen wir uns über eine Emotion täuschen oder uns sogar eine Emotion einbilden. Dies verlangt die Entwicklung von Kriterien für die Realität der Emotionen und eine Annäherung an das Feld der emotionalen Selbsttäuschungen. Der systematischen Behandlung dieser Frage gilt, ausgehend von frühphänomenologischen Thesen, meine besondere Aufmerksamkeit, denn in der heutigen Literatur wird die Frage nach der Realität oft mit der Frage nach der Echtheit der Emotionen vermischt, und ich möchte beide Phänomene streng unterscheiden.

Die Frühphänomenologen vertreten die These, dass die Emotionen „psychische Realität" besitzen und dass diese psychische Realität als „Widerstand und Wirksamkeit" innerhalb eines psychischen Zusammenhanges zu verstehen ist. Wenn man Liebe oder Hass, Hingabe oder Reue erlebt, dann hat man demzufolge nicht bloß ein Erlebnis der Liebe oder des Hasses, der Hingabe oder der Reue, sondern es geschieht etwas *Reales*. Eine Emotion zu erleben, ist dann nicht dasselbe, wie eine Emotion zu haben. Das eröffnet ein Feld von Möglichkeiten, das ich schon im vorangegangenen Kapitel umrissen habe. So ist es möglich, eine Emotion anders zu erleben, als wir sie tatsächlich haben (emotionale Täuschungen), oder eine Emotion zu erleben, ohne sie tatsächlich zu haben (Scheinemotionen), oder eine Emotion zu haben, ohne sie zu erleben (untererlebte Emotionen). Die Möglichkeiten der Gegebenheit der Emotionen sollen nun behandelt werden, doch ist zunächst die Frage zu klären, was *reale* Emotionen im Sinne von „Widerstand und Wirksamkeit“ sind. Die Frage führt zur Entwicklung einiger Kriterien für die Realität einer Emotion, die ich hier zusammen präsentiere, die jedoch im Laufe der Arbeit je für sich zu entwickeln sind. Folgende fünf Kriterien muss eine Emotion erfüllen, um real zu sein:

1) Es ist eine Tatsache, dass ich mich nicht ekeln kann, wenn ich nicht etwas wahrgenommen habe, ich jemanden nicht verachten kann, wenn ich nicht bestimmte Urteile über die Person gefällt habe, ich mich nicht vor einem Monster fürchten kann, wenn ich dieses nicht phantasiert habe, ich nicht vermissen kann, wenn ich keine Erinnerung habe. Das deutet auf ein Charakteristikum der realen Emotionen hin: Sie werden stets in spezifischen Verbindungen mit anderen psychischen Elementen wie etwa Urteilen, Wahrnehmungen, Vorstellungen usw. auftreten, die ihnen als Grundlage dienen. Diese Grundlagen sind die *kognitive Basis* der Emotionen.

2) Da die psychischen Elemente in solche Konstellationen eingewoben sind, können sie einen *Widerstand* bilden gegen jeden Versuch, sie mit Absicht auszuschalten oder umzuändern. Wenn ich etwa versuche, einen realen Hass gegen eine Person auszuschalten, so treten die Urteile, die Einstellungen und Erinnerungen, die ich im Zusammenhang mit diesem Hass in Bezug auf die Person habe, weiter auf, und es ist schwierig, den Hass tatsächlich zu überwinden. Reale Emotionen zeigen sich insofern widerständig gegen Versuche, sie abzubauen, und besitzen manchmal sogar eine eigene „Trägheit“, die sie weiterexistieren lässt, auch wenn die Basis der Emotion schon nicht mehr vorhanden ist.

3) Mit diesem Widerstand realer Emotionen hängt auch ein *leibliches Element* zusammen, nämlich die Tatsache, dass ich den Hass am Leib fühle, auch wenn ich ihn nicht fühlen will und er mir unangenehm ist. Und auch wenn eine Emotion nicht wahrgenommen wird, betrifft sie uns oft leiblich weiter. Eine Emotion, die sich leiblich manipulieren lässt – etwa eine Traurigkeit, bei der sich Niedergedrücktheit, Enge usw. nach Herzenslust ausschalten lassen – ist vor solchem Hintergrund hinsichtlich ihrer Realität zu hinterfragen.

4) Reale Emotionen zeigen ferner *Wirksamkeit* innerhalb des Ganzen der psychischen Phänomene in der Form, dass sie zum Beispiel Denkakte veranlassen und Willensakte motivieren. So tritt ein Groll einem Menschen gegenüber – auch wenn der Groll nicht wahrgenommen wird – mit einer Reihe anderer Elemente auf, auf die er Einfluss ausüben kann: Er kann etwa eine Handlungsneigung zum Vollzug bringen, Gedanken hervorrufen usw. Das sind dann nicht Elemente, auf die die Emotion gründet, sondern Elemente, die von ihr beeinflusst werden *können* (auch dann, wenn sie tatsächlich keinen Einfluss ausübt).

5) Reale Emotionen zeigen *Objektgerichtetheit*. Wenn ich mich freue, gibt es etwas, worüber ich mich freue; Trauer richtet sich auf etwas Trauriges; wenn ich mich verliebe, richtet sich diese Liebe ebenfalls auf ein Objekt. Realität impliziert eine Weltbeziehung, weil man sich in den Emotionen auf etwas richtet.

In dieser Bestimmung ist das Charakteristischsein einer Emotion für ihr Realsein nicht wesentlich, denn für die Realität einer Emotion ist es nicht notwendig, dass sie für uns charakteristisch ist. Reale Emotionen können für uns auch nichtcharakteristisch sein; wie beim gutmütigen Menschen, der plötzlich von realem Hass erfüllt wird. Und irreale Emotionen können uns sehr stark charakterisieren; wie bei einem Menschen, dessen Charakter von einer irrealen Liebe geprägt wird.

Dabei ist zu betonen, dass die Emotionen trotz ihrer Realität nicht unbegrenzt als psychische Kräfte weiterexistieren müssen. Die Realität darf nicht in einem statischen Sinne verstanden werden. Die Emotionen als psychische Kräfte neigen trotz ihrer zahlreichen Wirkungs- und Widerstandsmöglichkeiten dazu, zur „Entladung" gebracht zu werden. Damit ist nicht gemeint, dass der emotionale Druck verschwindet, als ob es sich hier um ein „hydraulisches Modell" handeln würde. Mit „Entladung" wollen wir die Charakteristik der Emotionen bezeichnen, nach der sie eine bestimmte Verlaufsgestalt haben. Emotionen haben ein Anfang und ein Ende, zu dem sie in einer natürlichen Weise kommen können. Die verschiedenen Verlaufsmöglichkeiten der Emotionen sollen mit ihrer Realität mitgedacht werden. Die emotionale Entladung, die die Emotion an ihr Ende bringt, kann verschiedene Formen annehmen: Phantasie, Willensakt, Reflexion, emotionaler Ausdruck (Weinen, Lachen, etc.), aber auch die Transformation einer Emotion in eine andere. Zu welcher Form der Entladung es im jeweiligen Fall kommt, wird nicht durch die Emotion selbst determiniert: Der zeitliche Verlauf hängt von einer Vielzahl idiosynkratischer Faktoren ab, ist von Fall zu Fall unterschieden und insofern ganz offen: Er hängt ab vom Charakter, von der Persönlichkeit, von der Lage, in der man sich befindet, von der Gesellschaft, in der man lebt, von der Erziehung, die man bekommen hat, usw.

Reale Emotionen erfüllen die genannten fünf Kriterien. Doch nicht immer, wenn wir eine Emotion zu haben glauben, sind diese Kriterien gegeben. Wenn nicht alle Kriterien erfüllt sind, dann sind wir im Feld der emotionalen Selbsttäuschungen. Emotionen haben in zweierlei Hinsicht mit Selbsttäuschungen zu tun. Einerseits sind Emotionen Ursachen und Motive von Selbsttäuschungen.[1] Die emotionalen Motive, sich selbst nicht durchsichtig zu sein oder richtig aufzufassen, sind zahlreich und sollen hier nur angerissen werden. Ein übliches Muster besteht in der Neigung, nur diejenigen Emotionen wahrzunehmen, die für einen selbst von Nutzen sind. So mag jemand der freundlichen Regung einer für ihn wichtigen Person gewahr werden, nicht jedoch der Zuneigung einer Person, von der kein Vorteil zu erwarten ist.[2] Ein anderes Muster besteht in der Neigung, sich als ein besserer Mensch aufzufassen, als man in Wirklichkeit ist. Oft bleibt ein Hass oder Neid unterhalb der Schwelle der inneren Wahrnehmung, weil man sich nicht für fähig hält, ein solches Gefühl zu haben. Man will in solchen Fällen nicht der Emotion gewahr werden, die zu einem negativen Werturteil über die eigene Person führen könnte. Die Emotion ist da, wird aber nicht wahrgenommen.[3]

Andererseits können Emotionen selbst Gegenstand von Täuschungen sein. Diese These spiegelt den Bruch mit dem cartesianischen Paradigma wider und ist philosophiegeschichtlich relativ neu. Die Frühphänomenologen gehörten zu den ersten, die sie angedeutet haben. Während für Descartes und Brentano die innere Wahrnehmung den Evidenzvorzug besaß, wird heute anerkannt, dass man sich selbst nicht durchsichtig ist und dass im Bereich des Selbst ebenfalls Täuschungen möglich sind. Auch die innere Wahrnehmung kann in unterschiedlicher Weise trügen und in die Irre führen. Wir können uns kraft der Fehlbarkeit der inneren Wahrnehmung über die eigenen Emotionen täuschen,

---

[1] In dieser Hinsicht R. de Sousa, *The Rationality of Emotion*, a.a.O., S. 10.

[2] M. Scheler, „Die Idole der Selbsterkenntnis", a.a.O., S. 207.

[3] Ebd., S. 281.

so dass wir zwar eine Emotion fühlen, dies jedoch in einer Täuschung der inneren Wahrnehmung gründet. Eine Form solcher Täuschung ist die Täuschung über die *Ursachen* der Emotionen. So kann ich etwa ein freundschaftliches Gefühl für jemanden empfinden und dann glauben, es liege daran, dass ich mich mit diesem Menschen gut verstehe, während die einzige tatsächliche Ursache in einer Abneigung gegen das Alleinsein liegt. Man kann sich auch über die *Objekte* einer Emotion täuschen. Ich kann etwa Angst haben und glauben, diese Angst habe ein bestimmtes Objekt, während sie sich in Wahrheit auf etwas anderes richtet. Einige phobische Ängste, bei denen sich ein Gefühl von seinem originären Objekt abgetrennt und auf etwas anderes gerichtet hat, sind von solcher Art. Man kann auch bloß physiologische Phänomene als Emotionen auffassen. Dabei wird etwas als Emotion aufgefasst, das in Wirklichkeit kein emotionaler Zustand ist. Ich kann z.B. der Meinung sein, dass ich traurig bin, weil ich niedergeschlagen bin, weine, mich lustlos treiben lasse, mich schlapp fühle. Und das, obwohl ich in Wirklichkeit nur müde und erschöpft bin, weil ich irgendeine noch nicht bemerkte Krankheit habe.[4] In diesem Fall wird die Täuschung durch die Ähnlichkeit der Weisen gestützt, in der man beide Phänomene am Leib fühlt.

Eine andere Möglichkeit der Täuschung besteht darin, eine Emotion mit einer anderen Emotion zu verwechseln. Ich kann z.B. glauben, dass ich mich in jemanden verliebt habe, weil ich mich an seiner Seite befinden will oder weil ich ihm Gutes will oder weil ich ein angenehmes Gefühl der Geborgenheit und Wärme bei ihm habe. Und das, obgleich ich den fraglichen Menschen in Wirklichkeit nur als Freund schätze; jene Freundschaft aber, die verschiedene Elemente mit einer Liebe gemein hat, wird mit einer Liebe verwechselt. Was hier real ist, ist die Freundschaft, die ich empfinde, während die angebliche Liebe keine Realität im erörterten Sinne besitzt. All diese Fälle von Selbsttäuschungen haben in der letzten Zeit eine große Aufmerksamkeit in der Philosophie des Geistes erhalten und sollten hier nur erwähnt werden.

Von großem Interesse ist eine andere Möglichkeit der Täuschung, die darin besteht, sich eine Emotion selbst einzubilden. Derartige Phänomene, die den Anschein einer Emotion haben, jedoch keine Emotion sind, werde ich im Einklang mit der phänomenologischen Tradition als Scheinemotionen bezeichnen. Dieser besondere Fall von emotionaler Selbsttäuschung ist Gegenstand einer separaten Untersuchung.

3.1.2. Scheinemotionen

Ich möchte hier die These vertreten, dass man sich, genau wie die Wahrnehmung eines Außenweltgegenstandes – z.B. im Fall einer Halluzination –, auch eine Emotion einbilden kann. Das kann geschehen, indem wir bewusst die Imagination einsetzen und uns vorstellen, eine Emotion zu haben, aber auch, indem sich die Imagination gleichsam hinter unserem Rücken abspielt und eine Emotion vorgaukelt. Das geschieht zum Beispiel im Fall der vermeintlichen Liebe, wenn ein Mensch meint, verliebt zu sein und Liebe wahrzuneh-

---

4 Auch Jon Elster spricht von der Möglichkeit solcher Einbildungen. Vgl. J. Elster, *Alchemies of the Mind*, New York 1999, S. 260.

men, obwohl tatsächlich keine Liebe vorhanden ist. In solchen Fällen täuscht man sich über das Vorhandensein einer Emotion. Und dennoch empfindet man alle entsprechenden Gefühle der Liebe. Eben jene Fälle sind hier von Interesse, weil bei ihnen tatsächlich eine Form der Täuschung vorliegt, und zwar eine Täuschung hinsichtlich der Gegebenheit des Gefühls selbst. Von diesen Einbildungen will ich dabei jegliche theoretischen Akte – wie Glauben, Denken, Urteilen, Meinen usw. *über* ein Gefühl – streng unterscheiden. Hier ist es nicht so, dass ich ein falsches Urteil über die eigene emotionale Lage fälle, auch nicht, dass ich etwas falsch wahrnehme, denn das würde eine Täuschung über das Gefühl sein, sondern es handelt sich um eine Täuschung hinsichtlich der Gegebenheit des Gefühls selbst.[5] Ist das, was gefühlt wird, nun eine reale Emotion? Ich möchte im Folgenden dafür plädieren, dass es sich hier um eine Scheinemotion handelt, die die Wesenscharakteristika der realen Emotionen nicht besitzt, und ich möchte zeigen, wie solche Phänomene möglich sind. Dabei stütze ich mich auf analytische und phänomenologische Untersuchungen und werde sie weiterentwickeln.

In der aktuellen Literatur gibt es einige wenige, meist kürzere Beiträge über diese Möglichkeit, die knapp dargestellt werden sollen, wenngleich hier nicht von ihnen ausgegangen wird, weil sie die Frage nach der Realität mit der Frage nach der Echtheit vermischen. Man kennt das Phänomen als „fictive emotions“ (Weston), „make-believe emotions“ (Walton), „self-deceptive emotions“ (de Sousa), „factitious emotions“ (Pugmire), „imagined emotions“ (Goldie, Pugmire), „unechte Emotionen“ (Mulligan). Besonders im Bereich der Ästhetik finden wir interessante Thesen über imaginierte Emotionen. Kendall Walton hat in *Mimesis as Make-Believe* die Emotionen über Fiktionen erforscht und dabei postuliert, dass es sich um „make-believe“-Emotionen handelt. Solche „make-believe emotions“ sind nach Walton nicht reale, sondern phantasierte Emotionen, die durch „imagining from the inside“ entstehen, also durch uns selbst in der entsprechenden Situation imaginiert werden. Die Emotionen über Fiktionen als fiktiv zu bezeichnen, scheint mir jedoch ein Fehler zu sein, denn die fiktive Natur des Objekts muss nicht die Natur der Emotion selbst mitbedingen. Daher ist es nötig, auf andere Beiträge zu rekurrieren.

David Pugmire hat ebenfalls die These diskutiert, inwiefern solche Phänomene möglich sind. Pugmire unterscheidet zwei Formen der Emotionen: reale Emotionen und „factitious emotions“[6], um deren künstlichen und falschen Charakter hervorzuheben. Reale Emotionen werden von Pugmire wie folgt beschrieben: „[…] that they have histories (of varying lengths and complexity); that they can interact with mental states (to a greater or lesser degree […]) and by implication that they exist over time and retain causal properties even when they are actualized in mental events or in actions.“[7] Eine reale Emotion ist

---

[5] In Termini der Wahrnehmung: nicht eine Täuschung über das Wahrgenommene, sondern eine Täuschung über die Wahrnehmung selbst. Der Einwand, dass es keinen Unterschied zwischen emotionalen Täuschungen und Einbildungen gebe, weil in beiden Fällen ein falsches Urteil vorliege, ist nach unserer Interpretation der Wahrnehmung in Anlehnung an den direkten Realismus nicht triftig. Die Wahrnehmung impliziert kein Urteil. Vgl. Husserls Kritik an Brentano.

[6] D. Pugmire, „Real Emotions“, in: *Philosophy and Phenomenological Research* 54 (1994) 1, S. 105–122.

[7] D. Pugmire, *Sound sentiments. Integrity in the Emotions,* Oxford 2005, S. 36.

demnach eine Emotion, die zum Charakter einer Person passt und sich aus ihrer Biographie ableiten lässt. Diese Ansicht steht im Gegensatz zu der von uns vertretenen These, dass reale Emotionen nicht für das Subjekt charakteristisch sein müssen. Demgegenüber sind „factitious emotions" für Pugmire diejenigen, die etwa durch medikamentöse Behandlung entstehen – etwa wenn man Drogen nimmt und dann fröhlich wird –, durch die Annahme der äußeren Formen der Emotion (Mimikry), etwa bei Schauspielern, oder durch den Wunsch, sie zu fühlen. Zu dieser Unterscheidung ist anzumerken, dass – wie gesagt – eine reale Emotion nicht unbedingt auch charakteristisch für eine Person sein muss. Darüber hinaus bleibt die These von den „factitious emotions" in einiger Hinsicht mangelhaft, denn es bleibt – außer im ersten Fall der eingenommenen Drogen – ungeklärt, wie sich etwas wie eine Emotion am Leib anfühlen kann, ohne dass man die Emotion hat. Auch dieser Frage wird nachzugehen sein. An einer anderen Stelle von Pugmires Werk sind weitere Thesen über das fragliche Phänomen zu finden. In *Sound Emotions* unterscheidet er zwischen „imagined emotions" als „attenuated emotions" und nichtphantasierten Emotionen: „One obvious [...] difference between imagined and non-imagined emotions is in their consequences, especially in desires and actions; another is in visceral arousal [...]. Inasmuch as only some of what can be expected to happen to someone in the grips of the given emotion happens to me in imagining it, it does not involve me as such emotion can. I have it, but *thinly, lightly, safely* – at one remove, so to speak."[8] Und Pugmire fügt hinzu, dass sich bei diesen Emotionen das Selbst vorstellt, sein eigener Zuschauer zu sein. Die Idee des Mangels an Realität, die Rolle des Selbst als Zuschauer seiner selbst bei der Leistung der Imagination und die Kernlosigkeit der eingebildeten Emotionen sind Konzepte, die eingehender untersucht werden sollen. Die Existenz der Emotionen im Modus des „*thinly, lightly, safely*" ist dabei in einer nichtmetaphorischen Sprache zu erfassen.

In einem neueren Beitrag hat Peter Goldie postuliert, dass man sich Emotionen einbilden kann. In „Imagination and the Distorting Power of Emotion"[9] vertritt er die These, dass Emotionen einen imaginativen „counterpart" haben: imagined emotions. Eingebildete Emotionen basieren auf eingebildeten Urteilen, Wahrnehmungen, Gedanken, usw. Die konkrete Imagination, die hier im Spiel ist, ist laut Goldie kein „imagining from the inside" als eine Sorte von Einfühlung, sondern „imagining from an external perspective"[10], also ein Vorstellen von sich selbst als einem anderen. Goldie teilt also insofern nicht die These von den „make-believe Emotions", die von einer imaginierten internen Perspektive ausgeht, als er eine externe Perspektive für die Imagination des Selbst postuliert. Die genaue Rolle der Imagination bei den Scheinemotionen wird uns demnächst beschäftigen. Ganz besonders interessiert mich dabei, wie es möglich ist, sich leiblich etwas einzubilden, eine Frage, die in der aktuellen Debatte nicht gründlich behandelt wird.

---

8 D. Pugmire, *Sound Emotions*, a.a.O., S. 185.

9 P. Goldie, „Imagination and the Distorting Power of Emotion", in: *Journal of Consciousness Studies* 12 (2005) 8–10, S. 130–142.

10 Ebd., S. 139.

Kevin Mulligan hat in „Was sind und was sollen die unechten Gefühle?" die These aufgestellt, dass es unechte Gefühle gibt, die den echten Gefühlen ähneln, die jedoch keine Wirklichkeit haben. Mulligan geht hier von einigen frühphänomenologischen Thesen aus, allerdings interpretiert er die unechten Gefühle anders als in der Frühphänomenologie. Für ihn sind die unechten Gefühle eine Art „falsches Herz": „Das Unechte gehört zur großen Familie des Falschen – der Lüge, der Verlogenheit, der Unwahrhaftigkeit, der Unaufrichtigkeit, der Hypokrisie, des Hohlen, zur Familie von ‚phoniness', ‚humbug', ‚bullshit' und ‚cant'."[11] Diese Gefühlsformen sind viel verbreiteter als die echten Gefühle, meint Mulligan. „Von den beiden, ‚echt' und ‚unecht', trägt ‚unecht' die Hosen."[12] Unecht sind nach Mulligan sowohl diejenigen Gefühle, die keine Gefühle sind, als auch diejenigen, die in einer besonderen Verbindung mit anderen Gefühlen stehen.

Das Interessante an Mulligans Ansatz ist seine Erklärung der unechten Gefühle. Unechte Gefühle schließen für ihn ein Phantasiegefühl ein. Phantasiegefühle seien Gefühle, die dem Wollen unterworfen sind und die als ästhetische oder soziale entstehen. Er nennt sie „Als-ob-Emotionen" oder „Quasi-Gefühle", weil man in der Tat kein Gefühl hat, sondern nur so tut, „als ob" man eins hätte. So ist etwa, wenn man im Kino quasi Angst hat, diese Angst – so Mulligan – tatsächlich keine Angst. Die Phantasiegefühle sind nach Mulligan nicht immer „unecht", und sie sind per se auch nicht schlimm. Ein unechtes Gefühl komme erst dann vor, wenn jenes Quasi-Gefühl für ein echtes Gefühl gehalten wird. Derart implizieren unechte Gefühle immer einen Selbstbetrug. Etwas Ähnliches werde ich für die Scheinemotionen postulieren und in derselben Richtung werde ich zwischen dem bloßen Imaginieren eines Gefühls und dem Erleben einer Scheinemotion unterscheiden, denn nur das letzte ist ein Fall von Selbsttäuschung. Allerdings werde ich mich dabei erstens an den Wortschatz und das frühphänomenologische Verständnis unechter Gefühle halten. Deswegen ist für mich Unechtheit nicht dasselbe wie ein Mangel an Realität, sondern eine besondere Qualität des Erlebens; daher sind für mich sowohl einige reale Emotionen als auch Pseudoemotionen „unechte Gefühle". Zweitens gilt mein Interesse der Rolle der Imagination bei der Bildung von Scheinemotionen, insbesondere bei der Möglichkeit, sie leiblich zu fühlen. Drittens möchte ich dem Aspekt des Erlebens derselben weiter nachgehen.

Die Frühphänomenologen haben das fragliche Phänomen ausführlich behandelt und prägten verschiedene Namen für es: „vorgestellte Gefühle" (Haas, Pfänder), „Gefühlsillusionen" (Scheler), „Scheingefühle" (Scheler), „Gefühlsphantasien" (Scheler) und für den besonderen Fall der Liebe: „illusionäre oder phantastische Liebe" (Voigtländer) und „Pseudoliebe" (Ortega y Gasset). In *Über Echtheit und Unechtheit von Gefühlen*[13] erwähnt Willy Haas die Möglichkeit, dass es neben den wirklichen auch vorgestellte Gefühle gibt. Vorgestellte Gefühle unterscheiden sich für ihn von den realen aufgrund von Qualitätsunterschieden und weil sie eine andere Art des Seins haben. Innerhalb der realen Gefühle fasst Haas nun zwei Möglichkeiten ins Auge: dass sie echt oder dass sie

[11] K. Mulligan, „Was sind und was sollen die unechten Gefühle?", in: U. Amrein, *Das Authentische. Zur Konstruktion von Wahrheit in der säkularen Welt*, Zürich 2006.

[12] Ebd.

[13] W. Haas, *Über Echtheit und Unechtheit von Gefühlen*, a.a.O., S. 14.

unecht sind. Haas konzentriert sich dann auf die Erklärung dieser zwei Klassen realer Gefühle und erwähnt die Möglichkeit vorgestellter Gefühle lediglich. Drei Jahre später schreibt Alexander Pfänder in seiner *Psychologie der Gesinnungen*[14] über die Möglichkeit eines psychischen Vorgestellten, dem keine Realität zuzuschreiben ist, weil er – ähnlich wie Haas – das Vorgestellte vom Unechten unterscheiden möchte: „Die von einem Menschen bloß vorgestellten seelischen Regungen sind, insofern sie bloß vorgestellt sind, keine realen seelischen Tatsachen. Eine bloß vorgestellte Freude ist keine wirkliche Freude, eine bloß vorgestellte Liebe ist keine wirkliche Liebe.“[15] Auch Edith Stein erwähnt die Möglichkeit, sich Lebensgefühle einzubilden, so etwa, wenn man sich frisch fühlt, „ohne dass der Zustand der Frische vorhanden ist“[16]. Und Else Voigtländer weist auf die Möglichkeit hin, dass man das reale Objekt der Liebe übersieht: „[E]r kann auch an der realen Person vorbeisehen und über den idealen Wesenheiten die lebendige, konkrete Person vergessen. Er schmückt und überhöht sie, aber läßt ihre reale Eigenart und ihr Sein als konkretes, fühlendes Wesen außer Acht. Dies führt über zur illusionären, phantastischen Liebe.“[17]

Detaillierter in seiner Analyse ist Ortega y Gasset im Aufsatz „Die Liebe bei Stendhal“, in dem er Stendhals „Kristallisationstheorie der Liebe“ kritisiert, weil sie nur in einem einzigen Aspekt nicht falsch sei, nämlich hinsichtlich der „Vermutung, daß es Lieben gibt, die keine sind“[18]. Die Kristallisationstheorie ist nach Ortega y Gasset falsch, weil die Liebe in ihr als etwas beschrieben wird, das von dem Liebenden mit „une certaine fièvre de l'imagination“[19] gemacht werden müsse. Indem es einer Leistung des Subjekts bedarf, dem Objekt etwas zuzuschreiben, das es liebenswürdig macht, trägt die Liebe den Charakter einer Illusion. Solche Liebesillusionen, Scheinlieben oder – wie Ortega y Gasset sie nennt – Pseudolieben ähneln der Liebe, sie sind jedoch nicht Liebe. Die Liebe werde, so Ortega y Gasset, spontan gefühlt – man müsse das Gefühl nicht „machen“ – und wir hätten, wenn wir liebten, außerdem den Eindruck, dass diese Liebe für immer und ewig sei, auch wenn faktisch die Liebe enden mag. Es ist eben nach Ortega y Gasset das Merkmal der Pseudolieben, dass sie vom Subjekt „gemacht“ werden.

Ortega y Gasset nennt noch ein paar Ursachen, die die Entstehung einer Pseudoliebe begünstigen können: erstens, dass es sich bei der Liebe um ein positives, angenehmes Gefühl handelt; zweitens, dass die Liebe ein „angesehenes“ und viel gepriesenes Gefühl ist. Hier können die Überlegungen hinzugefügt werden, dass man sich gerne verliebt, weil verliebt zu sein sich gut anfühlt – es steigert das Gefühl der Vitalität, der Kraft usw. –, und weil der öffentliche Diskurs voll von Referenzen auf die Liebe ist, so dass jeder

---

14 A. Pfänder, *Psychologie der Gesinnungen*, II. Teil, a.a.O., S. 1.

15 Ebd.

16 E. Stein, „Beiträge zur philosophischen Begründung der Psychologie und der Geisteswissenschaften“, a.a.O.

17 E. Voigtländer, „Bemerkungen zur Psychologie der Gesinnungen“, in: *Neue Münchener Philosophische Abhandlungen*, hg. v. E. Heller und F. Löw, Leipzig 1933, S. 143–164, hier S. 159.

18 J. Ortega y Gasset, *Über die Liebe*, a.a.O., S. 111.

19 Nach Wollheim zitiert: R. Wollheim, *Emotionen*, a.a.O., S. 106.

von uns, bevor er selbst die Partnerschaftsliebe irgendwann gefühlt hat, schon Zugang zu Beschreibungen jenes Gefühls durch Literatur, Romane, Fernsehen usw. hat. Ortega y Gasset beschreibt insofern die Existenz eines solches Phänomens und nennt einige Gründe, die solche Phänomene begünstigen, doch er erklärt nicht das Verfahren, nach dem die Pseudolieben „gemacht" werden.

Um die Entstehung einer Scheinemotion zu erklären, sind einige Passagen aus Schelers Werk aufschlussreich. In „Idole der Selbsterkenntnis" werden einige Arten von „Täuschungen" genannt, die hier von Interesse sind.[20] Es gibt besondere Fälle, in denen die emotionale „Täuschung" mit den Täuschungsmöglichkeiten der inneren Wahrnehmung zu tun hat, etwa wenn man die Emotionen anderer Menschen, die aus der Fremdwahrnehmung entstammen, als eigene Emotionen auffasst, d.h. etwas Fremdes für etwas Eigenes hält. Das ist z.B. dort der Fall, wo man eine Liebe in sich fühlt, die aber nur aus der Lektüre eines Buchs entstanden ist, in dem eine solche Liebe beschrieben wurde. Scheler führt eine Schülerin an, die glaubt, die Liebe einer Buchheldin zu fühlen: „Das verliebte junge Mädchen fühlt nicht seine Erlebnisse zunächst in Isolde oder Julia ein, sondern es fühlt die Gefühle dieser dichterischen Gestalten in seine kleinen Erlebnisse hinein."[21] Hier wird das fremde Gefühl der Liebe – in diesem Fall sogar einer fiktiven Person – als etwas Eigenes ausgelegt. Die Täuschung liegt insofern nicht im Fühlen einer Emotion angesichts von etwas Fiktivem, sondern im Glauben, die Emotion tatsächlich zu fühlen. Das Erlebnis zeigt sich bald als mir nicht zugehörig, denn es richtet sich zum Beispiel auf kein Objekt oder nur auf ein völlig beliebiges. Die zweite Scheler'sche Täuschungsrichtung besteht im „Von-*außen*-nach-*innen*-Verlegen *gefühlter*, d.h. in der Weise des Fühlens wahrgenommener *Wertqualitäten der Dinge* und Situationen in die Gefühlssphäre der eigenen *Ichzustände*". Hier liegt die Täuschung darin, „Tatsachen, die der äußeren Wahrnehmung entstammen, in den Gehalt der inneren Wahrnehmung […] zu verlegen"[22]. Die von Scheler genannten Beispiele können ganz intuitiv die Bedeutung solcher Täuschungen illustrieren: „So meinen wir uns häufig zu freuen, weil uns eine teuere Speise dargeboten wird oder weil uns ein wertvoller Ring geschenkt wird; wir

---

[20] Unter dem Oberbegriff „Täuschungen der inneren Wahrnehmung" fasst Scheler in „Idole der Selbsterkenntnis" drei verschiedene Phänomene zusammen: die Einbildung einer Wahrnehmung von etwas Psychischem, das fehlerhafte Wahrnehmen von etwas Psychischem und das Übersehen eines Psychischen. Zwar stellen all diese Möglichkeiten Fälle von Undurchsichtigkeit dar, doch möchte ich im Folgenden die drei verschiedenen Phänomene streng voneinander trennen. So ziehe ich es vor, den Begriff „Täuschung" nicht als allgemeinen Oberbegriff zu benutzen, sondern für den Fall der fehlerhaften Wahrnehmung – hier der Emotionen – zu reservieren. Daher werde ich von „Täuschung" nur im zweiten der genannten Fälle reden. Für den ersten Fall ziehe ich es vor, von „Scheinemotionen" zu sprechen, denn die Einbildung einer Wahrnehmung ist m.E. nicht dasselbe wie die Fehlerhaftigkeit einer Wahrnehmung. Im dritten Fall, wo eine Emotion übersehen wird, ziehe ich es vor, von „untererlebten" oder „virtuellen" Emotionen zu sprechen, denn ein Gefühl zu übersehen, heißt nicht, dass man sich über dieses Gefühl selbst täuscht. Vgl. für diese Kritik: E. Stein, *Zum Problem der Einfühlung*, a.a.O., S. 34ff.; Í. Vendrell Ferran, „Introducción", in: M. Scheler, *Los ídolos del autoconocimiento*, Salamanca 2003, S. 9–15; dies., „Presentación", in: M. Scheler, *Esencia y Formas de la Simpatía*, Salamanca, 2005, S. 9–21.

[21] M. Scheler, „Die Idole der Selbsterkenntnis", a.a.O., S. 266.

[22] Ebd.

meinen auch selbst traurig zu sein, weil wir in einem Leichenzug gehen."[23] In solchen Fällen wird eine Eigenschaft einer Situation erfasst und dann als etwas Eigenes und uns Zugehöriges interpretiert, wenngleich ein Blick hinter die Kulisse unseres Bewusstseins uns zeigen würde, dass wir diese Emotion gar nicht haben. Hier – genauso wie bei der anderen Täuschungsrichtung der inneren Wahrnehmung – führt die Vorstellung, dass man ein Gefühl hat, zum tatsächlichen Empfinden eines Gefühls, und dennoch ist da kein Gefühl gegeben.

Einige Aussagen in derselben Richtung sind in „Die Psychologie der so genannten Rentenhysterie" zu finden. In dieser Studie versucht Scheler, parallel zu den Illusionen der äußeren Wahrnehmung zu erklären, wie auch im psychischen Bereich Illusionen möglich sind. Im Text untersucht er einen illusorischen Erkrankungsprozess, d.h. den „Schein" einer Erkrankung, bei Menschen, die eine Rente bekommen wollen, ohne tatsächlich krank zu sein. Scheler bezeichnet solche Menschen nicht als bewusste Simulanten, sondern eher als Rentenhysteriker. Der Aufsatz ist insbesondere wegen der These interessant, dass neben willkürlichen Simulationen auch „automatische Simulationen" möglich sind. Letztere haben mit dem Wollen selbst nichts zu tun, so dass sie eher *automatisch* auftreten. Solche simulierenden Impulse sind laut Scheler dafür verantwortlich, dass wir auf ein Empfindungs- und Gefühlsmaterial aufmerksam werden, das die weitere Aufmerksamkeit in Richtung einer Krankheit lenkt. Diese Aufmerksamkeit – die durch den unterbewussten Wunsch des Erlangens einer Rente motiviert wird, aber weder gewollt noch bewusst sein soll – lasse allmählich die Illusion einer Erkrankung entstehen, so dass man sich dann tatsächlich krank fühlt. Typisch für solche Illusionen sei es, dass sie im Interesse des Betroffenen liegen, denn ausgehend von diesem Interesse schenkt der Betroffene den Phänomenen, die in Richtung einer Krankheit deuten, viel mehr Aufmerksamkeit.[24] Eine solche Erklärung für das Gefühl der Krankheit wäre dann auch auf die Emotionen und die Scheinemotionen übertragbar. Freilich bleibt zu erklären, wie sich diese Übertragung im Detail vollziehen soll.

Auch in weiteren Texten befasst sich Scheler mit der Möglichkeit der Scheingefühle. In „Idealismus – Realismus" schreibt er: „Auch in der *psychischen* Sphäre ist der Widerstand, den ein Erlebnis unserm *bewußt* willkürlichen Tun und Aufmerken bereitet, der Grundcharakter der Realität. Mit vollem Rechte scheiden wir auch hier ‚wirkliche' Freundschaft von ‚eingebildeter', ‚echte' Gefühle von ‚unechten', das ‚ich will wirklich' vom bloßen (Wollen vortäuschenden) ‚Wünschen', von Wünschen also, das sich *als* Wille ausgibt; ferner die *wahren und wirklichen* Motive unseres Tun von den *eingebildeten* Motiven, die um ihres moralischen Wertvorzuges wir zu haben bloß *wähnen*. Wirklichkeit wie Echtheit bewähren sich eben erst im Standhalten gegen Versuche, die, vom bewußten Wollen und der willkürlichen Aufmerksamkeit ausgehend, das Erlebnis auszuschalten oder es umzuändern versuchen. Tritt ferner die Wirksamkeit eines Erlebnisses in dem verstehbaren Sinnzusammenhang seines Soseins mit dem Sosein eines anderen Verhaltens oder Erlebnisses nicht ein, handelt ein Mensch zum Beispiel nicht

---

23 Ebd., S. 262.

24 M. Scheler, „Die Psychologie der sogenannten Rentenhysterie und der rechte Kampf gegen das Übel", in: ders., *Gesammelte Werke*, Band 3, Bern 1972, S. 295–309, hier S. 296.

auch freundlich gegen einen, den er zu lieben behauptet, so werden wir im gemeinen Leben zunächst die ‚Wirklichkeit' und ‚Echtheit' dieses Gefühls bestreiten. Es ist daran durchaus festzuhalten, daß es neben den realen Gefühlen, die sich nur mit Phantasie*bildern* verbinden, auch Gefühlsphantasien gibt, neben den realen Wollungen auch Scheinwollungen, die man *wirklich* gar nicht will, neben den wirklichen Motiven auch Scheinmotive. Auch hier ist überall das phänomenale Erlebnis der psychischen Realität der *Widerstand*; objektive Realität des Psychischen aber die *Wirksamkeit* im psychischen Zusammenhang."[25] Das Phänomen der Scheinemotionen passt zur Reihe der von Scheler als „eingebildet", „unecht", oder „nicht wirklich" bezeichneten Phänomene. Auch in „Reue und Wiedergeburt" erwähnt Scheler kurz die Existenz von Phänomenen wie der Reueillusion oder der Reuephantasie, in denen man sich einbildet zu bereuen, ohne es tatsächlich zu tun, nur um mit sich selbst im Reinen zu sein. In dieselbe Richtung gehen auch einige Bemerkungen Schelers in „Über Scham und Schamgefühl", wo er den Fall einer Schamillusion beschreibt, die darin bestehe, dass ein Mensch, der ein körperliches oder geistiges Manko vor anderen und sich selbst verbergen will, es als Scham interpretiert. Das Verbergen eines negativen Selbstwertes sei per se jedoch keine Scham, vielmehr werde die Scham hier in einer Illusion gefühlt.[26] Auch hier – genauso wie bei den Scheinkrankheiten – liegt es wieder im Interesse des Betroffenen, solche Emotionen zu fühlen, und auch sie hängen stark von dem sozial normierten Kontext ab, in dem sie stattfinden.

Vor dem Hintergrund dieser phänomenologischen Thesen lässt sich das Phänomen der Scheinlieben – und dann auch der Scheinemotionen – nun auch genauer begrifflich herausarbeiten. Scheinemotionen stehen in einem gewissen Parallelismus zu den Einbildungen der äußeren Wahrnehmung, der hier verfolgt werden soll. Nehmen wir den Fall einer Halluzination, z.B. wenn ich mitten in der Nacht neben meinem Bett einen Tisch sehe. Der eingebildete Tisch ist mir irgendwie gegeben, so dass ich ihn anfassen und dann die entsprechenden Empfindungen an meiner Hand haben kann. Nun versuche ich, mich auf den Tisch zu lehnen, falle aber auf den Boden, weil der Tisch keine Realität hat. Es gibt keinen Widerstand des Tisches und keine Wirksamkeit im Zusammenhang mit anderen materiellen Gegenständen, hier meinem Körper. Entsprechend verhält es sich im Fall der eingebildeten Erkrankungen, die Scheler in „Psychologie der Rentenhysterie" beschreibt. Die eingebildeten Schmerzen und Krankheiten des Hysterikers sind gegeben in dem Sinne, dass er sie wahrzunehmen meint. Er simuliert nicht willkürlich, sondern es handelt sich vielmehr um eine *automatische Simulation*. Aber solche Schmerzen sind einfach eingebildet, weil sie ausgehend von einer Zuwendung der Aufmerksamkeit zu Prozessen entstanden sind, die mit solchen Schmerzen verbunden sind. Genauso plötzlich, wie sie gekommen sind, können sie auch wieder verschwinden oder in einen anderen Teil des Körpers platziert werden. Durch diese beiden Beispiele wird die Parallele zum Fall der Scheinemotionen klarer: Ein Mensch behauptet, Liebe wahrzunehmen, und

---

[25] M. Scheler, „Idealismus – Realismus", a.a.O., S. 213.

[26] M. Scheler, „Vom Ewigen im Menschen. Reue und Wiedergeburt", in: ders., *Gesammelte Werke*, Band 5, Bern 1954, S. 47–48; und „Über Scham und Schamgefühl", in: ders., *Gesammelte Werke*, Band 10, Bern 1957, S. 100.

hat dann die entsprechenden Gefühle der Liebe, wenn auch keine reale Liebe. Wir haben es hier mit einem affektiven Phänomen zu tun, das *keine* reale Emotion ist.

Nun soll die Entstehung einer Scheinemotion erläutert werden. Bei den Scheinemotionen liegt eine sehr eigentümliche Leistung der Imagination vor. Die Imagination ist die Fähigkeit, sich Sachen vorzustellen, die tatsächlich nicht gegeben sind. Die Fähigkeit der Imagination kann in zwei Varianten unterteilt werden.[27] Wenn das Subjekt von der Irrealität Kenntnis hat und die Imagination benutzt, um sich eine andere Lage vorzustellen oder die Lage eines Anderen besser verstehen zu können, handelt es sich um die kontrafaktische Imagination. Wenn das Subjekt von der Irrealität des Vorgestellten nicht weiß, handelt es sich um Illusion oder Halluzination. Wenn man eine Emotion imaginiert, kann das im ersten oder im zweiten Sinne geschehen. Scheinlieben und Scheinemotionen im Allgemeinen gehören zur zweiten dieser Leistungen der Imagination, implizieren aber auch, dass die Imagination zunächst im ersten Sinne in Gang gesetzt worden ist. Das Subjekt weiß zwar von der Einbildung nichts – und daher sprechen wir von Selbsttäuschung –, doch hat die Einbildung mit der kontrafaktischen Phantasie angefangen. Für unser Beispiel ergibt sich: Dies setzt ein Verfahren voraus, in dem die Imagination in Schritten arbeitet und in unterschiedlicher Weise eingesetzt wird, bis eine Scheinemotion entsteht.

Der erste Schritt besteht darin, dass das Subjekt phantasiert. Im Fall der Scheinliebe: Ein Mensch imaginiert sich selbst als verliebten Menschen. Das heißt, er betrachtet sich in seiner Phantasie als ein anderer, als jemand Verliebtes, der er tatsächlich nicht ist. Hier wird die kontrafaktische Phantasie eingesetzt. Das ist eben Goldies externe Perspektive, Pugmires Idee, dass das Selbst sich selbst als Zuschauer hat, oder Mulligans Idee von Phantasiegefühlen („Als-ob-Gefühlen").

Zweitens reicht aber die Zuschauerperspektive nicht aus, um eine Scheinemotion zu empfinden, so dass es nötig ist, dass der Betroffene sich aus dieser Zuschauerperspektive heraus- und in das externe, kontrafaktisch phantasierte Bild seiner selbst hineinversetzt. Eine solche Idee ist in Voigtländers Text *Vom Selbstgefühl* (1910) angedeutet, wenn sie von einer Sorte von Phantasie spricht, die bei uneigentlichen Erlebnissen auftritt und die sie als „psychische Phantasie" bezeichnet: „eine Fähigkeit, psychische Dinge anschaulich und lebhaft in der ‚Phantasie' zu erleben"[28] – also sich in etwas einzuleben, das man selbst phantasiert hat. Ohne das Sich-Hineinversetzen, ohne die interne Perspektive ist es nicht möglich, eine Scheinemotion leiblich zu empfinden – so lautet meine These im Unterschied zu Goldie, für den die externe Perspektive hinreichend war. Die Einfühlung in eine eingebildete Figur seiner selbst ist der Grund dafür, dass bei Scheinlieben ein Mensch dann alles in Richtung einer tatsächlichen Liebe interpretiert. Das ändert freilich nichts daran – und das ist wichtig –, dass das *phantasierende* Ich nicht verliebt ist, sondern nur das *phantasierte* Ich, in das der Betroffene sich hineinprojiziert und einfühlt. Da der unterbewusste Wunsch vorlag, sich zu verlieben, war der Mensch viel aufmerksamer auf diejenigen Prozesse, die mit Gefühlen des Verliebtseins zu tun haben. Es ist nicht so, dass die Liebe ihn eroberte und er die Gefühle, egal ob er wollte oder nicht, fühlte – was bei einer realen Liebe der Fall wäre –, sondern dass er aus einem bestimmten

27 Vgl. etwa A. Ben-ze'ev, *The Subtility of Emotions*, a.a.O., S.195.

28 E. Voigtländer, *Vom Selbstgefühl*, a.a.O., S. 96.

Grund die Aufmerksamkeit auf mögliche mit Liebe verbundene Gefühle in sich richtete, die der Auslöser einer Liebesillusion waren. Der Mensch ist dann aufmerksam auf die leiblichen Prozesse und Handlungsintentionen gegenüber dem Objekt der vermeintlichen Liebe, und da er sich verlieben will, tut er alles, um solche Vorkommnisse in Richtung einer Liebe zu „interpretieren", genauso wie die Rentenhysteriker Schelers. So entsteht der Schein einer Liebe und es werden entsprechende leibliche Regungen, die einer Liebe ähneln, gefühlt. In dieser Hinsicht ist die Scheinliebe eine verursachte Liebe und könnte in ihrer Entstehung ausgeschaltet werden. Und auch hier lag im Ursprung der vermeintlichen Liebe ein Interesse des Betroffenen: der Wunsch, sich zu verlieben.[29]

Der dritte Schritt besteht darin, dass das Subjekt jene Phantasie schließlich als Realität nimmt. Das scheint mir auch Mulligan zu postulieren, wenn er „unechte Gefühle" beschreibt, bei denen die Täuschung in einer Täuschung über die Gegebenheit der Emotion selbst besteht. Die Emotion selbst hat aber keine Realität. Sie scheint vielmehr ihre kognitive Basis als Rechtfertigung zu suchen. Diese Liebe zeigt auch keinen Widerstand gegen eine mögliche Ausschaltung, etwa wenn plötzlich eine reale Liebe eintritt. Leiblich kann sie ausgeschaltet werden, ist nach Herzenslust mehr oder weniger veränderbar[30] und die Eroberungskomponente ist daher nicht dieselbe wie bei einer realen Liebe. Sie zeigt auch keine Wirksamkeit innerhalb eines Zusammenhangs: Es treten nicht die entsprechenden Motivationen, Einstellungen usw. auf. Außerdem hängt diese Liebe auch nicht von ihrem Objekt ab: Sie könnte ein anderes Objekt als das faktische haben, weil sie eigentlich schon vor dem Auftritt des Objekts von der liebenden Person gefühlt werden wollte. Wie die optischen Illusionen keinen realen repräsentationalen Inhalt haben, hat die eingebildete Emotion keine Verbindung zur Welt, das Objekt ist beliebig, und es kann sogar sein, dass es gar kein Objekt gibt. Also ist nun klar, dass Scheinemotionen im Allgemeinen *keine* realen Emotionen sind und dass sie durch Lenkung des Aufmerksamkeitsprozesses durch automatische Simulationen entstehen und dennoch leiblich zu fühlen sind. Sie sind von uns „gemacht", wie Ortega y Gasset schrieb.

Obwohl die Liebe eine Emotion zu sein scheint, die vergleichsweise häufig in Form einer Scheinemotion auftritt, begrenzen sich die Fälle von Scheinemotionen nicht auf sie. Scheinemotionen sind oft „literarische" Gefühle wie die Liebe und Gefühle, die angenehm sind, oder Gefühle, die zu fühlen in einem bestimmten Moment passend scheint. Über solche Gefühle bieten uns der literarische und der öffentliche Diskurs viele scheinbare und tatsächliche Informationen, die wir dann auf uns übertragen können. Es scheint hingegen eher unwahrscheinlich – obgleich prinzipiell möglich –, dass man sich einen

29 Problematisch ist dabei nicht, dass ein Wunsch den Ursprung der Emotion bildet – eine Möglichkeit, die ich für *einige* emotionale Erlebnisse zweifellos anerkenne –, sondern dass es nur diesen Wunsch gibt, weil die Emotion nicht gegeben ist. Ich mache hier keine normative Aussagen darüber, wie Ursprung und Genese einer Emotion sein sollten, oder darüber, was die Entstehungsbedingungen einer Emotion sind. Und ich sage: einige, aber nicht alle. Später werde ich Richard Wollheims Theorie der Emotionen darstellen, nach der den Ursprung einer Emotion immer ein Wunsch bildet, und mich mit ihr auseinandersetzen.

30 Mulligan hat meiner Ansicht nach diesen Aspekt auch im Sinne, wenn er meint, dass das Wollen solche Phänomene steuert und man sie unterbrechen kann. Obwohl er den leiblichen Aspekt nicht weiter vertieft.

Neid oder einen Hass einbildet. Vielmehr wollen wir uns solche Gefühle eher nicht zuschreiben und neigen daher auch eher dazu, sie in uns zu übersehen. Eben im Punkt der Scheinemotionen zeigt sich der Einfluss des sozialen Kontextes und der Gefühlskulturen bei der Gestaltung einer Emotion ganz deutlich.

Die Tatsache, dass das phantasierende Ich nicht verliebt ist, sondern nur das phantasierte, bringt einige Qualitätsunterschiede im Erleben der Scheinemotionen mit sich, die hier nicht übersehen werden können. Die Scheinemotionen sind uns – so die hier vertretene These – phänomenologisch qualitativ anders gegeben als die realen Emotionen. Das erlebende Subjekt erlebt hier ein Erlebnis, das – obwohl durchaus gegeben – sozusagen „uneigentlich" ist. Eben jener qualitative Unterschied ist der Grund dafür, dass Pugmire solche Phänomene zu Recht als „*thinly, lightly, safely*" beschreibt, denn sie sind vom qualitativen Erleben her tatsächlich schemenhafte Nachahmungen der realen Emotionen. Die Qualität der Emotionen, die ich als Echtheit bezeichnen werde, wird im nächsten Abschnitt untersucht.

3.2. Echte und unechte Emotionen

In der aktuellen Literatur wird oft von echten, genuinen oder authentischen Emotionen im Gegensatz zu unechten oder unauthentischen Emotionen gesprochen. Dabei sind unterschiedliche Interpretationen der Unechtheit vorgeschlagen worden. Die analytischen Auffassungen der unechten Gefühle lassen oft die qualitative Dimension derselben außer Acht und reduzieren die Unechtheit auf andere Charakteristika (insbesondere die Realität), so dass die Unechtheit immer als ein negativer Zug der Gefühle aufgefasst wird. Diesen Beiträgen gegenüber möchte ich eine alternative Interpretation der Echtheit der Gefühle entwickeln, die auf frühphänomenologischen Ansätzen basiert. Dabei werde ich als Demarkationskriterium der Echtheit der Gefühle das *qualitative Eigenerleben* verwenden und für ein *Kohärenzmodell* der Echtheit von Emotionen argumentieren.

Bei der Entwicklung von Kriterien für die Echtheit der Emotionen sind mehrere Vorschläge gemacht worden. In der heutigen Literatur haben einige Autoren wie Ronald de Sousa versucht, diese Frage durch den Vergleich des Gegensatzpaares echt/unecht mit dem Paar spontan/reflektiert zu klären. Das versucht Sousa mit folgendem Beispiel zu illustrieren: Jemand verrät seiner besten Freundin, dass er homosexuell ist. Sie reagiert zunächst abweisend und irritiert, entschuldigt sich dafür aber nach einigen Tagen und zeigt sich wieder freundlich. Das Dilemma in dieser Situation ist, dass wir zwei völlig unterschiedliche Reaktionen haben: „The first, spontaneous, was hostile. The other, considered, was friendly and sympathetic. Which was the more authentic?"[31] Obwohl die erste Reaktion nicht zum Charakter unserer Freundin passt, scheint sie wegen ihrer Spontaneität eine „genuine" Reaktion zu sein; die zweite Reaktion dagegen passt zu ihrem Charakter, allerdings ist sie durchdacht und daher auch suspekt. Welche Emotion ist „authentischer"? Wenn wir die Echtheit und Unechtheit als Spontaneität und Reflexi-

[31] R. de Sousa, *The Rationality of Emotion*, a.a.O., S. 12.

vität interpretieren, lasst sich die Frage nicht beantworten, denn im genannten Beispiel ist klar, dass beide Paare von Phänomenen nicht aufeinander zurückzuführen sind.

Eine andere Möglichkeit besteht darin, echt/unecht als Äquivalent des Paares eigen/fremd zu interpretieren. Ein solcher Vorschlag wird etwa von Harry Frankfurt in „Identification and Externality" angedeutet[32], worin er die These vertritt, dass Emotionen entweder aktiv erlebt werden oder passiv erlitten werden können. So schreibt er: „Among our passions, as among the movements of our bodies, there are some whose moving principles are within ourselves and others whose moving principles are external to us."[33] Demnach gibt es psychische Vorkommnisse, die uns sehr eigen sind, während andere einfach in uns geschehen und daher als „Externalitäten" bezeichnet werden können. Mit letzteren identifizieren wir uns nicht, und wir sind für sie auch nicht verantwortlich. Hier ist jedoch das Kriterium unklar, mittels dessen zwischen eigenen und externen Emotionen zu unterscheiden wäre. Als „externe" Emotionen bezeichnet Frankfurt die künstlich „induzierten" Emotionen, die z.B. nach Drogenkonsum oder Hypnose entstehen und uns derart erobern, dass wir ihnen völlig ausgeliefert sind. In Bezug auf das Kriterium, das hinter solchen Phänomenen als einheitliches stehen soll, behauptet Frankfurt, das Kriterium der Externalität sei nicht mit dem Nicht-haben-Wollen einer Emotion zu verwechseln. Eine externe Emotion ist – so Frankfurt – nicht dasselbe wie eine Emotion, die man nicht haben will, denn die Einstellungen gegenüber einer Emotion können ihrerseits auch intern oder extern sein. Zweitens behauptet Frankfurt, eine Emotion sei nicht einfach deswegen intern, weil sie zum Charakter einer Person passe, und extern, weil sie dem Charakter derselben nicht entspreche. Dann versucht Frankfurt, das Problem der Unterscheidung zwischen internen und externen Emotionen mit Hilfe des Begriffs der Identifikation zu lösen. Jedoch schafft er damit keine richtige Lösung des Problems und vermischt in der Folge noch Probleme des Charakters, der Authentizität, der Bezogenheit auf den Körper und das Wollen, so dass es am Ende zu keinem Kriterium kommt. Dem Leser wird deutlich, dass externe Emotionen weder mit der Stellungnahme gegenüber der Emotion noch mit nicht zum Charakter passenden Emotionen zu verwechseln sind, doch das positive Demarkationskriterium der Externalität bleibt unklar.

Eine weitere Interpretation besteht darin, die Echtheit der Gefühle mit ihrem Charakteristischsein zu verbinden. Das geschieht etwa im erwähnten Beitrag David Pugmires. Eine echte Emotion ist ihm zufolge eine Emotion, die zu unserem Charakter passt und daher mit unserer Biographie verbunden ist. Das Problem derartiger Interpretationen besteht darin, dass drei unterschiedliche Paare vermischt werden: echt/unecht, charakteristisch/nichtcharakteristisch und Realität/Schein. Tatsächlich sind die drei Paare – so meine These – jedoch streng zu unterscheiden. Charakteristische und nichtcharakteristische Emotionen können sowohl real oder scheinhaft als auch echt oder unecht sein. Eine Person kann sich ebenso durch Scheinlieben charakterisieren wie durch reale Lieben. Ein Hass kann real sein und uns charakterisieren, aber als unecht gefühlt werden, etwa wenn er in einer unerwiderten Liebe gründet. Trauer kann für eine fröhliche Natur uncharakteristisch sein, dennoch kann sie als echt empfunden werden. Das Charakteristisch- oder

32 H. Frankfurt, *The Importance of what we care about*, Cambridge 2005, S. 58ff.

33 Ebd., S. 60.

Nichtcharakteristischsein einer Emotion kann keinen Aufschluss über die Qualität geben, mit der die Emotion gefühlt wird, also über ihre Echtheit.

Die Mehrheit der analytischen Beiträge neigt jedoch dazu, das Paar echt/unecht auf das Paar Realität/Schein zu reduzieren. Damit wird der Unterschied zwischen der Realität der Gefühle und ihrer Echtheit verkannt und werden beide Begriffe als synonym interpretiert. Das ist etwa der Fall bei den im vorherigen Abschnitt zitierten Beiträgen von Pugmire und Mulligan, die die unechten Gefühle als Fälle von Selbsttäuschung und Selbstbetrug verstehen. Daher sei eine „unechte Emotion" immer etwas Negatives, das vermieden werden sollte. Dem stünden die positiven und wünschenswerten „echten" Gefühle gegenüber, die das Subjekt in Selbsttransparenz und Selbstbestimmung fühlt. Solche Charakterisierung ist jedoch in verschiedener Hinsicht problematisch. Wenn unechte Emotionen als Selbsttäuschungen aufgefasst werden, dann gilt als Kriterium der Echtheit nicht das Gefühl eines Subjekts, sondern seine richtige Zuschreibung, also ein Urteil über die eigene emotionale Lage. Damit wird die Perspektive des erlebenden Subjekts verloren und die qualitative phänomenale Dimension des Fühlens ignoriert. Darüber hinaus kann dieses Kriterium zu einem unlösbaren Perspektivenstreit führen. Der Erlebende kann behaupten, eine echte Emotion zu fühlen, während aus der Perspektive der dritten Person behauptet wird, dass das Subjekt sich täuscht. Wenn unechte Emotionen auf Selbsttäuschungen reduziert werden, bleiben letztlich viele Phänomene unbeachtet, die wir auf den ersten Blick nicht als echte Emotionen bezeichnen würden, die jedoch auch nicht Fälle von Selbsttäuschung sind, wie etwa tradierte und angelernte Gefühle oder Emotionen über Fiktionen.

Auch in der Frühphänomenologie wurde die Frage nach der Echtheit der Gefühle behandelt. Die erste Phänomenologin, die über die Echtheit der Gefühle schrieb, war Else Voigtländer. In *Vom Selbstgefühl* vertrat sie die These, dass es eigentliche und uneigentliche Erlebnisse gibt. Der Bereich des Uneigentlichen umfasst danach eine Mehrzahl von Phänomenen: „Sie liegen vor in allem Posieren, Schauspielen, Sichdarstellen, Sichverstellen, Prahlen, dann in eingebildeten Erlebnissen, in Selbsttäuschung und Lebenslüge, sodann in den Tatsachen unseres Themas, dem sich in der dritten Person Erleben, in Eindruckswerten und Rollen und der Stellung für andere."[34] Nach diesen Beispielen kann das Uneigentliche nicht auf Täuschung reduziert werden, denn die Täuschungen sind nur ein Fall des Uneigentlichen.

Was macht die Erlebnisse stattdessen uneigentlich? Um das zu beantworten, müssen wir uns einer anderen Stelle in Voigtländers Werk zuwenden. In ihrer Charakterisierung des uneigentlichen Erlebens macht die Autorin eine aufschlussreiche Bemerkung: „Dieses uneigentliche Erleben, das von dem realen, in ‚mir' wurzelnden und von mir ausgehenden unterschieden ist, erlebe ich z.B. auch in der ‚Einfühlung', der ästhetischen sowie praktischen. Wenn ich mich in ein Kunstwerk ‚hineinversetze', das darin enthaltene Leben ‚miterlebe', so ist dies Miterleben doch nicht gleichartig mit meinem realen Wünschen und Hoffen, mit den Gefühlen der Furcht und Freude, die in mir durch Wirkung der Außenwelt auf mich entstehen."[35] Und sie schreibt weiter: „Das darauf ruhende Selbstge-

[34] E. Voigtländer, ebd., S. 94f.

[35] Ebd., S. 93.

fühl ‚sitzt' ganz woanders als das aus dem realen Kern hervorgehende. Es hat eine ganz andere, spielendere, luftigere, ‚schillernde' Beschaffenheit, nicht den schweren Boden, den das eigentliche Selbstgefühl hat."[36] Uneigentlich sind jene Phänomene, weil sie auf eine bestimmte Weise als fern erlebt werden, weil sie ihren Ursprung nicht „in uns" haben, sondern im ästhetischen Bereich oder in den Mitmenschen. Diesem Weg wollen wir auch für die eigene Interpretation der unechten Emotionen folgen, allerdings bleibt die Aufgabe, ein genaues Kriterium für die Unechtheit herauszuarbeiten.

Alexander Pfänder vertritt in *Psychologie der Gesinnungen* zwei Thesen, die hier von Bedeutung sind. Erstens, dass psychische Akte – Urteile, Gedanken, Meinungen, Gesinnungen, aber auch Gefühle – in zwei Formen auftreten können: als echt oder als unecht. Ein unechter Glauben ist danach zum Beispiel einer, den wir lediglich aus der Tradition übernommen haben; ein unechter Gedanke ist ein auswendig gelernter Gedanke; Gesinnungen sind unecht, wenn wir sie bloß von der Gesellschaft übernommen haben (ein übertragener Hass gegen eine bestimmte soziale Gruppe). Zweitens, dass unechtes Psychisches uns im Erleben anders gegeben ist als echtes. Über den Fall der unechten Gesinnungen schreibt Pfänder: „Wenn man jedoch dann diese aktuellen Gesinnungsregungen mit den ernsten, echten Liebes- und Haßregungen vergleicht, dann zeigt es sich, daß sie diesen gegenüber den Charakter *blasser Vorzeichnungen* oder *schemenhafter Nachahmungen* haben."[37] Im selben Sinne: „Die unechten Gesinnungsregungen sind nicht etwa bloß vorgestellte und deshalb unwirkliche Gesinnungen; sie sind vielmehr ebenso wirklich wie die echten Regungen, nur sind sie im Vergleich zu diesen eigenartig schemenhaft, hohl, luftig, kern- oder substanzlos."[38] Wie Voigtländer drei Jahre früher, beschreibt Pfänder die unechten Gesinnungen als schematisch, blass und hohl. Inwiefern solche Beschreibungen und Thesen für die Emotionen ebenfalls gültig sind, ist nun die Frage, wenn wir das Kriterium für die Unechtheit einer Emotion entwickeln.

Ein Blick auf das Werk von Willy Haas ist hier aufschlussreich. 1910 veröffentlichte Haas seine Dissertation *Über Echtheit und Unechtheit von Gefühlen*, auf die sich Pfänder später selbst bezieht. Nach Haas gibt es zwei Begriffe von Echtheit: einen typischen und einen spezifischen Begriff. Wenn man demnach sagt, ein Bau sei ein echter Renaissancebau, bedeutet das im *typischen* Sinne, dass das Werk – sei es tatsächlich aus der Renaissance oder aus der Moderne – den Anforderungen und dem Muster eines Baus aus jener Zeit entspricht. Ein Bau ist hingegen im *spezifischen* Sinne ein echter Renaissancebau nur dann, wenn er aus der Zeit der Renaissance stammt. Die These von Haas lautet, dass wir, wenn wir von Echtheit sprechen, in erster Linie die spezifische Echtheit im Auge haben. Im Fall, dass etwas echt nur im typischen Sinne, nicht aber im spezifischen Sinne ist, spricht er von Unechtheit.

Die phänomenologischen Grundgedanken über psychische Unechtheit im Allgemeinen führen zu einer Auslegung der unechten Emotionen, die sich von der in der heutigen Literatur herrschenden Auffassung entfernt und einen neuen und nuancierten Blick auf die Frage nach der Echtheit der Gefühle erlaubt. In der phänomenologischen Beschrei-

[36] Ebd., S. 97.

[37] A. Pfänder, *Zur Psychologie der Gesinnungen*, Teil 1, a.a.O., S. 58f.

[38] A. Pfänder, *Zur Psychologie der Gesinnungen*, Teil 2, a.a.O., S. 1.

bung unechter psychischer Akte als schematisch und hohl wird auf eine Qualität im Moment des Erlebens einer Emotion abgezielt, die hier noch zu bestimmen ist. Von dieser Hervorhebung des qualitativen Aspekts bei der Bestimmung der Echtheit in der frühen Phänomenologie werde ich ausgehen, um einen eigenen Beitrag zu entwickeln.[39]

Nach der Darstellung und Kritik der unterschiedlichen Positionen soll die konzeptionelle Herausarbeitung der unechten Gefühle mittels einer negativen Abgrenzung weitergeführt werden. Festgestellt werden soll, was unechte Gefühle *nicht* sind. Zunächst deckt sich der Unterschied zwischen echten und unechten Emotionen nicht mit dem Unterschied zwischen realen Emotionen und Scheinemotionen. Der Bereich der unechten Emotionen umfasst den ganzen Bereich der Scheinemotionen und einen Teil der realen Emotionen: Scheinemotionen sind immer unecht, reale Emotionen können echt oder unecht sein. Es gilt: A) *Scheinemotionen sind immer unecht.* Scheinemotionen sind keine Emotionen. Da sie keine Emotionen sind, sind sie auch unecht, weil sie im Erleben anders als die realen Emotionen gegeben sind. Eine Scheinliebe ist unecht, sie lässt uns unberührt, sie ist oberflächlich gegeben, motiviert zu nichts und kann ausgeschaltet werden. Scheinlieben haben eine hohle Existenz: Das deutet auf einen Erlebensaspekt, der mir hier als grundlegend erscheint. B) *Reale Emotionen können unecht oder echt sein.* Eine *reale unechte Emotion* ist etwa eine Emotion, die, obwohl sie Handlungen motiviert, Gedanken veranlasst, Urteile beeinflusst und leiblich nicht nach Herzenslust ausschaltbar ist, anders erlebt wird. Diese Emotionen sind real, stehen aber in keiner kohärenten Beziehung zu anderen grundlegenden Emotionen, und das bestimmt die Qualität ihres Erlebtwerdens. Ein Hass kann real, aber unecht sein, wenn er mich dazu bringt, Menschen einer bestimmten Nationalität zu hassen und Aktionen gegen sie zu unternehmen, ohne dass ich einen einzigen Menschen dieser Nationalität persönlich kenne, weil mir der Hass lediglich durch mein soziales Umfeld eingeflüstert wurde. Der unechte Hass unterscheidet sich in der Qualität des Erlebens vom echten Hass, den ich durch Erfahrungen entwickelt haben kann. Er ist von einer anderen Qualität als der echte, weil hinter ihm vielleicht eine indifferente Haltung steckt.

Unechte Emotionen sind auch nicht dasselbe wie fingierte Emotionen. Bei den unechten Emotionen fingiere ich nicht, etwas zu fühlen, sondern ich fühle realiter etwas. Allerdings schließt das nicht aus, dass unechte Emotionen sowohl unwillkürlich als auch willkürlich erzeugt werden können.[40] Eine *unwillkürliche unechte Emotion* tritt etwa auf, wenn ich ärgerlicherweise nicht aufhören kann, unechte Freundschaft gegenüber einer Arbeitskollegin zu zeigen, die sich vielleicht andauernd meiner Arbeitsergebnisse bedient und sie als eigene Ergebnisse zu präsentieren versucht. Und das, obwohl ich den Entschluss getroffen haben kann, ihr meine Missbilligung durch einen unfreundlichen Gesichtsausdruck zu zeigen. Stehe ich aber vor dieser Person, tritt dann unwillkürlich und

[39] Auch Kevin Mulligan hat in „Was sind und was sollen die unechten Gefühle?“ den Begriff der Unechtheit für die Emotionen aus einer phänomenologischen Perspektive herausgearbeitet. Allerdings geht er von Meinong und Musil aus und entfernt sich explizit von Pfänders Position. Mulligans unechte Gefühle sind keine Gefühle. Ich hingegen fasse die Unechtheit anders. Vgl. auch Í. Vendrell Ferran, „Unechte Gefühle: Die Ethik des Echten, soziale Normen und Imagination“, in: A. Neumayr (Hg.), *Kritik der Gefühle. Feministische Positionen*, Wien 2007.

[40] Vgl. im selben Sinne: A. Pfänder, *Psychologie der Gesinnungen*, Teil I, a.a.O., S. 65.

gegen meinen Willen eine unechte Freundschaft auf, so dass ich sie weiter nett behandle. Eine *willkürliche unechte Emotion* tritt etwa auf, wenn ich beim Anblick einer wichtigen Person, von der ich etwas bekommen möchte, vollkommen willkürlich eine unechte Freundschaft zeige. Hier zeigt sich wiederum, dass unechte Emotionen im Widerspruch zu unserer emotionalen Grundverfassung stehen und dies die Art und Weise bestimmt, in der sie im Erleben qualitativ gegeben sind.

Die unechten Emotionen sind auch nicht einfach eine schwache Version der echten. Unechtheit hat mit Intensität eines Gefühls nichts zu tun. Der unechte Hass, den man gegen Ausländer zeigen kann, kann durchaus extrem intensiv sein, während der echte Hass manchmal eine sehr geringe Intensität zeigen kann.

Die Unechtheit der Emotionen hat auch nichts mit der Einstellung des Subjekts zu den eigenen emotionalen Regungen zu tun. Es kann sein, dass ich meine Wut als gerechtfertigt empfinde und die grundlegende Liebe gegenüber dieser Person in dem Moment als ungerechtfertigt empfinde. Das bedeutet nicht, dass die Wut echt, die Liebe hingegen unecht wäre, denn die Liebe ist als Basis gegeben und hat eine starke Wirkung bei der Umgestaltung der Wut.

Schließlich – wie schon angedeutet – deckt sich das Paar Echtheit/Unechtheit auch nicht mit dem Paar charakteristisch/nichtcharakteristisch. Echte und unechte Gefühle können beide charakteristisch oder nichtcharakteristisch für eine Person sein, weil die Persönlichkeit eines Menschen eigentlich in beiden Versionen zum Ausdruck kommen kann.[41] Es gibt *nichtcharakteristische echte Emotionen*, wie etwa die echte Freude eines Menschen, der dazu neigt, traurig zu sein. Diese Freude entspricht zwar nicht seinem Charakter, sie ist aber echt. Es gibt auch *charakteristische unechte Gefühle*, wie im Fall eines Menschen, der einen anderen lebenslang liebt, so dass seine Liebe für ihn sehr charakteristisch ist, bei dem sie aber dennoch unecht ist, weil er gegenüber der betreffenden Person im Prinzip indifferent ist.

Das Terrain der unechten Emotionen ist damit abgegrenzt. Nach dem Gesagten lässt sich festhalten, dass die unechten Emotionen eine mögliche Form der Existenz der Emotionen sind. Unechte Emotionen ähneln daher den echten vom allgemeinen Typus her, zu dem sie jeweils gehören. Beide können willkürlich oder unwillkürlich sein, sich in starker oder schwacher Form präsentieren; beide können wir als gerechtfertigt empfinden oder nicht; beide können für unsere Person charakteristisch sein oder nicht. Was aber sind die Kriterien für die Echtheit der Gefühle?

1) Zunächst ist nach der vorangehenden Abgrenzung und Beschreibung der unechten Emotionen festzuhalten, dass wir uns mit dem Terminus auf einen bestimmten Modus des Erlebens beziehen. Unechte Emotionen sind im Moment des Erlebens qualitativ anders gegeben als die echten. Ihnen fehlt eine bestimmte Eigenschaft, die die echten Emotionen besitzen, so dass sie eine andere subjektive Qualität des Empfindens haben: Sie werden als luftig, schemenhaft, schal, oberflächlich, hohl und kernlos erlebt. Es gibt daher einen *Qualitätsunterschied im Moment des Erlebens*, der echte von unechten Emotionen trennt.

---

41 Im selben Sinne W. Haas, *Über Echtheit und Unechtheit von Gefühlen*, a.a.O., S. 6.

2) Bei den unechten Emotionen wird die emotionale Lage des Subjekts in dem Moment des Erlebens eigentlich von einer anderen Emotion dominiert. Demnach sind sie unecht, weil sie in keiner kohärenten Beziehung zu den anderen Emotionen stehen, die uns in dem Moment auch erfüllen. Eine Emotion ist unecht, wenn das emotionale Subjekt im Grunde von einer anderen Emotion, die die affektive Grundverfassung prägt, dominiert wird, so dass ein *Widerspruch im Moment des Erlebens* zwischen der herrschenden Emotion und der anderen, unechten Emotion entsteht. Das ist bei allen Musterbeispielen unechter Emotionen zu beobachten: bei Täuschungen, Erlebnissen aus der Perspektive der dritten Person, übernommenen und tradierten Emotionen usw. Unechte Emotionen stehen in keiner kohärenten Beziehung zur herrschenden emotionalen Grundverfassung eines Subjekts in einem bestimmten Moment. Die echten Emotionen dagegen stehen in einem Verhältnis der Stimmigkeit zur übrigen emotionalen Lage.

Eine Emotion ist also – so die hier vertretene These – echt oder unecht wegen einer *Qualität in dem Moment des Erlebens*, und verantwortlich für den qualitativen Unterschied ist die *Beziehung der Emotion zu unserer momentanen emotional vorherrschenden Lage*. Diese Kriterien sind in Wirklichkeit zwei verschiedene Aspekte desselben Phänomens. Sie konvergieren in einem Kohärenzmodell für die Bestimmung der Echtheit oder Unechtheit der Gefühle. Damit eine Emotion echt ist, muss sie kohärent zur momentan herrschenden emotionalen Grundverfassung des Subjektes sein; wenn sie in einem Widerspruch dazu steht, ist die Emotion unecht. Unter der emotionalen Grundverfassung wird das Grundgefühl verstanden, das uns in einem bestimmten Moment erfüllt. Die Färbung für dieses Grundgefühl kann durch eine emotionale Antwortreaktion wie Furcht oder Ekel, aber auch durch ein allgemeines Selbstgefühl wie Fröhlichkeit gegeben sein. Nach solchem Modell kann eine Emotion oder ein Gefühl unsere emotionale Grundverfassung in einem bestimmten Moment prägen und daher bestimmend für die Echtheit oder Unechtheit der Emotionen sein, die wir in dem bestimmten Moment fühlen, ohne dass es sich dabei um eine charakteristische Emotion handeln muss. Solche Auffassung schließt freilich nicht aus, dass sich die Paare echt/unecht und charakteristisch/nichtcharakteristisch in manchen Fällen in ihrer Extension decken, auch mit dem Paar real/scheinhaft. Und selbstverständlich spricht nicht gegen mein Modell, dass der Charakter einer Person oft genug zur Bestimmung der Frage beiträgt, welche Emotionen und Gefühle die Person als echt zu fühlen geneigt ist und welche als unecht.

Damit eine Emotion als unecht bestimmt werden kann, muss daher in diesem Kohärenzmodell immer mindestens ein anderes Gefühl gleichzeitig gegeben sein, eine Implikation, die bereits Haas gesehen hat: „Da der Widerspruch des tieferen erst Unechtheit begründet, ist das Äußerliche der gleichzeitigen Anwesenheit von 2 Gefühlen erste Voraussetzung."[42] Wenn etwa ein Kind beim Spielen vor seinem Vater Angst hat, weil dieser ein Monster spielt, ist die Angst unecht, weil das Kind im Grunde durch das Spiel in erster Linie amüsiert ist. Diese Angst unterscheidet sich von der echten, die ich empfinde, wenn jemand mich bedroht. Die unechten Emotionen widersprechen der emotionalen Grundhaltung im Moment des Erlebens, weil diese Grundhaltung von einer anderen Emotion oder anderen Emotionen dominiert wird. Die Existenz der anderen dominierenden Emotion ist dann der Grund dafür, dass die unechten Emotionen eine kernlose Existenz im Erleben

42 Ebd, S. 24.

zeigen und ihre Ausdruckstendenzen und Bewegungsimpulse leichter auszuschalten sind als bei den echten Emotionen.

Echt und unecht sind daher keine festen Kategorien. Es hängt immer von der momentanen emotionalen Lage des Subjekts ab, ob eine bestimmte Emotion echt oder unecht ist. Willy Haas betont: „[K]ein Gefühl ist an sich selbst unecht, sondern nur dadurch, dass es vom dem Grundgefühl negiert wird, also durch die Form der Widersprochenheit, in der es jedes mal sich findet."[43] Das macht es möglich, dass eine unechte Emotion echt wird und umgekehrt, je nachdem, ob sich die emotional vorherrschende Lage verändert. So kann es bei obigem Beispiel mit Vater und Kind geschehen, dass das Kind es irgendwann nicht mehr lustig findet, dass der Vater ein böses Monster spielt, und damit die unechte Angst zu einer echten wird, da es kein widersprechendes grundlegenderes Gefühl mehr gibt. Hervorgehoben werden muss ferner: Echt und unecht sind keine graduellen Modi. Die Emotionen entsprechen entweder der emotionalen Grundverfassung oder sie widersprechen ihr.

Damit bleibt die Frage, wie uns die besagte Unstimmigkeit oder besagter Widerspruch im Moment des Erlebens gegeben ist. Ich möchte hier für die Existenz eines Gefühls plädieren, das die Funktion hat, die Echtheit oder Stimmigkeit einer Emotion in Bezug auf die emotionale Grundrichtung zu bestätigen oder zu negieren.[44] Die echte Emotion, die mit einer emotionalen Grundrichtung stimmig ist, hat in sich selbst den Anspruch auf Bestätigung durch dieses Gefühl, die unechte Emotion kann das nicht beanspruchen. Allerdings ist das Gefühl der Stimmigkeit oder Unstimmigkeit von der Echtheit und Unechtheit und vom Wissen um die Echtheit oder Unechtheit unabhängig. Das Gefühl der Bestätigung oder Negation ist ein Gefühl besonderer Art. Man erlebt sich selbst als stimmig oder unstimmig. Daher werden – wenn wir uns selbst nicht täuschen – unechte Gefühle oft als nicht passende Gefühle erlebt, und man hat immer den Eindruck, dass man zu einer anderen, eigentlichen Gefühlsschicht zurückkehren kann. Scheinlieben haben z.B. etwas Komisches, wenn sie erlebt werden – ein Gefühl, dass da etwas faul ist.

3.3. Fiktionale Emotionen

Seit ca. 30 Jahren gibt es eine Diskussion um Emotionen über Fiktionen. Man fragt sich, wie man wegen des tragischen Schicksals einer Romanheldin Trauer empfinden kann, oder warum man im Kino Angst vor einem Ungeheuer haben kann, das nur auf der Leinwand existiert. Emotionen über Fiktionen werde ich als „fiktionale Emotionen" bezeichnen, um sie von den „fiktiven Emotionen" (Scheinemotionen) zu unterscheiden. Gegenüber den heutigen Auffassungen werde ich hier die These vertreten, dass fiktionale Emotionen unechte Emotionen sind. Damit wende ich die obige Unterscheidung von Echtheit und Unechtheit auf das Terrain der Ästhetik an.

---

43 Ebd., S. 13.

44 Auch Haas postuliert die Existenz eines solchen Gefühls und nennt es „Tiefengefühl". W. Haas, ebd., S. 23. Ich entferne mich von diesem Gebrauch, weil der Begriff der „Tiefe" einem anderen phänomenalen Aspekt der Emotionen zugeordnet ist.

In der aktuellen Debatte werden die fiktionalen Emotionen als große Herausforderung für die Rationalität bezeichnet. Sie werden als problematisch eingestuft, weil das Objekt solcher Emotionen keine reale Existenz hat und weil das Subjekt der Emotion dies weiß. Aus der Perspektive eines strengen Kognitivismus, nach dem die Emotionen Urteile oder Kombinationen von Urteilen und anderen Elementen sind oder ausschließlich Urteile als kognitive Basis haben, bleibt völlig unverständlich, wie man eine Emotion über etwas haben kann, von dessen Nichtexistenz man weiß. Die Spannung zwischen dem Urteil, dass etwas fiktiv ist, und den Urteilen, die ich benötige, um eine Emotion zu haben, ist der Kern des sogenannten „paradox of fictional emotion“. Auf dieses Paradoxon der Emotionen über Fiktionen sind in der analytischen Philosophie verschiedene Antworten versucht worden.

Als einer der ersten neueren Autoren hat sich Radford in „How can we be moved by the fate of Anna Karenina?“ mit der Thematik befasst. Er kommt zu dem Schluss, dass fiktionale Emotionen nicht rational sind, weil sie inkonsistente Urteile beinhalten. Seine Position ist daher als „Irrationalismus“ bekannt. So schreibt er: „I am left with the conclusion that our being moved in certain ways by works of art, though very ‚natural‘ to us and in that way only too intelligible, involves us in inconsistency and so incoherence.“[45] Die Irrationalität besteht in dem Widerspruch zwischen der von Radford angenommenen Notwendigkeit von Urteilen über die Existenz der Objekte der Emotionen und dem Fehlen dieser Existenzurteile bei Emotionen über Fiktives. In Radfords Sinne gäbe es dann „rationale Emotionen“ wie die Trauer beim Tod eines Menschen und „irrationale Emotionen“ wie die Trauer beim Tod von Mercutio, dem Freund Romeos und Gefolgsmann des Prinzen in Shakespeares *Romeo und Julia*.

Fiktionale Emotionen lassen sich nach Radford durch folgende Punkte charakterisieren: 1) Ihre Intensität ist niedriger als die der rationalen Emotionen, weil wir die ganze Zeit ein Bewusstsein der Fiktionalität haben. 2) Die Antwort auf den Tod Mercutios ist anders als die auf einen realen Tod, da wir nicht mit derselben emotionalen Reaktion antworten. 3) Die fiktionale Emotion der Trauer dauert nach der Theatervorstellung, dem Film oder der Lektüre zeitlich nicht weiter an, während die Trauer um einen realen Tod weiter ihre Wirkungen in uns zeigt. 4) Wenn wir wegen Mercutios Tod traurig sind, sind wir in der Tat nicht nur traurig, sondern gleichzeitig begeistert, fasziniert oder angetan von der Aufführung oder der Lektüre des Stücks. Obwohl ich einiges an den letzten beiden Punkten von Radfords Charakterisierung der fiktionalen Emotionen für angemessen halte, halte ich die Schlussfolgerung für falsch, dass sie einfach irrational sind. Wenn ich traurig bin, weil die Heldin des Romans in Schwierigkeiten geraten ist, ist das eine sehr rationale Reaktion in dem Sinne, dass sie leicht durch Gründe zu stützen ist. Ich bin traurig, weil das, was ihr gerade zugestoßen ist, ungerecht ist und ihr niemand hilft usw.

Michael Weston hat in einer Replik auf Radford eine alternative Version entwickelt. Die Strategie Westons besteht darin, seine Aufmerksamkeit nicht den Urteilen zuzuwenden, sondern dem Objekt der ästhetischen Emotionen selbst. Mit solchem Perspektivwechsel versucht er, dem Widerspruch zwischen dem Urteil, dass der Tod Mercutios eine

---

45 C. Radford, „How can we be moved by the fate of Anna Karenina? (I)“, in: *Proceedings of the Aristotelian Society*, Supplementary Volume XLIX (1975), S. 67–80, hier S. 78.

Fiktion ist, und dem Urteil, dass es den Tod gibt, zu entkommen. Radford, so Weston, „ignores the fact that our responses to characters in fiction are responses to works of art“[46]. Nach Weston haben wir Emotionen über die Kunstwerke, weil sie einen wichtigen Teil des Lebens darstellen und eine Reflexion über das Leben selbst motivieren: „[W]e can be moved, not merely by what has occurred or what is probable, but also by ideas. I can be saddened not only by the death of my child or the breakdown of your marriage, but also by the thought that even the most intimate and intense relationships must end. Such feelings are not responses to particular events, but express, I think, a certain conception of life and are the product of reflection on it.“[47] Nach dieser These ist bei einer Emotion über eine fiktive Person gar nicht die Person, von deren Fiktionalität wir wissen, das Objekt unserer Emotion. Das Objekt der Emotion ist vielmehr eine Situation, die im realen Leben vorkommen kann und die die Fiktion hier nur darstellt. Kunstwerke sind insofern nach Weston die Darstellung einer bestimmten „vision of life“, und die ästhetischen Emotionen sind in der Tat Emotionen über einen bestimmten Aspekt des Lebens, der in der Fiktion dargestellt wird.

Der Philosoph Peter Lamarque hat ebenfalls eine Theorie in der Linie Westons vorgeschlagen.[48] Daher kennt man diesen Vorschlag als den von Lamarque-Weston oder auch allgemeiner als „Faktualismus“, denn hier wird die Aufmerksamkeit auf zu den fiktiven analoge Situationen in der alltäglichen Welt gerichtet. Auch diese Ansicht scheint mir aus zwei Gründen unplausibel. Weston behauptet, ich sei, wenn ich über Mercutios Tod traurig bin, in erster Instanz darüber traurig, dass es den Tod im Allgemeinen gibt und das Leben ein Ende hat. Mercutios Tod dient – so Westons These – als Grundlage einer Reflexion über den Tod, die dann zu Trauer führt. Diese Erklärung entspricht jedoch nicht den Tatsachen. Wenn ich traurig über Mercutios Tod bin, ist das Objekt meiner Trauer nicht die allgemeine Idee des Todes, sondern dass Mercutio – und nur dieser Mercutio – nun gestorben ist. Natürlich schließt das nicht aus, dass meine Trauer über Mercutios Tod auch Urteile, Gedanken und Vorstellungen über das Leben und den Tod im Allgemeinen berührt und ich mir Gedanken mache und traurig werde, doch Objekt der Trauer über Mercutios Tod ist eben ausschließlich Mercutios Tod. Ferner gibt es in vielen anderen Fällen fiktionaler Emotionen keine Analogie zur Alltagswelt, so dass dann nicht klar ist, wie eine Emotion entstehen kann.

Einen komplexeren Beitrag hat Kendall Walton in *Mimesis as Make-Believe* geleistet, der als „Fiktionalismus“ bekannt ist. Walton wendet seine Aufmerksamkeit wieder den Urteilen zu, auf denen die Emotionen gründen. In Bezug auf die Urteile macht Walton hier einen interessanten Unterschied zwischen Urteilen erster Ordnung und Urteilen zweiter Ordnung oder „make-believe“. Ein Urteil erster Ordnung ist etwa das Urteil, dass die Personen und Situationen der Kunstwerke fiktiv sind – der Kinobesucher weiß, dass das

---

46 M. Weston, „How can we be moved by the fate of Anna Karenina? (II)“, in: *Proceedings of the Aristotelian Society*, a.a.O., S. 81–94, hier S. 81.

47 Ebd., S. 85f.

48 Vgl. P. Lamarque, „How can we Fear and Pity Fictions?“, in: *British Journal of Aesthetics*, vol. XXI, S. 291–304. Für eine detaillierte Darstellung dieser Theorien vgl. Bijoy H. Boruah, *Fiction and Emotion. A Study in Aesthetics and the Philosophy of Mind*, Oxford 1988.

Monster auf der Leinwand eine Fiktion ist. Urteile, die man über das fiktive Geschehen fällt, sind dann Urteile zweiter Ordnung oder „make-believe“: etwa das Urteil, dass das Ungeheuer böse ist und die Absicht hat, ein Kind zu fressen. Solche Unterscheidung in den Urteilen bedingt dann eine Unterscheidung in den Emotionen, die nach Walton auf den verschiedenen Arten von Urteilen gründen. Die Emotionen des realen Lebens gründen auf Urteilen erster Ordnung und sind – so Walton – reale Emotionen. Die Emotionen der Fiktion gründen auf Urteilen zweiter Ordnung oder „make-believe“ und sind laut Walton eben deswegen nicht real, sondern „make-believe emotions“ oder „quasi emotions“. Ein Beispiel mag das veranschaulichen. Walton fragt sich, ob Charles – ein Kinobesucher – Angst vor dem Monster des Filmes hatte, und antwortet: „I think not. Granted, Charles's condition is similar in certain obvious respects to that of a person frightened of a pending real-world disaster. His muscles are tensed, he clutches his chair, his pulse quickens, his adrenaline flows. Let us call this physiological-psychological state *quasi-fear*. But that alone does not constitute genuine fear.“[49] In demselben Sinne behauptet er: „Why do we care about Anna Karenina and Emma Bovary? Why do we take an interest in people and events we know to be merely fictious? We don't: it is only fictional that Anna's fate matters to us, that we are fascinated by the adventures of Robinson Crusoe and admire the exploits of Paul Bunyan.“[50] Charles' Emotionen sind deswegen nicht real, weil sie nicht auf Urteilen erster Ordnung basieren. Nach dieser These haben wir, wenn wir ins Kino gehen und Emotionen haben, in Wirklichkeit keine realen Emotionen, sondern eine affektive Erfahrung, die den realen Emotionen ähnelt und die Walton als Quasi-Emotion oder „make-believe“-Emotion bezeichnet.[51] Der Parallelismus zwischen der Dichotomie von Urteilen erster Ordnung und Urteilen zweiter Ordnung („make-believe“) und der entsprechenden Dichotomie von Emotionen und „make-believe“-Emotionen stößt auf einige Schwierigkeiten, da nicht alle Emotionen Urteile als kognitive Basis haben. Aber das Hauptproblem von Waltons These ist, dass die fiktionalen Emotionen mit den fiktiven Emotionen (also Scheinemotionen) gleichgesetzt werden. Eine solche Gleichsetzung ist aber, wie ich bei der Entwicklung meines eigenen Beitrags zeigen werde, problematisch.

Es gibt andere interessante Aspekte von Waltons Theorie, die hier kurz skizziert werden sollen. Zum einen handelt es sich um die Unterschiede zwischen realen Emotionen und „make-believe“-Emotionen. Was die motivationale Kraft und die physiologische Aktivierung anbelangt, ist Waltons These, dass sie zwar in beiden Fällen ähnlich sind, jedoch nur die realen Emotionen motivationale Kraft haben: „Fear emasculated by substracting its distinctive emotional force is not fear at all.“[52] Außerdem unterscheidet er zwischen einer realen Welt und einer „make-believe“-Welt der Fiktion.[53] Wenn Charles im Kino Angst fühlt, weiß er doch, dass er *in Wirklichkeit* nicht in Gefahr ist. In diesem Sinne gilt: „Charles is participating psychologically in his game of make-believe. It is

[49] K. L. Walton, *Mimesis as Make-Believe. On the Foundations of the Representational Arts*, Cambridge/Mass./London1993, S. 196.

[50] Ebd., S. 271.

[51] Ebd., S. 255.

[52] Ebd., S. 202.

[53] Ebd., S. 208.

not true but fictional that he fears the slime. [...] It is fictional that he is afraid, and it is fictional that he says he is."[54] Die „make-believe"-Emotionen, die auf Urteilen zweiter Ordnung basieren, sind dann fiktiv, und sie ähneln – so Walton – den Emotionen, die man bei Kinderspielen hat. Zum anderen ist hier auch Waltons These über die Rolle der Imagination bei „make-believe"-Emotionen von Bedeutung, denn danach sind „make-believe"-Emotionen stark mit „imaginings about ourselves" verbunden.[55] Wenn wir also ins Kino gehen oder einen Krimi lesen, sind wir nicht bloß passive Zuschauer, sondern nehmen an der fiktiven Welt aktiv teil („participation"). Worin besteht diese imaginative Fähigkeit? Laut Walton gilt: „[...] Charles does not imagine merely *that* he is afraid; he imagines *being* afraid, and he imagines this *from the inside*"[56]. Walton meint, dass Charles sich selbst vorstellt, er habe Angst vor dem Monster, und sich selbst so fühlt, als ob er Teil der fiktiven Welt wäre. Dieser Akt der Imagination, den Walton hier beschreibt, ist meiner Meinung nach ein besonderer Akt der Einfühlung, der noch eingehender zu analysieren ist, da hiermit ein wichtiger Aspekt der fiktionalen Emotionen getroffen wurde.

Bevor ich meinen eigenen Beitrag entwickle, soll hier eine andere, auch phänomenologisch inspirierte Interpretation der Emotionen über Fiktives berücksichtigt werden. Kevin Mulligan versteht solche Emotionen als Phantasiegefühle, Quasi-Emotionen oder Als-ob-Emotionen: „Phantasiegefühle erleben heißt nicht sich vorstellen, *dass* man Gefühle erlebt. Wer sich vorstellt, dass er Gefühle erlebt, hat eine Meinung oder eine Phantasiemeinung. Phantasiegefühle oder wie man auch sagen kann, *Als-ob-Gefühle* oder *Quasi-Gefühle* kommen oft in ästhetischen Erlebnissen vor. ‚Furcht' im Kino ist keine Furcht, sondern Als-ob-Furcht, was nicht ausschließt, dass man dabei echte Gefühlsempfindungen, und zwar genau die Empfindungen wie bei der Furcht, erlebt."[57] Die Als-ob-Emotionen sind laut Mulligan dem Wollen unterworfen. Meines Erachtens völlig zutreffend merkt er an, dass diese Emotionen mit Selbsttäuschung nichts zu tun haben. Allerdings postuliert Mulligan weiter, dass solche Gefühle keine Gefühle sind: „Ein Phantasiegefühl ist kein Gefühl, weist aber viele Ähnlichkeiten mit echten Gefühlen, das heißt mit Gefühlen, auf."[58] Demgegenüber will ich zeigen, dass die fiktionalen Emotionen sehr wohl reale Emotionen sind.

Im Folgenden werde ich die fiktionalen Emotionen aus einer eigenen Perspektive und in Abgrenzung zu den obigen Auffassungen behandeln. Die von mir vertretene These lautet: Fiktionale Emotionen sind *reale*, aber *unechte* Emotionen. Die Argumente dafür sollen nun entwickelt werden. Die fiktionalen Emotionen sind real, weil sie die von uns bestimmten Voraussetzungen der Realität erfüllen:

1) Fiktionale Emotionen gründen nicht unbedingt auf Urteilen, wie streng kognitivistische Autoren meinen, denn die Emotionen haben nicht immer Urteile als kognitive Basis. Eine Emotion kann auf einer Wahrnehmung, Erinnerung, Vorstellung usw. so gut wie auf einem Urteil gründen. Das gilt auch für die fiktionalen Emotionen. Man kann auch aufgrund einer Wahrnehmung erschrecken, aufgrund eines Geräusches oder eines Bildes. Wenn wir

54 Ebd., S. 242. Im selben Sinne S. 244.

55 Ebd., S. 208.

56 Ebd., S. 247.

57 K. Mulligan, „Was sind und was sollen die unechten Gefühle?", a.a.O.

58 Ebd.

akzeptieren, dass die Emotionen nicht nur auf Urteilen gründen, verschwindet das Rätsel des „paradox of fictional emotions". Außerdem wird Waltons Unterscheidung zwischen zwei getrennten Arten von Urteilen und den darauf gründenden Emotionen und Welten dann überflüssig. Die kognitiven Grundlagen der fiktionalen Emotionen haben allerdings eine Besonderheit: Die kognitive Basis wird sorgfältig von den Filmemachern, Schriftstellern und Theaterregisseuren vorbereitet und konstruiert. Keine Wahrnehmung ist beliebig, die Urteile werden provoziert und die Imagination wird in einer bestimmten Richtung gefördert, so dass sie in der Tat die kognitive Basis konstruiert. Diese Besonderheit ist dafür verantwortlich, dass viele von uns beim Schauen eines Films oder beim Lesen eines Buchs dieselben Emotionen empfinden. Nichts wird hier dem Zufall überlassen.

2) Sie zeigen Widerstand, ausgeschaltet zu werden. (Die Heldin ist in Schwierigkeiten und ich bin traurig; versuche ich diese Trauer auszuschalten, treten Urteile, Einstellungen usw. auf, die die Trauer unterstützen.) Aber der Widerstand ist situationsbedingter als bei anderen Emotionen. Verlassen wir den Filmsaal, besteht die Emotion oft nicht weiter. Das unterscheidet fiktionale Emotionen von anderen. Allerdings sind auch viele andere Emotionen im Leben situationsbedingt: die Trauer etwa, die man bei einer Beerdigung empfindet, besteht nicht unbedingt fort, nachdem man die Situation verlassen hat.

3) Sie werden leiblich gefühlt und sind nicht nach Herzenslust modifizierbar. (Ich empfinde Trauer und kann nichts dafür, auch wenn ich weiß, dass das Geschehen auf der Leinwand nicht real ist.) Aber da sie auch situationsbedingt sind, kann man solche Emotionen besser unter Kontrolle halten. Mulligan meint, dass sie dem Wollen unterworfen sind. Aber diese Emotionen sind nicht mehr als andere reale Emotionen dem Wollen unterworfen. Auch wenn ich eine schlechte Nachricht bekomme, während ich gerade bei einer wichtigen Tätigkeit bin, die ich unbedingt zu Ende bringen muss, kann ich die Traurigkeit in einem gewissen Maße kontrollieren. Ich kann versuchen, mich von ihr nicht überwältigen zu lassen. Die Traurigkeit ist sehr wohl real und gleichzeitig bis zu einem gewissen Grad dem Wollen unterworfen.

4) Sie veranlassen Urteile und Gedanken und motivieren Handlungen. (Die Feindin der Heldin halte ich etwa für einen schlechten Menschen und würde am liebsten etwas gegen sie unternehmen.) Allerdings ist diese motivationale Kraft situationsbedingt und scheint „ausgeschaltet" zu sein. Das ist aber kein Grund, den Emotionen motivationale Kraft abzusprechen – wie Walton es macht. So ist einer realen Angst die Handlungsneigung wesentlich, sich zu verstecken, sich vom Objekt der Angst zu entfernen usw., und dementsprechend *kann* die Angst Handlungen in solcher Richtung motivieren. Wenn ich im Kino Angst habe, sind die Motivationsmöglichkeiten präsent, werden aber aufgrund unseres Wissens, dass es sich um Fiktionen handelt, niedergehalten. Sie können jederzeit wieder eingeschaltet werden, und die Angst kann mich dann sogar dazu veranlassen, den Saal zu verlassen und nach Hause zu gehen. In pathologischen Fällen ist es sogar möglich, dass die Grenze zwischen Realität und Fiktion verschwindet und jemand dann auf dem Heimweg auf der Straße Ungeheuer zu sehen glaubt.

5) Fiktionale Emotionen richten sich auf ein Objekt (die Heldin, die Situation).

Es lässt sich festhalten, dass fiktionale Emotionen reale Emotionen sind, wegen der genannten Spezifitäten jedoch eine besondere Klasse realer Emotionen. Behalten wir die Spezifitäten im Auge, dann sind fiktionale Emotionen *unechte* Emotionen. Unechte Emotionen sind eine mögliche Form der Existenz der Emotionen. Trauer wegen Mercutios Tod und Trauer wegen des Todes eines geliebten Menschen sind zwei Varianten des Typus Trauer. Daher ähneln unechte Emotionen den echten Emotionen vom Typus her. Beide Sorten von Trauer werden ähnlich empfunden und treten mit ähnlichen Reaktionen auf. Fiktionale Emotionen erfüllen die Kriterien für die Unechtheit der Emotionen:

1) Fiktionale Emotionen werden qualitativ als hohl, schal und als bloße Nachahmungen erlebt. Eben das hat dazu geführt, fiktionale Emotionen nicht als Emotionen anzusehen, wie bei Walton und Mulligan. Dieser Eindruck im Erleben entsteht aber wegen ihrer Unechtheit. Wenn wir traurig sind wegen Mercutios Tod, ist diese Trauer oberflächlich und kernlos im Vergleich zu einer echten Trauer. Die Angst vor dem Monster auf der Leinwand wird anders erlebt als die echte Angst.

2) Fiktionale Emotionen stehen im Widerspruch zu anderen Emotionen, die uns im Moment des Erlebens erfüllen und die emotionale Lage dominieren. Schon Radford hat diesen Tatbestand festgehalten, als er meinte, dass wir, wenn wir über Mercutios Tod traurig sind, nicht nur traurig sind, sondern auch von der Darstellung auf der Bühne begeistert und angetan. Wenn die Trauer uns unerträglich wird, können wir uns daher besinnen und sie ausschalten und nicht mehr zulassen, dass die Trauer uns berührt.

Genauso wie bei allen Fällen unechter Emotionen sind hier emotionale Verwandlungen möglich, so dass unecht echt wird und umgekehrt. Das geschieht etwa, wenn ich nicht mehr fähig bin, die ästhetische Emotion auszuschalten, und falls jene Emotion dann mit meiner affektiven momentanen Grundverfassung im Einklang ist, bedeutet das, dass die Emotion echt geworden ist. Unechte Emotionen – unter die die fiktionalen Emotionen zu rechnen sind – können jederzeit echt werden. Walton scheint eine solche Möglichkeit zu vergessen, wenn er sagt, dass „make-believe"-Emotionen fiktiv sind.

Fiktionale Emotionen sind reale, aber unechte Emotionen. Gegenüber dieser Interpretation sind die oben diskutierten Beiträge meines Erachtens deswegen unzureichend, weil sie für die fiktionalen Emotionen nur zwei Alternativen sehen: Entweder sind sie real oder fiktiv. Der Status der fiktionalen Emotionen entscheidet sich aber nicht im Feld des Realen und Fiktiven, sondern im Feld der Echtheit und Unechtheit.

Die Rolle der Imagination bei den fiktionalen Emotionen, welche teilweise für ihre Unechtheit verantwortlich ist, soll hier berührt werden. Die fiktionalen Emotionen appellieren an die Einfühlung. Walton selbst hat in gewisser Hinsicht schon darauf hingewiesen, wenn er sagt, dass Charles sich „from inside" die Situation vorstellt und „pretends", sich in der bestimmten Lage zu befinden. Dieses „pretending" ist der Grund dafür, dass die Emotionen über Fiktives den „make-believe"-Spielen ähneln, also etwa den typischen Kinderspielen, in denen ein Kind annimmt, jemand anders zu sein, oder akzeptiert, dass der Vater ein böses Monster sei. In einem ähnlichen Sinne hat auch der Frühphänomenologe Pfänder behauptet, dass unechte Emotionen ein „Tun als ob" sind, und den Parallelismus zu Kinderspielen hervorgehoben. Auch wenn sich die fiktionalen Emotionen und die „make-believe"-Kinderspiele nicht in allen Punkten decken, scheint mir Waltons Vergleich gerechtfertigt. Zwar können „make-believe"-Kinderspiele viel leichter als die fiktionalen Emotionen ausgeschaltet werden, wenn etwa die Angst vor dem Monster zu stark wird und man dann aufhört zu spielen, doch betrifft das nicht die Berechtigung des Vergleichs, weil es sich um einen graduellen Unterschied handelt. Außerdem ist ihnen gemeinsam, dass in beiden Fällen die Imagination eine große Rolle spielt. „Pretending“ und „Tun als ob“ setzen eine Leistung der Phantasie voraus. Worin besteht diese Rolle der Imagination? Nach Walton erfindet die Imagination die fiktionalen Emotionen und die Emotionen bei „make-believe“-Spielen, so dass es sich hier um fiktive Emotionen (Scheinemotionen) handelt. Die Phantasie kreiert Illusionen. Meiner Ansicht nach besteht die Leistung der Imagination nicht darin, diese Emotionen selbst zu erfinden, sondern darin, die Emotionen durch einen Einfühlungsakt des Sich-in-einen-anderen-Hineinversetzens entstehen zu lassen. Konkret ist es so, dass ich mir vorstelle, wie eine fiktive Person sich fühlt, und mich dann in sie hineinversetze. Sowohl bei fiktionalen Emotionen als auch bei Emotionen in „make-believe“-Spielen versetzt man sich in eine andere Rolle und tut, *als ob* man traurig wäre; nicht im Sinne des Fingierens, sondern in dem Sinne, dass man sich vorstellt, in dieser oder in jener anderen Lage zu sein, dass man annimmt, dieses oder jenes sei einem zugestoßen. Also ist es eine Leistung der kontrafaktischen Phantasie und nicht der Phantasie, die Illusionen kreiert. In der Übung der kontrafaktischen Phantasie ist der Ursprung der fiktionalen Emotionen als unechter Emotionen zu suchen. In solchem Phantasieren entsteht die fiktionale Emotion zunächst als unecht, weil wir in einer anderen emotionalen Lage sind – was nicht ausschließt, dass jene in einer Verwandlung echt wird. Walton aber bezeichnet diese Emotionen als fiktiv, weil er einerseits den Unterschied echt/unecht mit dem Unterschied real/fiktiv verwechselt und andererseits die Leistung der Phantasie nur im Sinne der Illusionen erkennt, also nicht im Sinne der kontrafaktischen Phantasie.

Auch Tamar Szabó Gendlers und Karson Kovakovichs neuer Beitrag „Genuine Rational Fictional Emotions“[59] versucht, die Rationalität und Realität der fiktionalen Emotionen hervorzuheben. Dennoch bleiben diese Überlegungen noch sehr stark an das kognitivistische Paradigma gefesselt, dem zufolge die Basis der Emotionen Urteile sind.

3.4. Aktuelle und inaktuelle Emotionen

Es wurde schon die Möglichkeit erwähnt, dass eine Emotion auf verschiedene Art und Weise im Bewusstsein zur Gegebenheit kommt. Die verschiedenen Möglichkeiten werden nun eingehender analysiert. In der aktuellen Debatte wird den unterschiedlichen Gegebenheitsmodi des Erlebens wenig Aufmerksamkeit zuteil, und oft wird diese Frage mit der Frage nach den unterbewussten Emotionen vermischt, die ich im nächsten Abschnitt behandeln werde. Hier nun werde ich auf einige phänomenologische Thesen rekurrieren, um eine Unterscheidung zwischen so zu nennenden aktuellen und inaktuellen Emotionen vorzunehmen.[60]

Es gibt einen Unterschied zwischen Aktualität und Inaktualität auf der Ebene der Erlebnisse, den Husserl in den *Ideen* entwickelt, und der sich auf die Emotionen anwenden lässt.

59 T. S. Gendler/K. Kovakovich: „Genuine Rational Fictional Emotions“, in: M. Kieran (Hg.), *Contemporary Debates in Aesthetics and the Philosophy of Art*, Blackwell 2006.

60 Vgl. Í. Vendrell Ferran, „Über den Neid. Eine phänomenologische Untersuchung“, in: *Deutsche Zeitschrift für Philosophie* 54 (2006) 1, S. 43–69.

Husserls These hat ihren Ursprung im Feld der Wahrnehmung; hier soll es aktuelle und inaktuelle Erlebnisse geben. Husserl definiert sie folgendermaßen: Ein aktuelles Erlebnis ist ein „‚explizites' Bewußtsein von seinem Gegenständlichen"[61]; ein inaktuelles Erlebnis ist ein „implizites, bloß potentielles"[62] Bewusstsein von etwas. Die inaktuellen Erlebnisse werden sehr wohl wahrgenommen, erlebt, sowohl wenn wir ihrer gewahr werden als auch wenn wir von ihnen nichts wissen, aber sie werden in einem anderen Modus wahrgenommen als die aktuellen[63], sie sind sozusagen peripher. Sofern die inaktuellen Erlebnisse potenziell bewusst sind, können sie in den Modus der Aktualität übergehen. So wird etwa, wenn ich am Tisch sitze, das Blatt Papier, auf das ich schreibe, aktuell wahrgenommen. Die Lampe und die Bücher, die neben dem Papier sind, werden inaktuell wahrgenommen, denn obgleich sie ins Feld meiner Wahrnehmung fallen, stehen sie nicht im Fokus meiner bewussten Wahrnehmung. In einem bestimmten Moment aber können sie aktuell wahrgenommen werden, etwa wenn ich etwas in dem Buch suche und dann das Papier in den Hintergrund rückt. Wir können hier von Vordergrunderlebnissen und Hintergrunderlebnissen sprechen. Die Unterscheidung der Gegebenheitsmodi der Erlebnisse lässt sich auf das Feld der Emotionen anwenden, wie Edith Stein und Gerda Walther bemerkt haben,[64] so dass hier von aktuellen und inaktuellen Emotionen die Rede sein kann.

Was ist eine aktuelle Emotion? Wie verweist sie auf ihren negativen Modus? Diese Fragen sollen anhand eines Beispiels geklärt werden. Nehmen wir an, dass ich auf einen Freund wütend bin. Zusammen gehen wir die Straße hinunter, ohne etwas zu sagen, während ich vor Wut koche. Hierbei handelt es sich um ein aktuelles Erlebnis der Wut. Plötzlich geschieht etwas sehr Erheiterndes auf der Straße, das uns zusammen zum Lachen bringt. Wir sehen uns an und lachen und erleben gemeinsam diese Freude. Was aktuell gegeben ist, ist das freudige Erlebnis über etwas Lustiges. Doch gleichzeitig bin ich selbstverständlich immer noch auf ihn wütend: All die Zwischenzeit höre ich nicht auf, auf ihn wütend zu sein. Die Wut aber existiert nun in Form eines Hintergrunderlebnisses: Es ist ein inaktuelles Erlebnis der Wut, und als solches kann es in den Vordergrund geholt werden, wenn ich z.B. in der Lage bin, meinen Lachanfall unter Kontrolle zu bringen. All jene Emotionen sind erlebte Emotionen, aber einmal aktuell, einmal inaktuell gegeben. Das kann eine gute Erklärung dafür sein, wie die Emotionen weiterexistieren, auch wenn sie nicht akut erlebt werden.

Diese Beschreibung eröffnet ein Feld von Möglichkeiten, denn es wäre auch möglich gewesen, dass ich nach dem Lachanfall unfähig bin, nochmals wütend zu werden. Dann wäre die Emotion der Heiterkeit an der zentralen Stelle, während die der Wut in eine zweite

---

61 E. Husserl, *Ideen zu einer reinen Phänomenologie und phänomenologischen Philosophie,* a.a.O., S. 72.

62 Ebd.

63 Aktualität und Inaktualität sind zwei Modi des Bewusstseins, die nichts zu tun haben mit dem Bemerken oder Erfassen und dem Nichtbemerken oder dem Nichterfassen als Aktmodi. Etwas als intentionales Objekt zu haben, bedeutet nicht dasselbe wie dieses Etwas zu bemerken oder zu erfassen, denn dafür wird ein Akt benötigt, der nicht immer mit dem intentionalen Bewusstsein koinzidiert. E. Husserl, *Ideen*, a.a.O., S. 75.

64 In diesem Sinne E. Stein, *Zum Problem der Einfühlung*, a.a.O., S. 36, und auch G. Walther, ebd., S. 37.

Position gerückt worden und im Modus der Inaktualität geblieben oder sogar verschwunden wäre. Oder es wäre auch möglich gewesen, dass meine Heiterkeit keine zentrale Rolle übernommen hätte. Ich wäre dann weiter wütend geblieben, und die Heiterkeit wäre nur eine inaktuelle Emotion, die nach einer Weile verschwinden könnte. Ich hätte meine Aufmerksamkeit dem Ereignis zugewandt, und in mir wäre auch ein Gefühl der Heiterkeit entstanden, aber die Heiterkeit hätte nur eine periphere Existenz gehabt, ohne aktuell zu werden. Ich könnte mich dann Stunden später zu Hause daran erinnern und sogar jemand anderem erzählen, dass ich auf der Straße solch ein lustiges Ereignis sah, aber dennoch hätte in dem Moment, in dem das lustige Ereignis geschah, nur meine Wut eine zentrale Rolle gespielt. Ferner könnte ich in der Lage gewesen sein, die Entstehung der Heiterkeit zu hemmen und somit weiter bei meiner Wut zu bleiben. Schließlich lassen sich Emotionen manchmal kontrollieren. Die phänomenalen Unterschiede deuten schon auf die zeitliche Verlaufsform einer Emotion hin. Wenn eine Emotion in verschiedenen Modi existieren kann, wird die Möglichkeit der Veränderung und des Verschwindens berücksichtigt. So gibt es etwa im beschriebenen Fall der Wut einen Übergang von der Aktualität zur Inaktualität, und damit steht zugleich die Möglichkeit offen, dass das der erste Schritt zu einem vollständigen Versiegen und Ende der Wut ist.

Solche Möglichkeiten werfen die Frage nach der Kontrolle über die Emotionen und dementsprechend die Frage nach einer gewissen Verantwortung für das eigene Gefühlsleben auf. In der Tat ist es so, dass wir in Bezug auf unsere Emotionen zweierlei können: Es ist sowohl möglich, dass wir bestimmte Emotionen hervorrufen, so wie wir bestimmte Gedanken, körperliche Prozesse usw. hervorrufen können, und uns dann mit diesen Emotionen identifizieren, als auch, dass Emotionen – so wie wiederum Gedanken usw. – in mir entstehen bzw. mir „einfallen", so dass sie zwar „meine" Emotionen sind, aber nur in einem weiteren Sinne, so dass nicht immer eine Identifikation mit ihnen möglich ist.[65] Diese Emotionen können gar nicht oder nur inaktuell wahrgenommen werden. In solchen Fällen ist es dann schwierig, dass wir die Kontrolle über die Emotionen gewinnen, und sie nehmen ihren eigenen Verlauf. Aber falls sie aktuell wahrgenommen werden, gibt es eine Möglichkeit, Kontrolle über sie zu gewinnen. Zwar können wir keine Emotion inaktuell machen oder verhindern, dass sie von diesem Modus in den Modus der Aktualität übergeht. Dennoch kann die Wahrnehmung einer Emotion eine Änderung derselben herbeiführen, denn im Unterschied zu körperlichen Prozessen ist im Fall der Emotionen, Gedanken, Urteilsweisen usw. aufgrund deren aktueller Wahrnehmung eine Änderung möglich. Darauf ist, wie das folgende Zitat von Marcia Cavell zeigt, auch in jüngerer Zeit hingewiesen worden: „When we become aware of the latter, that awareness itself may change their significance in his psychic life, that is, in the structure of his consciousness as a whole. The disclaimer that some feelings and thoughts are not really ‚mine', or no more so than the beating of my heart, is given the lie by the fact that to acknowledge something as ‚mine' for which I was not responsible in the sense defined by intention may change the person who makes such an acknowledgment, changing his relationship to just such thought and feelings. Where before they acted upon him, he may now be in

65 Vgl. M. Cavell, *The Psychoanalytic Mind. From Freud to Philosophy*, Cambridge, Mass./London, England 1993, S. 93. Auch H. Frankfurt, *The Importance of What We Care about*, a.a.O.

position to choose whether to act on them or not."[66] Die Möglichkeit einer Interpretation und Lektüre des Gefühls ist dann offen und eröffnet den Weg einer Veränderung. Insofern können wir sagen: Obwohl wir nicht verantwortlich für unser Gefühlsleben sind, d.h. für die Gefühle, die wir fühlen, sind wir doch verantwortlich dafür, was wir mit solchen Gefühlen – falls sie von uns wahrgenommen werden – machen.

Der Unterschied zwischen aktuellen und inaktuellen Emotionen darf dabei nicht mit dem Unterschied zwischen reflexivem und nichtreflexivem Bewusstsein verwechselt werden. Nach der hier vertretenen These kann man sowohl von den aktuell erlebten Emotionen als auch von den inaktuell erlebten Emotionen ein reflexives Bewusstsein haben. Das reflexive Bewusstsein ist graduell, so dass es in Stufen eintreten und auch ganz ausbleiben kann. Wenn ich z.B. eine akute Wutepisode erlebe und mir diese Emotion aktuell gegeben ist, kann ich von ihr in verschiedenem Maße ein reflexives Bewusstsein haben. Ich kann merken, dass ich momentan wütend bin, und das in verschiedenerlei Ausmaß, aber ich kann auch von der Wut gar kein reflexives Bewusstsein haben. Peter Goldie hat diese Möglichkeit ebenfalls bei den aktuellen Emotionen gesehen: „[O]ne can be [...] unreflectively emotionally engaged with the world, having feelings towards some object in the world, and yet at the moment not be reflectively aware of having those feelings."[67] Andererseits ist auch bei inaktuellen Emotionen die Möglichkeit eines graduellen reflexiven Bewusstseins gegeben. Ich kann im Moment des Erlebens ein mehr oder weniger starkes reflexives Bewusstsein von ihnen haben oder auch gar keines. So kann ich ein inaktuell erlebtes lustiges Ereignis bemerken oder nicht bemerken; bemerken etwa in dem Fall, dass ich mich Stunden später zu Hause daran erinnere, dass ich etwas Lustiges sah, das mich in dem Moment erfreute. Das reflexive Bewusstsein als Gewahrwerden oder Aufmerken ist dann in verschiedenen Graden gegeben. Wir stehen also mit jener Perspektive in einem starken Gegensatz zu James' These, nach der alle körperlichen Änderungen gefühlt werden müssen.

3.5. Virtuelle Emotionen, unbewusste Emotionen und Dispositionen

In einem großen Teil der aktuellen Diskussion über Emotionen wird der Terminus Emotion ausschließlich für aktuelle erlebte bewusste Zustände benutzt.[68] Meine Absicht besteht demgegenüber darin, den Begriff Emotion auf den Bereich des Nicht-Bewussten zu erweitern. Daher werde ich hier den obigen Unterschied zwischen erlebter und *unter*lebter oder *unter*erlebter psychischer Realität (Geiger, Scheler, Walther, Ortega y Gasset) auf die Emotionen beziehen und auch von „virtuellen" Emotionen sprechen. Unter einer virtuellen Emotion verstehe ich eine reale Emotion, die nicht ins Feld der Wahrnehmung

66 M. Cavell, ebd., S. 93.

67 P. Goldie, *The Emotions*, a.a.O., S. 6.

68 Vgl. etwa für die These, dass nur aktuelle erlebte bewusste Zustände Emotionen sind, S. A. Döring/ C. Peacocke, „Handlungen, Gründe und Emotionen", in: S. A. Döring/V. Mayer, *Die Moralität der Gefühle*, a.a.O., S. 95f.

fällt. Um das verständlich zu machen, nähere ich mich dem Phänomen ausgehend von einigen frühphänomenologischen Thesen und werde den in der Psychoanalyse verwendeten Begriff der unbewussten Emotionen und den in der analytischen Philosophie verwendeten Begriff der emotionalen Dispositionen ausdifferenzieren.

Der Begriff des Unterbewussten, der hier auf die Emotionen angewandt werden soll, wird in mehreren realistischen Texten entwickelt. Wie schon dargestellt, sprechen Max Scheler in „Die Idole der Selbsterkenntnis" und Moritz Geiger in *Fragment über das Unbewusste und die psychische Realität* über ein unterbewusstes oder unbewusstes Psychisches, das dieselbe Realität wie das bewusste habe. Mit Blick auf die Emotionen impliziert das, es gebe unterbewusste Emotionen. Unterbewusste Emotionen, die ich als „virtuelle Emotionen" bezeichne,[69] besitzen dieselbe Daseinsform wie die aktuellen und inaktuellen Emotionen und sind daher reale Emotionen. Sie unterscheiden sich lediglich aufgrund eines anderen Gegebenheitsmodus.

Diese These der Realität virtueller Emotionen soll nun plausibilisiert werden. Nehmen wir dafür folgendes Beispiel: Ich empfinde einem bestimmten Menschen gegenüber jahrelang Groll. Klar ist dann, dass man den Groll nicht die ganze Zeit über aktuell erleben kann, einfach weil man auch andere Emotionen hat, und den Groll immer wieder aus dem Blick verliert. Dennoch betrifft die Tatsache, dass die Emotion nicht die ganze

---

[69] Obwohl Alexander Pfänder den Begriff „virtuell" für das Psychische und die Gesinnungen benutzt, hat der Gebrauch, den ich hier von diesem Terminus mache, mit Pfänder nichts zu tun. Die Virtualität ist nach Pfänder neben Aktualität und Habitualität eine von drei Modalitäten von Gesinnungen (d.h. hauptsächlich von Liebe und Hass). Vgl. A. Pfänder, *Psychologie der Gesinnungen*, I. Teil, a.a.O., S. 6f. Ferner bezeichnet Pfänder mit dem Ausdruck Virtualität einen anderen Modus des Daseins eines Erlebnisses, während er für uns nur eine andere Gegebenheitsform bezeichnet. Nach Pfänder sind die virtuellen Erlebnisse in gewissem Maße „bewusst" und „ihr Dasein kann unmittelbar erfasst werden". (Ich beziehe mich hier auf unveröffentlichte Manuskripte: Vgl. P. Schwankl, „Alexander Pfänders Nachlass-Texte über das virtuelle Psychische", in: E. Avé-Lallemant/R. Gladiator/H. Kuhn (Hg.), *Die Münchener Phänomenologie.* Vorträge des internationalen Kongresses in München, 13.–18. April 1971, Den Haag 1975, S. 76.) Darüber hinaus unterscheidet Pfänder die Virtualität streng vom Unbewussten und Unterbewussten und entfernt sich von Geigers realistischer Auffassung des Unterbewussten, die er als „falsch" bezeichnet (P. Schwankl, ebd.). Gerda Walther unterscheidet zwischen aktuellen, untererlebten (oder unbewussten) und habituellen Erlebnissen. Unter unterbewussten Erlebnissen scheint Walther die virtuellen Gesinnungen Pfänders zu verstehen. Ich lasse dahingestellt, inwiefern für sie die virtuellen Erlebnisse etwas anderes als die unterbewussten sind. Die Tatsache, dass sie Pfänders Terminologie in diesem konkreten Fall nicht übernimmt, in keinem Moment die virtuellen Erlebnisse von den unterbewussten zu differenzieren versucht und als Merkmal des Unterbewussten die Unmöglichkeit des Bewusstwerdens ansieht, scheint für eine Gleichsetzung des Unterbewussten in unserem Sinne mit der Virtualität Pfänders zu sprechen. (Vgl. G. Walther, Ontologie der sozialen Gemeinschaften, a.a.O., S. 37ff.) Der einzige Phänomenologe, der den Terminus Virtualität für die Emotionen übernimmt, ist Ortega y Gasset, der, ausgehend von Pfänder, auch von virtuellen Emotionen spricht. Es bleibt auch in diesem Fall unklar, inwiefern für Ortega die Virtualität vom Unterbewussten zu unterscheiden ist. Vgl. J. Ortega y Gasset, *Über die Liebe*, a.a.O., S. 102). Ich werde im Folgenden „unterbewusst" und „virtuell" als Synonyme benutzen, damit einen Gegebenheitsmodus der Emotionen bezeichnen und das Unterbewusste bzw. Virtuelle mit dem unerlebten Psychischen Geigers und dem Unterbewussten Schelers gleichsetzen.

Zeit über aktuell gegeben ist, nicht deren Realität. Wenn ich behaupte, dass man von einem virtuellen Groll gegenüber einem Menschen erfüllt ist, behaupte ich damit nicht, dass man eine Emotion in einem anderen Daseinsmodus habe, wie es die Psychoanalyse postulieren würde. Ich behaupte auch nicht, dass ich die Disposition besitze – wie es die analytische Philosophie will –, gegebenenfalls Groll gegenüber einem Menschen zu fühlen. Ich behaupte damit vielmehr, dass man *tatsächlich und real* Groll fühlt. Virtuelle Emotionen sind nicht Emotionen mit einem anderen Daseinsmodus, sie sind auch nicht bloße Emotionen *in potentia*: Sie *sind* schon und besitzen in ihrer ganzen Fülle *Existentia* und *Realität*, genauso wie die aktuellen und inaktuellen Emotionen. Virtuelle Emotionen erfüllen die fünf Kriterien der realen Emotionen:

1) Virtuelle Emotionen sind in eine psychische Ganzheit eingewoben und stehen in zahlreichen Verbindungen mit und Beziehungen zu anderen erlebten und untererlebten psychischen Realitäten, die sie in verschiedener Hinsicht beeinflussen können. Sie gründen auf einer kognitiven Basis. Jeder virtuelle Groll und jede virtuelle Liebe braucht eine Wahrnehmung, ein Urteil oder eine Annahme usw. als Grundlage, sonst entsteht die Emotion nicht.

2) Sie sind eingebettet in einen Sinnzusammenhang, in dem sie Widerstand zeigen.

3) Sie zeigen eine Leibgebundenheit. Diese wird zwar nicht akut erlebt, wie bei den aktuellen Emotionen, sondern ist in einem anderen Modus gegeben. Es gibt bei den virtuellen Emotionen kein starkes „arousal". Aber sie drücken sich in anderen Formen aus: etwa in der Gestaltung der Körperhaltung oder im Einfluss auf eine bestimmte Stelle unseres Leibes. Die Leiblichkeit kann sich in verschiedenerlei Hinsicht offenbaren, auch wenn sie anders gegeben ist; etwa wenn eine virtuelle Traurigkeit uns monatelang erfüllt und wir eine gebückte Haltung annehmen oder erkranken. Oder wenn ich einen virtuellen Ärger habe. Dieser Ärger ist mir doch auch, wenn ich ihn nicht wahrnehme, in seiner Leiblichkeit untererlebt gegeben. So fühle ich nicht akut die Enge jenes Gefühls, doch die Qualia des Gefühls des Ärgers sind mir in einem anderen Modus gegeben; obwohl ich den Ärger monatelang nicht wahrnehme, zeige ich doch vielleicht in dieser Zeit eine Disposition zur Irritation und schlechten Laune. Letztere Phänomene sind Stimmungen, die „qualitativ" dem Ärger ähnlich sind. Es kann dann sein, dass die Leiblichkeit des virtuellen Ärgers gefühlt wird – als Unbehagen und Irritation – und ich dann zu entsprechendem Verhalten veranlasst bin.

4) Sie motivieren Willensakte und beeinflussen Denkakte. So motiviert uns etwa eine virtuelle Liebe, weiter Dinge für den Geliebten zu tun, und veranlasst bestimmte Gedanken, Urteile und Annahmen über ihn, auch wenn diese Liebe eben nicht akut gefühlt wird.

5) Virtuelle Emotionen haben ein Objekt, sie richten sich auf etwas in der Welt und sind eine Form, mit ihr in Verbindung zu stehen.

Virtuelle Emotionen können uns erfüllen, bevor, während und nachdem wir eine aktuelle Emotion haben, ohne dass wir sie zur Kenntnis nehmen. So kann ich etwa einen starken Hass auf jemanden haben, ohne dass es dafür notwendig wäre, dass mir der Hass präsent ist, während ich andere Emotionen erlebe. Mein Hass existiert fort, während ich eine Freude über eine gute Nachricht erlebe, auf jemanden neidisch bin usw. Ich kann von diesem Hass in der Vergangenheit gewusst und ihn vergessen haben, oder es kann auch sein, dass ich dieses Hasses noch nicht gewahr geworden bin. Diese Tatsache bietet eine Erklärung dafür, dass Emotionen über eine lange Zeit hinweg existieren können, ohne deswegen die ganze Zeit akut erlebt zu werden. Dass Emotionen ab und zu auftauchen und uns wieder erfüllen, obwohl wir dachten, dass sie schon verschwunden seien, findet hier eine mögliche Erklärung, ohne dass wir dafür auf eine wesentlich andere Realität rekurrieren müssen, wie es die Psychoanalyse mit ihrer Lehre vom Unbewussten tut. Auch gegenüber James, Wundt, Titchener und Brentano besitzt die Beschreibung ein viel höheres Erklärungspotenzial, denn in deren Theorien sind – wie schon oben kritisiert wurde – solche Phänomene nicht denkbar.

Virtuelle Emotionen können in andere Gegebenheitsmodi übergehen. Da es sich um einen Unterschied des Modus der Gegebenheit handelt, ist es in solchen Fällen immer möglich, dass eine in dieser Virtualität existierende Emotion in den Modus der Aktualität oder den entsprechenden negativen Modus der Inaktualität übergeht. Dann tritt die Emotion in den Bereich des Erlebten ein. Ich kann den bislang virtuellen Hass auf eine Person, der mich die ganze Zeit erfüllt hat, nun plötzlich erleben. Damit ist er dann nicht mehr im Modus der Virtualität, sondern der Aktualität gegeben. Dennoch gibt es Unterschiede innerhalb der Emotionen selbst. Die Beschaffenheit der Wut bewirkt, dass die Emotion fast immer aktuell gegeben ist. Liebe und Hass dagegen können selbstverständlich aktuell oder inaktuell auftreten, neigen jedoch auch dazu, virtuell weiterzuexistieren. Daher schwanken letztere Emotionen zwischen dem akuten Erlebnis und dem Charakter einer Haltung.

Bei den virtuellen Emotionen muss jede Möglichkeit eines reflexiven Bewusstseins *ausgeschlossen* sein. Man kann von einer virtuellen Emotion *nicht* reflexiv wissen, solange sie virtuell gegeben wird. Ich kann kein reflexives Bewusstsein haben, dass ich jemanden hasse, wenn der Hass mir nicht bewusst ist. Man kann von den virtuellen Emotionen erst ein dann gleichsam nachträgliches, reflexives Bewusstsein haben, wenn sie aktuell oder inaktuell erlebt werden, wenn sie also schon in einen anderen Modus der Gegebenheit übergegangen und damit nicht mehr virtuell sind. Sehr wohl ist es möglich, *indirekt* von einer virtuellen Emotion Kenntnis zu erlangen. Hier spielen Wollungen, Phantasiebilder, Denkakte und leibliche Phänomene eine große Rolle. Die indirekte Kenntnisnahme liegt etwa dann vor, wenn ich mich nach meiner Motivation zu einem bestimmten, faktischen Verhalten oder zu einer obsessiven Phantasie frage, und dann entdecke, dass es bzw. sie nur durch einen Groll motiviert sein kann. Oder wenn ich über die Urteile, Annahmen und Einstellungen nachdenke, die ich gegenüber einem Menschen pflege, und merke, dass sie tatsächlich nicht zur betroffenen Person passen, sondern nur einem Groll meinerseits gegen die Person entstammen können.

Diese Möglichkeit der Gegebenheit der Emotionen wird auch in einigen Beiträgen der Psychoanalyse und der analytischen Philosophie beachtet, auf die hier kurz eingegangen werden soll. Richten wir die Aufmerksamkeit zunächst auf die „unbewussten Gefühle" in der Psychoanalyse. In seiner Schrift *Das Unbewußte*[70] aus dem Jahr 1915 behauptet Freud, es gehöre zum Wesen der Affekte, dass sie verspürt, gefühlt, wahrgenommen werden und bewusst sind. Später ändert Freud seine These und postuliert – wie die Mehrheit der

[70] S. Freud, *Das Ich und das Es,* a.a.O., S. 117–155.

heutigen psychoanalytischen Autoren[71] –, dass Affekte „unbewusst" sein können. Der extreme Widerstand der realistischen Phänomenologie gegen psychoanalytische Thesen muss insofern im Rahmen des Textes von 1915 gesehen werden. Mit der These, dass zum Wesen der Affekte das Wahrnehmen derselben gehört, vertritt Freud eine Art Theorie des Fühlens in der Linie von James/Lange, der zufolge eine Emotion immer ein Zustand ist, auf den wir aufmerksam werden.[72] Trotz dieser Behauptung erkennt er an, dass man in der Psychoanalyse von „unbewussten Affekten" spricht. „Unbewusste Affekte" sind nach Freud zum Zeitpunkt wahrgenommene und gefühlte, aber wegen des Mechanismus der Verdrängung „verkannte" Affekte. Die verkannten Affekte können nach Freud weiter als solche bestehen, sich in andere Affekte verwandeln, oder sie können sogar unterdrückt werden. Da der Mechanismus der Verdrängung greift, fallen die Emotionen jedenfalls in eine andere Domäne, in der andere Gesetzmäßigkeiten herrschen. Wie das genau geschehen soll, ist sogar vielen Interpreten Freuds unklar. So schreibt etwa Richard Wollheim, dass für Freud selbst der Status der unbewussten Emotionen unklar ist, ebenso wie die Frage, wie sie im Unbewusstsein weiterexistieren.[73] Wenn wir uns allerdings auf MacIntyre stützen, würden laut Freud diese verdrängten Emotionen Dispositionen: „The suppression of feeling, of affect, from conscious results in an unconscious disposition to give expression to such feeling, although the form of that expression will vary from case to case."[74] Dies deshalb, weil zum Wesen der Affekte eben das Gefühltwerden gehören soll und sie, um weiterexistieren zu können, eben ihre Natur ändern und sich in Dispositionen verwandeln müssen. Ob solche unbewussten Emotionen existieren oder nicht, lasse ich dahingestellt. Allerdings sollen hier die virtuellen Emotionen von den unbewussten Emotionen abgegrenzt werden. In Abgrenzung zu letzterem Konzept habe ich nämlich gezeigt, wie es möglich ist, dass reale Emotionen nicht wahrgenommen werden und doch weiterexistieren, ohne sich dabei in andere Phänomene zu verwandeln, d.h. ohne aufzuhören, reale Emotionen zu sein. Virtuelle Emotionen sind ontologisch nicht anders als die aktuellen Emotionen: Sie haben keine andere Seinsart, sondern sind nur anders gegeben.

In einem ausführlichen Beitrag hat Richard Wollheim Freuds „unbewusste Gefühle" in seiner Theorie der Emotionen weiterentwickelt. Nach Wollheim gibt es „mentale Zustände" als zeitlich begrenzte Ereignisse und „mentale Dispositionen" als „dauerhafte Prägungen des Geistes, auf deren Grundlage sich die mentalen Zustände ausbilden"[75] – zwischen beiden kann es eine Interaktion geben. Wenn es darum geht, in diesem Schema die Emotionen zu verorten, ist Wollheims Antwort klar: Emotionen sind „mentale Dispositionen"[76]. Als solche charakterisieren sie sich durch eine bestimmte Rolle – nämlich die

71 Vgl. M. Stocker/E. Hegeman, *Valuing Emotions*, New York 1996, S. 21 und 23. Stocker hat aus einer psychoanalytischen Perspektive heraus für die Emotionen postuliert, dass zu ihnen nicht unbedingt eine „awareness" derselben gehört. Die nichtbewussten Emotionen fasst er als Emotionen und nicht als Dispositionen oder Haltungen, Stimmungen usw. auf.

72 S. Freud, *Das Ich und das Es*, a.a.O., S. 129f.

73 R. Wollheim, *Sigmund Freud*, New York 1990, S. 249.

74 A. MacIntyre, *The Unconscious. A conceptual Analysis*, Bristol 1997, S. 33.

75 R. Wollheim, *Emotionen. Eine Philosophie der Gefühle*, a.a.O., S. 16.

76 Ebd., S. 23.

der Orientierungshilfe in der Welt – und eine spezifische Entstehungsgeschichte, deren Ursprung in einem Wunsch oder Verlangen zu finden ist. Danach ist das akute Erlebtwerden nur eine Möglichkeit für die Emotionen, keine Notwendigkeit. In diesem Sinne ähnelt Wollheims Ansatz unserer Konzeption der Emotionen als realer Kräfte, denen das Erlebtwerden im Sinne des Wahrgenommenwerdens nicht wesentlich ist.

Allerdings lässt sich Wollheims Ansatz in folgender Hinsicht kritisieren. Zunächst impliziert die Auffassung der Emotionen als „mentale Dispositionen" eine Reduktion ihres Wesens. Da sich Wollheim im Rahmen der Psychoanalyse bewegt, fasst er das Moment der Leiblichkeit der Emotionen nicht als konstitutiv auf bzw. übersieht es. Da Wollheim wie Freud zwei Domänen des Seins postuliert, steht er genauso wie Freud vor der Alternative: Entweder werden die Emotionen wesentlich gefühlt und sind dann „mentale Zustände", oder sie werden nicht immer gefühlt und sind dann „mentale Dispositionen". Da er sie als Dispositionen versteht, gehört es nicht zu ihrem Wesen, dass sie leiblich sind. Für uns dagegen gibt es keinen Daseinsunterschied, sondern nur einen Unterschied im Modus des Gegebenseins, und daher wird der leibliche Aspekt auch dort berücksichtigt, wo die Emotionen untererlebt sind. Ferner leitet Wollheim die Realität der Emotionen von der Realität anderer psychischer Vorkommnisse ab. Die Tatsache, dass er den Ursprung der Emotionen in den Wünschen situiert, lässt schon vermuten, dass die Realität der Emotionen aus der „Energie" der Wünsche entspringt (Libido), so dass die Emotionen gleichsam eine geliehene Realität haben. Allerdings finde ich es fragwürdig, dass stets ein Wunsch der Ursprung der Emotion sein soll. Das kann zwar m.E. für einige Emotionen durchaus der Fall sein, doch ist es nicht die Regel.[77] Letztlich scheint mir die außergewöhnliche Leistung der Imagination problematisch, die Wollheim annehmen muss, um die Entstehung einer Emotion zu erklären. In einigen Fällen führt schließlich, wie gesehen, die Aktivität der Vorstellungskraft bei der Entstehung einer Emotion zu einer Scheinemotion.[78]

Außerhalb der Psychoanalyse hat Jon Elster den Begriff der „proto-emotions" entwikkelt, um die Existenz von uns nicht erkannter Emotionen zu bezeichnen. Elster unterscheidet zwischen „weak proto-emotions" für den Fall, dass eine Emotion übersehen wird, weil die Kultur, in der man lebt, den Begriff für eine Emotion nicht hat, „strong proto-emotions" für den Fall, dass ein Subjekt die eigene Emotion übersieht, und „semistrong proto-emotions"[79] für den Fall, dass das Subjekt die eigene Emotion übersieht, obwohl in der Kultur, in der es lebt, die Emotion anerkannt wird. Mit dem Begriff Protoemotion will Elster die Möglichkeit bezeichnen, dass eine Emotion existiert, ohne dabei Objekt einer Kognition zu werden.[80]

Allerdings ist dieser Ansatz aus zwei Gründen kritisierbar. Zum einen sind Protoemotionen Emotionen, von denen man kein reflexives Bewusstsein hat. Da Elster keinen Unterschied macht zwischen einerseits aktuellen und inaktuellen Emotionen, die erlebt

---

77 Vgl. nächstes Kap., wo die Emotionen von den Wünschen abgegrenzt werden.

78 Wollheim selbst erkennt in diesem Punkt Parallelen zur Theorie Stendhals. R. Wollheim, *Emotionen. Eine Philosophie der Gefühle*, a.a.O., S. 106.

79 J. Elster, *The Alchemies of the Mind*, a.a.O., S. 101, 106, 127, 159, 255, 259.

80 Ebd., S. 106.

sind und von denen man ein reflexives Bewusstsein erlangen kann, und andererseits virtuellen Emotionen, die untererlebt sind und von denen nur ein indirektes Bewusstsein möglich ist, bleibt unklar, in welchem Sinne dieses reflexive Bewusstsein nicht stattfindet. Problematisch ist zum anderen, dass nach Elster die einzige Möglichkeit, von den Protoemotionen zu wissen, in Aussagen einer anderen Person besteht. Elster postuliert, dass nur die Aussagen eines Zuschauers uns darüber informieren, dass wir eine Emotion haben, die wir selbst bis dahin übersehen haben. Das trifft jedoch nicht immer zu. Schließlich kann man unter bestimmten Umständen selbst darauf aufmerksam werden, dass man eine Emotion übersehen hat. Im Fall der aktuellen und inaktuellen Emotionen kann man dann einen höheren Grad von reflexivem Bewusstsein erlangen. Im Fall der virtuellen Emotionen können sie dann in den Modus des Erlebten übergehen.

Der letzte hier zu analysierende Beitrag ist der von Martha Nussbaum in *Upheavals of Thought.* Im Rahmen ihrer Theorie der Emotionen als einer besonderen Sorte von Urteilen unterscheidet Nussbaum zwischen „background emotions“ als Urteilen, die in der Zeit und in verschiedenen Situationen andauern, und „situational Emotions“ als Urteilen, die in einem bestimmten Kontext gefällt werden. Nussbaums „background Emotions“[81] haben viel mit unseren „virtuellen Emotionen“ zu tun. „Background Emotions“ ähneln weder den psychoanalytischen „unbewussten Gefühlen“ noch den Dispositionen, sind vielmehr Phänomene mit psychologischer Realität und motivationaler Kraft. Nussbaum verwechselt nicht den Unterschied zwischen „background emotions“ und „situational emotions“ mit dem Unterschied zwischen Haben oder Nichthaben eines reflexiven Bewusstseins, denn von einer „situational emotion“ kann man nach Nussbaum unter Umständen genauso wenig ein reflexives Bewusstsein haben wie von einer „background emotion“. Ihre Beispiele könnten durchaus auch als Beispiele für unsere virtuellen Emotionen fungieren: „One loves one's parents, children, spuse, friends, continuously over time, even when no specific incident gives rise to an awareness of the love. In a similar way, many people have an ongoing fear of death that has psychological reality, that motivates their behaviour in ways that can be shown, even though it is only in certain circumstances that the fear is noticed.“[82] Allerdings unterscheiden sich die Positionen in zwei grundlegenden Aspekten. Erstens sind die Emotionen für Nussbaum eine besondere Klasse von Urteilen, so dass sie auf diese zurückgeführt werden können. Ihre Konzeption scheint mir reduktionistisch. Zweitens scheint Nussbaum die Rolle der „background emotions“ für die Konstitution des Charakters nicht zu berücksichtigen.

---

[81] M. Nussbaum, *The Upheavals of Thought. The Intelligence of Emotions,* a.a.O., S. 69ff.

[82] Ebd., S. 70.

4. Die Ursprünglichkeit der Emotionen

In diesem Kapitel soll mit Hilfe des phänomenologischen Verfahrens eine konkrete Bestimmung des Phänomens Emotion versucht werden. Daher richten wir unser Augenmerk zunächst auf die verschiedenen Möglichkeiten, die Emotionen zu verstehen, die in der aktuellen Debatte thematisiert werden. Danach erfolgt eine Abgrenzung der Emotionen von ähnlichen Phänomenen wie Empfindungen, Wahrnehmungen, Urteilen, Wünschen, Wollen und Stimmungen. Am Ende des Kapitels soll die Herausarbeitung der Wesensmerkmale der Emotionen in ihren Grundzügen abgeschlossen sein.

4.1. Emotionen und ähnliche Phänomene

Wenn es darum geht, die Emotionen zu charakterisieren, gibt es in der aktuellen Literatur prinzipiell drei verschiedene Wege. An erster Stelle findet man den Versuch, die Emotionen auf andere Phänomene zurückzuführen. Insbesondere hat man versucht, die Emotionen auf Urteile oder Werturteile zu reduzieren – etwa in den erwähnten Theorien Solomons oder Nussbaums; oft auch auf Kombinationen von Urteilen und Wünschen in den so genannten „Belief-Desire"-Theorien – wie etwa bei Marks und Green.[1] Zweitens gibt es die Mehrkomponenten-Theorien, die die Emotionen als eine Zusammensetzung von Elementen verstehen, die per se neue Qualitäten zeigt. Die Emotionen können dann in ihre Teilelemente – Wünsche, Urteile, Empfindungen usw. – zergliedert werden. In diese Richtung weist etwa der Ansatz von Ben-ze'ev.[2] Drittens gibt es diejenigen Theorien, die die Emotionen als irreduzible Phänomene auffassen, wobei jeder dieser Theorien jeweils eine sehr besondere Auffassung der Emotionen eigen ist. Hier sind zum Beispiel de Sousa, Wollheim, Goldie und Tappolet zu nennen. In meiner Arbeit schließe ich mich der letzteren Gruppe an und argumentiere für die Auffassung der Emotionen als irreduzible Phänomene.

Wenn wir eine Emotion haben, tritt eine ganze Reihe von Phänomenen auf. Wenn ich etwa Neid empfinde, erblasse ich, und mich erobert ein Gefühl der Leere. Ich fühle in

[1] J. Marks, „A Theory of Emotions" (1982), in: a.a.O., S. 227–242. 1982. Zitiert in P. Griffiths, *What Emotions really are,* a.a.O., S. 30; O. H. Green, *The Emotions*, a.a.O., S. 43.

[2] A. Ben-ze'ev, *The Subtility of Emotions*, a.a.O.

meiner Brust einen schmerzhaften „Stich", und ich nehme einige dieser körperlichen Veränderungen wahr. Ich habe einen Überfluss an Gedanken und Urteilen über diese Person und das Unrecht, das die Vergabe des Preises an sie meines Erachtens bedeutet. Es entstehen Phantasiebilder, es tritt der Wunsch auf, dass der Preis mir gegeben wird, und der Wille, den betroffenen Menschen zu diskreditieren. Letztlich werden bestimmte Stimmungen hervorgerufen und ich bin während der kommenden Tage ziemlich schlecht gelaunt.

Wenn ich mich in jemanden verliebe, fühlt sich diese Emotion wie ein Gefühl der Weite und Wärme in der Brust an, ich neige dazu, bestimmte Urteile über den geliebten Mensch zu fällen. Die Liebe wird von Phantasien und Wünschen begleitet und veranlasst wohlwollende und annähernde Handlungen. Schließlich werden auch Stimmungen der Vitalität und Fröhlichkeit hervorgerufen.

Somit sind zusammen mit einer Emotion eine ganze Reihe verschiedener Phänomene aufgetreten. Wie lässt sich die Emotion von ihnen abgrenzen? Wenn die Emotion keines dieser Phänomene ist, auch keine Zusammensetzung derselben, was ist sie dann? Nachfolgend besteht die Aufgabe darin, die emotionale Ursprünglichkeit zu beweisen, die Gemeinsamkeiten und Unterschiede zwischen Emotionen und ähnlichen Phänomenen herauszustellen und vor allem ihre Hauptcharakteristika zu zeigen. Dabei werde ich mich der phänomenologischen Methode bedienen und Emotionen von Empfindungen, Wahrnehmungen, Urteilen, Wollungen, Phantasien und Stimmungen abgrenzen. Dabei werde ich Unterscheidungskriterien[3] zwischen diesen Phänomenen herausarbeiten, so dass sich einerseits zeigt, dass die Emotionen nicht auf sie zu reduzieren sind, und andererseits, in welchen Beziehungen sie zu ihnen stehen. Derart gelangen wir schließlich zur Hervorhebung der positiven Charakteristika der Emotionen.

4.2. Empfindung und Gefühlsempfindung

Emotionen und Empfindungen teilen gemeinsame Merkmale, die historisch dazu geführt haben, beide als ein und dieselbe Art des Empfindens aufzufassen. In den heutigen Debatte werden vor allem zwei Unterschiede zwischen Emotionen und Empfindungen genannt: Emotionen haben Intentionalität und gründen auf einer kognitiven Basis, Empfindungen nicht. Mir geht es darum, die Unterschiede zwischen beiden Phänomenen hervorzuheben und die Verbindung zwischen beiden ans Licht zu bringen. Dafür werde ich auf Schelers *Der Formalismus in der Ethik und die materiale Wertethik* rekurrieren und seine Kriterien argumentativ stützen. Besondere Aufmerksamkeit schenke ich folgenden Phänomenen: dem sinnlichen Schmerz, dem sinnlichen Wohlgefühl und der Annehmlichkeit und Unannehmlichkeit, die in Verbindung mit Empfindungen auftritt.[4] Solche Phäno-

[3] Wollheim etwa arbeitet nicht mit Unterscheidungskriterien, sondern mit der Entstehungsgeschichte einer Emotion. Hier unterscheiden wir insofern zwischen einem „historical account" und einem „criterial account". R. Wollheim, *Die Emotionen*, a.a.O., S. 33.

[4] Ich nehme hier die klassische Bestimmung Carl Stumpfs. C. Stumpf, *Gefühl und Gefühlsempfindung*, a.a.O., S. 55. Auch in C. Stumpf, „Über Gefühlsempfindungen", in: *Bericht über den II.*

mene sind in der Geschichte der Philosophie als „sense-feelings" (Titchener) oder im Deutschen als „Gefühlsempfindungen" (auch „sinnliche Gefühle" oder „Empfindungsgefühle") bezeichnet worden. Der Status solcher „Gefühlsempfindungen" wurde heftig diskutiert: Man hat sie manchmal als Empfindung, manchmal als Gefühl und ein andermal als Zwischending zwischen beiden verstanden. Ich werde sie als eine Klasse von Empfindungen behandeln.

Was die Unterschiede zwischen Emotionen und Empfindungen anbelangt, so nennt Scheler sieben Kriterien, die hier kritisch und argumentativ zu entwickeln sind: Ausdehnung, Intentionalität, Leibbezogenheit, Dauer, Sinnkontinuität, Aufmerksamkeit und Unterworfenheit unter das Wollen.

Der erste Unterschied betrifft die Ausdehnung und Lokalisation. Die Empfindungen und Gefühlsempfindungen beziehen sich von Fall zu Fall auf unterschiedliche Weise auf den Leib, aber sie sind ausgedehnt und können lokalisiert werden. Eine Druckempfindung an meinem Finger ist streng an eine bestimmte räumliche Stelle meines Leibes gebunden; ein Schmerz an meinem Rücken hat eine weniger strenge Lokalisation und dehnt sich über ein weiteres, unbegrenztes Gebiet meines Leibes aus. Dagegen können die „Gefühle" im weitesten Sinne gar nicht mehr lokalisiert werden: die Müdigkeit umfasst meinen ganzen Leib, aber ich kann nicht zeigen, „wo" ich müde bin; die Mattigkeit hat keine feste Stelle an meinem Leib. Noch weniger lassen sich Gefühle im engeren Sinne oder Emotionen wie etwa die Freude, der Zorn, die Liebe, die Traurigkeit, die Hoffnung usw. lokalisieren. Es gibt insofern graduelle Unterschiede in der Form des Bezugs auf den Leib: Die Empfindung hat eine genaue Lokalisation, Leibgefühle wie die Mattigkeit sind eher am ganzen Körper zu empfinden und die Emotionen können nicht mehr lokalisiert werden.

Der zweite Unterschied betrifft die Intentionalität. Emotionen richten sich immer wesentlich auf Objekte; Empfindungen und Gefühlsempfindungen nicht. Um diese These zu beweisen, möchte ich anhand von Husserls Argumenten arbeiten. Wenn ich im Fall der Empfindungen einen Druck am Bein fühle, so bezieht sich die Empfindung nach Husserl einerseits auf den empfindenden Teil meines Leibes, andererseits auf den Gegenstand, der den Druck hervorruft. Die Empfindung hat also *de facto* ein Objekt, doch die Beziehung der Empfindung zu ihrem Objekt zeigt hier keinerlei Intentionalität, denn sie ist mehr als nur das bloße Haben eines Objekts. Dieselbe Beziehung zum Objekt haben auch die Gefühlsempfindungen, wie das Beispiel eines sinnlichen Schmerzes, etwa einer Verbrennung am Bein, zeigt. Wenn wir Husserls Erklärungen folgen, bezieht sich die Gefühlsempfindung des Schmerzes sowohl auf die verbrannte Stelle an der Oberfläche meines Leibes als auch auf das die Verbrennung verursachende Objekt. Aber obwohl die Gefühlsempfindung derart ein entsprechendes Objekt hat, impliziert dies nicht, dass den sinnlichen Gefühlen Intentionalität zukommt[5], denn die sinnlichen Gefühle sind zusammen mit den Empfindungen zum darstellenden Material oder zu den Inhalten des Bewusstseins[6] zu rechnen und nicht zu den intentionalen Funktionen oder Akten, wie die Emotionen. Husserl sagt selbst:

Kongreß für experimentelle Psychologie in Würzburg vom 18. bis zum 21. April 1906, Leipzig, 1907, S. 209–213.

5 E. Husserl, *Logische Untersuchungen*, Zweiter Band, I. Teil, a.a.O., S. 406.

6 Vgl. C. Stumpf, *Gefühl und Gefühlsempfindung*, a.a.O., S. 93; und E. Husserl, ebd., S. 395.

„In die offenbare Wesenseinheit dieser Gattung, die ausschließlich Akte umfaßt, wird man jene Schmerz- und Lustempfindungen nicht einordnen können; sie sind vielmehr mit den Berührungs-, Geschmacks-, Geruchsempfindungen usw. deskriptiv, ihrem spezifischen Wesen nach, zusammengehörig. Darin, daß sie bestenfalls darstellende Inhalte oder auch Objekte von Intentionen, aber nicht selbst Intentionen sind, bekundet sich ein so wesentlicher deskriptiver Unterschied, daß wir nicht ernstlich daran denken können, die Einheit einer echten Gattung festzuhalten."[7] Damit ist ein weiterer Aspekt der Trennung der Emotionen von Empfindungen sowie des Zurechnens der Gefühlsempfindungen zu den Empfindungen im Allgemeinen gegeben.

Das dritte Kriterium ist die Leibbezogenheit. Während Leibgefühle wie die Mattigkeit und Emotionen wie die Trauer unseren Leib durchziehen und dadurch eine starke Beziehung zu uns selbst haben, sind die Empfindungen und Gefühlsempfindungen eher isolierbar und nicht ichbezogen. Dabei fehlt an dieser Stelle noch ein genauer Begriff der Leiblichkeit der Emotionen – er wird im folgenden Kapitel erarbeitet. Evident ist jedoch, dass Emotionen leiblich anders gefühlt werden als Empfindungen.

Viertens unterscheiden sich Emotionen und Empfindungen durch das Merkmal der Dauer. Die Empfindungen und auch die Gefühlsempfindungen sind von Natur aus aktuell. Keine Druck-, Schmerz- oder Lustempfindung kann dauerhaft gefühlt werden, ohne dass dafür jeweils eine neue Empfindung oder Gefühlsempfindung entstehen müsste. Damit eine Empfindung reproduziert wird, „muss ihr Reizgegenstand auch notwendig als ‚gegenwärtig' gegeben sein"[8]. So handelt es sich hier nicht um eine wahre Dauer, sondern nur um die Entstehung einer jeweils neuen Empfindung oder Gefühlsempfindung, die der ersten zwar ähnlich sein kann, die aber sonst nichts mit ihr zu tun hat.[9] Die Empfindungen und Gefühlsempfindungen verschwinden, wenn der Reiz verschwindet, und entstehen, wenn der Reiz gegeben ist, so dass sie in vielen Fällen bis zu einem gewissen Grad unserem Willen unterliegen, sie herzustellen. Historisch gesehen, entwickelt Scheler seine These ausgehend von Stumpfs Untersuchungen, nach denen gilt: „Jede sinnliche Lust läßt sich durch Applizierung des adäquaten Reizes herstellen – sofern nicht Gefühlsanästhesie oder Empfindungsanästhesie der zugehörigen Empfindungen vorhanden ist; jeder Schmerz läßt sich prinzipiell narkotisieren"[10]. Und im selben Sinne: „[D]ie sinnliche Annehmlichkeit einer Farbe, eines Geschmackes […] wird direct durch den Sinneseindruck hervorgerufen."[11] Bei den Emotionen hingegen ist, damit sie andauern, keinerlei kontinuierlicher Reiz nötig.

Ein fünfter Unterschied besteht laut Scheler darin, dass die Empfindungen und Gefühlsempfindungen „punktuell, undauerhaft und ohne Sinnkontinuität"[12] erscheinen. Im Gegensatz zu den Emotionen, die immer in einen Sinnzusammenhang eingebettet auftreten, treten die Empfindungen und die Gefühlsempfindungen in keinerlei Sinnkonti-

---

7 E. Husserl, ebd., S. 407.

8 M. Scheler, *Formalismus*, a.a.O., S. 347.

9 Ebd., S. 346.

10 Ebd.

11 C. Stumpf, *Gefühl und Gefühlsempfindung*, a.a.O., S. 3.

12 M. Scheler, *Formalismus*, a.a.O., S. 346.

nuität mit anderen Empfindungen oder Gefühlsempfindungen auf, d.h. ein Empfindungserlebnis „‚deutet' weder vor noch zurück, es ist ohne mögliche emotionale Erlebniskonsequenz und selbst keine ‚erlebte Konsequenz' aus anderen emotionalen Erlebnissen"[13]. Während also etwa die Emotion der Hoffnung mit dem Versprechen von etwas Gutem in einer Sinnkontinuität auftritt, tritt die Empfindung des Druckes oder die Gefühlsempfindung des Schmerzes als etwas Isoliertes auf: Nichts wird hier antizipiert und auf nichts anderes wird hingedeutet als auf den reinen Druck oder Schmerz.

Ein sechstes Merkmal betrifft die „Aufmerksamkeit". Schelers These lautet: Die Empfindungen können im Moment des Erlebens selbst Objekt jeder Art von Beachtung werden, und gleichzeitig kann sich dabei ihre Intensität noch verstärken; die vitalen Gefühle wie etwa die Mattigkeit werden durch Aufmerksamkeit zumindest gestört, und die Emotionen wie die Freude neigen dazu, bei Aufmerksamkeit auf sie zu vergehen. Intuitiv betrachtet, scheint Schelers These einwandfrei. Auf den ersten Blick kann man den Emotionen im Erleben selbst keine Aufmerksamkeit zukommen lassen: Emotionen fehle das Attribut der Klarheit, wird oft gesagt. Doch ist es wahr, dass man einer Emotion im Augenblick des Erlebens keine Aufmerksamkeit schenken kann? Um dieses Kriterium zu bewahren, bedarf es einer genaueren Ausformulierung desselben. Insbesondere ist Schelers Begriff der Aufmerksamkeit zu allgemein und bedarf einer Unterteilung. Dazu können wir auf Geigers Unterscheidung zwischen einer schlichten Beachtung, einer qualitativen Beachtung und einer analysierenden Beachtung in „Das Bewusstsein von Gefühlen"[14] rekurrieren und sie auf Empfindungen, Gefühlsempfindungen und Emotionen übertragen.

Den Empfindungen können tatsächlich alle drei Arten von Beachtung zuteil werden. Sie können an erster Stelle Objekt einer „schlichten Beachtung" werden, etwa indem ich merke, dass ich eine Druckempfindung am Bein habe. An zweiter Stelle können sie Objekt einer „qualitativen Beachtung" werden, z.B. wenn ich merke, dass die Druckempfindung mit Unlust verbunden ist. Schließlich kann man drittens die Empfindungen im Erleben selbst zum Objekt einer „analysierenden Beachtung" machen, d.h. die Beschaffenheit jeder einzelnen ihrer Qualitäten untersuchen und sie selbst in Teilmomente zerlegen – z.B. wenn ich beobachte, wie eine Druckempfindung unbestimmt anfängt, sich steigert und letztlich schmerzhaft wird. Das Besondere ist, dass bei all jenen Arten von Beachtung die Empfindung durch die Beachtung nicht vermindert oder ausgelöscht wird. In diesem Punkt hat Scheler also recht. Die drei Arten von Beachtung können auch auf die Gefühlsempfindungen angewandt werden, womit sich erneut ihre Gleichartigkeit mit Empfindungen im Allgemeinen zeigt. Carl Stumpf hat, auch wegen dieses Kriteriums, die Gefühlsempfindungen zu den Empfindungen gerechnet: „Ich kann einem Schmerz genau so meine Aufmerksamkeit zuwenden, wie einem Tone, kann seine eigentümliche Qualität, seinen Stärkegrad, seine Lokalisation und Dauer, sein Nachlassen und Wiederaufleben usw. beobachten, genau so wie ich irgendeine andere sinnliche Erscheinung beobachte; und er wird dadurch nicht aufgehoben, sondern wird mir nur eben ‚klarer'. Ganz ebenso

[13] M. Scheler, *Formalismus*, a.a.O., S. 348.

[14] M. Geiger „Das Bewußtsein von Gefühlen", in: *Münchener Philosophische Abhandlungen*, Leipzig, 1911. S. 131 und ff.

ist es auch mit Lustempfindungen.“[15] Als Beispiel für einen solchen Sachverhalt ließe sich der Hypochonder anführen, der nach einem kleinen Schnitt in den Finger durch die exzessive Beachtung des Schmerzes ihn noch steigert. Oder aber der Gourmet, der seine Delikatessen genießt. Die Frage ist nun, wie die Beziehung zwischen Emotionen und diesen Arten von Aufmerksamkeit ist. Die Emotionen können durchaus Objekt einer „schlichten Beachtung“ werden, etwa wenn wir merken, dass wir Scham empfinden. In einigen Fällen können Emotionen sogar Gegenstand einer „qualitativen Beachtung“ sein, zum Beispiel wenn ich merke, dass meine Freude sehr groß und mit einem Lustgefühl verbunden ist. Diese Arten von Beachtung können vollzogen werden, ohne dass dabei notwendigerweise die Emotion vergegenständlicht und so zerstört würde. Eben das ist hingegen bei der „analysierenden Beachtung“ der Fall: „Wenn ich das Gefühl zu beobachten suche, verfliegt es, und ich erfasse nichts als bestimmte Körperempfindungsinhalte, die das Gefühl zu begleiten pflegen – ich bekomme etwa das Sichzusammenschnüren der Brust zu fassen oder die unangenehmen Empfindungen im Kehlkopf, aber das Gefühl selbst in seiner eigentlichen gefühlsmäßigen Beschaffenheit entzieht sich der analysierenden Beobachtung im Moment aktuellen Erlebens.“[16] Wenn ich vor Wut „koche“ und versuche, meine Aufmerksamkeit auf diese Emotion selbst zu richten und die Wut selbst zu analysieren und in Teilmomente aufzugliedern, dann wird sie mit hoher Wahrscheinlichkeit „verschwinden“ – mit Husserls Worten: Die Wut „verraucht“[17].

Das letzte Unterscheidungsmerkmal zwischen Empfindungen und Emotionen betrifft ihre Unterworfenheit unter den Willen. Empfindungen und Gefühlsempfindungen können ausgeschaltet werden, vitale Gefühle sind eher schwierig auszuschalten, und Emotionen kann man nicht willkürlich loslassen. Kevin Mulligan hat mit Hilfe des letzten Kriteriums der Bezogenheit auf den Willen eine Unterteilung der „Gefühle“ in „localised feelings, non-localised feelings, and two sorts of emotions“ durchgeführt.[18]

Das Ergebnis seiner Abgrenzung ist, dass die Gefühlsempfindungen in der Tat Empfindungen sind. Sie sind nicht eine neue Gattung zwischen Emotionen und Empfindungen (Titchener), auch keine besondere Sorte von Emotionen (Brentano[19]), noch weniger eine

---

[15] C. Stumpf, *Gefühl und Gefühlsempfindung*, a.a.O., S. 116.

[16] M. Geiger, „Das Bewusstsein von Gefühlen“, a.a.O., S. 134.

[17] E. Husserl, *Ideen I,* a.a.O., S. 146. Husserl behauptet dies offenkundig unter dem Einfluss Geigers. Vgl. A. Métraux, „Edmund Husserl und Moritz Geiger“, in: E. Avé-Lallemant/H. Spiegelberg (Hg.), *Pfänder-Studien*, Den Haag 1982, S. 139–157. Nach Geiger modifiziert die Reflexion die Gefühle. Nach Husserl ist diese Modifikation der Gefühle durch Reflexion nichts anderes als die Modifikation, die andere Akte durch die Reflexion erfahren. Derart ist die Analyse der Emotionen mittels Reflexion nicht stärker kompromittiert als die Analyse anderer Akte.

[18] K. Mulligan, „The Spectre of inverted Emotions and the Space of Emotions“, in: *Acta Analytica* (1998), S. 89–105.

[19] Sinnliche Lust und Schmerz sind nach Brentano Affekte und gehören insofern zur dritten Klasse psychischer Phänomene. Da Stumpf und Husserl sinnliche Lust und Schmerz als Empfindungen verstehen und sie aufgrund ihres Mangels an Intentionalität nicht zu den Emotionen rechnen, wird die Lehre Brentanos von beiden Autoren kritisiert. Vgl. C. Stumpf, *Gefühl und Gefühlsempfindung*, a.a.O., S. 106ff.

Eigenschaft der Empfindungen, wie die sog. „Gefühlstontheorien“[20] postulieren. Die Klasse der Empfindungen im Allgemeinen unterscheidet sich von der Klasse der Emotionen wesentlich nach Lokalisierbarkeit, Intentionalität, Leibbezogenheit, Aktualität, Dauer, analysierender Beachtbarkeit und Unterworfenheit unter den Willen.

4.3. Wahrnehmung

Einige aktuelle Theorien postulieren, dass die Emotionen spezielle Wahrnehmungen sind. So vertreten etwa Sabine Döring und Christopher Peacocke die These, die Emotionen seien eine besondere Sorte sinnlicher Wahrnehmungen: Wahrnehmungen mit einem „Empfindungsaspekt“[21]. Demnach ist „eine Emotion [...] ein aktualer, bewusster Zustand mit einem bestimmten Affekt und einer bestimmten Art von intentionalem, nämlich repräsentationalem Inhalt“[22]. Das tatsächliche Verhältnis von Emotion und Wahrnehmung zu prüfen, ist daher Zweck der nachfolgenden Ausführungen.

Zwischen Emotionen und Wahrnehmungen gibt es sehr wohl Analogien, die vielleicht zur gelegentlichen Gleichsetzung der ersteren mit den letzteren beigetragen haben. So haben beide einen Inhalt, beide haben Bedingungen von Richtigkeit und Falschheit, beide lassen sich durch phänomenale Qualitäten charakterisieren, und wie de Sousa, Tappolet und andere bemerken[23], vermitteln beide uns Information über die Umgebung. Trotz der Analogien gibt es jedoch zwischen Emotionen und Wahrnehmungen deutliche Unterschiede.

---

[20] Nach den Gefühlstontheorien besitzen die Empfindungen die Eigenschaften der Intensität, der Qualität und des Gefühlstons, der zwischen Lust und Unlust schwankt. Die Gefühlstontheorie wird allerdings 1893 von Külpe endgültig widerlegt (vgl. O. Külpe, *Grundriss der Psychologie*. Leipzig, 1893, S. 233f.), und zwar mit folgenden drei Argumenten: Erstens weist Külpe darauf hin, dass an dem Gefühl selbst weitgehend die gleichen Eigenschaften unterschieden werden können wie an der Empfindung, nämlich Qualität, Intensität und Dauer. Soll nun das Gefühl als Träger jener Eigenschaften eine Eigenschaft der Empfindung sein, ebenso wie Intensität und Qualität, dann müsste „zum mindesten [...] das Gefühl als eine Eigenschaft ganz anderer Ordnung aufgefasst werden, wozu keine Veranlassung vorliegt“ (ebd., S. 233). In solchem Fall könne man dann genauso gut die Empfindung als Eigenschaft des Gefühls betrachten. Zweitens sollen die Eigenschaften der Empfindung notwendige Eigenschaften sein, so dass die Empfindung verschwindet, wenn auch nur eine der Eigenschaften der Empfindung verschwindet. Unter der Voraussetzung kann aber das Gefühl keine Eigenschaft der Empfindung sein, denn „wir können sehr wohl den sog. Gefühlston verschwinden lassen, ohne damit die Empfindung selbst zu vernichten“ (ebd.). Drittens ist die Empfindung laut Külpe durch die Eigenschaften der Qualität, Intensität, Dauer und Ausdehnung vollständig bestimmt. Das der Empfindung beigelegte Gefühl ist somit nicht zu ihrer Bestimmung notwendig und kann insofern nicht den gleichen Status wie die genannten Eigenschaften haben. „Die Empfindung ist also allerdings etwas neben oder außer dem vorhandenen oder fehlenden Gefühl [...].“ (Ebd., S. 234.)

[21] S. A. Döring/C. Peacocke, „Handlungen, Gründe und Emotionen“, a.a.O., S. 95.

[22] Ebd., S. 92.

[23] R. de Sousa, *The Rationality of Emotion*, a.a.O., S. 149.

Den Emotionen ist stets eine bestimmte leibliche Grundtönung eigen. Wenn ich neidisch auf jemanden bin, fühlt sich das negativ am Leib an, umgekehrt strahlt die Freude stets eine Positivität aus. Schon auf den ersten Blick ist es eindeutig, dass bei der Wahrnehmung eine solche Gegensätzlichkeit nicht zu finden ist. Die Problematik des Aspekts des leiblich Gefühlten veranlasst Döring und Peacocke zu der Behauptung, die Emotionen seien Wahrnehmungen mit einem „Empfindungsaspekt". Doch damit zerlegen sie die Emotionen in vermeintliche Teilkomponenten (Wahrnehmung und Empfindung). Und außerdem bleibt ungeklärt, was unter dem „Empfindungsaspekt" zu verstehen ist.

Ein weiterer Unterschied besteht darin, dass der Sinn von Akten äußerer Wahrnehmung darin liegt, uns Objekte zu präsentieren, während die Emotionen keineswegs Objekte präsentieren, wenngleich sie sich auch auf Objekte richten.

Ferner benötigt die Wahrnehmung keine kognitive Grundlage, um stattzufinden, während die Emotionen eine kognitive Basis benötigen. Döring und Peacocke zeigen so auch nicht wirklich, dass Emotionen Wahrnehmungen sind, sondern lediglich, dass *einige* Emotionen auf Wahrnehmungen gründen.

Darüber hinaus gilt: Während die Wahrnehmung immer mit einem gleichzeitigen analysierenden Beachten der Wahrnehmung in der Reflexion vereinbar ist, gilt das nicht für die Emotion, denn sie schließt – wie gezeigt – die analysierende Beobachtung ihrer selbst im Moment des Erlebens aus. Husserl sagt diesbezüglich explizit: „Die äußere Wahrnehmung [...] ‚verraucht' nicht durch Reflexion, ihr allgemeines Wesen und das Wesen der ihr allgemein zugehörigen Komponenten und Wesenskorrelate können wir im Rahmen der Originarität studieren ohne besondere Bemühungen um Herstellung der Klarheit."[24]

Ein letzter Unterschied ergibt sich aus der Möglichkeit, die entsprechenden Akte willkürlich zu kontrollieren. So kann ich etwa einen Tisch sehen, mich dann von ihm abwenden oder die Augen schließen und somit aufhören, ihn zu sehen, und ihn dann zuletzt wieder anschauen. Bei den Emotionen hingegen ist eine derartige willentliche Variation nicht möglich. Ich kann nicht auf jemanden neidisch sein, mich dann entschließen, es nicht mehr zu sein, und auch tatsächlich dadurch damit aufhören, und dann am Ende durch einen weiteren Entschluss wieder neidisch werden. Die Emotionen entziehen sich weitgehend unserer Kontrolle, man kann sich von seinen Gefühlen nur schwerlich entfernen oder sie beherrschen und lenken. Wir werden in einem gewissen Maße von den Emotionen „erobert". Es scheint, als ob Gefühle in einer viel stärkeren Beziehung zum Ich stehen als Wahrnehmungen und andere Akte des Ich. Gefühle kann man nicht erzeugen, wie man Wahrnehmungen zustande kommen lassen kann.[25]

So können die Emotionen prinzipiell nicht auf Wahrnehmungen zurückgeführt werden. Auf diese Einwände mögen Anhänger der gegenteiligen Auffassung antworten, Emotionen seien eben eine „sehr besondere" Sorte von Wahrnehmungen und somit dennoch ursprünglich. Aber wenn sie so sonderbare Wahrnehmungen sind, dass die Einwände nicht treffen, warum sollte man sie dann weiter unter die Klasse der Wahrnehmungen subsumieren?

---

24 E. Husserl, *Ideen I*, a.a.O., S. 146.

25 Vgl. hierzu ebd.

Der Vollständigkeit halber sei hier noch auf die James/Lange-These eingegangen, nach der sich Emotionen auf die Wahrnehmung körperlicher Veränderungen oder von Organempfindungen reduzieren lassen. Zwar ist es möglich, dass Emotionen mit einer vorherigen Wahrnehmung körperlicher Veränderungen auftreten, doch gilt das nicht für alle Emotionen, und die Emotionen als solche können auch in diesen Fällen nicht auf solche Wahrnehmungen zurückgeführt werden. Ein schlichtes Argument kann die Unzulänglichkeit jener Bestimmung der Emotionen zeigen: Die Definition ist nicht umkehrbar, denn wenn die Emotionen Wahrnehmungen körperlicher Veränderungen sein sollten, müsste immer noch zugestanden werden, dass nicht alle Wahrnehmungen von körperlichen Veränderungen Emotionen sind.

Ferner können die Emotionen deswegen nicht Wahrnehmungen körperlicher Veränderungen sein, weil sonst – wie Carl Stumpf bemerkt hat – „die Affecte nach Intensität, Qualität und zeitlichem Verlauf mit den Empfindungen, durch die sie definiert werden, zusammenfallen [müssten]“[26]. Das ist jedoch nicht der Fall. Was die *Dauer* betrifft, so zeigt die Existenz von virtuellen Emotionen, dass Emotionen viel länger andauern können als die entsprechenden Wahrnehmungen von Empfindungen. Eine Emotion kann jahrelang existieren, ohne dass deswegen auch die körperlichen Änderungen jahrelang stattfinden müssen, oder es kann eine Emotion gegeben sein, ohne dass ich ihrer gewahr werde. Für diese Fälle von virtuellen und inaktuellen Emotionen kann jene Theorie nicht aufkommen. Zudem spricht gegen sie die Tatsache, dass die Emotionen manchmal nach, manchmal während und manchmal vor der Wahrnehmung der körperlichen Veränderungen auftreten (wie zum Beispiel beim Erschrecken, wo erst die Emotion auftritt und dann die Wahrnehmung der körperlichen Veränderung). Was die *Intensität* anbelangt, so zeigt sich, dass starke Emotionen – wie etwa ethische und ästhetische Emotionen – manchmal gar keine körperlichen Manifestationen haben. Was die *Qualität* angeht, so müsste es nach der hier zur Disposition stehenden Theorie der Fall sein, dass ähnliche Emotionen mit ähnlichen körperlichen Veränderungen einhergehen. Es zeigt sich jedoch, dass mitunter sehr verschiedene Emotionen mit ähnlichen körperlichen Änderungen einhergehen: So „ist die Freude des Feinschmeckers, der eine gute Sorte entdeckt hat, und die des Stilisten, dem ein schöner Satz gelungen, eine qualitativ verschiedene Freude, während die körperlichen Erscheinungen und selbst das Mienenspiel kaum zu unterscheiden sind“[27]. Ebenso können eine heftige Freude und ein starker Zorn sehr ähnliche körperliche Änderungen mit sich bringen, und dennoch handelt es sich um zwei verschiedene Emotionen.

Ein weiterer Einwand gegen die Reduktion der Emotionen auf Wahrnehmungen körperlicher Veränderungen ergäbe sich aus dem Versuch, das emotionale Objekt unter den Bedingungen der James/Lange-Hypothese zu untersuchen. Tatsächlich wird nach dieser Definition die Emotion als Wahrnehmen eines Körperzustandes aufgefasst, so dass das Objekt der Emotion mit dem Objekt des Wahrnehmens identisch sein muss, d.h. das Objekt der Emotion ist der Körperzustand selbst. Nun ist das Objekt der Emotion aber offenkundig etwas anderes als ein entsprechender Körperzustand. Der Neid auf einen Menschen hat als Objekt jenen Menschen selbst und nicht die körperlichen Änderungen,

---

[26] C. Stumpf, *Gefühl und Gefühlsempfindung*, a.a.O., S. 39.

[27] Ebd., S. 43.

die mit dem Neid auftreten. Aus all diesen Gründen ist die Möglichkeit der Reduktion der Emotionen auf Wahrnehmungen jeglicher Art ausgeschlossen.

4.4. Urteil und Werturteil

Bei der vorherigen Abgrenzung hat sich gezeigt, dass die Emotionen die Situationen, in denen sie stattfinden, in einem gewissen Sinne überschreiten können. Eben darin besteht diejenige Eigenschaft der Emotionen, durch die sie sich von den Empfindungen und Wahrnehmungen unterscheiden und sich den Denkakten annähern, nämlich dass die Emotionen nicht nur punktuell und bei Vorhandensein eines bestimmten Reizes bestehen können. So können die Emotionen genau wie die Denkakte erneut aktuell werden: auf die gleiche Art, wie eine Idee noch einmal gedacht oder ein Urteil noch einmal gefällt werden kann, kann eine Emotion noch einmal gefühlt werden. Allerdings darf die Feststellung einer Ähnlichkeit nicht zu falschen Schlüssen führen. Nichts liegt dem Zweck meiner Untersuchung ferner als der Versuch, die Emotionen auf solche Denkakte zurückzuführen. Ganz im Gegenteil: Die Unmöglichkeit, Emotionen auf Urteile zu reduzieren, und die Verbindung, in denen beide Phänomene auftreten, sollen hier gezeigt werden.

Dafür ist ein kurzer Blick auf die Theorien erforderlich, die die Emotionen auf Urteile (Solomon) oder Werturteile (Nussbaum) reduzieren, bzw. ein Blick auf „Belief-Desire"-Theorien. Die bekannteste Theorie der Emotionen als Urteile ist die von Solomon. Nach ihm gilt: „My shame is my judgement to the effect that I am responsible for an untoward situation or incident."[28] Er postuliert, die Scham sei selbst ein Urteil. Für Nussbaum sind die Emotionen Werturteile, weil sie uns Informationen über die Welt vermitteln. Nussbaum schreibt: „[E]motions are forms of evaluative judgement that ascribe to certain things and persons outside a person's own control great importance for the person's own flourishing."[29] Nussbaum selbst bezeichnet ihren Ansatz als „cognitive-evaluative", weil für sie die Emotionen immer Denken implizieren.

An diesen Ansätzen ist problematisch, dass sie die Leiblichkeit der Emotionen nicht berücksichtigen. Es gibt einen wesentlichen Unterschied zwischen Emotionen einerseits, Urteilen und Werturteilen andererseits: Letztere werden nicht am Leib gespürt, sie erobern uns nicht leiblich. Wenn wir Emotionen auf solche Phänomene zurückführen, vergessen wir einen wesentlichen Aspekt derselben: ihr Vermögen, unseren Leib zu betreffen.

Diese Theorien können außerdem dem „Mr. Spock complaint", den Peter Goldie[30] gegen sie entwickelt hat, nicht entkommen. Wenn wir uns ein Wesen vorstellen können, das fähig sein soll, rationale Urteile oder Kombinationen von Urteilen und Wünschen zu haben, ohne dabei emotional zu sein, so bedeutet dies, dass die Emotionen nicht auf

---

28 Solomon, R., *The Passions*, a.a.O., S. 126.

29 M. Nussbaum, *Upheavals of Thought*, a.a.O., S. 22.

30 P. Goldie, *The Emotions*, a.a.O., S. 50.

solche Phänomene zurückgeführt werden können. Wir können ein Urteil fällen, ein Werturteil vollziehen, ohne dass die Spur einer Emotion gegeben wäre.

Darüber hinaus ist es für jene Theorien ein Problem, die Emotionen zu erklären, die kein Urteil als Grundbasis haben. Nehmen wir etwa den Ekel. Mein Ekel vor Sahne, der mit einer vergangenen Erfahrung mit diesem Nahrungsmittel zu tun hat, die in Erbrechen endete[31], gründet auf keinem Urteil, sondern auf einer Erinnerung und einer Wahrnehmung. Die These, dass Emotionen Urteile sind, kann nicht auf alle Emotionen angewandt werden, weil dann Emotionen wie der Ekel nicht erklärt werden können.

Jene Theorien vergessen auch, dass man Emotionen aufgrund von Phantasien haben kann. Man kann sich ein Objekt einbilden und dann die Emotion haben, ohne ein Urteil darüber zu fällen.[32] Ich kann mir ein Monster einbilden und dann Angst empfinden. Das ist nicht dasselbe, wie sich die Emotion selbst einzubilden, so wie das bei den Scheinemotionen der Fall ist. Die Angst ist in diesem Fall real, das Objekt nicht. Und die Angst ist weder ein Urteil, noch basiert sie auf einem Urteil.

Ein weiterer Einwand gegen jene Theorien ist der, dass es möglich ist, eine Emotion über ein Objekt zu haben und gleichzeitig ein Werturteil über das Objekt zu formulieren, das der Emotion widerspricht. So kann ich Angst auch dann empfinden, wenn ich eine Situation als nicht gefährlich beurteile. Solche Fälle von „irrationalen Emotionen" stellen eine unlösbare Problematik für die Auffassung von Emotionen als Urteilen dar.

Zuletzt scheint der Urteilsreduktionismus auch zu ignorieren, dass unser Selbst bei den Emotionen viel stärker involviert ist als bei den Urteilen. In den Emotionen wird oft viel über uns selbst offenbart, in den Urteilen, die wir fällen, nicht. Diesen Aspekt hat Pugmire folgendermaßen formuliert: „[W]hile agreeing dispassionately that *p* is indeed a pity involves one to that extent, it does not involve one's mind as a whole in the way that actually *sorrowing* over *p* and the fact that *p* does."[33] Zwar sind wir nicht bei all unseren Emotionen so stark involviert, doch scheint das die Regel zu sein und bildet einen Unterschied zu den Urteilen.

Damit wird deutlich, dass die Emotionen nicht auf Urteile oder Werturteile reduziert werden können. Nun ist es unsere Aufgabe, die Beziehung zwischen beiden Phänomenen zu untersuchen. Meine These lautet: Emotionen beziehen sich im Allgemeinen auf zweifache Art und Weise auf Urteile und Werturteile. So kann es an erster Stelle sein, dass eine Emotion in Verbindung mit einer Kognition – etwa einem bloßen Gedanken oder einem Urteil – entsteht. Man hat insbesondere den Urteilen oft eine große Bedeutung für die Entstehung von Emotionen zugeschrieben, auch in der phänomenologischen Tradition, so z.B. in der Theorie Brentanos, wo die Emotionen immer Vorstellungen und Urteile voraussetzen. Auch Carl Stumpf folgt Brentano, indem er behauptet, dass die Emotionen sich immer auf einen Sachverhalt beziehen. Der Sachverhalt ist für Stumpf der Inhalt eines Urteiles.[34] In der analytischen Philosophie seit Kenny wird ebenfalls postuliert, dass

---

31 Griffiths liefert empirische Befunde über solche Fälle. P. Griffiths, *What Emotions really are*, a.a.O., S. 28.

32 Im selben Sinne formuliert auch Griffiths diese Kritik. Vgl. ebd., S. 29.

33 D. Pugmire, *Sound Emotions*, a.a.O., S. 16.

34 C. Stumpf, *Gefühl und Gefühlsempfindung*, a.a.O., S. XIII.

die Emotionen auf Urteilen gründen.[35] Die These, dass die Emotionen immer Urteile und Vorstellungen voraussetzen, führt zu einer „Intellektualisierung" der Emotionen. Zwar gründen einige Emotionen auf Urteilen, das gilt aber nicht für alle. Der Neid etwa ist eine Emotion, die auf einem Urteil gründet. So impliziert diese Emotion, wenn ich z.B. wie in unserem Ausgangsbeispiel jemanden beneide, dass ich mich mit diesem Menschen vergleiche und es als ungerecht empfinde, dass er den Preis bekommen hat usw. Würde eines jener Urteile anders ausfallen, würde ich etwa die fragliche Situation als gerecht betrachten, so würde auch mein Neid verschwinden.

Doch nicht alle Emotionen benötigen Urteile als Ausgangspunkt. Emotionen können auch auf Vorstellungen und Wahrnehmungen gründen. Wenn ich mir ein Ungeheuer vorstelle und dann Angst empfinde oder wenn ich verfaultes Essen rieche und Ekel empfinde, liegt kein Urteil vor. Zusammenfassend lässt sich also sagen, dass bestimmte Emotionen – aber nicht alle – auf Urteilen gründen können. Für andere Emotionen ist die Voraussetzung einfach eine Wahrnehmung oder eine Vorstellung oder eine Erinnerung. Als kognitive Basis der Emotionen können also nicht nur Urteile, sondern auch Vorstellungen, Wahrnehmungen, Erinnerungen usw. dienen. Diese These steht im Gegensatz zu heute herrschenden Ansätzen, die dazu neigen, die Emotionen zu intellektualisieren, indem sie immer ein Urteil als Grundlage postulieren.

An zweiter Stelle kann eine Emotion Quelle von Urteilen sein, *in concreto* von Werturteilen. So können Emotionen Urteile erzeugen, die den Wert von Gegenständen betreffen. Unser Beispiel des Neides auf jemanden, der einen Preis erhalten hat, kann das veranschaulichen. Ich tröste mich damit, dass ich mir sage, der Preis sei eigentlich gar nicht so toll gewesen. Dieses Werturteil wird durch die Emotion des Neides motiviert. Die These, dass Emotionen die Quelle von Werturteilen sein können, impliziert dabei, dass man die Emotionen auch nicht mehr einfach als den Denkakten entgegengesetzte Phänomene betrachten kann. Eine künstliche Trennung zwischen Emotionen und Verstand wird somit überwunden. Die Emotionen sind nach solcher Auslegung nicht mehr diejenigen störenden Phänomene, die die Denkakte verwirren, sondern selbst Grundlage derselben und damit auch ein für die Ethik bedeutsames Element. Ohne emotionales Leben ist auch kein rationales Leben möglich. Das schließt natürlich nicht aus, dass die Emotionen manchmal das Denken stören.

4.5. Phantasie und Wunsch

Im nun folgenden Abschnitt geht es darum, die Gemeinsamkeiten, Unterschiede und wechselseitigen Beziehungen zwischen Emotionen, Phantasie und Wunsch herauszuarbeiten. Die Emotionen können zusammen mit Phantasien und Wünschen auftreten. Was die Phantasien angeht, so kann man sich etwa im Fall des Neides vorstellen, dass der Beneidete Demütigungen erlebt, sein Unwert öffentlich erkannt wird usw. Solche Phantasien können explizit in Tagträumen und Träumen auftreten oder eher als Dispositionen gegeben sein,

[35] A. Kenny, *Action, Emotion and Will,* a.a.O., S. 195.

die uns eine Zeit lang veranlassen, uns etwas Bestimmtes vorzustellen. Die Emotion kann ein natürliches Ende in diesen Phantasien finden, in dem Fall hat sich dann die Emotion in der Phantasie „entladen".[36] Es kann aber auch sein, dass es durch den Kontrast solcher Phantasien mit der Wirklichkeit zu einer Verstärkung der Emotion kommt. Die Kraft dieser Phantasien, selbst die Emotionen mitzugestalten und ihren zeitlichen Verlauf zu beeinflussen, wird damit deutlich. Was zum anderen die Wünsche angeht, so kann ich ersehnen, dass ich die Person sei, die den Preis gewinnt. Diese Wünsche können genauso wie die Phantasien ein natürliches Ende oder auch eine Nahrungsquelle der Emotionen sein. Wenn ich mir im obigen Beispiel wünsche, ich selbst bekäme den Preis, dann kann der Wunsch durch den Kontrast zu meinem Bewusstsein der Realität meinen Neid noch verstärken.

Die Verbindungen mit Phantasien und Wünschen zeigen sich nicht nur bei aktuellen, sondern auch bei virtuellen Emotionen. Ich kann merken, dass ich verliebt bin, weil ich mir fortwährend verschiedene Situationen mit der geliebten Person vorstelle oder weil ich den Wunsch verspüre, mit ihr zusammen zu sein. Oder ich merke, dass ich jemanden hasse, weil ich Phantasien über verschiedene Varianten seines Unglücks habe oder den Wunsch verspüre, dass er Leid fühle. All jene Phantasien und Wünsche zeigen mir eine Emotion an, die von mir zunächst nicht direkt wahrgenommen wurde.

Dass eine Emotion etwas anderes ist als eine Phantasie, scheint klar zu sein. Allerdings haben manche Philosophen in jüngerer Zeit versucht, Emotionen auf Wünsche oder auf Kombinationen von Wünschen und anderen Elementen zurückzuführen, wie etwa die „Belief-desire"-Theoretiker. Diese Möglichkeit kann jedoch ausgeschlossen werden, obgleich es sich auch hier wieder um Phänomene handelt, die in einem Sinnzusammenhang auftreten können. Das wird deutlich, wenn man einerseits die Eigenschaften erörtert, die von Emotionen und Wünschen geteilt werden, und andererseits diejenigen, die beide Phänomene trennen.

Ich wende mich zunächst den Gemeinsamkeiten zu. Sowohl die Wünsche als auch die Emotionen können erlebt oder virtuell sein. Es gibt virtuelle Emotionen und virtuelle Wünsche, d.h. solche, die existieren, ohne wahrgenommen zu werden. Darüber hinaus teilen sowohl erlebte und virtuelle Emotionen als auch erlebte und virtuelle Wünsche die Fähigkeit, unser Handeln zu motivieren. Mein erlebter Neid kann mich dazu motivieren, über jemanden zu lästern; ebenso der erlebte Wunsch, ihn zu demütigen. Meine virtuelle Verachtung kann mich dazu motivieren, die Gegenwart von jemandem zu meiden. Mein virtueller Wunsch, reich zu werden, motiviert Handlungen, die der Realisierung des Wunsches entsprechen.

Jedoch gibt es zwischen Emotionen und Wünschen auch prinzipielle Unterschiede. Während die Emotionen sich auf ein Seiendes richten, das vergangen, gegenwärtig oder zukünftig ist – letzteres zum Beispiel im Fall der Vorfreude –, richten sich die Wünsche auf ein Seinsollendes. Dieser Tatbestand führt gleichzeitig noch auf einen anderen Unterschied. So sind die Emotionen strebungslos und zielen nicht auf etwas, „was man noch nicht hat, weil also zu ihrem Wesen kein Moment des unbefriedigten

36 Mit „Entladung" ist dann gemeint, dass der Verlauf der Emotion ein Ende in diesen Phantasien findet, nicht aber, dass der emotionale Druck in solchen Phantasien vermindert wird. Vgl. E. Stein, *Zum Problem der Einfühlung*, a.a.O., S. 58.

Drängens gehört“[37]. Dagegen sind die Wünsche mit dem Streben nach der Verwirklichung des Gewünschten verbunden: „Jedes Streben enthält in sich als Wesensmerkmal ein stetig erneuertes Drängen mit unerfüllter Öffnung auf Befriedigung.“[38] Hier kann behauptet werden, dass Emotionen und Wünsche in vielerlei Weise aufeinander bezogen sein können, jedoch nicht aufeinander zu reduzieren sind.

Bevor ich meine Analyse weiterführe, möchte ich kurz eine andere Form der Reduktion kritisch kommentieren: die Möglichkeit, dass die Emotionen ihren geschichtlichen Ursprung einem Wunsch verdanken. Diese These, die Anhänger in der psychoanalytischen Richtung findet, wird heute von Richard Wollheim vertreten.[39] Obwohl sie für einige Emotionen zutreffen kann, gilt sie doch sicher nicht für alle. Wenn ich traurig bin, weil jemand gestorben ist, steht kein Wunsch am Anfang der Emotion.

Daher seien hier Einwände gegen Wollheims These formuliert. Man kann behaupten, wenn ich wegen eines Todes traurig bin, liege in einem gewissen Sinne der Wunsch vor, dass der andere lebt. Mit solchen Erklärungen aber könnten wir sehr viele psychische Vorkommnisse, die nicht Emotionen sind – etwa ein bloßes Denken über etwas –, geschichtlich auf Wünsche reduzieren, was nicht zugunsten eines solchen Erklärungsprinzips des Ursprungs der Emotionen spricht. Ich finde es ferner problematisch, dass die Emotionen stets von einem ursprünglichen Wunsch abgeleitet werden sollen. Obwohl die Erklärung Wollheims für einige Emotionen zutreffen mag, ist das nicht für alle Emotionen der Fall, denn er scheint die gesamte emotionale Energie von den Wünschen abzuleiten, von denen ausgehend dann verschiedene Transformationen stattfinden. Die Emotionen wären so Verwandlungen jener Wünsche und hätten ihren ursprünglichen Impuls von ihnen her. Das ist aber eine metaphysische Hypothese, die einer Sorte von Phänomenen, nämlich den Wünschen, eine außergewöhnliche Kraft zuschreibt gegenüber anderen Phänomenen, die nur abgeleitete Kraft haben. Dahinter verbirgt sich offenbar die Lehre Freuds und die Idee eines „Willens“, der den Impulsen zu seiner Befriedigung folgt – in der Tradition eines Unbewussten, das von Willen und Impulsen beherrscht wird. Damit werden die psychischen Energien, auch die emotionalen, von einer einzigen Quelle abgeleitet und wird den Emotionen ihre Autonomie abgesprochen. Darüber hinaus scheint es mir gegen das Ockham'sche Vereinfachungsprinzip zu verstoßen, ein Vorkommnis wie eine Emotion, das manchmal sehr schnell stattfindet, durch eine Verkettung von biographischen Phänomenen zu erklären, an deren Anfang ein „desire“ steht.

An Wollheims Ansicht ist auch problematisch, dass er den Emotionen die motivierende Kraft raubt, denn die Möglichkeit der Motivation von Handlungen wird bei ihm nur für Wünsche postuliert. Nach Wollheim motivieren die „Emotionen [...] zu nichts. Motivation ist die Voraussetzung für Wünsche, und jede Verbindung zwischen Handlungen und Emotionen ist stets indirekt, wie wir bei der Betrachtung der charakteristischen Entstehungsgeschichte einer Emotion bereits gesehen haben.“[40] Wenn die Emotionen nicht

---

[37] C. Stumpf, *Gefühl und Gefühlsempfindung*, a.a.O., S. 28. Im selben Sinne auch A. Pfänder, *Zur Psychologie der Gesinnungen*, I. Teil, a.a.O., S. 26 und 27.

[38] Ebd.

[39] R. Wollheim, *Die Emotionen*, a.a.O., S. 32.

[40] R. Wollheim, ebd., S. 107 und auch S. 159

motivieren können, dann führt das außerdem dazu, dass die Emotionen vom rationalen Handeln getrennt werden. (Wollheim versucht die Verbindung der Emotionen mit rationalem Handeln auf andere Weise herzustellen.) Um die beiden letzten Punkte genauer zu widerlegen, muss gezeigt werden, wie die Emotionen als Motivationen fungieren können und inwiefern sie keine störenden Elemente des rationalen Handelns sind. Das verlangt eine Analyse des Wollens.

4.6. Wollen

Ein anderes Phänomen, mit dem die Emotionen oft gemeinsam auftreten, ist das Wollen. Um auch hier zu einer entsprechenden Abgrenzung beider Phänomene zu kommen, werde ich die Emotionen vom Wollen und dieses selbst wiederum vom Wünschen unterscheiden. Herausgearbeitet wird dabei die konkrete Beziehung zwischen Emotion und Wollen. Dazu werde ich das Phänomen des Wollens zunächst in seine Teilmomente zerlegen, wobei ich mich für meine Argumentation auf einige Thesen Pfänders und Geigers stütze.

Nehmen wir an, jemandes Neid ist so stark, dass er den Willen *setzt* und tatsächlich *vollzieht*, etwas gegen seinen Gegner zu unternehmen, etwa über ihn zu lästern und ihn in Misskredit, in Verruf zu bringen, Rufmord an ihm zu begehen oder ihn gar zu verletzen. Dann sind – so die hier vertretene These – zwei Momente des Wollens zu unterscheiden: die Willenssetzung und das wollende Verhalten. Der Akt der Willenssetzung bedeutet: Man setzt sich ein Ziel und veranlasst sich, es zu verfolgen. Diese Willenssetzung geschieht *immer* bewusst, sie ist von Natur aus immer erlebt und aktuell. Diese These wurde auch von Moritz Geiger vertreten: „Ein Wollen kann niemals entstehen, ohne daß diese Entstehung ins Erleben fällt. Alles Wollen wird bewußt gesetzt.“[41] In diesem Tatbestand liegt der Hauptunterschied zwischen Wünschen und Wollen: Während virtuelle Wünsche unterbewusst unser Handeln motivieren können, kann das Wollen *nur* bewusst gesetzt werden und auf solche Weise unser Handeln motivieren. Das zweite Moment des Wollens ist das *wollende Verhalten*, in dem ein Tun in Bewegung gesetzt wird und man das gesetzte Ziel verfolgt. Es sei hier betont, dass die beiden Momente der Willenssetzung und des wollenden Verhaltens nicht notwendigerweise zusammen auftreten. So ist es durchaus möglich, dass nicht auf jede Willenssetzung ein wollendes Verhalten folgt.[42] Daher mündet nicht jeder Wille, den wir uns gesetzt haben, in ein wollendes Verhalten, und das aus verschiedenen Gründen, im Fall des Neides etwa aus Angst vor einer Strafe oder aus Gründen der Erziehung.

Die Zerlegung des Wollens in zwei Momente ermöglicht nun den Vergleich zwischen Emotionen und Wollen und die Bestimmung der wechselseitigen Beziehung zwischen beiden Phänomenen. Ich wende mich zunächst den Gemeinsamkeiten zwischen Emoti-

---

41 M. Geiger, *Fragment über den Begriff des Unbewußten und die psychische Realität*, a.a.O., S. 105.

42 Darüber hinaus ist „nicht all unser Wollen auf Handlungen gerichtet“, es gibt ein Wollen, das auf ein Sein gerichtet ist und somit ein unaktiviertes Wollen bleibt. Vgl. M. Geiger, ebd., S. 115.

onen und Wollen zu. Genauso wie bei den Emotionen ist es beim Wollen durchaus möglich, dass das wollende Verhalten – *und nur das wollende Verhalten und nicht die Willenssetzung* – virtuell existiert.[43] Nachdem die Willenssetzung in einer ersten Phase gesetzt wurde, kann das wollende Verhalten weiter bestehen, ohne dass dafür immer neu ein Wille gesetzt bzw. die Willenssetzung erneuert werden müsste. Also ist das Wollen eine reale Kraft, die nicht zu existieren aufhört, wenn sie nicht bewusst ist. Hat etwa die betreffende Person im obigen Fall des Neides mit dem wollenden Verhalten angefangen, das darin besteht, über jemanden zu lästern, so muss sie nicht bei jeder Chance zur Erniedrigung des Anderen, die sich ihr bietet, einen neuen Willen setzen, um ein neues wollendes Verhalten in Gang zu bringen. Dieses wollende Verhalten existiert in den Zwischenphasen weiter, in denen das Wollen nicht bewusst ist; auch wenn die Person mit anderen Sachen beschäftigt ist und nicht daran denkt, den anderen zu diskreditieren. Und wenn die Person den Willen noch einmal erlebt, dann ist das nicht als Erinnerung an eine Willenssetzung zu verstehen. Es ist nicht so, dass sie sich daran erinnert, dass sie den Anderen diskreditieren will und die Erinnerung ihr Wollen aktiviert, und auch nicht so, dass die Erinnerung noch einmal das Wollen neu erschafft. Vielmehr „will" die Person den Anderen fortwährend in Verruf bringen, aber nur ab und zu denkt sie daran.[44]

Ebenso wie die Emotionen kann ein wollendes Verhalten ferner – und noch einmal nur das wollende Verhalten und nicht die Willenssetzung – inaktuell erlebt sein. Das ist der Fall, wenn jemand den Plan verfolgt, einen anderen zu diskreditieren, und mit dessen Chef über ihn lästern will. Er macht sich auf in Richtung des Chefbüros, trifft jedoch unterwegs eine Freundin und redet mit ihr über seinen letzten Urlaub. Das Gespräch schiebt sein Wollen in den Hintergrund, er ist nun abgelenkt. Als aktuelle Erlebnisse treten jetzt die Erinnerungen an den Urlaub in den Vordergrund, während das Wollen im Modus der Inaktualität weiter erlebt wird. Ist das Gespräch beendet, so mag die Person weiter ihres Weges in Richtung Chefbüro gehen, ohne dass es hierfür nötig wäre, einen entsprechenden Willen erneut zu setzen.

Mit diesen Gemeinsamkeiten zwischen Emotionen und dem zweiten Moment des Wollens bzw. dem wollenden Verhalten scheint Brentanos Frage wieder aktuell zu werden, ob Emotionen und Willensakte dieselbe Art von Phänomen sind und zwischen ihnen nur ein gradueller und unwesentlicher Unterschied besteht. Um die Kritik, die einer solchen These bereits entgegengebracht wurde, noch zu verstärken, wende ich mich nun den Unterschieden zwischen besagten Phänomenen zu.

Zunächst möchte ich hervorheben, dass der Wille, obwohl das wollende Verhalten untererlebt fortexistieren kann, immer bewusst gesetzt werden muss, denn kein Zweck kann gesetzt werden, ohne dass es hiervon ein Bewusstsein gibt. Wir können nicht einen *Entschluss* fassen, etwa jemanden zu diskreditieren, ohne dass uns der Entschluss bewusst wird.[45] (Ich kann jemanden kritisieren, ohne den Entschluss gefasst zu haben, ihn zu kritisieren, aber wenn ich den Entschluss fasse, dann geschieht dies bewusst.) Das Wollen impliziert demnach eine Reihenfolge von Akten: Es muss zunächst ein Zweck in der

43 In dieser Hinsicht etwa Geiger: „Es gibt unerlebtes wollendes Verhalten." M. Geiger, ebd., S. 109.

44 In einem ähnlichen Sinne vgl. M. Geiger, ebd., S. 119.

45 Ebd., S. 105.

Vorstellung präsent sein, der dann im Akt der Willenssetzung gesetzt wird. Das Wollen ist somit niemals blind, sondern wir haben immer ein Bewusstsein vom Gewollten.[46] Erst danach kann ich aktiv diesen Zweck verfolgen. Im Gegensatz zum Wollen können die Emotionen nach meiner Auffassung virtuell entstehen, denn sie sind nicht bewusst gesetzt.

Ferner hat das Wollen in seinen zwei Momenten keine Grundtönung, so dass wir nicht zwischen positiven und negativen Willensakten unterscheiden können. Zu den Emotionen gehört hingegen sehr wohl eine elementare Grundtönung, die es uns erlaubt, sie in positive und negative oder manchmal auch neutrale aufzuteilen, je nachdem, wie man sie fühlt, also nach ihrer hedonistischen Valenz. Wollte man auch im Bereich des Wollens eine Gegensätzlichkeit festmachen, so müsste man zumindest anerkennen, dass es eine andere Gegensätzlichkeit als die emotionale ist. Im Bereich des Wollens liegt die Gegensätzlichkeit nicht im Wollen selbst, sondern in dem, worauf das Wollen hinstrebt.[47]

Sind somit die Emotion und das Wollen zwei verschiedene Phänomene, so bleibt doch die Beziehung zwischen beiden zu klären. Wenn ich neidisch bin und dieser Neid mich dazu bringt, über jemanden zu lästern, welche Beziehung gibt es dann zwischen Neid und Wollen? Im Kapitel über Brentano habe ich bereits angedeutet, dass die Beziehung als eine motivationale aufzufassen ist, ohne dabei Weiteres über das Phänomen der Motivation zu sagen. Hier soll nun die besagte Möglichkeit genauer herausgearbeitet werden. Daher werde ich mit Alexander Pfänders Definition der Motive und der Motivation arbeiten. Obgleich Pfänder die Emotionen nicht als Motive versteht, werde ich im Folgenden zeigen, wie sie als Motive fungieren können.

Dass mein Neid ein Motiv für mein Wollen ist, heißt nicht, dass er als Ursache desselben aufgefasst werden kann. Motiv ist nicht zu verwechseln mit Ursache.[48] Was ist damit gemeint? Der Unterschied lässt sich m.E. so erläutern: Wenn ich in der physischen Welt einer Kugel einen Schlag versetze, so ist der Schlag die Ursache für die Bewegung der Kugel, in dem Sinne, dass es eine Gesetzmäßigkeit gibt, nach der ein gleichartiger Schlag immer eine gleichartige Bewegung der Kugel zur Folge haben wird. Die Beziehung zwischen Emotion und Wollen im psychischen Bereich ist anderer Natur. Mein Neid verursacht mein Lästern nicht. Er könnte genauso gut andere oder auch gar keine Wollungen entstehen lassen. Würde ferner eine Emotion ein bestimmtes Wollen verursachen, dann wäre das Wollen kein freies mehr, und wir wären in jeder Hinsicht Sklaven unseres emotionalen Lebens, was absolut kontraintuitiv ist.[49] Emotionen *können* insofern mit Strebungen auftreten, was dazu geführt hat, beide Phänomene zu verwechseln, doch nicht notwendigerweise treten sie mit Strebungen auf. Es gibt dann „strebungslose, in ihrem Gegenstand befriedigt ruhende Liebe, Zuneigung und Freundlichkeit“[50].

---

46 A. Pfänder, *Motive und Motivation*, a.a.O., S. 133.

47 A. Pfänder, *Zur Psychologie der Gesinnungen*, I. Teil, a.a.O., S. 26.

48 M. Geiger, *Fragment über den Begriff des Unbewußten und die psychische Realität*, a.a.O., S. 68.

49 A. Pfänder, *Motive und Motivation*, a.a.O., S. 149. Mit Pfänders Worten: „Das Wollen ist seinem Wesen nach phänomenal immer frei.“

50 A. Pfänder, *Zur Psychologie der Gesinnungen*, I. Teil, a.a.O., S. 28.

Ferner kann mein Neid als Motiv auch nicht so interpretiert werden, als bewirke er meine Handlungen in dem Sinne, wie bestimmte Triebe Handlungen bewirken. Wenn ich etwa Hunger habe, versuche ich, an Essen zu gelangen. Die Suche nach Essen wird in einem bestimmten Sinn durch den Hunger bewirkt. Der Zusammenhang zwischen Hunger und Nahrungssuche ist dabei nicht so streng wie der zwischen Ursache und Wirkung im physikalischen Bereich. Er ist jedoch andererseits strenger als der motivationale Zusammenhang zwischen Emotionen und den auf sie folgenden Handlungen. Insofern fungieren die Triebe nicht als Motive.[51]

Die motivationale Beziehung zwischen Emotionen und Wollen kann somit nicht als eine kausale Beziehung oder ein Verhältnis des Bewirkens wie bei den Trieben aufgefasst werden. Somit kommen wir zur bereits erörterten These über die Motivation zurück, nach der die Motivation eine spezifische Beziehung zwischen zwei psychischen Phänomenen ist, die in der materiellen Welt nicht zu finden ist. Sie lässt sich als eine Art Begründungsverhältnis beschreiben, und man kann sagen: Ein Willensakt mitsamt der auf ihn folgenden Handlung wird durch etwas motiviert, wenn dieses Etwas einen Grund für ihn darstellt, d.h. wenn sich der Willensakt aus diesem Etwas heraus erklären lässt, ohne dabei notwendig aus ihm zu folgen.[52] Da die Emotionen in diesem Sinne Gründe für Willensakte und anschließende Handlungen sein *können,* ist hier die These, dass sie genau im beschriebenen Sinn als Motive fungieren *können.* Dieser motivationale Aspekt der Emotionen soll aber als Möglichkeit und nicht als Notwendigkeit interpretiert werden: Die Emotionen *können* als Motive gelten, doch werden sie keineswegs immer als solche wirksam. So gut wie eine Emotion als Motiv fungieren kann, kann sie auch keine Handlung motivieren.

Die Möglichkeit, dass die Emotionen – egal in welchen Gegebenheitsmodi – als Motive fungieren, ist auch von den Analytikern Anthony Kenny[53] und Ronald de Sousa[54] gezeigt worden, wenngleich in einem von meinem Verständnis verschiedenen. Doch nicht alle Philosophen erkennen die besagte Möglichkeit an – zu nennen sind vor allem Wollheim, Goldie, Döring und Peacocke. Die Ansicht, die ich hier entwickelt habe, steht im Gegensatz zur psychoanalytischen Ansicht Wollheims, nach der den Emotionen keine motivierende Kraft zugeschrieben werden kann und nach der zwischen Emotion und Handlung nur eine indirekte Verbindung über Wünsche existiert. Für uns können, genau wie für Wollheim, die Emotionen zwar Wünsche evozieren, aber eben auch als Willensgründe *direkte* Motive des Handelns sein – ohne Wünsche als Vermittler.

Meine Ansicht steht gleichfalls im Gegensatz zu „Belief-desire"-Theorien der emotionalen Handlungen wie etwa der Theorie Peter Goldies. Ihm zufolge motivieren die Emotionen zu Handlungen, weil sie einen „emotionalen Wunsch" und ein Urteil beinhal-

---

[51] A. Pfänder, *Motive und Motivation*, a.a.O., S. 147.

[52] Diese Bestimmungen kann man z.B. bei Pfänder finden (vgl. A. Pfänder, *Motive und Motivation*, a.a.O., S. 144). Dabei verstehen nicht alle Phänomenologen das Phänomen des Motivs in solchem Sinne. So versteht etwa Edith Stein bereits jeden bloß emotionalen Ausdruck als motiviert. Vgl. E. Stein, *Zum Problem der Einfühlung*, a.a.O., S. 58.

[53] Vgl. A. Kenny, *The Metaphysics of the Mind*, Oxford 1989, S. 61.

[54] R. de Sousa, *The Rationality of Emotion*, a.a.O., S. 6 und S. 83.

ten.[55] Nach dieser Ansicht können Emotionen motivieren, weil sie Wünsche beinhalten, denn Wünsche sind nach Goldie, der hierin Wollheim folgt, die einzigen Elemente, die motivierende Kraft haben. Nach meiner Argumentation ist eine solche Annahme unhaltbar. Die Ansicht, die ich hier entwickelt habe, steht auch im Gegensatz zu denjenigen Theorien der Emotionen, nach denen *nur* aktuelle bewusste Emotionen als Willensgründe fungieren können, eine Ansicht, die z.B. von Döring und Peacocke vertreten wird: „Wesentlich [...] ist, dass es sich bei den Emotionen um aktuale Bewusstseinszustände handelt. Nur ein Bewusstseinszustand kann ein Grund dafür darstellen, etwas zu tun."[56]

Meiner Argumentation zufolge können sowohl aktuelle oder inaktuelle als auch virtuelle Emotionen motivieren. Ich sehe keine Notwendigkeit, dass eine Emotion bewusst sein muss, damit sie als Motiv fungieren kann, denn nach der Zerlegung des Wollens in zwei Momente – Willenssetzung und wollendes Verhalten – ist das, was bewusst sein muss, nicht die Emotion als Motiv, sondern die Willenssetzung. Nur letztere muss aktuell erlebt werden, nicht aber die Emotion. Diese These impliziert, dass die Emotionen als Motivationen unerlässlich sind, um Entscheidungen zu treffen und zu handeln. Und hier finden wir nochmals, dass die Emotionen nicht störende Elemente der Entscheidung und des Handelns sind, sondern eher Quellen der Entscheidungsverfahren und des Handelns selbst. Und wenn Emotionen Handlungen motivieren können, können sie durchaus auch Quellen in sich rationalen Handelns sein. Was natürlich nicht ausschließt, dass Emotionen uns manchmal in unserem Handeln verwirren können.

Zuletzt möchte ich noch erwähnen, dass das derart durch Emotionen motivierte Wollen mit der anschließenden Handlung eine weitere Form der Entladung sein kann, mit der die Emotion ihr Ende findet; genau wie es bei der Phantasie, der Reflexion oder dem emotionalen Ausdruck der Fall sein kann.[57]

4.7. Stimmung, Disposition und Charakterzug

Die Emotionen von den Stimmungen, Dispositionen und Charakterzügen abzugrenzen und die Verbindungen zwischen ihnen zu klären, wird die nächste Aufgabe sein. Nehmen wir an, eine Person ist in den Tagen nach einer Neidepisode ziemlich schlecht gelaunt, mürrisch, niedergeschlagen und mutlos. Auf den ersten Blick kann sie nicht ahnen, woher die Stimmungen kommen, da die akute Phase des Neids längst vorbei ist. Doch bei genauerem Hinsehen zeigt sich ihr, dass sie so und so „gestimmt" ist, weil sie vor ein paar Tagen neidisch war. Diese Stimmung kann verschiedene Gründe haben: Entweder ist die Emotion gar nicht verschwunden (inaktuell oder virtuell ist sie noch da, so dass sie leicht noch einmal aktualisiert werden kann) und ruft Stimmungen hervor, oder die Emotion ist verschwunden, jedoch färbt der seelische Zustand der betreffenden Person tagelang weiter ab, und das in Form einer Stimmung; oder aber der Neid fängt an sich

55 P. Goldie, *The Emotions,* a.a.O., S. 23 und Kap. 5.

56 S. A. Döring/C. Peacocke, „Handlungen, Gründe und Emotionen", a.a.O., S. 96.

57 Vgl. E. Stein, *Zum Problem der Einfühlung*, a.a.O., S. 58.

aufzulösen und verwandelt sich dabei in solche Stimmungen. Aus welchem Grund es jeweils auch sei, es bleibt festzuhalten, dass Emotionen leicht in bestimmte Stimmungen versetzen können.

Wie ist es aber genau möglich, dass Emotionen Stimmungen auslösen? Um das zu erläutern, möchte ich auf eine These Steins rekurrieren. Stein behauptet, dass Emotionen „Stimmungskomponenten" beinhalten. Die „Stimmungskomponenten" der Gefühle können sich, ausgehend vom Gefühl, in unserem geistigen Leben verbreiten und uns mehr oder weniger beeinflussen: „Die Stimmungskomponenten können den Gefühlen wesentlich und okkasionell innewohnen, so wie den Farben außer ihren höheren oder niederen Helligkeitsgraden eine spezifische Helligkeit zukommt. So gibt es eine ernste und eine heitere Freude; aber abgesehen davon ist der Freude ein ‚lichter' Charakter spezifisch."[58] Die Analogie zu Farben scheint mir aufschlussreich zu sein, und eine genaue Herausarbeitung kann zu einer Erklärung führen, warum Emotionen uns in Stimmungen versetzen. Farben sind per se Qualitäten und haben unterschiedliche Tonalitätskomponenten, in deren Richtung sie sich wandeln können. So ist etwa die Farbe Silber hell und heiter, aber in Richtung einer noch höheren Helligkeit kann sie zur Farbe Weiß führen und in Richtung einer tiefen Dunkelheit zur Farbe Schwarz. Analoges gilt für Gefühle, die per se auch Qualitäten sind und Stimmungskomponenten haben, in deren Richtung sie wandelbar sind. So tritt der Neid mit Depressions-, Trauer- und Bitterkeitskomponenten auf, ebenso wie mit einer schlechten Laune. Neid kann dann mit diesen und anderen Stimmungen auftreten, zu ihnen hinführen oder sich in sie verwandeln. Jene Komponenten sind also dafür verantwortlich, dass eine gegebene Emotion zu bestimmten Stimmungen führt.

Die Verwandlung von Emotionen in Stimmungen ist reversibel: Stimmungen können auch zu Emotionen führen. Die Analogie mit den Farben kann hier weiter verfolgt werden, insofern sich ein bestimmter Helligkeitsgrad schließlich zu einer bestimmten Farbe verdichten kann. Das geschieht bei den Stimmungen z.B., wenn die schlechte Laune zu Wutanfällen und also zur Wut führt. Eine Situation, die unter normalen Umständen keine Bedeutung hätte, etwa dass einem jemand auf den Fuß tritt, kann einen schlecht gelaunten Menschen in grenzenlose Irritation versetzen. Er überreagiert, weil ihn seine aktuelle Stimmung leicht zu einer bestimmten Gruppe von Emotionen führt: Wut, Zorn, Angst usw. Wenn wir freundlich gestimmt sind, neigen wir hingegen auch zu positiven Emotionen, eine These, die in jüngster Zeit von Peter Goldie so formuliert worden ist: „mood can ‚focus' into emotion and emotion can blur out of focus into mood"[59].

Nun scheint die Verbindung zwischen Emotion und Stimmung geklärt zu sein. Allerdings bleibt dennoch die Aufgabe, die Unterschiede zwischen beiden Phänomenen zu erörtern. Stimmungen und Emotionen sind in zweierlei Hinsicht streng zu unterscheiden. Einen ersten Unterschied kann man so formulieren, dass Stimmungen objektlos sind, während Emotionen sich intentional auf Objekte richten. Scheler und Pfänder drücken das etwa so aus: „[D]ie Stimmungen sind nicht zwischen dem Subjekt, das sich in der Stimmung befindet, und den, diesem Subjekt bewußten, Gegenständen eingespannt, sie haben keine zentrifugale Richtung und keine Strömung vom Subjekt aus auf die Gegen-

[58] Ebd., S. 116.

[59] P. Goldie, ebd., S. 8.

stände hin, sondern sie sind gegenstandslose, zentrale Zuständlichkeiten."[60] Jedoch ist nach der vorherigen Darstellung zu betonen, dass der Unterschied nicht so kategorisch ist und die Grenzen zwischen beiden Phänomene oft permeabel sind, wie Steins These ans Licht gebracht hat. Daher kann man zusammenfassen, dass es sich um einen Unterschied des Grades der Fokussierung oder Konzentration auf ein Objekt handelt und die Grenzen zwischen Emotionen und Stimmungen oft durchlässig sind.

Ein weiterer Unterschied ist der, dass Stimmungen durch körperliche Zustände verursacht werden können: ein Punkt, der oft übersehen worden ist. Sowohl die Phänomenologen als auch andere Forschungsrichtungen haben die Stimmungen als Zustände verstanden, die psychische Grundlagen haben. Damit haben sie aber übersehen, dass Stimmungen auf körperlichen, physiologischen Zuständen und Empfindungen gründen können.[61] Als Beispiel für ersteren Fall mag der Hunger gelten, der oft zu schlechter Laune führt; als Beispiel für letzteren Fall gelten Farben, Töne und Gerüche, die in uns Stimmungen erwecken wie Melancholie, Freude, Vitalität usw. Emotionen dagegen benötigen immer eine kognitive Basis. Lediglich indirekt können Emotionen auf Körperzuständen gründen bzw. von ihnen ausgehen; so ist es nach obigen Ausführungen möglich, dass die schlechte Laune des hungrigen Menschen leicht zu einer Emotion wie Wut führen kann.

Stimmungen sind auch von Dispositionen zu unterscheiden. Es gibt Zeiten, in denen wir eine Disposition für positive Emotionen zeigen, d.h. für positive Gefühle offen sind. Zum Beispiel wenn „es uns gut geht" und wir der Welt fröhlich begegnen: Wir nehmen alles als gut an, sind freundlicher, sehen in den Anderen freundlichere Regungen und positive Eigenschaften und neigen dazu, die negativen Emotionen zu unterdrücken. Dieses Disponiertsein ist weder eine Stimmung noch eine Emotion, denn es handelt sich nicht um einen psychischen Akt von einer bestimmten Dauer[62], sondern eher um einen Modus, in der Welt zu sein, der mehr oder weniger andauern kann. Allerdings können die Dispositionen ihre Ursprünge bestimmten Emotionen und Stimmungen verdanken, so dass sie hier eine führende Rolle spielen.

Letztlich sind die Emotionen auch von Charakterzügen zu unterscheiden. Man kann ein Melancholiker sein, doch ist die Neigung zur Traurigkeit vom eigenen Temperament her nicht mit der Traurigkeit selbst zu verwechseln. Obwohl Charakterzüge uns empfänglicher für bestimmte Emotionen machen als für andere, sind sie nicht mit den Emotionen und Stimmungen selbst zu verwechseln. Auch dürfen die Charakterzüge nicht mit den Dispositionen verwechselt werden, denn letztere hängen oft mit bestimmten Phasen unseres Lebens zusammen, während die Charakterzüge dauernde Eigenschaften sind, die nur schwer geändert werden können.

60 A. Pfänder, *Zur Psychologie der Gesinnungen*, I. Teil, a.a.O., S. 30.

61 C. Stumpf, *Gefühl und Gefühlsempfindung*, a.a.O., S. 3.

62 C. Tappolet, *Émotions et valeurs*, a.a.O., S. 128.

4.8. Die Tiefe der Gefühle und die Emotionen

Nunmehr soll eine Unterscheidung zwischen Gefühlen und Emotionen getroffen werden. In der aktuellen Debatte wird zwischen beiden Termini oft nicht ausreichend unterschieden, so dass der Terminus Gefühl als Synonym für das deutsche Fremdwort Emotion benutzt wird. Die hier vertretene These ist aber, dass mit dem Terminus „Gefühl" jedes affektive Betroffensein bezeichnet wird bzw. zu bezeichnen ist. Es gibt viele Arten von Gefühlen, unter denen nur für eine bestimmte Klasse der Terminus Emotion angemessen ist. Welche Arten von Gefühlen gibt es? Welches sind die Charakteristika der Klasse der Emotionen? Diese Frage werde ich behandeln, indem ich die Idee der *Tiefe der Gefühle* entwickle.

In der heutigen Literatur gibt es einige Autoren, die sich mit der Idee befasst haben, Gefühle würden sich mit verschiedenen Tiefen präsentieren: Hermann Schmitz in der Neuen Phänomenologie und David Pugmire und Kevin Mulligan in der analytischen Tradition. Hermann Schmitz hat dem Thema ein Kapitel in seinem Werk *System der Philosophie* gewidmet. Tiefe und Flachheit sind nach Schmitz räumliche Metaphern, die etwas Unräumliches zum Ausdruck zu bringen versuchen. Die Tiefe der Gefühle wird als prädimensionale räumliche Tiefe interpretiert, aber nicht im Sinne einer dimensionalen Tiefe oder körperlichen Dicke, sondern im Sinne der „Weite". Weite ist hier als prädimensionales Merkmal der Gefühle zu verstehen. Schmitz' Definition lautet: „Praedimensionale Tiefe ist ‚Weite als das Wohin des Ausströmens und Versinkens, also als das, wohin das Gefälle der leiblichen Richtung tendiert'."[63] Diese Tiefe der Gefühle zeigt dann Parallelen zur räumlichen, prädimensionalen Tiefe der Mitternacht, der Ewigkeit und der Lust. Mit seiner Interpretation bestimmt Schmitz das Kriterium der Tiefe als eine Art und Weise, Gefühle leiblich als Weite zu erleben. Dennoch scheint mir dieses Kriterium zu metaphorisch und nicht genügend ausdifferenziert. Daher soll die Tiefe als leibliche Erfahrung noch eingehender untersucht werden, was ich hier mit Hilfe frühphänomenologischer Thesen unternehmen werde.

Zuvor jedoch sei ein Blick auf die analytische Tradition geworfen. In *Sound Emotions* definiert Pugmire die Tiefe als eine „relational property of emotions"[64]. Die Tiefe ist seiner Ansicht nach eine Qualität der Gefühle, die als graduell zu verstehen ist und auf zweierlei Weise vorkommen kann. Zum einen bezeichnet sie eine konstitutive Eigenschaft der Gefühle: So ist die Tiefe eine permanente Eigenschaft des Hasses. Zum anderen kann die Tiefe – wie ich Pugmire interpretiere – auch eine momentane Qualität im Erleben bezeichnen: So hat die Wut manchmal Tiefe und manchmal nicht. Pugmires These lautet: Damit ein Gefühl Tiefe hat – und dabei es ist Pugmire egal, in welcher der beiden genannten Weisen über Tiefe gesprochen wird – müssen drei Voraussetzungen erfüllt sein: Die Gefühle müssen auf realen Urteilen gründen, sie müssen in die Wünsche, die Biographie usw. einer Person eingebettet sein und sie müssen auf etwas in der Welt reagieren.

---

63 H. Schmitz, *System der Philosophie*, Dritter Band, 2., Bonn 1981, S. 339.

64 D. Pugmire, *Sound Emotions*, a.a.O., S. 50.

Obwohl diese Theorie ein wertvoller Versuch ist, das Merkmal der Tiefe in die heutige Literatur einzuführen, stößt sie auf einige Schwierigkeiten. Der doppeldeutige Gebrauch des Wortes „Tiefe" – als konstitutives Merkmal und als momentane Qualität des Erlebens – subsumiert zwei verschiedene Phänomene unter demselben Namen, die in der Tat nicht immer kompatibel sind. Es ist sehr wohl möglich, dass ein Gefühl, das nach Pugmire Tiefe im ersten Sinne hat, keine Tiefe im zweiten Sinne zeigt. Ein Hass kann Tiefe im ersten Sinne zeigen, weil solche Tiefe für ihn konstitutiv ist, aber nicht im Sinne der Qualität im Moment des Erlebens. So kann ich einen Menschen stark lieben, aber in einem bestimmten Moment eine vorübergehende Hassregung ihm gegenüber empfinden. Der Hass als solcher hat Tiefe, weil er eine Emotion ist, bei der gleichsam die ganze Person im Einsatz ist, aber qualitativ zeigt sich hier keine Tiefe, weil die grundlegende Liebe das verhindert. Es muss insofern zwischen Tiefe im ersten Sinne als einem festen Charakteristikum eines Gefühls und Tiefe im zweiten Sinne als Qualität des Erlebens des Gefühls (in meiner Terminologie: Echtheit oder Unechtheit) unterschieden werden. Ein weiterer problematischer Aspekt von Pugmires Beitrag ist, dass er als bestimmend für die Tiefe in beiden Bedeutungsvarianten das Eingebettetsein in eine Biographie versteht. Allerdings kann eine Emotion Tiefe haben und nicht zu unserer Biographie passen. Ich kann einen tiefen Hass empfinden, ohne dass er zu meiner Biographie passt.

In „The Spectre of Inverted Emotions and the Space of Emotions" entwickelt Kevin Mulligan eine Auffassung der Tiefe der Gefühle, die hier von Interesse ist, da sie an frühphänomenologische Ansätze anknüpft. Mulligans These lautet: „The states in which Max finds himself belong to four distinct categories: localised feelings, non-localised feelings, and two sorts of emotion. A further argument in favour of their distinctness is the fact that members of these categories stand in different relations to the will."[65] Zur ersten Art gehören sinnliche Lust und Schmerz, zur zweiten die Gefühle der Gesundheit oder Krankheit, zur dritten Traurigkeit, Freude usw., und zur letzten Art gehören existenzielle und religiöse Gefühle. Die zwei ersten Arten sind „bodily feelings", die beiden letztgenannten sind Emotionen. Nach dieser Auffassung unterscheiden sich die Gefühle nach ihrer unterschiedlichen Tiefe – die Tiefe ist hier als eine konstitutive Eigenschaft zu verstehen. Ausschlaggebend ist hierbei die „Willensbezogenheit"[66] der Emotionen – ein Merkmal, das Mulligan, ausgehend von Scheler, weiterentwickelt: Die verschiedenen Gefühle unterscheiden sich nach den Graden, in denen sie willentlich verursacht werden können. So kann ein Schmerz durch unseren Willen verursacht werden; für Müdigkeit und Lebendigkeit gilt das schon in geringerem Maße. Für eine Traurigkeit ist es fast unmöglich, und noch mehr für ein Gefühl etwa der Verzweiflung. Die letzten beiden Arten von Gefühlen unterliegen insofern nicht so leicht wie die ersten beiden unserer Kontrolle und können nicht willkürlich verursacht werden.

---

65 K. Mulligan, „The Spectre of Inverted Emotions and the Space of Emotions", a.a.O., S. 89–105.

66 Ebd. Auch in „La Fenomenologia realista", unveröff. Vortragsreihe in Barcelona 26.–30. Mai 1999, versteht Mulligan die Tiefe als Willensbezogenheit. Teile davon finden sich in: „Memòria del seminari de maig de 1999. Actes i Objectes. Un anàlisi de la fenomenologia realista. Kevin Mulligan", in: *Anuari de la Societat Catalana de Filosofia,* Barcelona 2001, S. 241ff.

Mulligans Unterteilung von Gefühlen in vier Arten, von denen zwei als Emotionen bezeichnet werden, können wir übernehmen. Es sind allerdings zwei Anmerkungen zu seiner These zu machen. Zunächst ist darauf hinzuweisen, dass unter die Kategorie „Gefühl“ auch andere Arten von Gefühlen fallen, die nicht in die vier Klassen Mulligans passen. Das ist etwa der Fall beim Gefühl des Zuhauseseins, beim Gefühl der Vertrautheit oder Entfremdung, aber auch bei Selbstgefühlen, die ziemlich nah an Charakterzügen sind, wie das Sich-schüchtern-Fühlen. Diese Sorte von „Gefühlen“ muss meiner Meinung nach ebenfalls berücksichtigt werden, was ich im Kapitel über die Intentionalität ausführen werde. Zum anderen soll das zugrunde liegende Unterscheidungskriterium genauer herausgearbeitet werden, denn Mulligans Kriterium der „Willensbezogenheit“ ist eingehender zu spezifizieren.

Vor solchem Hintergrund wenden wir uns nun den frühphänomenologischen Ansätzen zur Tiefe von Gefühlen zu. Das kann aufschlussreich sein, um eigene Kriterien für die Unterscheidung zwischen verschiedenen Arten von Gefühlen zu entwickeln und die Wesensmerkmale der Emotionen herauszuarbeiten. Da insbesondere Max Scheler diese Idee entwickelt hat, werde ich mich hier auf ihn konzentrieren, obgleich entsprechende Thesen auch bei Stein, Kolnai und Ortega y Gasset zu finden sind.[67] Scheler entwickelt in seinem Werk *Der Formalismus in der Ethik und die materiale Wertethik* die These von den Tiefenschichten der Gefühle.[68] Die Tiefe wird hier als eine konstitutive Eigenschaft verschiedener Arten von Gefühlen verstanden. Diese Eigenschaft kommt in vier Graden vor, die verschiedene Regionen konstituieren, die sich voneinander durch bestimmte Merkmale unterscheiden. Zwischen den verschiedenen Schichten ist laut Scheler die Möglichkeit einer wechselseitigen Beeinflussung fast ausgeschlossen. Folgendermaßen lassen sich die Schichten nun charakterisieren:

---

[67] Obwohl jeder Phänomenologe den Begriff der Tiefe sehr spezifisch versteht, werde ich im Folgenden mit einer Verallgemeinerung arbeiten. Max Scheler – und im Anschluss an ihn auch José Ortega y Gasset – arbeitet mit zwei Begriffen von „Tiefe“, was zu Zweideutigkeiten führen kann. Zum einen bezeichnet „Tiefe“ die Stelle des Gefühls im Psychischen, d.h. ob ein Gefühl eher an der Peripherie situiert ist und somit keine große Beteiligung des Ich zu beobachten ist oder ob es mehr im Zentrum der Person liegt, das Ich also sehr stark beteiligt ist. Zum anderen aber bezeichnet „Tiefe“ die Fähigkeit der Gefühle, sich im Psychischen zu verbreiten und mehrere Schichten desselben zu betreffen. In diesem Sinne können die Gefühle entweder etwas Vorübergehendes sein – was eigentlich ihre Stärke nicht betrifft – oder etwas, das seine Auswirkungen im ganzen Psychischen zeigt und somit „Tiefe“ besitzt. (Vgl. in dieser Hinsicht M. Scheler, *Formalismus*, a.a.O., S. 344.) Edith Stein benutzt für die zweite Bedeutung von Schelers „Tiefe“ den Ausdruck „Zentralität“ (E. Stein, *Zum Problem der Einfühlung*, a.a.O., S. 111). Aurel Kolnai wiederum spricht sowohl von Tiefe als auch von Zentralität, bezeichnet damit jedoch einfach Steins „Zentralität“ oder Schelers „Tiefe“ im zweiten Sinne. So etwa meint Kolnai, dass der Zorn keine Tiefe habe: Tiefe wird hier im zweiten Scheler'schen Sinne der Tiefe oder im Sinne von Steins *Zentralität* benutzt (vgl. A. Kolnai, „Der Ekel“, in: *Jahrbuch für Philosophie und phänomenologische Forschung* X, Tübingen 1974, S. 153–331; ders., „Versuch über den Hass“, *Philosophisches Jahrbuch der Görres-Gesellschaft*, Band 48, Heft 2/3, Fulda 1935, S. 147–187). Auch in J. Ortega y Gasset, „Vitalität, Seele, Geist“, a.a.O.

[68] M. Scheler, *Formalismus*, S. 344.

1) Die erste Schicht bilden die „sinnlichen Gefühle", „Gefühlsempfindungen" oder „Empfindungsgefühle", worunter sinnliche Lust und Schmerz zu verstehen sind, die Scheler als eine Unterklasse der Empfindungen betrachtet.

2) Die zweite Schicht ist nach Scheler die der „Leibgefühle", „Lebensgefühle" oder „Vitalgefühle". Im *Formalismus* versteht er darunter sowohl die Mattigkeit, die Frische, das Gefühl von Gesundheit oder Krankheit als auch die Gefühle „Angst, Furcht, Ekel, Scham, Appetit, Aversion, vitale Sympathie und vitales Abgestoßensein gegenüber Tieren und Menschen, das Schwindelgefühl u.ä. [...]"[69]. Die Gefühle charakterisieren sich zunächst dadurch, dass sie sich nicht an einem bestimmten Ort des Leibes lokalisieren lassen, sondern den ganzen Leib betreffen. Ferner implizieren sie ein „einheitliches Bewusstsein unseres Leibes"[70], da sie am ganzen Leib als etwas Einheitliches gefühlt werden und nicht in der Form des Außereinander der physischen Welt wie die Gefühlsempfindungen. In ihnen wird ein Aufstieg oder Niedergang des Lebens, eine Gefahr oder eine Zukunft gefühlt.[71] An dieser Stelle finden wir bei den Vitalgefühlen auch die Möglichkeit des Nachfühlens und Mitfühlens, eine Möglichkeit, die auch bei Schelers seelischen Gefühlen zu finden ist, aber nicht in der Schicht der Gefühlsempfindungen. So können wir durchaus die Qualität des Lebens eines anderen erfassen, wenn es lebendig ist: sei es die Qualität des Lebens eines anderen Menschen, sei es die von Lebendigem im Allgemeinen, etwa wenn wir die „Frische des Waldes" fühlen. In diesem Punkt ist das Vitalgefühl auch für die Begründung des Bewusstseins von Gemeinschaft von Bedeutung.

Darüber hinaus gibt es auch einen Unterschied in den Werten, auf die sich die Vitalgefühle im Gegensatz zu den anderen Arten von Gefühlen richten. Die intendierten Werte sind in dieser Schicht nach Scheler die Werte des Edlen und Gemeinen. Hier stehen wir vor der antizipatorischen Kraft der Gefühle in Bezug auf das, was noch kommen soll und lebensrelevant ist: „Das Lebensgefühl vermag Gefahren und Vorteile zum Aufweis zu bringen – nicht auf Grund einer Erfahrungsassoziation, sondern unmittelbar –, deren zugehörigen intellektuellen Sinn ich noch keineswegs erfasse. So bilden die Lebensgefühle in ihrer Gesamtheit, abgesehen von ihrem unmittelbaren Gefühlsgehalt, auch ein *echtes Zeichensystem* für den wechselnden Stand des Lebensprozesses; sein Wert besteht allein darin, daß die Zeichen ursprünglich *zeitlich vor* den faktischen Schädigungen oder Förderungen eintreten, die der Lebensprozeß, sei es durch Vorgänge im Körper, sei es durch Umweltvorgänge, erfährt."[72] Das impliziert, dass Gefühle wie Ekel, Scham oder Furcht als eine Art von Zeichensystem fungieren und auf mögliche Gefahren oder vorteilhafte Dinge des Lebens hinweisen. Sie antizipieren und zeigen demnach den Wert des Kommenden und nicht den des schon Vorhandenen, so dass ihre Ursprünglichkeit vor dem Denken und Wollen hier noch einmal hervorgehoben wird.

3) Die dritte Tiefenschicht ist die der „seelischen Gefühle", worunter Scheler in *Der Formalismus* die Trauer und die Freude versteht. Diese Gefühle intendieren laut Scheler

---

69 Ebd., S. 354.

70 Ebd., S. 351.

71 Ebd., S. 353.

72 Ebd., S. 354.

die Werte des „Schönen" und „Häßlichen", die Werte des „Rechten" und des „Unrechten" und die Werte der „reinen Wahrheitserkenntnis".[73] Scheler postuliert insofern einen wesentlichen Unterschied zwischen Ekel, Scham und Furcht als Vitalgefühlen einerseits und Freude und Trauer als seelischen Gefühlen andererseits.

4) Die vierte Schicht ist die Ebene der „geistigen Gefühle" oder „Persönlichkeitsgefühle", die deswegen so genannt werden, weil sie die Person oder Persönlichkeit als Aktzentrum haben. Gegenüber den Empfindungen, die bloß Zustände des Leibes sind, und gegenüber den anderen Arten von Gefühlen – vitalen und seelischen –, die nicht nur intentional sind, sondern auch leiblich gefühlt werden, sind nach Scheler die geistigen Gefühle reine Akte und daher niemals leiblich. Sie intendierten die Werte des Heiligen und des Profanen;[74] als Beispiele für solche geistigen Gefühle nennt Scheler die Seligkeit und die Verzweiflung. Da sie stark mit der Persönlichkeit verbunden sind, haben sie auch eine besondere Funktion: „Diese Gefühle scheinen aus dem Quellpunkt der geistigen Akte selbst – gleichsam – hervorzuströmen und *alles* jeweilig in diesen Akten Gegebene der Innen- und Außenwelt mit ihrem Lichte und mit ihrem Dunkel zu übergießen. Sie ‚durchdringen' alle besonderen Erlebnisinhalte. Ihre Eigenart tritt auch darin hervor, daß sie *absolute*, nicht auf außerpersonale Wertverhalte und auf deren motivierende Kraft relative Gefühle sind. Wir können nicht im selben Sinne ‚über etwas' verzweifelt und ‚über etwas' selig sein wie über etwas froh und unfroh, glücklich und unglücklich usw."[75] Es handelt sich nicht um Reaktionen auf gefühlte Werte, sondern um eine Art und Weise, sich auf die Welt zu beziehen und sie zu erfahren. Die Charakterisierung als Akte der Person macht es auch unmöglich, sie in einem Akt der inneren Wahrnehmung zu erfassen, weil sie selbst zum Aktzentrum gehören.

Die Klassifikation im *Formalismus* mit den zugrunde liegenden Unterscheidungskriterien ist intuitiv erfahrungsangemessen, und die Unterschiede zwischen den vier verschiedenen Arten von Gefühlen, unter denen die beiden letztgenannten Emotionen sind, sind grundlegend. Das soll im Folgenden plausibilisiert werden. Allerdings ist Schelers Klassifikation in einigen Punkten inkonsistent. Die kritischen Aspekte müssen hier behandelt werden, wenn Schelers Klassifikation als Ansatzpunkt genommen werden soll. Zunächst ist Schelers Behauptung problematisch, die Vitalgefühle gehörten zum Leib-Ich, die seelischen Gefühle zum seelischen Ich und die Persönlichkeitsgefühle zur Person als Akt-zentrum. Wenn es verschiedene Träger von Gefühlen gibt, wie ist es dann möglich, sich einheitlich zu verstehen und zu fühlen? Welches dieser Ichs hat einen stärkeren Einfluss auf unser Fühlen? Wenn man ein Gefühl erlebt, fühlt man sich selbst als Träger des Gefühls und nicht so, als ob es in ein und demselben Menschen verschiedene Träger des Gefühls gäbe. Die Schichten können nicht als in sich abgeschlossene Sphären verstanden werden, weil dann die Perspektive des Erlebens verloren ginge.

Problematisch ist weiter, dass Scheler im *Formalismus* in den „Vitalgefühlen" zwei eigentlich verschiedene Gruppen von Gefühlen zusammenfasst. Schelers Ausführungen geben dabei selbst Hinweise auf den Sachverhalt, denn er selbst revidiert seine Ansichten. In „Vom Sinn des Leides" unterscheidet er zwischen dem, was er als Vitalgefühl bezeich-

73 Ebd., S. 128.

74 Hier ist der Einfluss des Buches *Das Heilige* von Rudolf Otto zu erkennen.

75 M. Scheler, *Formalismus*, a.a.O., S. 356.

net und worunter hier nur die „Mattigkeit, Frische, starkes und schwaches Lebensgefühl, Ruhe und Gespanntheit, Angst, Gesundheits- und Krankheitsgefühl“[76] zu verstehen sind, und den „seelischen Gefühlen“, zu denen er den Ekel, die Scham usw. zählt. Diese Änderung stellt eine Verfeinerung der unscharfen Trennung aus dem *Formalismus* dar. Ein Teil der Vitalgefühle im *Formalismus* – also Ekel, Scham usw. – gehört eigentlich mit den „seelischen Gefühlen“ in eine Klasse.

Darüber hinaus ist Schelers These zu den geistigen Gefühlen problematisch. Zum einen behauptet er, dass sie sich auf die Werte des Heiligen und des Profanen richten. Das scheint mir eine falsche Abgrenzung zu sein. Stattdessen ist viel eher an der Idee festzuhalten, dass diese Gefühle keine Antwortreaktionen sind, sondern eine aktive Rolle gegenüber den Gegenständen spielen, auf die sie sich richten. Andererseits spricht Scheler den geistigen Gefühlen die Leiblichkeit ab, was aber nicht zum Erleben passt: Oder werden Existenzialgefühle und religiöse Gefühle nicht leiblich gespürt? Selbst ein kurzer Blick auf die mystische Literatur widerspricht dem.

Zudem soll noch ein letztes Problem erwähnt werden. Scheler behauptet, dass die Schichten so unabhängig voneinander sind, dass die gleichzeitige Existenz unterschiedlicher Gefühle in verschiedenen Schichten möglich ist. So existieren etwa vitale Gefühle unabhängig von den Gefühlsempfindungen: „Wir können ohne jeden irgendwie auffindbaren Schmerz z.B., ja während der Empfindung stärkster sinnlicher Lustgefühle uns ‚matt‘ und ‚elend‘ fühlen, und wir können auch bei starken Schmerzen uns ‚frisch‘ und ‚kraftvoll‘ fühlen […].“[77] Danach ist es wohl möglich, dass man vier verschiedene Gefühle in den vier bei Scheler unterschiedenen Schichten hat, ohne dass sie sich beeinflussen oder zu einem Gesamtgefühl mischen könnten, eine These, die innerhalb der Phänomenologie selbst stark diskutiert wurde. Stein[78] und Kolnai[79] z.B. postulieren einen Schichtenbau, in dem die Möglichkeit der Beeinflussung zwischen den Schichten offen bleibt.

Die These der Beeinflussbarkeit scheint mir viel zutreffender und plausibler zu sein als die These der strengen Trennung zwischen den Schichten. Denken wir nur an den Fall, dass wir starke Schmerzen erfahren. Fühlten wir uns vor dem Eintritt der Schmerzen frisch und kraftvoll, so wird der Schmerz als Gefühlsempfindung doch sicher dahingehend auf die Vitalgefühle abfärben, dass wir bei andauernden Schmerzen schließlich matt und kraftlos werden. Eine Gefühlsempfindung wie der Schmerz beeinflusst also unsere ganze Befindlichkeit und macht uns für bestimmte andere Gefühle und Stimmungen empfänglich. Oder nehmen wir an, dass wir traurig sind. Sicherlich bringt uns diese Emotion dahin, matt zu sein und auch empfindlicher für Schmerzen. Obwohl die Gefühle zu verschiedenen Schichten gehören, muss die Trennung hier also als offen für wechselseitige Beeinflussung verstanden werden.

Wenn die vier genannten Punkte berücksichtigt werden, scheint mir die frühphänomenologische Lehre der Gefühlstiefe plausibel zu sein. Nach welchen Kriterien aber lässt

---

76 M. Scheler, „Vom Sinn des Leides“, in: ders., *Gesammelte Werke*, Band 6, Bern und München 1973, S. 36–72, hier S. 39.

77 Ebd.

78 E. Stein, *Zum Problem der Einfühlung*, a.a.O., S. 54.

79 A. Kolnai, „Versuch über den Haß“, a.a.O.

sich zwischen Tiefen von Gefühlen unterscheiden? Nach der vorherigen Analyse scheinen mir zwei Kriterien von Bedeutung zu sein:

Das erste Kriterium ist die *Leiblichkeit.* Sowohl Empfindungen als auch Gefühlsempfindungen lassen sich leiblich lokalisieren: So wird ein Schmerz am Rücken leiblich an einem bestimmten Punkt erlebt. Ein Vitalgefühl wie Mattigkeit wird am ganzen Körper gefühlt. Emotionale Antwortreaktionen wie Trauer sind nicht mehr zu lokalisieren – wir sagen zwar nicht, dass unser ganzer Körper traurig ist, doch die Trauer wird leiblich in einer charakteristischen Weise gefühlt. Persönlichkeitsemotionen werden wiederum anders leiblich gefühlt. Die beiden ersten Arten haben also eine leibliche Lokalisierung, die letztgenannten beiden Arten – die Emotionen – lassen sich hingegen nicht lokalisieren. Innerhalb der Emotionen selbst gibt es wiederum Unterschiede: Bei den Antwortemotionen steht das leibliche Moment mehr im Vordergrund als bei den Persönlichkeitsgefühlen.

2) Das zweite Kriterium ist die *Objektgerichtetheit.* Empfindungen sind nicht intentional in dem Sinne einer notwendigen Objektgerichtetheit, vitale Gefühle richten sich auf den Aufstieg und Niedergang des Lebens. Emotionale Antwortreaktionen sind Antworten auf einen gefühlten Wert, und Persönlichkeitsemotionen antworten auf nichts, sondern sind selbst eine Art und Weise, uns die Welt zu präsentieren.

Ausgehend von diesen beiden Kriterien, ist das Phänomen Emotion näher zu untersuchen. Das wird auch erlauben, zwei Sorten von Emotionen – emotionale Antwortreaktionen und Persönlichkeitsemotionen – genau zu unterscheiden.

4.9. Ursprünglichkeit und Wesensmerkmale der Emotionen

Nach der negativen Abgrenzung wollen wir eine positive Annäherung an das Phänomen „Emotion“ unternehmen und ihre definitorischen Charakteristika formulieren. Mit Blick auf die Perspektive des Erlebens ist ein Bild der Emotionen zu präsentieren, das ihre Ursprünglichkeit und ihre Wesensmerkmale hervorhebt. Damit soll zugleich die weitere Untersuchung ermöglicht und der Sinn des phänomenologischen Verfahrens verdeutlicht werden.

Mit dem, was bisher herausgearbeitet wurde, lässt sich bereits zeigen, dass die Emotionen ein ursprüngliches Phänomen sind, das sich nicht auf andere Phänomene oder Kombinationen von Phänomenen zurückführen lässt. So ist eine Emotion einerseits weder eine Empfindung, noch eine Wahrnehmung, noch ein Urteil, noch eine Phantasie, noch ein Wunsch, noch ein Wollen, noch eine Stimmung, noch eine Disposition oder ein Charakterzug. Eine Emotion kann auf keine dieser in gewisser Hinsicht ähnlichen Regungen des Ichs zurückgeführt werden. In solcher Hinsicht unterscheidet sich meine Auffassung von jeglichen Reduktionismen.

Andererseits können Emotionen auch nicht als ein Kompositum oder Gemisch aus Elementen betrachtet werden. Die „Belief-desire“-Theorien verstehen die Emotionen als Summe beider Elemente, doch die Emotionen zeigen Merkmale, die auch aus der Summe der zwei Phänomene nicht entstehen können. Die Mehrkomponententheorien behaupten, dass Emotionen aus der Zusammensetzung von Teilkomponenten entstehen, aus der sich dann neue Merkmale ableiten. Allerdings haben wir kein Indiz für eine solche Emergenz von Charakteristika aus anderen Elementen gefunden, und das Erleben einer Emotion als eine einheitliche Erfahrung spricht gegen jene Theorien. Eine Emotion ist also ein absolut irreduzibles Phänomen, das im Vergleich mit den anderen Phänomenen eigene und in ihnen nicht vorhandene Charakteristika zeigt. Wenn die Emotionen dennoch in einer Verbindung zu diesen anderen Regungen stehen, dann aufgrund der Tatsache, dass sie in wechselseitigen Beziehungen – kausalen, konstitutiven, motivationalen usw. – zu all jenen Phänomenen stehen.

Im Laufe des zurückliegenden Kapitels lassen sich zwei notwendige Bedingungen der Emotionen im Sinne einer Abgrenzung gegenüber all den anderen, ähnlichen Phänomenen verfolgen: Die Ursprünglichkeit und die Charakteristika der Emotionen können in der These zusammengefasst werden, dass die Emotionen in Bezug auf alle vorher analysierten Phänomene diejenigen Akte sind, in denen Leiblichkeit und Intentionalität als Einheit gegeben auftreten. Beide Aspekte sind im Erleben als einheitlich gegeben und man kann sie nur analytisch trennen: Sie sind zwei Aspekte ein und desselben Moments. Emotionen sind „Condition" und „Intention", wie schon Aurel Kolnai in den 70er Jahren – als sich die kognitivistischen Theorien der Emotionen herausbildeten – behauptet hat.[80] Die einheitliche Gegebenheit von Leiblichkeit und Intentionalität ist – so hier die These – das, was Emotionen kennzeichnet und sie zugleich individuiert. Damit haben wir eine Erklärung für etwas gefunden, wofür jede Theorie der Emotionen aufzukommen hat, nämlich dafür, wie sich Emotionen voneinander individuieren. Eine Emotion lässt sich demnach durch ihre spezifische Art und Weise, sie am Leib zu fühlen, charakterisieren, die ihrerseits auch eine Art und Weise ist, Objekte zu intendieren. Mit dieser These entfernt sich die vorliegende Arbeit, die an die realistische Phänomenologie anschließt, sowohl von streng kognitivistischen Paradigmen als auch von den Theorien des Fühlens, da sie beide Aspekte zu kombinieren versucht. Dieser innersten und unaufhebbaren Verbindung zwischen Leiblichkeit und Intentionalität, die die Emotionen individuiert, werde ich die nächsten zwei Kapitel widmen. Aus rein analytischen Gründen werde ich dabei beide Aspekte getrennt behandeln: zunächst den leiblichen Aspekt, weil er in besonderem Maße intuitiv gegeben ist, danach die Intentionalität.

---

80 Vgl. im selben Sinne A. Kolnai, „The Standard Modes of Aversion. Fear, Disgust and Hatred". *Mind* CVII (1998), S. 582.

5. Leiblichkeit und körperlicher Ausdruck

Emotionen sind diejenigen Akte, die gleichzeitig leiblich gefühlt werden und sich wesentlich auf Objekte richten. Diese zwei Momente der Leiblichkeit und Intentionalität, die in der Erfahrung als Einheit gegeben sind, sollen aus analytischen Gründen getrennt untersucht werden. Im vorliegenden Kapitel richtet sich meine Aufmerksamkeit auf das Moment der Leiblichkeit, weil es vom Gesichtspunkt des Erlebenden her das am unmittelbarsten gegebene ist. Insofern werden eine Abgrenzung der Leiblichkeit von ähnlichen Phänomenen, eine Analyse ihrer konstitutiven Rolle für die Emotionen sowie eine Untersuchung ihrer Verbindung mit dem Ausdruck unternommen.

5.1. Perspektiven der emotionalen Leiblichkeit

Die Leiblichkeit der Emotionen soll zunächst von ähnlichen Phänomenen abgesondert werden. Als Ausgangspunkt dient dabei die Frage, was leiblich geschieht, wenn wir eine Emotion erleben. Erleben wir eine Emotion, so treten verschiedene Phänomene auf: Empfindungen, Sinneseindrücke, innere Veränderungen, körperliche Reaktionen, muskuläre Bewegungen des Gesichts und des Körpers, Bewegungsintentionen, eine bestimmte Art, den Leib zu fühlen usw. So fühlt man etwa Angst und zittert, schwitzt, das Herz rast, die verschiedenen Körpersysteme (Nervensystem, endokrinologisches System und Immunsystem) werden beeinflusst[1], man fühlt eine Neigung zum Fortrennen, eine Enge in der Brust usw. Jedoch sind nicht alle Phänomene, die mit einer Emotion auftreten, von demselben Typus und für uns in demselben Maße von Interesse. Zunächst sind die *körperlichen Phänomene* oder *Begleiterscheinungen* zu unterscheiden, die bei einer Emotion mehr oder weniger willkürlich auftreten (Zittern, Schwitzen, Herzrasen usw.). Dann der *körperliche Ausdruck* einer Emotion: so etwa die verschiedenen mimischen Ausdrucksformen des Gesichts und des Körpers, von denen einige angelernt, kulturell und konventionell sind, während andere universeller Natur sind. Schließlich die *leiblichen*

[1] Die zeitgenössische Psychologie und Philosophie der Emotionen hat verschiedene Namen für eine derartige Aktivierung. Jon Elster bezeichnet sie als „arousal“. Vgl. J. Elster, *Alchemies of the mind*, a.a.O., S. 246. Paul Ekman spricht hier von „internal changes“. Vgl. P. Ekman, *Emotions revealed*, New York 2004, S. 63.

Phänomene, Leiblichkeit oder *leibliche Betroffenheit* als Modus, in dem eine Emotion am Leib gefühlt wird: Hier sind etwa die Bewegungsintentionen des Fortrennens und die Enge in der Brust bei Angst zu nennen. Die Phänomene der ersten Gruppe können mit einer Emotion auftreten, doch sie können auch ohne Emotionen erscheinen. Ihre Untersuchung ist Arbeit der empirischen Psychologie und soll hier nicht unsere Aufgabe sein. Unser Interesse richtet sich vielmehr auf die zweite und dritte Gruppe von Phänomenen: den körperlichen Ausdruck und die Leiblichkeit. Ich werde mich zunächst auf die Untersuchung der Leiblichkeit konzentrieren, da dieses Moment zum körperlichen Ausdruck hinführen wird.

Wenn es darum geht, die Leiblichkeit der Emotionen zu untersuchen, zeichnen sich in der aktuellen Literatur drei Alternativen ab. Eine erste Alternative bilden die streng kognitivistischen Positionen von Solomon und Nussbaum. Ihre Theorien verstehen die Emotionen als eine Sorte von Urteilen. Leiblichkeit spielt keine Rolle und wird oft als an die Kognitionen gekoppelter Typus von Empfindungen aufgefasst. Das Leibliche wird als etwas Kontingentes verstanden und auf bloße Körperphänomene zurückgeführt. Eine zweite Alternative versteht die Emotionen als Zusammensetzung von verschiedenen Elementen bzw. „Komponenten" wie Urteilen, Wünschen und Empfindungen. Das ist etwa der Fall in der Mehrkomponententheorie von Ben-ze'ev. Das Leibliche wird hier ebenfalls auf Empfindungen reduziert, die für die Zusammensetzung einer Emotion wesentlich sind. Eine dritte Alternative stellen die Theorien dar, die den Aspekt des Gefühltwerdens bei den Emotionen hervorheben. Die berühmteste Variante derselben ist die erörterte sensualistische Lehre von James und Lange. Nach ihrer Theorie sind die Emotionen ein „Wahrnehmen" der Empfindungen, so dass ohne jene Empfindungen die Emotion selbst nicht möglich ist. Diese Theorie verkennt – wie schon kritisiert wurde – den Unterschied zwischen Körper und Leib und reduziert die Leiblichkeit auf Organempfindungen und deren Wahrnehmung. Allerdings ist an ihr wichtig, dass sie den Akzent auf das Leibliche setzt und daher als Inspirationsquelle für Einwände gegen allzu kognitivistische Ansätze dient. Gerade in Abgrenzung zur sensualistischen Lehre, aber in der von James/Lange eröffneten Richtung des Fühlens als Bestandteils der emotionalen Erfahrung, arbeitet heutzutage Peter Goldie. Goldie versucht, eine neue positive Bewertung des Fühlens gegen ultrakognitivistische und überintellektualistische Ansätze der Emotionen zu entwickeln. Dazu unterscheidet der britische Philosoph zwischen „bodily feelings" als dem „feeling of bodily changes" (und nicht als „bodily changes" selbst), und „feelings towards" als „emotional feelings directed towards an object in the world".[2] Die ersten treten nicht notwendigerweise bei einer Emotion auf, die zweiten sind hingegen für die Emotionen konstitutiv. Das „feeling towards" Goldies ist ein Fühlen, das sich intentional auf ein Objekt in der Welt richtet und gleichzeitig am Leib gefühlt wird. Es ist die emotionale Erfahrung selbst, in der sozusagen Fühlen und Gefühl gleichzeitig erscheinen. In dieser Auffassung wird die Leiblichkeit als Bestandteil der Emotionen verstanden und nicht auf Empfindungen reduziert. Obwohl Goldie das Leibliche als für die Emotionen wesentlich versteht und es nicht auf Empfindungen und Körperphänomene zurückführt, kann seine Theorie hier nicht als Ausgangspunkt einer Interpretation

---

2 P. Goldie, *The Emotions*, a.a.O., S. 52 und 57.

der Leiblichkeit dienen, weil das Phänomen der Leiblichkeit bei ihm nicht genügend spezifiziert und herausgearbeitet wird und weil er nicht mit der Unterscheidung zwischen Körper und Leib arbeitet. Daher soll die Entwicklung eines anderen gedanklichen Rahmens und Ansatzes versucht werden. Die Idee einer emotionalen Leiblichkeit lässt sich im Rahmen der heutigen analytischen Philosophie kaum herausarbeiten. Ihr fehlt der Begriff des Leibes, der für eine angemessene, erfahrungsgemäße Konzeption der Gefühle unabdingbar ist.

Ganz anders verhält sich das in der phänomenologischen Tradition. Daher werde ich eine phänomenologische Annäherung an das Phänomen der Leiblichkeit versuchen, indem ich einige frühphänomenologische Begriffe in Richtung der Neuen Phänomenologie von Hermann Schmitz und Hilge Landweer umarbeite. Die Frühphänomenologie dient hier als Ausgangspunkt, weil sie die Emotionen nicht auf andere Phänomene zurückführt, mit der Unterscheidung zwischen Körper und Leib arbeitet und die Leiblichkeit als wesentlich für bestimmte Arten von Emotionen versteht – wenngleich im Gegensatz zu meiner Position nicht für alle. Allerdings machen einige Defizite jener frühphänomenologischen Begriffe eine Umarbeitung derselben notwendig, denn die Frühphänomenologen unterscheiden – anders als bei der von uns eingeführten Differenzierung – nicht zwischen Körperphänomenen wie Schwitzen, Rotwerden usw. und körperlichem Ausdruck wie Heben der Faust bei Wut; vielmehr sprechen sie oft von emotionalem „Ausdruck“.[3] Außerdem wird die Leiblichkeit – wie sie in meiner Arbeit verstanden wird, nämlich als Modus, in dem eine Emotion am Leib gefühlt wird – bei den Realisten nicht ausführlich behandelt. Immerhin lassen sich jedoch einige Hinweise auf das Phänomen finden, etwa bei Alexander Pfänder, wenn er den Gefühlen und den Gesinnungen das Merkmal der „Wärme“[4] zuschreibt, was auf die Tatsache hindeutet, dass sie uns leiblich betreffen. In seiner Analyse des Ekels spricht Aurel Kolnai von der „Leibgebundenheit“[5] dieser Emotion und meint damit die „Sinneseindrücke und die Andeutung einer körperlichen Reaktion (vomitus)“[6]. Eine solche Beschreibung ist aber zu physiologisch gedacht und umfasst Körperphänomene und körperlichen Ausdruck, nicht aber leibliche Phänomene in unserem Sinn. Max Scheler beschreibt seinerseits die Leiblichkeit einer besonderen Klasse von Gefühlen, den „Lebensgefühlen“ oder „Leibgefühlen“ wie Furcht, Ekel oder Angst, leugnet aber, dass die „geistigen Gefühle“ wie etwa die Verzweiflung leiblich seien. Der Grund für solche Unklarheiten und für Trennungen innerhalb des Reiches der Emotionen ist, dass die Frühphänomenologen nicht konsequent mit ihrer eigenen Definition des Leibes operieren, sondern oft mit einem Leibbegriff arbeiten, der noch im dualistischen Paradigma „Seele vs. Körper“ gefangen ist, von dem er eigentlich befreien sollte. Darüber hinaus ist bei den frühphänomenologischen Ansätzen auch die Verbindung zwischen Leiblichkeit und körperlichem Ausdruck unklar, da der Ausdruck nicht genügend von den Körperphänomenen abgegrenzt wird. Diese Beschränkungen machen

---

3 Max Scheler, José Ortega y Gasset und Edith Stein. Wobei Stein den Begriff „Ausdruck“ in einem allgemeinen Sinn für alle „Entladungsformen“ der Gefühle benutzt; nämlich für die Phantasie, die Reflexion, den Willensakt und auch den körperlichen Ausdruck.

4 A. Pfänder, *Psychologie der Gesinnungen*, Teil I, a.a.O., S. 38.

5 Vgl. A. Kolnai, „Der Ekel“, a.a.O., S. 120.

6 Ebd., S. 119.

eine genauere Herausarbeitung des Leibbegriffs und der emotionalen Leiblichkeit erforderlich, die die Neue Phänomenologie anbieten kann.

5.2. Die emotionale Leiblichkeit

5.2.1. Der Körper, der Leib und die Emotionen

Die Frage, was unter Leiblichkeit zu verstehen ist, verlangt eine starke konzeptuelle Arbeit am Leibbegriff selbst. Der Leibbegriff der realistischen Phänomenologie ist dazu abzugrenzen vom Begriff des Körpers und in Richtung des Leibbegriffs der Neuen Phänomenologie umzuarbeiten.

Es war die Phänomenologie, die Anfang des XX. Jahrhunderts den Unterschied zwischen Körper und Leib in die Debatte eingeführt hat. Eine erste Abgrenzung des Leibbegriffes wird von Max Scheler wie folgt formuliert: „Vor allem wollen wir aufs schärfste zwei Dinge trennen [...]: das ist der *'Leib'* und der *'Körper'*. Denken wir uns die Funktion aller äußeren Sinne, durch die wir die Außenwelt wahrnehmen, aufgehoben, so fiele mit der Wahrnehmung aller differenten Körper auch die Wahrnehmung unseres eigenen 'Körpers' fort. [...] Das Phänomen unseres 'Leibes' aber wäre hierdurch durchaus nicht annihiliert. Denn – wie immer man die Sache genauer fasse – von unserem Leibe haben wir mit dem möglichen äußeren Bewußtsein auch noch ein inneres Bewußtsein, dessen wir bei allen toten Körpern entbehren. Nun ist es freilich herkömmlich geworden, dieses innere Bewußtsein von unserem Leibe 1. zu identifizieren mit der Summe oder dem Verschmelzungsprodukt der sog. *'Organempfindungen'* (z.B. Muskelempfindungen, Empfindungen bei Veränderung der Gelenke, Schmerzempfindungen, Kitzelempfindungen usw.), 2. Diese 'Empfindungen' von den Empfindungen der sog. äußeren Sinne, wie den sog. Farben-, Tonempfindungen u.s.w., nicht anders als *qualitativ* und *örtlich* zu unterscheiden.“[7] So unterscheidet Scheler – wie auch andere Phänomenologen – zwischen Körper und Leib. Während der erste in der äußeren Wahrnehmung gegeben ist, ist der Leib als das beschrieben, was wir von unserem Körper ohne Hilfe der Organwahrnehmungen fühlen können. Damit wird in zutreffender Weise das Leibliche nicht auf Körperphänomene oder Wahrnehmung derselben reduziert, sondern als eine eigene und einzigartige Dimension des Sichfühlens oder „leiblichen Spürens“ erkannt. Dieses Spüren kann weder als etwas Körperliches erklärt werden noch als etwas Psychisches, so dass das Leibliche ein eigenes Terrain für sich selbst gewinnt.

Trotz dieser Unterscheidung bleibt die Frühphänomenologie im Rahmen eines dualistischen Paradigmas von Physischem und Psychischem. Das ist festzustellen, wenn Scheler, nachdem er eine richtige Definition des Leibes gegenüber dem Körper eingeführt hat, ipso facto den Leib mit dem lebendigen Körper gleichsetzt. So schreibt er: „Nicht also die Identität desselben 'Leibes', der dem inneren und äußeren Bewußtsein – wie wir sagen wollen, hier als 'Leibseele', dort als 'Leibkörper' – gegeben ist, müssen wir

[7] M. Scheler, *Formalismus*, a.a.O., S. 408f.

lernen! Dieser Leib ist uns vielmehr unabhängig und vor allen irgendwie gesonderten sog. ‚Organempfindungen' und vor allen besonderen äußeren Wahrnehmungen seiner als ein völlig einheitlicher phänomenaler Tatbestand, und als Subjekt eines So- und Anders-‚befindens' gegeben. Er fundiert, oder seine unmittelbare Totalwahrnehmung *fundiert* sowohl die Gegebenheit Leibseele wie die Gegebenheit Leibkörper. Und eben *dieses* fundierende Grundphänomen ist ‚*Leib*' im strengsten Wortsinne."[8] Wenn der Leib gleich dem lebendigen Körper ist, wird das leibliche Spüren als Organempfindung interpretiert und daher immer noch an ein dualistisches Schema gebunden. Alles, was das leibliche Spüren anbieten könnte, wird damit plötzlich auf Organempfindungen des Körpers reduziert.

An dasselbe Problem, den Leib als lebendigen Körper zu interpretieren, geraten auch andere Frühphänomenologen, die trotz einer richtigen Definition des Leibes am Ende auf das dualistische Paradigma rekurrieren, um ihn zu erklären. José Ortega y Gasset unterscheidet etwa zwischen Körper bzw. ‚Mineral' und Leib bzw. ‚Fleisch', um beide unmittelbar danach aber nur nach der Anschauungsform sich unterscheiden zu lassen.[9] Das Mineral sei reine Äußerlichkeit, während das Fleisch seinem Wesen nach Innerlichkeit sei, und danach kommt Ortega y Gasset zu einem Schluss, der die typische Form des Dualismus annimmt: „Der äußere Mensch ist bewohnt von einem inneren Menschen. Hinter dem Leib hält sich die Seele verschanzt."[10]

Auch Edith Stein definiert den Leib als das, was man ohne Hilfe von Händen usw. spüren kann: „Denn auch wenn wir die Augen fest schließen, und die Hände weit von uns strecken, ja überhaupt kein Glied mit dem anderen berühren, so daß wir den Leib weder greifen noch sehen können, auch dann werden wir ihn nicht los, auch dann steht er in voller ‚Leibhaftigkeit' (daher der Name), unabwendbar da und finden wir uns unablöslich an ihn gebunden. Eben diese Gebundenheit, die Zugehörigkeit zu mir, könnte sich in äußerer Wahrnehmung nie konstituieren."[11] Danach aber scheint es, als ob Stein dieses Fühlen als ein inneres Empfinden auffassen würde, so dass es von einer zweiten Empfindung empfunden werden soll[12]; mit der Konsequenz, dass der Leib an das Paradigma der Organempfindungen gebunden bleibt. Gegen solche Interpretation lässt sich folgender Einwand von Schmitz vorbringen: Wenn der Leib gleich dem lebendigen Körper wäre, wäre „das ‚von außen' durch sinnliche Wahrnehmung und das ‚von innen' durch eigenleibliches Spüren Gegebene"[13] identisch. Allerdings ist es nicht möglich, dass unteilbar Ausgedehntes mit teilbar Ausgedehntem identisch ist. Hier ist es wichtig, den phänomenologischen Unterschied zwischen Körper und Leib im Auge zu behalten, aber dabei das Leibliche nicht als lebendigen Körper zu interpretieren.

---

8 Ebd., S. 410.

9 J. Ortega y Gasset, „Über den Ausdruck als kosmisches Phänomen", in: ders., *Gesammelte Werke*, Band 1, Stuttgart 1954, S. 393.

10 Ebd., S. 394.

11 E. Stein, *Zum Problem der Einfühlung*, a.a.O., S. 45.

12 Vgl. M. García-Baró, *Vida y Mundo*, Madrid 1999, S. 52. García-Baró nimmt auch eine Kritik an dieser Definition vor.

13 H. Schmitz, *System der Philosophie,* Zweiter Band, Bonn 1965, S. 597.

Um die emotionale Leiblichkeit besser abzugrenzen, müssen wir uns von denjenigen realistischen Definitionen des Leibes entfernen, die trotz eines richtigen Ausgangspunkts noch am Dualismus haften, und andere geeignete Ausgangspunkte in den realistischen Texten finden. Eine Stelle ist in Voigtländers *Vom Selbstgefühl* zu finden. Ein besonderer Typus von Selbstgefühl ist nach ihr das „vitale Selbstgefühl".[14] Damit meint sie das aufsteigende oder absteigende Lebensgefühl, das jeden Menschen seit der Geburt begleitet und als immer gegebenes Grundverhalten verantwortlich ist, dass man von der Vitalität her mutig oder zurückgezogen ist. Voigtländer untersucht das Phänomen nicht weiter, allerdings ist hier schon die Idee einer vitalen Tönung angedeutet, in der wir uns selbst leiblich erleben.

Aussagen über das Leibliche, die in dieselbe Richtung weisen, finden wir in Schelers Werk. Wenn Scheler die „Lebensgefühle" – wie etwa Frische und Mattigkeit – in seinem *Formalismusbuch* als unlokalisierbar bezeichnet, beschreibt er diese „Gefühle" nicht in Termini organischer Empfindungen, sondern als Modi des Fühlens unseres Leibes. In „Reue und Wiedergeburt" wiederholt er die Idee, dass Leiblichkeit ein Wesensmerkmal der „Lebensgefühle" ist. Allerdings wird hier unter „Lebensgefühlen" nicht mehr ein unlokalisiertes, leibliches Gefühl der Frische und Mattigkeit verstanden, sondern die Furcht, die eigentlich eine Emotion ist. Die Leiblichkeit selbst hat Scheler dann von den Leibgefühlen auf eine Klasse von Emotionen erweitert. So schreibt er: „Wie die Furcht aus dem Zentrum unseres Lebensgefühls hervorbricht und mit Absehung von dessen Träger, dem *Leibe* und *seinen* Erregungen, ganz aufgehoben wäre; die Reue hingegen aus unserem geistigen Persönlichkeitszentrum fühlbar hervorquillt und auch mit Absehung von unserm Leibbesitz nicht nur möglich, sondern sogar nach Aufhebung der unser Böses uns verbergenden leiblichen Triebschranken erst *ganz vollkommen* würde."[15] Dennoch ist nach Scheler die Leiblichkeit nicht für alle Emotionen wesentlich, da die Persönlichkeitsgefühle wie Reue für Scheler nicht wesentlich leiblich sind. Scheler spaltet somit die Emotionen in zwei Klassen, so dass für einige Emotionen, wie etwa Furcht, Ekel usw., Leiblichkeit etwas Konstitutives ist, während das für andere, wie etwa Reue, nicht zutrifft. Wichtig an diesen Aussagen ist, dass er die Leiblichkeit als eine Art und Weise, sich selbst zu erleben, versteht. Eines ist hier kritisierbar: Gehört nicht zu allen Gefühlen die Tatsache, dass sie eine Weise sind, uns leiblich zu erleben? Insofern muss mit einer anderen Definition des Leibes gearbeitet werden, die es erlaubt, Emotionen wie die Reue als leiblich zu verstehen.

Eine neue Definition der Leiblichkeit sei hier versucht, die die wichtigen Intuitionen der realistischen Phänomenologen verfolgt, ohne dabei den Leib auf den lebendigen Körper zu reduzieren, und die für alle Emotionen gültig ist. Einige phänomenologische Auffassungen des Leibes werden dazu skizziert und kritisch betrachtet, bevor anschließend ein tragfähiges Verständnis der emotionalen Leiblichkeit entwickelt wird.

Zunächst sei ein Blick auf die Definition des Leibes in der Neuen Phänomenologie von Hermann Schmitz geworfen. Seine Definition folgt den Gedanken Schelers bei den Leibgefühlen und erklärt dabei das leibliche Spüren nicht in Termini der Organempfin-

---

14 E. Voigtländer, *Vom Selbstgefühl*, a.a.O.

15 M. Scheler, „Reue und Wiedergeburt", a.a.O., S. 44.

dungen. „Unter dem eigenen Leib eines Menschen verstehe ich das, was er in der Gegend seines Körpers von sich spüren kann, ohne sich auf das Zeugnis der fünf Sinne (Sehen, Hören, Tasten, Riechen, Schmecken) und des perzeptiven Körperschemas (d.h. des aus Erfahrungen des Sehens und Tastens abgeleiteten habituellen Vorstellungsgebildes vom eigenen Körper) zu stützen. Der Leib ist besetzt mit leiblichen Regungen wie Angst, Schmerz, Hunger, Durst, Atmung, Behagen, affektivem Betroffensein von Gefühlen. Er ist unteilbar flächenlos ausgedehnt als prädimensionales (d.h. nicht bezifferbar dimensioniertes, z.B. nicht dreidimensionales) Volumen, das in Engung und Weitung Dynamik besitzt."[16] Mit seinem Leibbegriff bezeichnet Schmitz das, was aus der Perspektive der ersten Person erlebt wird, ohne dass die Sinnesorgane oder Hände beteiligt wären. Zum Leib gehört dann nicht nur das, was man am Körper ohne Zuhilfenahme der Sinne und des Körperschemas fühlen kann, sondern auch die Gegend des Körpers. Diese Definition des leiblichen Spürens überschreitet das dualistische Paradigma des Innen und Außen und die Beschränkung des Spürens auf die Organempfindungen. Hier ist das leibliche Spüren eine Form des Sich-selbst-Erlebens. Darüber hinaus wird der Leib als unteilbar ausgedehnt beschrieben, als ein absoluter Ort, dem eine eigene *Dynamik* zukommt. Unter „Körper" dagegen wird das Messbare verstanden, das in einer Perspektive der dritten Person vorgefunden wird und nicht auf die subjektive Erfahrung rekurriert: also medizinische Daten, beobachtbares Verhalten und Ausdruck. Kurz gefasst und mit den Worten Hilge Landweers gehört zum Körper „das, was man an sich selbst oder an anderen optisch, taktil oder akustisch wahrnehmen kann"[17].

Schmitz' Leibdefinition interessiert hier nur insofern, als sie die Emotionen betrifft. Dabei ist es jedoch angebracht, sie kurz mit anderen phänomenologischen Beschreibungen des Leibes zu kontrastieren. Schmitz' Auffassung unterscheidet sich von Plessners Definition, die er gegen biologistische Auffassungen des Leibes entwickelt. Plessner versteht den Leib als lebendigen Körper, so dass Leib und Körper die zwei Seiten ein und desselben Phänomens sind. Landweer schreibt vom Gesichtspunkt der Neuen Phänomenologie her: „Plessner versteht unter dem Begriff des ‚Leibes' bekanntlich den lebendigen Körper, für den das Gerichtetsein auf die gestaltete Umgebung hin konstitutiv ist. Der Ausdruck ‚Körper' dagegen bezeichnet bei Plessner diejenige ‚einheitlich reale Eigenschaftsfülle, auf welche das Bedürfnis nach exakter Bestimmung den anschaulich gegebenen Leib reduziert'."[18] Während der Leib also der lebendige Körper ist, ist der Körper nach solcher Auffassung der messbare Leib.

Damit ist schon der Unterschied zum Leibbegriff der Neuen Phänomenologie bestimmt: Mit Leib meint Plessner – im Unterschied zu Schmitz – nicht das leibliche Spüren. Landweer drückt es wie folgt aus: „Bei Plessner kann es gar nicht um das leibliche Spüren im Sinne von Schmitz gehen, da Menschen zum Erleben der Tiere keinen unmittelbaren

16 H. Schmitz, *Der Leib, der Raum und die Gefühle*, Stuttgart 1998, S. 12f.

17 H. Landweer, „Situation, Leib und Ausdruck bei Helmuth Plessner und Hermann Schmitz", in: B. Accarino/M. Schloßberger (Hg.): *Internationales Jahrbuch für Philosophische Anthropologie*, a.a.O.

18 Ebd.; vgl. H. Plessner, „Die Deutung des mimischen Ausdrucks" (zusammen mit Buytendijk), in: ders., *Gesammelte Schriften* VII, Frankfurt/M. 1982, zuerst 1925/26.

Zugang haben, der Begriff des Leibes aber für Menschen wie auch für Tiere tragfähig sein soll. Er entwickelt seine Begriffe zunächst für die Deutung des tierischen Ausdrucksverhaltens, aber damit auch für das adäquate Verstehen von mimischem Ausdruck überhaupt; seine Unterscheidung kann als ‚ausdrucksphilosophisch' bezeichnet werden."[19] Außerdem unterscheidet sich Schmitz' Konzeption auch von der Definition des Leibes bei Maurice Merleau-Ponty. Der französische Autor spricht von der Ambiguität des Leibes in dem Sinne, dass er immer zugleich wahrnehmend und wahrgenommen ist. Um die Doppeldeutigkeit zu bezeichnen, spricht er von einem Chiasmus, aber auch vom Fleisch der Welt, ohne dabei den Unterschied zwischen Leib und Körper im Sinne der Phänomenologie zu treffen.

Kehren wir nun zur Frage zurück, inwiefern Schmitz' Idee des leiblichen Spürens die Emotionen betrifft. Dass Emotionen uns leiblich betreffen, heißt, sie stoßen uns zu, erobern uns und können nicht nach Lust und Laune verändert werden. Schmitz' Idee ist, dass die Emotionen eine gewisse Autorität und Macht besitzen und wir folglich ihnen gegenüber eine gewisse Passivität haben. Das kann Anlass dazu geben, die Emotionen als eigene Entitäten zu verstehen, die Macht über uns ausüben – eine Auffassung, die, wie Schmitz zeigt, bereits bei den Vorsokratikern zu finden ist[20], bevor der Unterschied zwischen Innen und Außen bzw. Seele und Körper mit dem Dualismus Platos die Richtlinien der philosophiegeschichtlichen Entwicklung vorgibt. Bei den Vorsokratikern waren Emotionen Mächte, die uns ergreifen. In zugespitzter Form will Schmitz diesen Gedanken wiederbeleben, indem er behauptet, die Emotionen seien „räumlich, aber ortlos, ergossene Atmosphären"[21], die uns ergreifen und dann am Leib zu fühlen sind. Im Einklang mit dieser These postuliert Schmitz einen Gefühlsraum, „in dem sich Gefühle als räumlich ortlos ergossene, leiblich ergreifende Atmosphären ausdehnen"[22], und einen leiblichen Raum, in dem die Gefühle als Atmosphären gefühlt werden können, vermöge der Fähigkeit der Gefühle, „im affektiven Betroffensein sich leiblich fühlen zu lassen"[23]. Dieser Gedanke scheint mir insofern zutreffend, als er die Erfahrungsnähe des Emotionalen wieder zurückgewinnt.

Trotz der Erfahrungsnähe stößt Schmitz' Auffassung der Emotionen als Atmosphären auf einige Schwierigkeiten. Ein erstes Problem betrifft das Unterscheidungsmerkmal zwischen Gefühlen wie Trauer, Freude oder Zorn und leiblichen Regungen wie Schmerz oder Angst, die Schmitz zu der These bringen, Gefühle seien ergossene Atmosphären.[24] Eine solche Unterscheidung ist allerdings im Fall der Angst problematisch. Bei Angst handelt es sich nach Schmitz in erster Linie nicht um Betroffensein von einem Gefühl, sondern zunächst immer um eine leibliche Regung, die aber einen Affektwert erhält, wenn sie sich atmosphärisch ausbreitet. Meiner Ansicht nach ist Angst jedoch eine Emotion derselben Art wie Freude oder Trauer und keine leibliche Regung wie der Schmerz, denn

---

19 H. Landweer, ebd.

20 H. Schmitz, *System der Philosophie,* Zweiter Band, Bonn 1965.

21 H. Schmitz, *Der Leib, der Raum und die Gefühle*, a.a.O., S. 22.

22 Ebd., S. 51.

23 Ebd.

24 H. Schmitz, *System der Philosophie,* Dritter Band, 2, Bonn 1981, S. 152.

während leibliche Regungen wie Schmerz als Empfindungen nicht objektbezogen sind, ist Angst immer eine Antwortreaktion auf die gefühlte Qualität des „Angsterregenden“ und damit objektgerichtet und intentional.

Problematisch ist ferner, dass Schmitz mit der Definition der Emotionen als ergossene Atmosphären und als Mächte, die uns erobern, die Verantwortung für die eigenen Emotionen schwächt, denn es scheint bei ihm, als ob wir den Emotionen völlig ausgeliefert wären. Damit wird die Idee der Passivität in den Mittelpunkt gestellt, und es wird vergessen, dass das Subjekt Strategien hat, die Emotionen unter Kontrolle zu bringen. Zwar kann man von einer Emotion gleichsam erobert werden, etwa von einer Traurigkeit, der wir widerstandslos ausgeliefert sind, aber man kann auch versuchen, diese Traurigkeit nicht in sich „eindringen“ zu lassen, sie gleichsam zu „bekämpfen“ und Resistenz zu zeigen. Und man kann auch bestimmte emotionale Erfahrungen hervorrufen, indem man die Bedingungen für ihr Eintreten schafft. So kann ich keine Melancholie in mir kausal verursachen, doch ich kann etwa durch das Anschauen bestimmter Gegenstände, Photos usw. eine bestimmte emotionale Lage vorbereiten, von der ausgehend leicht eine Emotion entstehen kann. Zuletzt sei noch erwähnt, dass mit einer solchen Definition der Eindruck erweckt wird, Emotionen seien etwas uns Externes und Transzendentes und hätten eine vom Menschen unabhängige ontologische Existenz.

In einer ähnlichen Richtung wie Schmitz hat auch Landweer den Begriff der emotionalen Leiblichkeit herausgearbeitet. Sie spricht bei Gefühlen von „leiblicher Betroffenheit“. Darunter ist eine bestimmte Qualität zu verstehen, mit der die Emotionen am Leib gefühlt werden: „Die leibliche Betroffenheit von einem Gefühl [...] bezeichnet die intrinsische Qualität des Fühlens genau dieses Gefühls.“[25] Die leibliche Betroffenheit ist in Landweers Auffassung das, was ein Gefühl als solches ausmacht, d.h. die Qualität des leiblichen Fühlens ist hier nicht nur etwas für die Emotionen Charakteristisches, sondern etwas Definitorisches. Landweer versucht mit dieser Auffassung der leiblichen Betroffenheit, Schmitz' Idee der Autorität der Emotionen herauszuarbeiten. Anstatt die Emotionen als Atmosphären zu bezeichnen, findet sie eine nüchternere Formulierung: Sie charakterisiert Emotionen als „Widerfahrnisse“[26], die uns erobern und die am Leib in einer bestimmten qualitativen Weise zu fühlen sind. Im Rahmen der heutigen Debatte, insbesondere der Debatte analytischer Herkunft, scheint mir diese Bestimmung der leiblichen Betroffenheit als ein qualitatives Moment der Emotionen besonders wertvoll.

Die konzeptuelle Arbeit am Begriff des Leibes führt zu einer neuen Auffassung der Leiblichkeit der Emotionen. Die hier, teilweise im Anschluss an die phänomenologische Tradition, vertretene These lautet, dass die Leiblichkeit der Emotionen eine qualitative Weise des Erlebens ist, die die Emotionen individuiert. Diese Aspekte möchte ich nun weiter untersuchen.

Zunächst ist die Leiblichkeit der Emotionen nicht auf Empfindungen oder Organempfindungen zu reduzieren. Leiblichkeit ist ein eigenes Terrain des *Sich-selbst-in-einer-bestimmten-Weise-Erlebens*. Damit fallen ganz andere Phänomene ins Auge, die bei den

[25] H. Landweer, „Phänomenologie und die Grenzen des Kognitivismus“, a.a.O., S. 483.

[26] Ebd., S. 485.

körperlichen Phänomenen – etwa Herzklopfen und Schwitzen – oder beim Fühlen körperlicher Phänomene – etwa dem Fühlen des Herzklopfens und des Schwitzens – nicht impliziert waren und daher nicht berücksichtigt wurden. Die Wärme und das Weitungsgefühl in der Brust, die ich habe, wenn ich aktuell und akut Liebe für eine Person empfinde, die Bewegungsimpulse der Annäherung an das Objekt dieser Emotion, es anzufassen, zu küssen, zu umarmen, zu streicheln usf. können weder als bloße Sinnesempfindungen noch als deren Fühlen noch als psychische Phänomene aufgefasst werden. Leiblichkeit kann man sogar den Emotionen zuschreiben, die ohne jegliche körperliche Phänomene oder ein Fühlen körperlicher Änderungen auftreten. So zeigt sich etwa der Stolz, der ohne körperliche Veränderungen auftreten kann, als leiblich, weil er sich auf bestimmte Weise anfühlt: Beim Stolz wird eine Art von Weitung gefühlt, wie ein Größer-werden-Wollen usw.

Diese Weise des Erlebens deutet dann auf eine *spezifische individuierende Qualität* hin, mit der uns unser Leib bei einer bestimmten Emotion gegeben ist. Das qualitative Moment ist dafür verantwortlich, dass sich die Emotion auf eine besondere, einzigartige, eindeutige und charakteristische Weise am Leib anfühlt. Es gehört etwa zum Wesen der Liebe, dass sie als Weite und Wärme gefühlt wird und mit bestimmten Handlungsneigungen (Annäherung, Vereinigung usw.) auftritt, so wie zum Wesen des Neides eine brennende Enge und die Handlungsneigung der Zerstörung gehören. Mit der These, dass die Emotionen durch ein qualitatives Fühlen individuiert werden, knüpfen wir an die Tradition der Theorien des Fühlens von Descartes, Wundt, Titchener und James an.

Die Idee der Emotionen als Qualitäten ist auch in der Frühphänomenologie zu finden. Ortega y Gasset erklärt in „Vitalität, Seele, Geist"[27] im Kontext der romantischen Musik, dass Beethoven von einer wirklichen Situation ausgeht, dann durch diese Situation Gefühle in sich auslösen lasse, den entsprechenden Gefühlswallungen folge und schließlich versuche, sie in Musik zu übersetzen. Eine solche Darstellung ist in der Richtung zu interpretieren, dass Ortega y Gasset den Emotionen bestimmte Qualitäten zuschreibt, mit denen sie am Leib gefühlt werden. Auch in der heutigen Literatur ist die Idee zu finden, Emotionen hätten eine spezifische Qualität, die bestimmt, wie sie sich am Leib anfühlen. Hilge Landweer hat, wie betont, diese These für die Emotionen vertreten. Jon Elster beschreibt, dass die Emotionen ein „qualitative feel" implizieren. Jede Emotion habe ein „special feel", das er „quale" nennt; in Analogie dazu, wie jede Farbe einen einzigen qualitativen Aspekt hat, oder auch wie jeder Musikklang einmalig ist. So wie sich Rot und Blau im Empfinden von Farben wegen ihrer qualitativen Differenzen unterscheiden, kann man Emotionen deswegen voneinander unterscheiden, weil sie qualitativ unterschiedlich gefühlt werden.[28] In Analogie zur Musik schreibt Elster: „The best evidence that it is may come from the perception of music. Malcolm Budd argues, for instance, that ‚when you hear music as being expressive of emotion E – when you hear E in the music – you hear the music sounding like the way E feels.'"[29]

---

27 J. Ortega y Gasset, „Vitalität, Seele, Geist", a.a.O., S. 349.

28 J. Elster, *Alchemies of the Mind*, a.a.O., S. 247.

29 J. Elster, *Strong Feelings. Emotion, Addiction, and Human Behavior*, Cambridge, Mass./London, England 2000, S. 27. Zit. in: M. Budd, *Values of Art*. London 1995, S. 136.

Damit entstehen allerdings einige Fragen. Die erste betrifft die Möglichkeit der Existenz elementarer Qualia und damit die Möglichkeit, dass einige Emotionen als Grundsteine für den Rest fungieren. Sind alle Qualia originär oder bilden sich einige aus der Summe von zugrunde liegenden elementaren Qualia? Eine schwierig zu beantwortende Frage. Die Vertreter der These der „basic emotions" werden wahrscheinlich für die Existenz einer Gruppe elementarer Qualia plädieren, von denen ausgehend sich neue Qualia bilden – etwa die Schadenfreude als Mischung von Freude und Rache. Meines Erachtens gibt es jedoch keine als Basis fungierenden Emotionen, vielmehr sind die Qualia als gleich originär zu betrachten. Die Analogie zu Farben und zu musikalischen Klängen sowie zu ihrem Erleben mag hier aufschlussreich sein. Niemand empfindet Grün als die Summe von Blau und Gelb oder einen musikalischen Klang als Mischung zweier Töne, ebenso wie niemand eine Emotion als die Summe von zwei anderen Emotionen erlebt. So, wie ich lernen kann, mehrere Arten von Farben oder Klängen zu unterscheiden, kann ich auch lernen, mehrere Arten emotionaler Erfahrungen zu unterscheiden und zu differenzieren. Dennoch schließe ich damit die Möglichkeit nicht aus, dass eine emotionale Qualität aus dem Gemisch verschiedener gleichzeitiger Emotionen entstehen kann. Ich empfinde Grün nicht als Summe von Blau und Gelb, und dennoch entsteht aus Blau und Gelb Grün. So kann eine neue Qualität entstehen, wenn ich mehrere Emotionen gleichzeitig habe. Aurel Kolnai liefert uns ein Beispiel: „Es gibt keine Geschlechtsliebe, wo nicht sinnliche und ‚zielgehemmte' (Freud) zärtliche Anziehung miteinander verwehrt wären, wiewohl die Grundqualität nicht als ein Hin- und Herpendeln zwischen beiden Polen zu beschreiben ist."[30] Also scheint es qualitativ möglich, dass durch die Gegebenheit verschiedener Emotionen eine neue Qualität zu fühlen ist, wobei diese Qualität nicht auf jene Summe zu reduzieren ist.

Eine andere Frage betrifft die Fähigkeit der Qualitäten, als Individuationsprinzip zu fungieren. Für sich allein genommen, reichen sie nicht aus, um eine Emotion von einer anderen zu differenzieren. Nehmen wir an, ich bekomme eine Nachricht und erfahre dann eine Emotion. Erfahre ich eine Enge in der Brust, Niedergeschlagenheit, so fühle ich Trauer. Damit ich mich gefreut hätte, wäre es nicht nur nötig gewesen, dass ich nach der Nachricht die Bewegungsimpulse des Springens, ein Weitegefühl usw. gefühlt hätte, sondern auch, dass das Objekt der Emotion ein anderes gewesen wäre. Meine Trauer ist Trauer nicht nur, weil sie so und so leiblich erfahren wird, sondern weil ihr Objekt etwas Trauriges ist. Die Freude ist umgekehrt als leibliche Reaktion zu verstehen, die sich auf ein bestimmtes erfreuliches Objekt bezieht. Neben dem qualitativen Fühlen ist also die Intentionalität dasjenige Merkmal, das eine Emotion von einer anderen differenziert.

Leiblichkeit ist *allen Emotionen wesentlich* und nicht nur charakteristisch. Versuchen wir, eine Emotion ohne den leiblichen Aspekt zu erfahren, so erfahren wir gar keine Emotion. Sehe ich vom Leiblichen etwa bei der Freude ab, lasse ich also das Weitungsgefühl, die Bewegungsintentionen der Expansion („vor Freude springen") usw. fort, scheint mir die Freude zu einem leeren Gedanken zu werden. Es können dann die Urteile

[30] A. Kolnai, „Max Schelers Kritik und Würdigung der Freudschen Libidolehre", in: *Imago. Zeitschrift für Anwendung der Psychoanalyse auf die Geisteswissenschaften*, XI. Band, Wien 1925, S. 135–146, hier S. 144.

und Wahrnehmungen bleiben, auf denen die Emotion basiert, doch die Emotion selbst ist nicht mehr gegeben. Das weist schon darauf hin, dass die Leiblichkeit ein Wesensmerkmal ist. Auch für Persönlichkeitsgefühle ist die Leiblichkeit im Gegensatz zu dem, was Scheler meint, konstitutiv, denn auch eine Seligkeit, Bewunderung, Verzweiflung usw. wird immer in einer bestimmten Art und Weise leiblich erlebt, die für sie wesentlich ist.

Diese Leiblichkeit, wie sie hier im Anschluss an die Phänomenologie verstanden wird, besitzt auch eine eigene Dynamik. Das wird schon bei der Bezeichnung der leiblichen Phänomene mit den Begriffen Enge und Weite oder Spannung und Schwellung bei Schmitz deutlich,[31] so dass hier die Idee einer „leiblichen Dynamik"[32] der Emotionen angesprochen wird. Unter leiblicher Dynamik ist jene Spezifik der Emotionen zu verstehen, dass sie in einer besonderen qualitativen Weise erfahren werden und in eine räumliche Richtung zeigen. Engung bei Angst bedeutet ein Zusammenzucken, Weitung bei Freude ist ein Sich-Öffnen – und das ist nicht nur als gefühlt zu verstehen, sondern auch als eine Suggestion, es im Raum darzustellen. Der Punkt räumlicher Darstellung der Emotionen wurde schon im dritten Prinzip der Ausdrucksbewegungen bei Wundt angedeutet, wenngleich der Begriff dort in einem dualistischen Rahmen verankert war.

Im Zusammenhang mit der leiblichen Dynamik sind die impliziten Handlungsneigungen zu nennen, die bei einigen Emotionen sehr stark im Vordergrund stehen – aber nicht bei allen: Man denke an die Seligkeit oder die Ehrfurcht. Ortega y Gasset redet hier von einer „acción preformada"[33], d.h. einer „präformierten Handlung", die bestimmten Emotionen innewohnt, Scheler bezeichnet dasselbe Phänomen mit dem Begriff „Bewegungsintentionen"[34]. In der heutigen Literatur werden solche Tendenzen zum Handeln mit verschiedenen Namen belegt: Ekman spricht von „emotional impulses to physical action" und Elster von „characteristic action tendencies".[35] In der Neuen Phänomenologie wiederum spricht Schmitz von „Bewegungssuggestionen"[36]. Ein solches Konzept schafft dann ein besseres Verständnis des emotionalen Phänomens. Ein paar Beispiele mögen seine Bedeutung zeigen. So wohnt beispielsweise dem Hass eine Zerstörungsintention inne, die sich sowohl, und zwar in erster Linie, auf den Gehassten richtet als auch auf das, was ihm gehört oder mit ihm in Verbindung steht. Die Zerstörungsintention kann dabei gleichermaßen auf physische Zerstörung hinauslaufen – Schaden zufügen, verletzen, Schmerzen bereiten, umbringen –, als auch auf Formen einer „symbolischen" Vernichtung: der flammende Blick, die Demütigung usw. Auch der Wut und dem Neid

31 Vgl. H. Schmitz, *Der Leib, der Raum und die Gefühle,* a.a.O.

32 Ebd., S. 20ff.

33 J. Ortega y Gasset, „Sobre la Expresión. Fenómeno cósmico", *Obras completas. El Espectador II,* Madrid 1947–1969, S. 584f. Hier scheint Ortega y Gasset der These von Thomas von Aquin zu folgen, nach der die Emotionen „virtuelle Handlungen" in sich tragen. *Summa Theologiae* IIae, qu. 36, dritter Artikel.

34 M. Scheler, „Wesen und Formen der Sympathie", in: ders., Gesammelte Werke, Band 7, Bern/München 1973, S. 234.

35 Vgl. P. Ekman, *Emotions Revealed*, ebd., S. 61; J. Elster, *Alchemies of the Mind*, a.a.O., S. 246; H. Schmitz, ebd., S. 26.

36 H. Schmitz, ebd., S. 26f.

entspricht als Handlungsneigung die Zerstörung des Objekts oder die Zerstörung von etwas, das dieses Objekt symbolisiert. Bei der Scham wiederum findet sich der Impuls zum Verschwinden und Im-Boden-Versinken, beim Stolz die Tendenz eines Sich-Aufrichtens und Sich-Abhebens von den Anderen, bei Freude gleichsam das Springen oder Expandieren, anders: vor Freude platzen. Die Sprache und die Redewendungen, mit denen wir die Emotionen beschreiben, stellen jene Handlungsneigungen sehr oft in den Vordergrund.

Solche Bewegungsintentionen können dabei „stärker" oder „schwächer" gegeben sein, was mit der Intensität der Emotion nichts zu tun hat. Um das zu plausibilisieren, möchte ich Plessners Begriffe des „Impulswerts" und der „Antriebsform"[37] einführen. Die Emotionen, bei denen die Bewegungsintentionen deutlich auftreten, besitzen einen starken „Impulswert", auch wenn die Emotion als solche mit weniger Intensität gegeben sein mag. Demnach unterscheiden sich die Emotionen auch nach ihren mehr oder weniger ausgeprägten motorischen Impulswerten. Das erlaubt uns zu erklären, dass schwache Gefühle, d.h. Gefühle mit geringerer Intensität, eine starke Antriebsform haben können und umgekehrt starke Gefühle eine schwache Antriebsform. So kann z.B. ein starkes Gefühl der Seligkeit eine schwache Antriebsform haben, während der motorische Impulswert der Freude, auch wenn sie selbst sehr schwach ist, viel größer ist – ebenso wie beim Hass. Die Traurigkeit wiederum kann dann beschrieben werden als eine Emotion mit prinzipiell geringer Antriebsform, obwohl sie in verschiedenen Stärkegraden gefühlt werden kann.

Handlungsneigungen sind dabei nicht mit den Handlungen selbst zu verwechseln. Während die Handlungsneigungen in den Emotionen selbst implizit vorhanden sind, werden die Handlungen durch die Emotionen *motiviert.* Dass in der Scham schon der Impuls zum Verschwinden impliziert wird und wir deswegen zu einer krummen und zusammengezogenen Haltung neigen, ist etwas anderes als der Sachverhalt, dass die Scham uns in einer bestimmten Situation dazu motiviert, die Schamsituation zu verlassen.

Aus dieser Perspektive der Leiblichkeit heraus eröffnet sich ein Weg der Annäherung an den körperlichen Ausdruck. Die gefühlte Enge, die Weite und die Handlungsneigungen können körperlich verfolgt und ausgeführt werden oder nicht. Werden sie ausgeführt, kommt es zu einem körperlichen Ausdruck. Das heißt, der körperliche Ausdruck ist in gewisser Hinsicht als Ausführung der am Leib gefühlten Phänomene zu verstehen. Die dominierende Perspektive ist dann nicht die Perspektive des erlebenden Subjektes, sondern die der dritten Person, d.h. unsere Aufmerksamkeit richtet sich auf das, was von außen zu sehen ist.

5.2.2. Emotionale Valenz

Je nachdem, wie die Emotionen qualitativ am Leib gefühlt werden, kann man sie prinzipiell als angenehm oder unangenehm klassifizieren. Damit ist die hedonistische Grundtönung gemeint, in der die Emotionen erlebt werden. Das Problem ist schon bei der

---

[37] Vgl. H. Plessner, *Mit anderen Augen. Aspekte einer philosophischen Anthropologie*, Stuttgart 2000, S. 183–197.

Darstellung von Wundts und Titcheners Theorie aufgetreten, und einige heutige Autoren wie Helm versuchen es zu einem grundlegenden Element ihrer Philosophie zu machen, indem sie die Emotionen als „felt evaluations“ verstehen.[38] Nachfolgend soll das hedonistische Kriterium der Klassifikation der Emotionen geprüft werden.

Wenn es darum geht, Emotionen in positive und negative zu unterteilen, ist das hedonistische Kriterium nur eine Möglichkeit von mehreren. In der Tat gibt es drei mögliche Kriterien, um Emotionen in positive und negative zu unterteilen. Das erste ist der bereits genannte *hedonistische Aspekt*. Von einem hedonistischen Standpunkt aus sind Emotionen positiv oder negativ in Bezug auf die Art und Weise, in der sie sich am Leib als angenehm oder unangenehm, lustvoll oder unlustvoll anfühlen. Das hedonistische Kriterium ist dabei nicht mit den physiologischen Änderungen, die mit einer Emotion auftreten, zu verwechseln. Wie Jon Elster gezeigt hat, sind „hedonic aspect“ oder „valence“[39] der Emotionen nicht dasselbe wie ihr „arousal“. Sie dürfen aus drei Gründen nicht verwechselt werden. An erster Stelle gibt es Emotionen mit einem starken „arousal“, die hedonistisch gesehen neutral sind; an zweiter Stelle können einige Emotionen einen starken arousal und gleichzeitig eine niedrige Valenz haben; so gilt etwa: „embarrassment is ‚slighty negative, but intense‘“[40]; und an dritter Stelle gibt es Emotionen mit wenig „arousal“, die aber sehr stark hedonistisch konnotiert sein können: So kann etwa Langeweile wenig „arousal“ haben, sich aber sehr unangenehm anfühlen. Unter hedonistischer Valenz ist insofern nicht das „arousal“ zu verstehen, sondern die Art und Weise, in der eine Emotion als angenehm oder unangenehm am Leib gefühlt wird. Allerdings verstehe ich das Schwanken zwischen den Polen der Lust und Unlust nicht als eine Entweder-Oder-Alternative. Eher scheint es mir eine *Gradation* zu sein, in der es an einem Pol der Skala die Lust und am Gegenpol die Unlust gibt, zwischen denen viele mittlere Positionen möglich sind. So wird eine Freude immer zuständlich als angenehm gefühlt, eine Traurigkeit als unangenehm, eine Überraschung kann angenehm, unangenehm oder sogar indifferent sein. Das Beispiel der Überraschung zeigt die Möglichkeit von Polyvalenzen für bestimmte Emotionen.

Das zweite Kriterium betrifft die *Einstellung* gegenüber dem Objekt. Positive Emotionen sind diejenigen, die eine bejahende Stellungnahme gegenüber dem emotionalen Objekt beinhalten, negative diejenigen, die eine verneinende Stellungnahme beinhalten. So kann ich sagen, die Schadenfreude sei negativ, weil die Stellungnahme gegenüber dem Objekt negativ ist, auch wenn die Schadenfreude in hedonistischer Hinsicht sehr wohl als angenehm gefühlt wird.

Das dritte Kriterium betrifft das *Verhalten*. Ausgehend vom motivierten Verhalten und den Handlungen kann man auch die Emotionen in positive und negative unterteilen. Das impliziert eine ethische Haltung zu dem, was gut und schlecht im moralischen Sinne ist. Dieser letzte Punkt soll uns hier aber nicht beschäftigen.

Diese Ausdifferenzierung scheint mir deswegen wichtig, weil heutzutage die Kriterien vermischt werden, wenn von positiven und negativen Emotionen die Rede ist. Man sagt,

---

38 B. Helm, „Felt Evaluations“, in: *American Philosophical Quarterly*, 39 (2002), S. 13–30.

39 J. Elster, *Alchemies of the Mind*, a.a.O., S. 279ff.

40 Ebd., S. 280.

Freude sei positiv, weil sich Freude immer gut am Leib anfühlt. Doch wenn man dann gleichzeitig sagt, Schadenfreude sei negativ, hat man das zweite und vielleicht auch dritte der Kriterien benutzt. Die Emotionen können also nicht immer allein aufgrund des hedonistischen Aspekts als positiv und negativ klassifiziert werden. Vom Gesichtspunkt des Erlebenden her sind meines Erachtens eher zwei Klassen von Emotionen nach ihrer Leiblichkeit zu unterscheiden. Einige Emotionen klassifizieren wir als positiv oder negativ im hedonistischen Sinne, wie Freude, Trauer, Ekel usw.; andere Emotionen sind positiv oder negativ im Sinne des zweiten Kriteriums, wie Hass, Liebe usw. Dieser Unterschied deutet meines Erachtens auf einen wesentlichen Unterschied zwischen zwei Arten von Emotionen hin, der direkt mit der Art und Weise verbunden ist, wie sie am Leib gefühlt werden. Um das zu zeigen, werde ich mich an einigen Stellen auf frühphänomenologische Texte beziehen, denn in ihnen sind zwei Argumente zu finden, die aufschlussreich sind.

Max Scheler unterscheidet von den Gefühlen im Allgemeinen die „geistigen Gefühle" oder „Persönlichkeitsgefühle", denen er die Leiblichkeit abspricht. Reue und Verzweiflung etwa sind nach Scheler nicht leiblich. Allerdings habe ich schon gezeigt, dass auch solche Gefühle leiblich in unserem Sinne sind. Dass Scheler das anders sehen konnte, weist zunächst nur darauf hin, dass es sich um unterschiedliche Bedeutungen der Leiblichkeit handelt. Bei der Suche nach Argumenten ist vor allem Alexander Pfänders Unterscheidung zwischen Gefühlen und Gesinnungen interessant. Die ersten sind positiv oder negativ, je nachdem, ob sie an den Polen der Lust oder der Unlust angesiedelt sind, die zweiten sind positiv oder negativ, je nachdem, ob sie eine Bejahung ihres Gegenstandes beinhalten oder nicht.[41] Die ersten richten sich auf eine Einigung mit dem Objekt, die zweiten versuchen, sich von ihm zu entzweien. Um jenen Unterschied zu plausibilisieren, spricht Pfänder von der Möglichkeit positiver Gesinnungen mit einem sehr starken Charakter der Unlust: „Es gibt schmerzerfüllte Freundlichkeit, Zuneigung, Gunst und Wohlwollen. Und die negativen aktuellen Gesinnungen der Feindlichkeit, der Abneigung, der Ungunst und des Übelwollens sind an sich keine Gefühle der Unlust, denn sie kommen auch in völliger Lustfärbung vor: es gibt freudige Feindlichkeit, Abneigung, Ungunst und Übelwollen."[42]

Die Reihe von Beispielen möchte ich um das der Liebe erweitern. Liebe ist oft ein angenehmes Gefühl. Wenn aber der Mensch, den wir abgöttisch lieben, uns gerade verlassen und gesagt hat, dass er uns nicht mehr liebt, fühlen wir weiter Liebe zu der Person, die das emotionale Objekt ist, und die Stellungnahme ist dem Objekt gegenüber weiter positiv. Dennoch ist diese Liebe dann nicht lustvoll und fühlt sich, hedonistisch gesehen, nicht gut an. So ist die Liebe, ebenso wie andere Emotionen wie Hass und Bewunderung, positiv oder negativ nur im Sinne des zweiten Kriteriums: dem der Stellungnahme gegenüber dem Objekt. Die Überlegungen Pfänders dienen hier als ein erstes Argument für die These, dass es in Hinblick auf die Bedeutung des hedonistischen Kriteriums zwei Klassen von Emotionen gibt.

Auch Else Voigtländer unterteilt die Emotionen in zwei Klassen, nämlich in „Zustandsgefühle" und „höhere Gefühle"[43]. Aus einigen ihrer Reflexionen leitet sich ein weiteres

41 A. Pfänder, *Psychologie der Gesinnungen*, Teil I, a.a.O., S. 11. Vgl. auch S. 47.

42 Ebd., S. 35.

43 E. Voigtländer, *Vom Selbstgefühl*, a.a.O., S. 12.

Argument ab, das ich auf die These von den zwei Klassen von Emotionen übertragen möchte. Das Argument betrifft die *Intensität*. Dass eine Freude intensiv ist, heißt, das Lustgefühl steigert sich; eine starke Traurigkeit ihrerseits impliziert ein starkes Unlustgefühl. Das ist bei allen Gefühlen der ersten Klasse zu finden. Dagegen kann man dasselbe nicht von der zweiten Klasse von Gefühlen sagen. So ist etwa eine starke Liebe nicht unbedingt eine Liebe mit einem starken Lustgefühl, und eine intensive Bewunderung impliziert ebenfalls kein intensives Lustgefühl. Das kann als zweites Argument für die Unterscheidung zwischen zwei Klassen von Emotionen genommen werden.

Zusammenfassend lässt sich festhalten: Wenn wir über positive und negative Emotionen sprechen, lassen sich einige Emotionen nach einem hedonistischen Kriterium charakterisieren, andere hingegen nach einer Stellungnahme gegenüber dem Objekt. Aufgrund dieser Unterschiede lassen sich zwei Hauptarten von Emotionen unterscheiden:

Erstens solche Emotionen, bei denen das zuständliche Moment grundlegend ist. Bei diesen Emotionen deckt sich die hedonistische Valenz mit der impliziten Stellungnahme gegenüber dem Objekt. So ist eine Freude positiv, weil sie ein Lustgefühl beinhaltet und weil sie eine Bejahung des Erfreulichen impliziert. Solche Emotionen sind Reaktionen und Antworten auf eine bestimmte Sachlage der Umwelt; zu ihnen gehören zum Beispiel Ekel, Angst, Freude und Trauer. Im Anschluss an die Phänomenologie bezeichne ich sie als „emotionale Antwortreaktionen".

Zweitens gibt es Emotionen, bei denen Lust und Unlust nur sekundäre Teilkomponenten sind. Hier bedeuten positiv und negativ keine hedonistische Valenz, sondern eine Stellungnahme in Bezug auf das Objekt. Bei solchen Emotionen decken sich hedonistische Valenz und Stellungnahme nicht unbedingt. Auch wenn Lust und Unlust vorhanden sind, spielen sie nur eine sekundäre Rolle. So kann eine Liebe positiv sein, weil wir das Objekt bejahen, und zugleich mit einem Gefühl der Unlust einhergehen. Da es aber oft so ist, dass Liebe, Bewunderung und andere bejahende Stellungnahmen zum Objekt mit Lustgefühlen auftreten und andererseits Hass und andere verneinende Stellungnahmen zum Objekt mit Unlustgefühlen, neigte man dazu, die Unterschiede zu übersehen. Im Folgenden werde ich die letztere Gruppe als „Persönlichkeitsemotionen" bezeichnen.

Da wir für die Emotionen postuliert haben, dass in ihnen Leiblichkeit und Intentionalität zwei Aspekte eines einheitlichen Momentes sind, bleibt die Frage offen, ob die Unterschiede in der Leiblichkeit auch Unterschiede in der Intentionalität, d.h. in der Beziehung zum Objekt implizieren. Diese Frage werde ich im Kapitel über die Intentionalität behandeln. Hier sei allerdings bereits betont, dass aufgrund der Leiblichkeit zwei Klassen von Emotionen zu unterscheiden sind: emotionale Antwortreaktionen und Persönlichkeitsemotionen.

5.3. Der körperliche Ausdruck

5.3.1. Emotionaler Ausdruck: Wesenscharakteristika

Wenn wir die Aufmerksamkeit nun dem Phänomen des Ausdrucks einer Emotion zuwenden, wechseln wir damit die Perspektive: Während bei der Untersuchung der Leiblichkeit die Perspektive der ersten Person ausschlaggebend war, steht nun die Perspektive der dritten Person im Vordergrund. Was aber ist unter emotionalem Ausdruck zu verstehen?

Zunächst ist der körperliche Ausdruck von zwei anderen Phänomenen zu unterscheiden, nämlich von Reflexen und Handlungen. Reflexe, Handlungen und emotionaler Ausdruck sind Teilbereiche des äußeren Verhaltens eines Menschen, so dass die drei Phänomene leicht verwechselt werden können. Doch es gibt wesentliche Unterschiede. Eine Unterscheidung zwischen den drei Phänomenen finden wir sowohl in der Frühphänomenologie, etwa bei Ortega y Gasset, als auch in der heutigen analytischen Philosophie der Emotionen, etwa bei Goldie.[44] Wenden wir uns zunächst dem Unterschied zwischen Ausdruck und Reflexen zu. Wenn ein fliegender Stein in die Nähe meines Kopfes kommt und ich die Augen schließe und ausweiche, so handelt es sich um einen Reflex. Es kann zwar sein, dass ich in diesem Moment in der emotionalen Lage des Erschreckens bin, aber die Tatsache, dass ich mich geschützt habe, indem ich ausgewichen bin, ist kein Ausdruck des Erschreckens. Der Unterschied zum emotionalen Ausdruck ist, dass Reflexe kausal bedingt sind und nicht unbedingt eine Emotion voraussetzen. Außerdem sind die Reflexbewegungen nicht kulturell herstellbar, während die emotionalen Ausdrucksformen es sehr wohl sind.

Der emotionale Ausdruck unterscheidet sich auch von den Handlungen. Wenn ich auf jemanden derart wütend bin, dass ich plane, ihn umzubringen, und den Plan dann realisiere, so liegt damit eine Handlung vor, die von einer Emotion motiviert wurde, jedoch kein emotionaler Ausdruck. Handlungen können ohne Emotionen auftreten, der emotionale Ausdruck hingegen nicht. Die Handlungen sind willentlich, während der emotionale Ausdruck unwillentlich ist, weil ihm die Willenssetzung fehlen muss. Die Emotionen stehen – wie dargestellt – in einer Beziehung der Motivation zu den Handlungen. Somit lässt sich festhalten, dass Reflexe und Handlungen mit Emotionen zusammen auftreten können, es sich jedoch um drei verschiedene Phänomene handelt.

Nach der Abgrenzung des Terrains des emotionalen Ausdrucks entsteht die Frage, welche Phänomene darunter zu verstehen sind. Ich schlage vor, den Begriff „emotionaler Ausdruck" als einen Oberbegriff aufzufassen, unter den eine Reihe verschiedenartiger expressiver Bewegungen fällt. An dem einen Extrem dieser Reihe stehen Ausdrucksbewegungen, die sehr nah an den Reflexen zu sein scheinen, so etwa Weinen und Lachen. Am anderen Extrem finden sich Ausdrucksphänomene, die den Handlungen sehr nahe stehen, so etwa das Kaputtmachen einer Vase vor lauter Wut. Zwischen diesen Polen

---

[44] J. Ortega y Gasset, „Über den Ausdruck als kosmisches Phänomen", Stuttgart 1954, S. 405; P. Goldie, „Explaining Expressions of Emotion". in: *Mind* 109 (2000) 433, S. 24–38.

sind zahlreiche Varianten möglich: mimische Ausdrücke wie das Naserunzeln oder das Verziehen des Mundes, Handbewegungen usw. Zum emotionalen Ausdruck gehören auch die Körperhaltung, wie etwa die gebückte Haltung bei Trauer, die aufrechte Haltung beim Stolz, und Habitualitäten, wie das langsame Gehen, feine Bewegungen, der Gang und der Blick eines Menschen. Eben die letzten beiden Phänomene sind außerhalb des Rahmens der Phänomenologie oft vergessen worden. Ortega y Gasset und Schmitz haben sie untersucht. Die Grenzen zwischen all den Phänomenen sind allerdings oft unscharf und nur schwer genau zu ziehen.

Das Feld des emotionalen Ausdrucks ist per se sehr heterogen. Jedoch sei hier die These aufgestellt, dass all diese Phänomene eine Klasse für sich bilden, die folgende zwei Charakteristika aufweist:

1) Automatismus: Der emotionale Ausdruck geschieht spontan und automatisch, so dass er keine Willenssetzung voraussetzt. Wenn ich etwa vor Freude in die Luft springe und schreie, so setzt das nicht voraus, dass ich vorher den Willen zum Springen und Schreien gesetzt habe. Wenn ich vor lauter Traurigkeit matt und schlapp gehe, gibt es keine Willenssetzung, gerade so zu gehen. Solch Automatismus liegt unabhängig davon vor, ob er universeller Natur und daher in jedwedem Kulturkreis in einer elementaren Form zu finden ist oder ob er angelernt und daher kulturell bestimmt ist, ob also die emotionalen Ausdrucksformen individuelle, soziale und kulturelle Einflüsse erkennen lassen. Dieses Charakteristikum des emotionalen Ausdrucks zeigt gerade die Offenheit des Menschen für den kulturellen Einfluss.

2) Irreduzibilität auf eine Funktion: Die Entstehung eines emotionalen Ausdrucks ist nicht auf eine Funktion – egal welche – zu reduzieren, was nicht ausschließt, dass der Ausdruck nachträglich eine Funktion erhält. Der emotionale Ausdruck lässt sich nicht auf eine Funktion zurückführen, weil er in erster Instanz ein Phänomen des Leibes ist, also ein Phänomen der Art und Weise, in der wir etwas erfahren, und kein Phänomen, das entstanden ist, damit wir besser mit der Umgebung klarkommen.

In diesem Zusammenhang ist die Frage zu betrachten, inwiefern der körperliche Ausdruck den zeitlichen Verlauf einer Emotion beeinflussen kann, denn es kommt vor, dass überhaupt erst der Vollzug von Ausdrucksbewegungen die Emotion hervorruft. So kann etwa das Einnehmen einer für eine bestimmte Ausdrucksbewegung typischen Haltung einen Anlass für die Entstehung einer bestimmten Emotion darstellen. Derart kann der Ausdruck den *Anfang* einer Emotion bedeuten. So mag etwa bei religiösen Menschen, wenn sie die Hände falten, sich hinknien, sich konzentrieren usw., leichter ein Gefühl der Frömmigkeit entstehen, als wenn sie diese Ausdrucksbewegungen nicht vollziehen.

Außerdem kann der Ausdruck auch das *Ende* oder ein *Nachlassen* der Emotion bedeuten. Der Ausdruck ist eine „Entladungsmöglichkeit" der Emotion. Man ist traurig und weint oder jammert; man wird wütend und schlägt mit der Faust auf den Tisch und schreit; man empfindet Ekel, runzelt die Nase und sagt „Igitt" oder „Eks". Und mit diesen Ausdruckstätigkeiten kann die Emotion dann nachlassen oder sogar ganz verschwinden. Das Ausdrucksverhalten kann die Emotion aber auch noch *verstärken*, statt sie abzuschwächen oder verschwinden zu lassen. So führt etwa im Fall der Wut der Ausdruck der Emotion nicht unbedingt zu einem Ende der Wut. Der Ausdruck der Wut kann sie auch noch steigern und zu negativen Stimmungen und Empfindungen führen.[45] Und umgekehrt: Auch wenn wir eine Emotion nicht ausdrücken, kann das zu einem Ende derselben führen.

5.3.2. Symbolischer Wert des emotionalen Ausdrucks

Nunmehr werde ich die Verbindung zwischen emotionaler Leiblichkeit und körperlichem Ausdruck herausarbeiten. Diese Verbindung lässt sich nicht in einem dualistischen Schema erklären, das Psychisches und Physisches stark trennt und den Ausdruck als Äußerung von etwas Innerlichem beschreibt. Daher werde ich von der frühphänomenologischen Auffassung des Ausdrucks als „Symbol" ausgehen und dann Thesen der Neuen Phänomenologie hinzuziehen.

Eine der Thesen Schelers in „Die Idole der Selbsterkenntnis" und in *Wesen und Formen der Sympathie* ist die der psychophysischen Indifferenz des Ausdrucks. Danach ist der Ausdruck als Leibphänomen weder psychisch noch physisch gegeben, doch ausgehend von ihm können wir uns in der Aktrichtung der inneren Wahrnehmung auf ein Ich richten, das Scheler Leibseele nennt, oder auf einen körperlichen Ausdruck, den Scheler Leibkörper nennt. Der Ausdruck ist dann „psychophysisch indifferent"[46], weil er weder bloß physisch noch bloß psychisch ist: „Was wir an fremden Menschen, mit denen wir leben, wahrnehmen, das sind ‚zunächst' weder ‚fremde Körper' […], noch sind es fremde ‚Iche' und ‚Seelen', sondern es sind *einheitliche Ganzheiten*, die wir anschauen – ohne daß dieser Anschauungsinhalt zunächst ‚zerlegt' ist in Richtung der ‚äußeren' und ‚inneren Wahrnehmung'. Wir können uns auf Grund dieser Gegebenheitsstufe dann sekundär entweder in der Richtung der äußeren oder der inneren Wahrnehmung verhalten."[47] Indem wir den Ausdruck als Leibphänomen verstehen, ist seine Gegebenheit eine völlig andere als die Gegebenheit der Körperphänomene, aber auch eine andere als die Gegebenheit von psychischen Phänomenen. So ist es nach Schelers Auffassung möglich, im Ausdruck die Emotion selbst wahrzunehmen: „Ebenso kann aber auch Scham, Bitte in den Erscheinungen vermeint und ‚wahrgenommen' werden – ohne daß ich z.B. die Erscheinung der Schamröte *zuerst* als Blutzufluß in Kopf und Wange auffasse. Ich nehme *in* ihr die ‚Scham', *im* Lächeln die ‚Freude' wahr – ohne eines Schlusses zu bedürfen."[48] Der Leib ist insofern immer Träger eines Ausdrucks, wie Scheler sagt: „Ausdrucksfeld"[49].

Die These der direkten Wahrnehmung einer Emotion im Ausdruck hat starke Implikationen. Eine betrifft die Fremdwahrnehmung, denn sie ist nach Scheler somit unmittelbar, so dass sie nicht durch einen Analogieschluss oder eine Inferenz gegeben ist. Im Ausdruck selbst ist uns die Emotion mitgegeben. Diese Implikation kann hier leider nur erwähnt werden. Uns interessiert hier eine andere Implikation der These: die Tatsache, dass der

[45] Vgl. P. Ekman, *Emotions revealed*, a.a.O., S. 120.

[46] M. Scheler, „Wesen und Formen der Sympathie", a.a.O., S. 256.

[47] Ebd., S. 255.

[48] M. Scheler, „Die Idole der Selbsterkenntnis", a.a.O., S. 228. Auch M. Scheler, „Wesen und Formen der Sympathie", a.a.O., S. 21.

[49] M. Scheler, „Wesen und Formen der Sympathie", ebd.

Ausdruck in direkter Verbindung mit der Art und Weise steht, in der wir eine Emotion fühlen.[50] Mit der Auffassung des Ausdrucks als Leibphänomen wird – in verschiedenen Termini der Frühphänomenologie – eine „wesentliche", „kosmische" oder „symbolische" Verbindung zwischen der Leiblichkeit und dem körperlichen Ausdruck postuliert. Das führt zu einer Betrachtung des Ausdrucks als nicht auf andere Phänomene zurückführbar. In erster Instanz ist dies interessant, weil es im Vergleich mit vorherigen Auffassungen des Ausdrucks möglich wird, den Ausdruck als Leibphänomen jenseits des dualistischen Paradigmas des Innen und Außen zu interpretieren. Auch in Bezug auf einige heutige Ansätze scheint die These, der Ausdruck sei ein Leibphänomen, neu zu sein. Inwiefern das so ist und was es heißt, der Ausdruck sei „Symbol" der Emotion, soll nun geklärt werden.

Im historischen Kontext Ende des XIX. und Anfang des XX. Jahrhunderts ist diese frühphänomenologische These neu sowohl in Bezug auf die Auffassung von James und Lange als auch in Bezug auf die Wundts. Nach sensualistischer Auffassung ist der Ausdruck eine Gruppe körperlicher Veränderungen, deren Wahrnehmung oder Empfindung aufgrund eines psychophysischen Parallelismus die Emotion entstehen lässt. Jene bestimmten körperlichen Veränderungen stehen mit der Emotion im Zusammenhang, weil letztere nichts anderes als das Wahrnehmen der ersteren ist. Somit wird das Physische als Ausgangspunkt des Psychischen interpretiert. Die Möglichkeit, Emotionen durch das Vollziehen ihres entsprechenden charakteristischen Ausdrucks hervorzurufen, wird als Stütze dieser Theorie angeführt.

Auch in Bezug auf die Theorie Wundts ist Schelers These innovativ, denn nach Wundts Auffassung ist der Ausdruck eine Gruppe körperlicher Veränderungen, die aufgrund eines psychophysischen Parallelismus das „Innerliche" auf den Körper spiegeln. Der Ausdruck steht insofern mit der Emotion im Zusammenhang, als er die kausale Wirkung oder das „Symptom" der Emotion auf der Seite des Körpers ist. Das Physische deutet auf ein Psychisches hin: Die körperlichen Phänomene werden als Zeichen psychischer Phänomene angesehen. In diesem Fall ist das Psychische somit der Ausgangspunkt des Physischen. Auch einige heutige Ansätze – wie etwa Paul Ekmans Analyse des Ausdrucks – scheinen den emotionalen Ausdruck als bloße Äußerung einer Emotion zu verstehen. All diese Theorien aber verstehen den Ausdruck als Körperphänomen. Da sie das Phänomen des Leibes verkennen, können sie den Ausdruck nur im dualistischen Paradigma von Seele und Körper, Psychischem und Physischem, Innen und Außen konzipieren. Innerhalb des bipolaren Systems muss der Ausdruck dann zwangsläufig zum zweiten Terminus gehören, und jede Behandlung des Ausdrucks sieht sich dann den Problemen gegenüber, die allgemein bei der Klärung der Beziehung zwischen Seele und Körper innerhalb eines dualistischen Schemas entstehen. Wenn man den phänomenologischen Unterschied zwischen Körper und Leib verkennt und versucht, die Emotionen gegenüber dem Körper als rein geistige Elemente zu verstehen, wie es etwa bei der traditionellen Beschreibung der Emotionen geschieht, dann wird im Problem des emotionalen Ausdrucks das unlös-

[50] Und das, obwohl in diesem Punkt die Frühphänomenologen im Terminus „Ausdruck" verschiedene Phänomene vermischen – Körperphänomene wie Rotwerden, angelernte körperliche Bewegungssuggestionen wie Händefalten bei der Bitte und universelles körperliches Ausdrucksverhalten wie das „Springen" vor Freude.

bare Problem der Beziehung zwischen Geist (Emotion) und Körper (Ausdruck) reproduziert.[51]

Die Frage, ob die Emotion eine Folge des Ausdrucks oder ob der Ausdruck eine Folge der Emotion ist, soll ausgeschaltet werden, weil sie immer eine kausale Beziehung zwischen den beiden Elementen impliziert und die Hypothese einer kausalen Beziehung nicht aufrechterhalten werden kann. Gegenüber der psychophysischen Auffassung in all ihren Varianten eröffnet die realistische Phänomenologie eine alternative Möglichkeit, den körperlichen Ausdruck zu interpretieren. Danach ist der Ausdruck Symbol einer Emotion. Ausdruck als Symbol heißt hier – anders als bei der psychophysischen Interpretation in ihren beiden Formen – nicht, dass die äußeren Bewegungen anzeigen, dass ein Erlebnis existiert. Der Ausdruck als Symbol im phänomenologischen Sinne ist nicht dasselbe wie der Ausdruck als Anzeichen im psychophysischen Sinne.[52] Selbst wenn sowohl das Anzeichen als auch das Symbol über sich hinausweisen und etwas anderes präsentieren, tun sie das in unterschiedlicher Weise.

Nach der Interpretation des Ausdrucks als Anzeichen findet eine „Verweisung" von der Bewegung auf etwas Psychisches statt. Wie der Rauch ein Anzeichen des Feuers ist, wie also, wenn ich Rauch sehe, er mich zum Feuer überleitet, so ist in jenem psychophysischen Sinne der Ausdruck ein Anzeichen des Psychischen, d.h. die körperlichen Bewegungen informieren uns über etwas Psychisches und leiten uns zu ihm über. Dagegen gibt es bei der Interpretation des Ausdrucks als Symbol keine solche Überleitung. Die Auslegung des Ausdrucks als Leibphänomen ermöglicht vielmehr eine neue Interpretation dieser Beziehung. So schreibt Edith Stein: „Symbol bedeutet: in einem Wahrgenommenen liegt ein anderes und zwar ein Seelisches, wird darin miterfasst."[53] Demnach ist etwa das Heben der Faust als Ausdruck der Wut nicht ein Anzeichen der Wut, sondern mir ist in diesem Ausdruck die Wut selbst gegeben. Die Faust verweist nicht auf die Wut, sondern letztere ist mir im Ausdruck mitgegeben: Nicht von Verweisung ist hier die Rede, sondern von Mitgegebenheit.

Den Ausdruck als Symbol im Sinne der Mitgegebenheit zu interpretieren, impliziert eine ganz besondere und einzigartige Verwendung des Symbolbegriffs, die nichts mit dem aktuellen Symbolbegriff – als arbiträr und konventionell – zu tun hat. Mit der Mitgegebenheit wollen die Phänomenologen eine Einheit zwischen Emotion und körperlichem Ausdruck postulieren. Eben das bedeuten die Termini „Wesenszusammenhang", „Sinneszusammenhang" und „kosmischer Zusammenhang". Und der Zusammenhang ist sogar so wesentlich, dass es möglich ist, dass ausgehend von einem solchen Ausdrucksphänomen eine Emotion hervorgerufen wird. In seiner phänomenologisch kontextualisierten Version lässt sich dieses Phänomen freilich nicht mehr als Stütze der sensualistischen Lehre von James und Lange und ihrer neuen Vertreter wie Ekman ansehen.

---

[51] Vgl. die entsprechende Kritik in: H. Landweer, „Die Phänomenologie und die Grenzen des Kognitivismus", a.a.O., S. 482 und 483.

[52] Diese Unterscheidung ist bei Husserl zu finden. Vgl. E. Husserl, *Logische Untersuchungen.* Zweiter Band, I. Teil, a.a.O., S. 30ff.

[53] E. Stein, *Zum Problem der Einfühlung*, a.a.O., S. 86.

Es stellt sich die Frage, was eine solche Auffassung der Realisten für uns bedeutet. Mit unserem Leibbegriff, der sich an die Neue Phänomenologie anlehnt, und mit unserer Abgrenzung zwischen Körperphänomenen, körperlichem Ausdruck und Leibphänomenen bekommt die einheitliche „symbolische" Verbindung zwischen Emotion und körperlichem Ausdruck eine neue Bedeutung. Durch eine solche Auffassung ist der körperliche Ausdruck als Leibphänomen mit der Art und Weise verbunden, in der eine Emotion am Leib gefühlt wird. Die psychophysischen Auffassungen des Ausdrucks konnten die Verbindung zwischen körperlichem Ausdruck und Leiblichkeit nicht angemessen beschreiben, eben weil sie keinen Leibbegriff besaßen. In der Phänomenologie wird die Verbindung hergestellt. Für uns bedeutet das: *Einige* körperliche Ausdrücke führen die gefühlten leiblichen Phänomene aus. Wenn ich etwa traurig bin und meinen Körper beuge, soll das die gefühlte Enge ausführen; wenn ich in Wut mit meiner Faust gegen die Wand schlage, folgt das der gefühlten Bewegungsintention der Zerstörung. Bei der Freude sind auch das Gefühl der Weite, eine bestimmte Schwellung usw. formgebend für unsere Ausdrucksbewegungen und die Körperhaltung. Wenn wir uns im Stolz gleichsam größer fühlen und uns ein Gefühl der Weite erobert, neigen wir dazu, eine entsprechende Haltung einzunehmen, und dies ist das, was man von außen sehen kann. Aus dieser Perspektive erscheint die Verbindung zwischen Emotion und körperlichem Ausdruck nicht mehr als arbiträr, nicht als kausal, auch nicht als motiviert, sondern als wesentlich. Mit dieser Interpretation versuche ich, die besondere Verbindung zwischen dem, was wir fühlen, und dem, was von außen zu beobachten ist, wiederzugewinnen, die in der realistischen Phänomenologie in gewissem Maße wegen der terminologischen Vermischungen verloren geht. Inwiefern jedoch gilt das Gesagte für alles, was ich unter emotionalem Ausdruck verstehe? Das gilt es nun zu klären.

5.3.3. Universell, angeboren, angelernt

Eine brennende Frage der aktuellen Debatte über Emotionen ist die, ob der emotionale Ausdruck universell ist. Um die Frage zu erläutern, werde ich die heutigen alternativen Ansichten und Thesen der realistischen Phänomenologie über den körperlichen Ausdruck der Emotionen kritisch darstellen und im Anschluss daran zwischen „universell" und „angelernt" unterscheiden.

Die Debatte über die Universalität des emotionalen Ausdrucks wird heutzutage hauptsächlich von zwei radikalen Konzeptionen beherrscht.[54] Auf der einen Seite steht die universalistische Ansicht, nach der mindestens eine Gruppe von Emotionen – die „basic emotions" – sowie ihr Ausdruck in allen Kulturen zu finden ist. „Universell" heißt für die betreffenden Autoren das Gleiche wie „angeboren" und lässt sich auf das Terrain des Biologischen reduzieren. Universell ist das, was sich auf Triebe, Instinkte und andere biologische Instrumente zurückführen lässt. Diese Linie wird ergänzt durch Darwins Interpretation der Emotionen als universell in dem Sinne, dass sie ein Produkt der Evolution seien, und wird heute in Ekmans Theorie des emotionalen Ausdrucks fortgeführt.

[54] In dieser Hinsicht P. Goldie, *The Emotions*, a.a.O., S. 89.

Allerdings variieren Anzahl und Auswahl der Emotionen, die als universell gelten sollen, von Autor zu Autor. Descartes etwa nannte sechs primitive Leidenschaften: Überraschung, Liebe, Hass, Begehren, Freude und Traurigkeit.[55] Nach Paul Ekman und seiner „Affect-Program Theory" sind dagegen die „basic emotions": „surprise, joy, sadness, fear, anger and disgust"[56]. Es gibt nach wie vor keinen Konsens darüber, welche Emotionen tatsächlich „basal" sind. Aber nicht nur dieser Mangel an Konsens weckt Zweifel an der universalistischen Ansicht. Methodologisch gesehen ist zudem unklar, wie die Frage nach den universalen Emotionen empirisch zu klären ist, d.h. nach welchen Kriterien entsprechende Untersuchungen bei Menschen verschiedener Kulturen und sozialer Zugehörigkeiten vollzogen werden sollen.[57] Trotz solcher Schwierigkeiten spricht für die besagte Ansicht die Tatsache, dass es intuitiv schon auf den ersten Blick sehr wohl eine gewisse Universalität des emotionalen Ausdrucks zu geben scheint.

Auf der anderen Seite steht die entgegengesetzte Ansicht des Sozialkonstruktivismus, nach der die Emotionen und ihr Ausdruck sozial und kulturell bestimmt sind. Die Vielfalt emotionaler Erfahrungen und emotionaler Ausdrucksformen hat demzufolge mit der kulturellen Vielfalt zu tun. Der Akzent liegt bei dieser Betrachtungsweise auf der Angelerntheit bestimmter emotionaler Ausdrucksformen und der Begrenztheit eines Ausdrucks auf einen konkreten kulturellen Raum. Positiv an diesen Theorien ist insbesondere, dass sie sich der Tatsache gewidmet haben, dass es in der Sprache selbst normative Indikatoren dafür gibt, wie man sich in einer bestimmten Situation emotional zu verhalten hat.

Die Phänomenologie artikuliert demgegenüber eine dritte Möglichkeit. Für sie sind die Emotionen universell; universell aber heißt in der Phänomenologie nicht dasselbe wie angeboren, sondern mit dem Begriff wird auf eine bestimmte Struktur hingewiesen. Die konkrete These ist bei Max Scheler zu finden: „Die Zusammenhänge zwischen Erlebnis und Ausdruck haben *elementare* Zusammenhangsgrundlagen, die von unseren spezifisch menschlichen Ausdrucksbewegungen *un*abhängig sind. Es gibt hier gleichsam eine *universelle Grammatik*, die für alle Sprachen des Ausdrucks gilt und oberste Verständnisgrundlage für alle Arten von Mimik und Pantomimik des Lebendigen ist."[58] Die Idee ist, dass zu jeder Emotion konstante Ausdrucksphänomene gehören, im Ausdruck also eine „universelle Grammatik" der Gefühle widergespiegelt wird.

Die These der universellen Grammatik impliziert nicht, dass man nach einem angeborenen Schema instinktiv bestimmte Bewegungen bei bestimmten Emotionen ausführt, und auch nicht, dass die Bewegungen kulturell angelernt sind, sondern dass die Ausdrucksbewegungen zu einer bestimmten Emotion – da sie automatisch sind und nicht durch eine Willenssetzung geführt werden – *für alle Menschen* dieselben sind. Das Postulat der Universalität wird in der Phänomenologie nicht im selben Sinne wie in der Theorie der „basic emotions" behauptet. Während der letzteren zufolge die Emotionen universell sind, weil sie sich auf vergangene Triebe reduzieren lassen, sind für die Phänomenologie einige Emotionen universell in dem Sinne, dass sie zur menschlichen Natur gehören,

---

55 R. Descartes, *Die Leidenschaften der Seele,* a.a.O.

56 P. Ekman, *Emotions revealed*, a.a.O.

57 Vgl. etwa die Kritik von Goldie an Ekman. P. Goldie, *The Emotions*, a.a.O., S. 89ff.

58 M. Scheler, „Wesen und Formen der Sympathie", a.a.O., S. 21.

jedoch nicht deshalb, weil sie sich auf Biologisches reduzieren lassen. Derart unterscheidet die Phänomenologie zwischen *angeboren* im biologischen Sinne und *universell* in dem Sinne, dass etwas zum Menschen als solchem gehört. Mit dem Begriff „universell" wird eine gemeinsame menschliche „Struktureinheit" postuliert, die jeder Mensch *qua* Mensch besitzt. Diese „Struktureinheit" oder menschliche Grundstruktur ist dafür verantwortlich, dass man die Emotionen anderer Menschen verstehen kann, ohne sie zuvor selbst erlebt zu haben. Für die Fremdwahrnehmung bedeutet das, dass uns im körperlichen Ausdruck einer Emotion die Emotion mitgegeben bzw. – im schon angedeuteten Sinne von Symbol – symbolisiert wird, ohne dass dafür Schlüsse irgendwelcher Art gezogen, Urteile gefällt oder Analogien mit der eigenen Erfahrung gesucht werden müssten. So schreibt Scheler in Bezug auf Scham: „Nicht etwa, weil der Betreffende selbst schon Scham erlebt haben müsse und sie nun angesichts der fremden Schamgeste reproduziere, kann er fremde Scham verstehen, sondern weil sein eigenes Wesen gleichfalls diese Struktureinheit besitzt."[59] Universell heißt insofern: Eine menschliche Struktureinheit ist gegeben, auf die die Emotion rekurriert.

Die Idee, die Universalität der Emotionen nicht biologisch zu begründen, ist eines der Verdienste der Frühphänomenologie. Dennoch ist der Bezug auf die menschliche „Struktureinheit", die auch das Verstehen von Emotionen garantiert, nicht einwandfrei. Wenn diese Struktureinheit die Bedingung des universellen Verstehens von Emotionen ist und Emotionen aufgrund jener allgemeinen Verständlichkeit als universell gelten, stellt sich das Problem, dass einige Tiere ebenfalls in die universelle menschliche Struktureinheit einbezogen werden. Es ist eine Tatsache, dass Menschen den emotionalen Ausdruck einiger Tiere verstehen – und wahrscheinlich auch umgekehrt. Wenn also „Verständlichkeit" und Universalität von Gefühlen so stark aneinander gebunden sind, wie es die Frühphänomenologie behauptet, dann geht die Universalität über den Bereich des Menschlichen hinaus und erfasst auch einige Tiere.

Da hier die These der Universalität der Emotionen aufgrund der allgemeinen Verständlichkeit des emotionalen Ausdrucks vertreten wird, muss auf ein anderes Argument als die menschliche Struktureinheit rekurriert werden. Wie kann man also die besagte These vertreten und gleichzeitig die Möglichkeit offen lassen, einige Tiere, also nicht-menschliche Wesen, mit einzubeziehen? Ein Ansatz scheint mir darin zu bestehen, nicht auf eine menschliche Struktureinheit als Kriterium zu verweisen, sondern auf eine universelle Struktureinheit des Leibes, denn sowohl Menschen als auch Tiere existieren leiblich, wie sowohl Plessner als auch Schmitz hervorheben.[60] So schreibt Plessner: „In verschiedenem Grade, in verschiedener Art nehmen Mensch und Tier an der Sphäre der sensomotorischen Verhältnisformen teil, so daß ein Lebewesen das andere erblicken und anblicken, ergreifen und angreifen kann."[61] Hier handelt es nicht um eine Anthropomorphisierung der Tierwelt, sondern um die Gewissheit, dass es eine „Formschicht" an den organischen Bewegungen gibt, die zu erkennen ist, wenn wir Lebewesen als sich verhaltende Wesen ansehen. Die

---

59 M. Scheler, „Über Scham und Schamgefühl", a.a.O., S. 101f.

60 H. Schmitz, *System der Philosophie*, Dritter Band, 2, S. 90. Schmitz schreibt den Tieren sogar Selbstbewusstsein zu.

61 H. Plessner, „Die Deutung des mimischen Ausdrucks", a.a.O., S. 81.

Bewegung eines Tieres sieht also deswegen spielerisch, freudig, ängstlich oder zornig aus, weil laut Plessner unter Spiel, Freude, Angst und Zorn nur Bewegungsgestalten einer bestimmten Folgesinnigkeit verstanden werden. Damit drückt sich Plessner deutlich in der von uns verfolgten Richtung aus: „In der Schicht des Verhaltens besteht eine ursprüngliche Identität von Anschaulichkeit und Verständlichkeit auf Grund des Formcharakters der Bewegungsgestalten."[62]

Bislang wurde zwischen „angeboren" und „universell" im Sinne der Frühphänomenologie unterschieden. Nun entsteht die Frage, wie individuelle Varianten der körperlichen Ausdrucksformen einer Emotion und nicht-universelles körperliches Ausdrucksverhalten zu erklären sind. Damit ist der Bereich des „Angelernten" gemeint. In Bezug auf erstere vertrat Ortega y Gasset die These, die Individuen könnten jeweils das Repertoire ihres Körperausdrucks mit beeinflussen. So schreibt er zwar, die emotionalen Ausdrucksbewegungen seien „frases hechas"[63] oder „fertige Redensarten"[64]: „Die emotionalen Gebärden stellen ein Repertorium von Haltungen und Bewegungen dar, die sich mit großer Eintönigkeit wiederholen."[65] Das ist so, weil die Ausdrucksbewegungen durch die Möglichkeiten unseres Körpers begrenzt sind. Gleichzeitig sind aber nach Ortega y Gasset solche monotonen Bewegungen mit persönlichen Abweichungen durchsetzt, so dass kein Mensch sich gleich bewegt. Als Beispiele hierfür werden etwa der charakteristische und einmalige Blick eines Menschen genannt sowie sein Gang oder die Weise, in der er Bewegungen ausführt. Hier wäre auch hinzuzufügen, dass die Kulturen und Subkulturen, in denen wir leben, die Art und Weise beeinflussen, in der wir eine Emotion ausdrücken. In diesem Fall werden die universellen Ausdrucksbewegungen, Haltungen und Gesichtsausdrücke durch soziokulturelle Einflüsse modelliert. Es gibt insofern verschiedene kulturelle Ausdrucksstile, was sich etwa darin zeigt, dass man in manchen Kulturkreisen eher dazu neigt, seine Emotionen mit „übertriebener" Mimik und Gestik auszudrücken, während man in anderen versucht, sie zu verbergen. In Bezug auf den zweiten Tatbestand, dass es neben den universellen emotionalen Ausdrucksformen auch konventionelle Stile gibt, schlägt Ortega y Gasset vor, zwischen zwei Arten von Symbolen zu unterscheiden. Danach gäbe es einerseits die „natürlichen Symbole" wie das Heben der Faust als Ausdruck der Wut, andererseits die „konventionellen Symbole" wie das Händefalten bei der Bitte oder das Lächeln, das in bestimmten Kulturen bei Traurigkeit üblich ist.[66]

Eine solche Unterscheidung ist ein Versuch, die Vielfalt der emotionalen Erfahrungen und ihrer Ausdrucksweisen zu berücksichtigen. Im Grunde genommen liegt hier ein Bild des Menschen als eines offenen Wesens zugrunde, eines Wesens, das nicht nur durch die Natur, sondern auch durch die Kultur bestimmt wird. Die These von der Universalität des Ausdrucks gilt dann für die „natürlichen Symbole", nicht aber für die konventionellen. Wichtig ist dabei, dass auch „angelernte" und konventionelle Ausdrucksbewegungen ein

---

[62] Ebd., S. 83.

[63] J. Ortega y Gasset, „Sobre la Expresión, fenómeno cósmico", a.a.O., S. 586.

[64] J. Ortega y Gasset, „Über den Ausdruck als kosmisches Phänomen", Stuttgart 1954, S. 405.

[65] Ebd.

[66] Beide Beispiele finden sich bei Scheler. Zum letzten Beispiel vgl. M. Scheler, „Über Scham und Schamgefühl", a.a.O., S. 93.

Ausdrucksphänomen sind, denn sie erfüllen die zwei Charakteristika, die ich für den emotionalen Ausdruck als wesentlich aufgezeigt habe: Automatismus und Irreduzibilität auf eine Funktion.

Eine Bestimmung des Ausdrucks einer Emotion durch eine Kultur liegt dann vor, wenn der Ausdruck im allgemeinen Sinne nicht wesentlich mit der Emotion verbunden ist, sondern willkürlich in den Grenzen eines Kulturraums stipuliert und daher auch nur innerhalb dieses Raumes als solcher verstanden wird. Wie ist es aber möglich, solche Bewegungen zu erlernen und sie als Ausdruck einer Emotion zu inkorporieren? Obwohl der Zusammenhang konventionell und angelernt ist, etabliert sich ein *Erlebnisbezug*, der dafür verantwortlich ist, dass mit einer gegebenen Emotion die Ausdrucksbewegungen automatisch in Gang gesetzt werden. Zwar mag das Individuum am Anfang die Ausdrucksbewegungen lernen, nachdem jedoch der Erlebnisbezug etabliert ist, funktionieren sie spontan.

Universelle und angelernte emotionale Ausdrucksformen sollen als Gegenpole auf einer graduellen Skala verstanden werden. An dem einen Pol findet man universelle emotionale Expressionen. Auf die universellen Ausdrucksformen können dann soziokulturelle Einflüsse und individuelle Abweichungen mehr oder weniger stark wirken, bis hin zu einem rein konventionellen emotionalen Ausdrucksverhalten am anderen Pol, das völlig arbiträr in einem bestimmten soziokulturellen Kontext bestimmt und modelliert wird.

5.3.4. Außerzweckhaftigkeit

Während der Ursprung der konventionellen emotionalen Ausdrucksformen als arbiträr und kulturell bedingt erklärt werden kann, scheint der Ursprung der universellen eher ein Rätsel zu sein. Der emotionale Ausdruck ist rätselhaft, weil die aktuelle Debatte vom funktionalistischen Paradigma beherrscht wird und den Ursprung des emotionalen Ausdrucks auf einen Zweck zurückführt. Hier geht es mir darum, die diametral entgegengesetzte These zu vertreten, dass die Frage nach dem Ursprung sinnlos ist, weil der universelle emotionale Ausdruck das am Leib Gefühlte in einer Emotion ausführt, zwischen Ausdruck und Emotion ein Wesenszusammenhang besteht und der Ausdruck daher ursprünglich außerzweckhaft ist.

Als Ausgangspunkt diene uns die Emotion der Angst. Angst lässt sich am Leib wie ein Gefühl der Enge und der Kälte spüren, ich habe die Bewegungsintention, vor der als gefährlich empfundenen Situation wegzurennen, ich mache mich zudem gleichsam klein, und mein Gesichtsausdruck ist durch einen verzerrten Mund geprägt. Prinzipiell kann man aus drei verschiedenen Perspektiven heraus Erklärungen versuchen: Funktionalismus, Assoziationismus und Phänomenologie.

Die funktionalistische These behauptet, der Ausdruck sei aufgrund einer ursprünglichen Funktionalität seiner selbst entstanden und mit der Emotion verbunden. Dass der Ausdruck *funktionell* sei, heißt dabei im Allgemeinen, er solle einem Zweck dienen und daher *nützlich* sein. Welchem genauen Zweck sollen die Ausdrucksbewegungen aber dienen? In diesem Punkt wird die Theorie problematisch.

Eine erste Hypothese besagt, die Ausdrucksbewegungen seien heutzutage übrig gebliebene Reste von in der Vergangenheit nützlichen Bewegungen oder Reflexen. Die bekannteste Formulierung jener funktionalistischen Auffassung findet sich in dem von uns schon erörterten ersten Prinzip Darwins, das auch James annimmt. Obwohl nach solcher Auffassung die Ausdrucksbewegungen heutzutage *nicht* mehr zweckmäßig sind, sollen sie doch ursprünglich einmal zweckmäßig gewesen sein. Der ursprüngliche Zweck soll darin bestanden haben, den Organismus erfolgreich an die Umstände anzupassen und damit seine Überlebenschancen zu verbessern. Für die Angst würde das bedeuten: Der Ausdruck dieser Emotion ist ein Rudiment der in Angstsituationen nützlichen Bewegungen. Sich klein machen würde uns vor unserem potenziellen Gegner verstecken usw. Die Hypothese einer ursprünglichen Zweckmäßigkeit beherrscht die heutige Literatur, sie ist u.a. bei Paul Ekman[67] zu finden. So werden die Ausdrucksbewegungen selbst durch ihre Funktionalität oder durch ihre Stelle im Rahmen eines funktionalen Systems erklärt.

Das Hauptproblem der Hypothese ist – wie Darwin und James selbst zugegeben haben –, dass sie sich mit vielen Ausnahmen konfrontieren lassen muss und der Ursprung vieler Emotionen rätselhaft bleibt. Der kleinste Hinweis genügt, um die beschriebene Hypothese in Frage zu stellen, denn viele der besagten Ausdrucksbewegungen scheinen schon in ihrem Ursprung nutzlos gewesen zu sein. Wenn etwa jemand vor lauter Angst wie gelähmt stehen bleibt, dann kann dieser Ausdruck der Angst nicht gerade als nützlich angesehen werden, denn offensichtlich verringert er angesichts einer drohenden Gefahr die individuellen Überlebenschancen des Betroffenen: Es wäre besser, er liefe vor dem beängstigenden Objekt davon. Daher kann jenes Prinzip nicht als holistisches formuliert werden, sondern muss, wenn überhaupt, durch andere Prinzipien ergänzt werden.[68]

Einer zweiten Hypothese zufolge gibt es noch einen anderen, besonderen Zweck, dem die Ausdrucksbewegungen dienen. Der emotionale Ausdruck soll eine kommunikative Funktion haben, in dem Sinne, dass andere Menschen, ausgehend von jemandes Ausdruck, die Emotion verstehen, die ihn gerade erfüllt. Zweckmäßig und nützlich soll dies deswegen sein, weil dadurch, dass Menschen gegenseitig ihre Gefühle erkennen und verstehen, die Überlebenschancen der Gruppe steigen. Darwin spricht von dieser Funktion des Ausdrucks als einer sekundären Funktion, neben der ersten Funktion der Anpassung.

Auch diese Hypothese ist in den heutigen Debatten sehr präsent. So schreibt etwa Paul Ekman: „These responses occur because over the course of our evolution it has been useful for others to know when we sense danger, and it has similarly been useful to be prepared to run when afraid.“[69] Die kommunikative Funktion soll auch erklären, dass es mehr autonome Reaktivitätsmuster bei den negativen Emotionen als bei den positiven Emotionen gibt – negativ und positiv hier im hedonistischen Sinne – und folglich auch

---

67 P. Ekman, *Emotions revealed,* a.a.O., S. 26f.

68 Das geschieht bei vielen Autoren. Nach Elster sind zumindest „einige“ Ausdrucksbewegungen Reste, Teile oder „by-products“ von ehemals zweckmäßigen Bewegungen, die für das Überleben wichtig waren.

69 P. Ekman, ebd., S. 20.

mehr Namen für negative als für positive Emotionen, denn es steigert die Überlebenschancen der Gruppe, die negativen Emotionen der anderen zu kennen, während die positiven weniger wichtig sind.[70] Unserem Beispiel der Angst folgend, informiert der Ausdruck dieser Emotion die anderen Menschen in meiner Umgebung darüber, dass womöglich eine Gefahr besteht – eine unter Umständen durchaus wichtige Information. Hingegen sei es für das Überleben der Gruppe kaum wichtig, etwa über die Freude eines Menschen informiert zu sein. Ekman erkennt dabei durchaus, dass diese Hypothese nicht für alle Emotionen gilt. Die negativen Emotionen „guilt, shame and embarrasment" bereiten ihm Probleme. Seine Erklärung dafür, dass es bei ihnen keine deutlich für Andere wahrnehmbaren Ausdrucksbewegungen gibt, ist: „In guilt and shame [...] the person does not want others to know how he or she feels, and so perhaps a signal did not evolve. Embarrasment is more problematic. [...] Perhaps embarrasment came late in our evolutionary history, and there has not yet been enough time for an efficient signal to have been developed."[71]

Auch diese Variante der funktionalistischen These ist meiner Ansicht nach sehr problematisch. Genauer beobachtet, beinhaltet sie einen *circulus vitiosus*. Wenn die Ausdrucksbewegungen auf den Zweck der Mitteilung zurückgeführt werden, dann wird bereits vorausgesetzt, diese Ausdrucksbewegungen seien für die anderen verständlich. Da die Funktionalisten keinen Wesenszusammenhang zwischen Emotion und Ausdruck postulieren, müssen die Ausdrucksbewegungen, wenn sie verständlich sind, schon irgendwie gegeben sein.

Die geleistete Kritik an der funktionalistischen These ist insofern von Bedeutung, als sie auf die phänomenologische These und auf unsere Interpretation eines Wesenszusammenhangs zwischen Emotion und Ausdruck hindeutet. Würden die Ausdrucksbewegungen und ihre Verbindung zu den jeweiligen Emotionen ihre Entstehung einer ursprünglichen Funktionalität verdanken, wäre die Verbindung keine wesentliche. Und unserer Interpretation nach würde das implizieren, es sei den Emotionen auch nicht wesentlich, dass sie in einer charakteristischen Weise am Leib gefühlt werden. Darüber hinaus gilt: Wenn der Zweck die Kommunikation, die Verbindung zwischen Emotion und Ausdruck aber kontingent ist, lässt sich nicht erklären, wie die Menschen, die nie solche Emotionen gefühlt haben und die kontingente Verbindung nicht kennen, verstehen können, dass der Andere eine solche Emotion hat. Keine der beiden Varianten des funktionalistischen Erklärungsansatzes kann daher überzeugen. Der emotionale Ausdruck kann nicht auf einen ursprünglichen Zweck reduziert werden. Freilich möchte ich nicht die Möglichkeit ausschließen, dass die Ausdrucksbewegungen auch dem Zweck der individuellen Anpassung und über die Mitteilungsfunktion der Verbesserung der Überlebenschancen dienen können. Hierbei handelt es sich jedoch höchstens um eine sekundäre und nachträglich hinzugekommene Zweckmäßigkeit, einen Zweck zweiter Ordnung, oder eine indirekte Zweckmäßigkeit[72] – nicht aber um einen Grund der Entstehung des Ausdrucks.

70 P. Ekman, „All Emotions are Basic", a.a.O., S. 15–20.

71 P. Ekman, *Emotions Revealed*, a.a.O., S. 217.

72 Vgl. J. Ortega y Gasset, ebd., S. 581 und 583. Vgl. O. Kohnstamm, „Außerzweckhaftigkeit und Form in Leben und Kunst", in: *Erscheinungsformen der Seele*, München 1927, S. 390. Ebenso kann

Nunmehr möchte ich kurz auf die assoziationistische Lehre eingehen, da sie prinzipiell eine dritte Erklärungsmöglichkeit darstellt. Insbesondere werde ich mich auf die Thesen Oskar Kohnstamms beziehen. Dabei interessiert es nicht, eine genaue Kritik an seiner Lehre zu üben, denn jene Art von Erklärung wird heutzutage nicht mehr vertreten[73], sondern es sei nur *grosso modo* die Perspektive des Assoziationsprinzips skizziert. Dabei werde ich den Unterschied zwischen „Ausdruckstätigkeiten" und „Zwecktätigkeiten" ins Auge fassen, weil diese Differenzierung von Max Scheler und José Ortega y Gasset übernommen wird.[74] Nach den Assoziationsprinzipien werden zunächst bestimmte körperliche Veränderungen mit einem Gefühl „assoziiert". Demnach wäre unser Beispiel der Angst so zu erklären: Wenn wir etwa nicht richtig atmen können – sei es, weil wir zu enge Kleidung tragen oder weil wir unter einem Anfall von Atemnot leiden –, tritt eine Art Gefühl auf, das vom subjektiven Empfinden her der Angst verwandt ist. Jene Verbindung soll dann fixiert werden, so dass es jedes Mal, wenn wir – aus welchem Grund auch immer – ein Angstgefühl erleben, auch zu den assoziierten körperlichen Veränderungen kommt.[75] Eine bestimmte Zwecktätigkeit – wie etwa das Besser-atmen-Wollen, wenn wir Atemnot haben – tritt stets sekundär mit einem Gefühl auf, das der Angst ähnlich ist. Durch das Zusammenauftreten werden beide Elemente *assoziiert*.

Nach seiner These, die Kohnstamm das „Gesetz der Ausdruckstätigkeit" nennt, ruft ein auftretendes Gefühl unter allen Zwecktätigkeiten diejenige als Ausdruck auf, die bereits mit dem Gefühl assoziiert ist: „Ein primäres Gefühl oder ein Gefühlskomplex sucht sich als Ausdrucksbewegung unter den Zweckbewegungen (oder teloklinen Erregungsketten) diejenige aus, die mit einem dem primären möglichst ähnlichen Gefühlston verbunden ist."[76] In Bezug auf unser Beispiel heißt das: Wenn Angst auftritt und zum Ausdruck kommen soll, dann wird diejenige Zwecktätigkeit hierfür herangezogen, die der Angst am nächsten steht, d.h. diejenige, die mit der Angst bereits assoziiert ist. Obwohl sie eine Zwecktätigkeit ist, verfolgt dennoch die durch das Gefühl hervorgerufene Bewegung keinen Zweck. Insofern sind die Ausdrucksbewegungen nach Kohnstamm symbolische Zwecktätigkeiten: „Die genannten Zweck- oder Anpassungsreaktionen sind von bestimmten Gefühlen begleitet, die, wenn sie ebenso oder ähnlich primär auftreten, durch Assoziation jene Zweckreaktionen reproduzieren. Da diese Assoziation durch Gefühle vermittelt wird, ist sie eine expressive Assoziation. Auf dieselbe Weise entstehen alle

---

es ein Zweck zweiter Ordnung sein, dass die Ausdrucksbewegungen als Ventil fungieren und so die Nervenspannung entladen wird.

73 W. Wundt vertritt beim zweiten seiner Prinzipien einen solchen Assoziationismus. Auch der Biologe O. Kohnstamm postuliert ein Assoziationsprinzip als Bindeglied zwischen Ausdruck und Gefühl.

74 Scheler stellt den Unterschied in „Wesen und Formen der Sympathie" anhand des Beispiels des Geschlechtsaktes dar. Ebd., S. 118f.; ebenso in „Über Scham und Schamgefühl", a.a.O., S. 135, und in *Das Ressentiment im Aufbau der Moralen,* Frankfurt/M. 1978, S. 100. Vgl. auch J. Ortega y Gasset, ebd., S. 583. Sowohl Scheler als auch Ortega y Gasset beziehen sich an diesen Stellen fast immer in Fußnoten auf Kohnstamm.

75 Das erklärt auch, warum, ausgehend von einer bestimmten Bewegung, eine bestimmte Emotion hervorgerufen werden kann.

76 O. Kohnstamm, ebd., S. 304.

Ausdruckstätigkeiten. Sie sind nicht wirkliche, sondern nur symbolische Zweckbestimmungen."[77]

In einer solchen Erklärung der Ausdruckstätigkeiten ist enthalten, dass die Ausdrucksbewegungen allen Menschen als solchen zugehörig sind. Die Ausdrucksbewegungen sind nach dieser Lehre angeboren, nicht weil sie Zwecktätigkeiten sind oder irgendwann waren, sondern weil sie die Zwecktätigkeiten als Grundlage nutzen: Die Emotion, die am Leib gefühlt wird und zum körperlichen Ausdruck kommt, sucht sich unter den Zwecktätigkeiten diejenige, die mit ihr assoziiert ist. Und da die teloklinen Zwecktätigkeiten vererbt und phylogenetisch sind, sind auch die Ausdrucksbewegungen vererbt und universell im Sinne des Angeborenseins.[78] Diese Theorie ist in mehreren Hinsichten problematisch, denn sie versteht die „Leiblichkeit" als viszerale und muskuläre Veränderung und verkennt daher in gewissem Maße das Phänomen des Leibes. Ferner wird die Frage nicht beantwortet, wie der Nexus zwischen den körperlichen Veränderungen und Bewegungen einerseits und dem Gefühl andererseits statuiert wird. Da es Kohnstamm nicht gelingt, Klarheit über den postulierten assoziativen Nexus zu gewinnen, endet seine Theorie in einer Sackgasse.

Im Folgenden möchte ich die alternative These der Außerzweckhaftigkeit des emotionalen Ausdrucks vertreten, obwohl das nicht bedeutet, der emotionale Ausdruck könne keinen hinzugekommenen Zweck haben. Um die These zu entwickeln, wende ich mich einigen Texten der Frühphänomenologie zu und versuche, sie für unsere Interpretation des Wesenszusammenhanges zwischen Emotion und körperlichem Ausdruck fruchtbar zu machen. Die Frühphänomenologen übernehmen von der assoziationistischen Theorie Kohnstamms den Unterschied zwischen „Ausdruckstätigkeit" und „Zwecktätigkeit". Danach lässt sich innerhalb der Lebensbewegungen überhaupt zwischen zwei wesentlich verschiedenen Arten von Bewegungen unterscheiden.

Auf der einen Seite finden sich diejenigen, die Nützlichkeitswerten untergeordnet sind, d.h. solche, die eine Funktion, einen Zweck oder einen Nutzen besitzen: die sogenannten *Zwecktätigkeiten*. Die *Zwecktätigkeiten, Zweckbewegungen oder teloklinen Bewegungen* sind dadurch charakterisiert, dass sie einen Reiz zugunsten des Organismus verwerten und einen Stimulus optimal nutzen. In diesem Sinne folgen etwa ein Reflex, ein Instinkt oder ein Willensakt dem Prinzip der Reizverwertung: „Alle teloklinen Erregungsketten des Lebens, nenne man sie nun reflektorisch, instinktiv, koordiniert, bewußt, stehen unter demselben Prinzip der Reizverwertung."[79] Wenn etwa ein Gegenstand auf mich zufliegt und ich die Hand vor das Gesicht halte, um mich zu schützen, ist diese Bewegung eine Zwecktätigkeit.

Auf der anderen Seite finden sich die Bewegungen, die keinem Nützlichkeitswert untergeordnet sind: die *Ausdruckstätigkeiten* oder *Ausdrucksbewegungen*. Bei ihnen gibt es keine Nutzung eines Stimulus, und daher kann man die Frage nach einem ursprüng-

---

77 Ebd.

78 Man kann in der Erklärung, wie Kohnstamm es getan hat, eine Rettungsmöglichkeit des ersten Darwinschen Prinzips sehen. Aber nur, wenn man die Zusatzklausel akzeptiert, dass die Ausdrucksbewegungen keine Zweckbewegungen sind.

79 Ebd., S. 302.

lichen Zweck dahingestellt sein lassen. In Anlehnung an Kohnstamm kann man sagen, dass sie *per se* „außerzweckhaft" sind. Außerzweckhaftigkeit soll aber nicht als „Unzweckhaftigkeit" verstanden werden, denn der Ausdruck kann eine hinzugekommene Zweckhaftigkeit haben und insofern den Zwecken des Lebens dienen: „Jedoch ist es von einer so ausgebreiteten Lebenserscheinung nicht anders zu erwarten, als daß sie den Zwecken des Lebens nicht entgegensteht. Die Expressivtätigkeit als Ganzes wird unmöglich unzweckmäßig, dysteloklin sein können. Sonst wäre sie nicht ‚erhaltungsgemäß' und würde in dem allgemeinen Streben nach zweckmäßigen und ökonomischen Lebensformen längst beseitigt sein."[80] Da es einen fundamentalen Unterschied zwischen beiden Arten von Bewegungen gibt, können die Ausdruckstätigkeiten niemals durch Zwecktätigkeiten erklärt werden. Es handelt sich um zwei Sphären, und die expressive Sphäre lässt sich nicht auf Zwecktätigkeiten reduzieren.

Dieser Unterscheidung folgend – aber in Abgrenzung vom Biologismus und Assoziationismus Kohnstamms – versuchen die Phänomenologen, den Funktionalismus zu bekämpfen. Man kann verschiedene Stränge in den realistischen Texten Schelers und Ortega y Gassets finden, die darauf hinauslaufen, dass sich die emotionalen Ausdrucksbewegungen nicht auf einen Zweck zurückführen lassen, sondern dass es sich bei ihnen um ein originäres und unmittelbares Phänomen handelt. Da wir es hier mit einem originären, unmittelbaren und als solchem irreduziblen Phänomen zu tun haben, kann die Frage nach dem Ursprung des Ausdrucks nicht durch eine Zurückführung desselben auf ein anderes Phänomen – etwa die Zwecktätigkeit – erklärt werden.

Darüber hinaus führt jeder Ansatz, der den Ausdruck allein im Hinblick auf einen Zweck erklärt, ihn einer Funktion unterordnet und ihn nur mit Blick auf seine Nützlichkeit berücksichtigt, zu einer Verfälschung des Phänomens auch in einem anderen Sinne. Wenn die Ausdrucksbewegungen als Lebensbewegungen nur aufgrund ihres Anpassungswertes berücksichtigt werden, dann werden von allen Werten des Lebens nur die Nützlichkeitswerte berücksichtigt, während andere Werte übersehen werden, die mit der Nützlichkeit nichts zu tun haben und dennoch wichtige Lebenswerte sind. So sagt Scheler: „Die Vorstellung, daß Leben schon in seiner zweckfreien *Ausdrucksbetätigung* und deren Formen, in seinem bloßen ‚Ausatmen' und den ihm eigenen inneren Prozessen eine *in sich* ruhende Wertfülle darstelle, der alle Nutzhandlungen zu *dienen* bestimmt sind, die durch alle Mechanismen nur *freier* und *freier* sich vollziehen sollte, – daß es sozusagen der *eingeborene Herr und König sei der toten Welt, nicht* also erst erhoben kraft der durch die Anpassung an die tote Welt zufließenden Vorteile und der ihm zu Gebote stehenden Fähigkeiten, Nutzen zu schaffen –, weicht in Anschauung und Gefühl der anderen: daß der pure Ausdruck des Lebens nur ein Ballast und schlechter Luxus sei, eine Art ‚Atavismus' früherer nützlicher Fähigkeiten, sich zu bewegen und zu handeln."[81] Seine phänomenologische These ermöglicht eine andersartige Auffassung des Ausdrucksphänomens, die besagt: Weil eben nicht alle Lebenswerte Nützlichkeitswerte sind, müssen nicht alle Lebensbewegungen der Forderung nach Nützlichkeit untergeordnet sein. Und obwohl

---

80 Ebd., S. 299f.

81 M. Scheler, *Das Ressentiment im Aufbau der Moralen*, a.a.O., S. 100; „Wesen und Formen der Sympathie", a.a.O., S. 134f.

die Phänomenologen mit Kohnstamms Unterscheidung arbeiten, postulieren sie keinen Assoziationsnexus zwischen Gefühl und Ausdruck, sondern einen Wesenszusammenhang. Allerdings finden wir in den phänomenologischen Texten diesen Zusammenhang nicht weiter erklärt.

Wie lässt sich nun an diesem Punkt der Untersuchung und mit dem entwickelten Instrumentarium unser Ausgangsbeispiel der Angst beschreiben? Bei der Angst finden sich zwei verschiedene Bewegungen gemischt. Es kann sein, dass ich im Zustand der Angst bestimmte Zweckbewegungen ausführe, die mich in die Bereitschaft versetzen, auf die Informationen und Reize der Umgebung in Gefahrensituationen schnell zu reagieren. Das wäre dann eine Zwecktätigkeit, denn hier wird ein Stimulus zugunsten des Organismus optimal genutzt. Doch die gebeugte Haltung und das Zusammenziehen des Körpers ebenso wie andere mögliche Ausdrucksbewegungen sind keine Zwecktätigkeiten, denn ich könnte die Aktionsbereitschaft auch haben, *ohne* etwa die Haltung zu beugen usw., und mein Organismus wäre dadurch nicht geschädigt. So finden wir hier auch eine Ausdruckstätigkeit, die als solche außerhalb der Zwecktätigkeiten liegt, obgleich sie durchaus den Zwecken des Lebens dienen kann.

Definitorisch für die Angst ist nach dieser Perspektive, die ausgehend von der realistischen Phänomenologie und in Anlehnung an die Neue Phänomenologie entwickelt wurde, eben das Gefühl der Enge und die Intention, vor dem Beängstigenden zu fliehen. So treten, wenn es Angst gibt, notwendigerweise auch das leibliche Phänomen der Enge und die Bewegungsintention des Weglaufens auf. In der Form des körperlichen Ausdrucks lassen sich diese leiblichen Phänomene ausführen. Der körperliche Ausdruck ist dann in seinem Ursprung nicht auf etwas anderes zu reduzieren, weil er in seinem Ursprung außerzweckhaft ist. Eine hinzugekommene und nachträgliche Zweckmäßigkeit jener Ausdrucksformen ist sehr wohl möglich – so etwa, dass meine Emotion durch den Ausdruck „entladen" wird oder dass durch die Ausdrucksbewegung die Anderen wissen können, dass es eine Gefahr gibt. Damit wird das funktionalistische Paradigma, das in der aktuellen Diskussion noch vorherrscht, in Frage gestellt.

Wir können mit der hier entwickelten Perspektive, dass jede Emotion eine bestimmte qualitative Art des Sich-Anfühlens hat – Leiblichkeit als Wesensmerkmal der Emotionen – und dass der universelle körperliche Ausdruck solche leiblichen Phänomene ausführt und daher ursprünglich außerzweckhaft ist, eine diskussionswürdige Alternative zum Funktionalismus vorbringen. Außerdem versteht die hier entwickelte These die Emotionen nicht als bloße psychische Phänomene, so dass eine Verbindung mit dem Leib nicht erst künstlich hergestellt werden muss, den Emotionen vielmehr stets ein leibliches Fühlen innewohnt. Somit wird der leibliche Aspekt des Emotionalen im Bild davon, was eine Emotion überhaupt ist, schon mitgedacht, und damit erübrigt sich von vornherein die Frage nach dem *Ursprung* der Verbindung zwischen Emotion und Ausdruck.

6. Die Intentionalität der Emotionen, das Fühlen und die Werte

Im folgenden Kapitel wird das Moment der Intentionalität der Emotionen untersucht, das mit dem Moment der Leiblichkeit zusammen gegeben ist. Dabei wenden wir die Aufmerksamkeit zunächst dem intentionalen Objekt der Emotionen zu. Danach wird die Frage untersucht, ob Emotionen intentional sind in einem starken Sinn, d.h. ob sie die Objekte, die sie intendieren, auch erfassen, oder ob sie auf diese Objekte gerichtet sind, ohne sie zu erfassen. Was das heißt, wird im Folgenden deutlich werden. Die Beantwortung der Frage wird dann zu der anderen Frage führen, inwiefern unser Weltbezug emotionaler Natur ist und inwiefern die Emotionen auf die Persönlichkeit bezogen sind. Der letzte Abschnitt befasst sich mit einigen Problemen der Moralität der Gefühle.

6.1. Kognition, Intention und Wert

6.1.1. Die Emotionen und ihre kognitive Basis

Aus der Abgrenzung der Emotionen von ähnlichen Phänomenen hat sich ergeben, dass die Emotionen im Gegensatz zu den Empfindungen auf kognitiven Grundlagen aufbauen. Emotionen sind – so lautete das Fazit – fundierte Akte. Was als kognitive Basis der Emotionen fungiert, wird nun eingehender untersucht.

Die vorherrschende These in den aktuellen Theorien der Emotionen lautet, dass die Basis der Emotionen *ausschließlich* Urteile sind. Unter „Urteil" ist aber eine sehr heterogene Gruppe von Akten zu verstehen: Urteile, Annahmen, Glaube usw. In Kapitel 4 wurde dieser Ansatz bereits in seinen zwei Varianten erläutert. Einerseits sind da die streng kognitivistischen Ansätze Solomons und Nussbaums, die die Emotionen selbst auf solche Urteile reduzieren. Die Freude über ein Ereignis sei eine besondere Sorte von Urteil über das Ereignis selbst. Andererseits sind da die Ansätze von Brentano, Stumpf und Gegenwartsautoren wie Kenny, denen zufolge die Emotionen immer auf Urteilen gründen, jedoch ohne dass jene ganz auf diese zurückgeführt würden. Nach letzterem Ansatz ist Voraussetzung dafür, dass man sich über ein Ereignis freut, dass das Ereignis auf eine bestimmte Art und Weise beurteilt wird. Ein solches Urteil nennt man „identifikatorisches Urteil", weil es Bestandteil einer Emotion ist, sie als solche ausmacht und von anderen Emotionen unterscheidet und individuiert. „Identifikatorische

Urteile“ sind von „explikatorischen Urteilen“ zu unterscheiden, die eine kausale Erklärung des Grundes sind, warum man sich in einem bestimmten Fall freut.[1] Allerdings bleiben viele unserer emotionalen Erfahrungen ohne Erklärung, wenn wir nur Urteile als Basis der Emotionen berücksichtigen: Ekel vor speziell riechenden Speisen, Angst vor einem vorgestellten Geist und dergleichen mehr. Urteile reichen insofern als Grundlage der Emotionen nicht aus. Zweck dieses Abschnittes ist es, gegen die universalistischen Ansprüche solcher Thesen zu argumentieren und eine alternative These vorzuschlagen, nach der *sowohl* Urteile (und verwandte Phänomene wie Annahmen, Glaube usw.) *als auch* Wahrnehmungen und Vorstellungen als Basis der Emotionen fungieren, seien sie aktuell oder in Erinnerungen vorhanden.

Historisch betrachtet, findet sich die alternative These bei den Frühphänomenologen und auch bei einigen zeitgenössischen Autoren. Alexander Pfänder etwa behauptet: Es „ergibt sich, daß das zum psychischen Tatbestand der aktuellen Gesinnungen gehörige Gegenstandsbewußtsein nicht immer derselben Art ist. Es kann ein Wahrnehmen, ein anschauliches Vorstellen oder auch ein unanschauliches ‚Denken an etwas‘ sein.“[2] Im selben Sinn schreibt Edith Stein: „[U]m mich an dieser Tat zu freuen, muß ich zunächst darum wissen, das Wissen ist fundierend für die Freude. Dieses Wissen, das dem Wertfühlen zugrunde liegt und das auch durch ein wahrnehmendes oder vorstellendes anschauliches Erfassen ersetzt werden kann, …“[3] Also gilt nicht nur propositionales Denken im Urteilen, Annehmen, Glauben usw., sondern es gelten hier auch *nicht* propositionale Akte wie Wahrnehmen und Vorstellen als Basis der Emotionen. In der Gegenwart berücksichtigt Jon Elster die Möglichkeit, dass Emotionen, obwohl sie prinzipiell auf Urteilen gründen sollen, auch auf Wahrnehmungen fundiert sein können, wobei dies nach Elster nur in Ausnahmen der Fall ist.[4] Die Forschungen Michael Stockers[5] und Patricia Greenspans[6] über die Möglichkeit, Emotionen aufgrund von phantasierten Objekten zu haben, gehen ebenfalls in die Richtung, die ich vertrete, dass Emotionen auch eine Vorstellung als Basis haben können. Peter Goldie betrachtet neben den Urteilen auch die Wahrnehmungen und die Imagination als emotionale Grundlagen.[7] Und Kevin Mulligan vertritt die These, als kognitive Basis der Emotionen würden sowohl Wahrnehmungen als auch Urteile fungieren und man habe Emotionen auch aufgrund von Erinnerungen.[8] (Bei den Urteilen unterscheidet Mulligan zwischen solchen, die eine „natural property“ beinhalten – etwa wenn man Angst hat aufgrund des Urteils, dass sich ein großer Hund nähert

---

1 Für die Unterscheidung vgl. etwa G. Taylor, *Pride, Shame and Guilt. Emotions of Self-assessment*, Oxford 1985, S. 3ff.

2 A. Pfänder, *Zur Psychologie der Gesinnungen*, I. Teil, a.a.O., S. 16.

3 E. Stein, *Zum Problem der Einfühlung*, a.a.O., S. 112.

4 J. Elster, *Alchemies of the Mind*, a.a.O., S. 250.

5 M. Stocker, „Emotional Thoughts“, a.a.O.

6 P. Greenspan, *Emotions and Reasons*. New York 1988.

7 P. Goldie, *The Emotions*, a.a.O., S. 45.

8 K. Mulligan, „From Appropriate Emotions to Values“, a.a.O.; K. Mulligan, „Husserl on the ‚Logics‘ of Valuing, Values and Norms“, in: B. Centi/G. Gigliotti, *Fenomenologia della Ragion Practica. L'Etica di Edmund Husserl*, Neapel 2004, S. 177–225.

– und solchen Urteilen, die a „thick axiological predicate“ beinhalten – etwa wenn man Angst hat aufgrund des Urteils, dass der Hund gefährlich ist.) Mein Vorschlag schließt an diese Ansätze an. Wie lässt sich nun die These beweisen, dass sowohl Urteile als auch Wahrnehmungen und Vorstellungen als Grundlage von Emotionen auftreten können? Um meine These zu erörtern, werde ich als Beispiel verschiedene Emotionen benutzen, die aufgrund einer Wahrnehmung, eines Urteils oder einer Phantasie entstehen können. Die analysierende Beschreibung dieser Möglichkeiten wird uns hier eine Weile beschäftigen:

Wenden wir uns zunächst den Emotionen zu, die auf *Wahrnehmungen* gründen. Wie schon erörtert, impliziert die Wahrnehmung nach der realistischen Auffassung, die wir uns hier zu eigen machen, kein Urteil über das Wahrgenommene. Nehmen wir an, wir beobachten im Zoo eingesperrte Tiere und haben Angst. Die Angst kann erstens in der Wahrnehmung der Tiere gründen, ohne dass wir ein Urteil fällen. Ich sehe das Tier, höre seine Schreie oder rieche seinen Geruch und empfinde unmittelbar Angst, ohne ein Urteil gefällt zu haben. Oder denken wir an den Fall des Ekels vor bestimmten Speisen. Ich kann Waldmeisterpudding ekelerregend finden, und das allein schon aufgrund des bloßen Geruchs dieser deutschen Köstlichkeit – ohne dabei ein Urteil gefällt zu haben. Ein Charakteristikum solcher Emotionen, die auf Wahrnehmungen gründen, ist es, dass sie sehr schwierig unter Kontrolle zu halten sind, außer wenn wir die Wahrnehmung ausschalten.

Emotionen können auch auf *Urteilen, Annahmen, Gedanken, Einstellungen* usw. basieren. Das gilt für bestimmte Sorten von Angst. Im obigen Fall des Tiers im Zoo kann es sein, dass man Angst hat, weil man ein Urteil über die Tiere fällt (bzw. etwas annimmt oder glaubt): dass etwa die Gitter nicht sicher sind und die Tiere ausbrechen können. Angst kann also auch auf einem Urteil gründen. Andere Emotionen können nur auf Urteilen gründen: Die Verachtung und die Achtung z.B. implizieren immer ein Urteil über ihre Objekte, denn sie entstehen nicht aufgrund einer bloßen Wahrnehmung.[9] Die Emotionen, die auf Urteilen basieren, sind leichter zu ändern als Emotionen, die in Wahrnehmungen gründen, weil man immer versuchen kann, das Urteil zu modifizieren – hier liegt also eine stärkere rationale Kontrolle vor. Im Fall der Angst, die auf einem Urteil gründet, kann man diese etwa durch weitere Urteile erfolgreich bekämpfen – die Käfige müssen sicher sein, das Zoopersonal wird alles überprüft haben. Im Fall der Achtung können wir weitere Urteile über die Person fällen, die die Emotion abbauen, wenn z.B. jemand uns glaubhaft etwas Schlechtes über den von uns geachteten Menschen erzählt und wir dann gegebenenfalls beginnen, ihn zu verachten oder zumindest zu ignorieren.

Es gibt auch Emotionen, die auf *Vorstellungen* basieren. Auch hier finden sich wieder Fälle von Angst, denn es kann auch der Fall sein, dass ich einfach aufgrund der Vorstellung des Tieres Angst fühle. In solchem Fall habe ich weder eine Wahrnehmung noch ein Urteil über das Tier, sondern ein Phantasiebild desselben. Manchmal können diese Phantasien zwar propositional sein, so etwa, wenn ich mir selbst sage: „Stell dir mal vor, dass nun das Tier entkommt und dich angreift.“ Die Imagination kann aber auch nicht-propositionaler Natur sein, so z.B., wenn ich mir ein Knurren des Tieres vorstelle oder den

---

[9] Kolnai und Scheler weisen darauf hin. Vgl. A. Kolnai, „Der Ekel“, a.a.O., S. 122; M. Scheler, „Wesen und Formen der Sympathie“, a.a.O., S. 152.

Geruch, den ich wahrnehmen würde, wenn das Tier direkt neben mir stünde. Ein anderes Beispiel für eine Emotion, die in einer Phantasie gründet, wäre der Fall, dass ich traurig werde, wenn ich mir eine geliebte Person in einer schrecklichen Situation vorstelle.

In all diesen Fällen können Emotionen nicht nur auf aktuellen Akten gründen, sondern auch auf *Erinnerungen.* So kann meine Angst hervorgerufen werden, wenn ich mich an Schreie und Gerüche des Tieres oder an ein über seine unmittelbare Gefährlichkeit gefälltes Urteil erinnere – selbst wenn ich im Moment der Erinnerung zu Hause „in Sicherheit" bin. So sehen wir, dass einige Emotionen wie etwa die Angst auf Wahrnehmungen, Urteilen und Vorstellungen gründen können, während andere Emotionen wie etwa Verachtung und Achtung aufgrund ihrer kognitiven Basis etwas eingeschränkter sind.

Diese alternative These scheint mir in verschiedener Hinsicht von Vorteil gegenüber der These zu sein, Emotionen würden ausschließlich auf Urteilen gründen. Ein erster Vorteil besteht darin, dass man mit jener alternativen These in zweifacher Hinsicht der Gefahr der Überintellektualisierung der Emotionen entgeht. Zum einen wird postuliert, dass Emotionen eine Basis benötigen, ohne dass dabei die Emotionen auf solche Grundlagen – seien es Wahrnehmungen, Urteile oder Phantasien – reduziert werden, wie es einige schon kritisierte Theorien tun. Zum anderen wird als Basis nicht nur propositionales Denken in Form von Urteilen, sondern werden auch nicht propositionale Akte wie Wahrnehmungen und Vorstellungen in Betracht gezogen. Ein weiterer Vorteil der These ist, dass man mit ihr Rechenschaft über eine größere Zahl emotionaler Erfahrungen geben kann als mit denjenigen Theorien, die nur die Urteile als Basis anerkennen. Für solche Theorien bleiben nämlich die Emotionen, die offensichtlich nicht auf Urteilen gründen, ein Rätsel, oder es werden für sie forcierte Erklärungen gesucht, damit sie in das Modell passen. Das hier vorgeschlagene Modell hingegen berücksichtigt solche Emotionen, die nicht auf Urteilen basieren.

Diese These ermöglicht, dass man die Emotionen in Abhängigkeit von ihrer kognitiven Basis nach *Unmittelbarkeitsgraden* unterscheiden kann. Solcherart sind Emotionen, die auf Wahrnehmungen gründen, unmittelbarer als diejenigen, die auf Urteilen basieren: Ich ekele mich sofort beim Anblick von etwas Ekelhaftem, doch um jemanden zu verachten, benötige ich ein Urteil über die betreffende Person, das wiederum andere Akte voraussetzt. Emotionen, die auf Urteilen gründen, kommen insofern nicht so unmittelbar zustande wie Emotionen, die auf einem bloßen Eindruck beruhen. Ich werde daher, ausgehend von der Verschiedenheit der jeweiligen Basis, von Graden der „Unmittelbarkeit"[10] der Emotionen sprechen. Dieses Merkmal wird nützlich sein, um die Emotionen zu charakterisieren und um die Thematik der „irrationalen Emotionen" zu behandeln. Und noch ein dritter Vorteil ist zu nennen: Bei dieser These wird die Rolle der Wahrnehmung und der Phantasie für die Emotionen berücksichtigt, die in den stark kognitivistischen Theorien, die heute vorherrschen, verloren geht.

Ich möchte nun einige Implikationen der hier entwickelten These ansprechen. Wenn Emotionen eine kognitive Grundlage benötigen, muss sich eine solche Basis phylo- und ontogenetisch entwickelt haben, damit wir eine Emotion haben. Die Akte, in denen sie

---

[10] Ich übernehme diesen Begriff von Aurel Kolnai. Vgl. A. Kolnai, „Der Ekel", a.a.O.

fundiert sind, müssen schon vorhanden sein. Auf der Ebene der Arten bedeutet das, dass sich mit der Entwicklung theoretischer Fähigkeiten auch die emotionale Palette erweitert. So gibt es z.B. Emotionen, die nur Wesen haben können, die über Sprache verfügen.[11] Das betrifft direkt die Frage danach – die hier freilich nicht weiter behandelt werden kann –, welche Emotionen Tiere haben können, denn offensichtlich sind bestimmte Tiere zu Ekel und einigen Arten von Angst fähig, aber es ist sehr fraglich, ob ein Tier verachten oder achten kann. Ontogenetisch bedeutet das, dass bestimmte Gefühle erst dann auftreten können, wenn sich bestimmte theoretische Akte entwickelt haben.[12] Ein Kind etwa kann nicht verachten, wenn das komplexe Urteile verlangt, zu denen es noch nicht fähig ist. Oder es kann bestimmte Formen der Angst nicht empfinden, wenn sie in propositionalen Annahmen gründen. Die Fähigkeiten und die emotionale Bandbreite erweitern sich aber mit der ontogenetischen Entwicklung.

Die Möglichkeit, unsere emotionale Palette aufgrund der kognitiven Grundlagen zu erweitern, gilt für Urteilsfähigkeiten, aber auch für Wahrnehmungen und Phantasien. Man denke etwa an die Emotionen, die durch die Wahrnehmung von Kunstwerken entstehen, und das umso mehr, je mehr wir von den Werken verstehen und gelernt haben, Kunstwerke zu betrachten. Interessant ist ferner, dass die Fundierung der Emotionen in kognitiven Akten eine umkehrbare Beziehung ist: Auch kognitive Akte können in Emotionen fundiert sein. Eine Erweiterung der emotionalen Palette ist auch eine Erweiterung unseres intellektuellen Lebens. Wenn ich erst einmal fähig bin, jemanden zu verachten, kann die Verachtung weitere Einstellungen und verfeinerte sowie komplexere Annahmen begründen. Hier finden wir wiederum, dass die Emotionen nicht immer störende Elemente des Denkens sind, sondern auch Möglichkeitsbedingungen.

6.1.2. Die Intentionalität und das formale Objekt der Emotionen

Im seit den 60er Jahren vorherrschenden kognitivistischen Paradigma wurde oft versucht, die Intentionalität der Emotionen auf die Intentionalität anderer Phänomene zurückzuführen. Ein solcher Versuch ist etwa in dem für die analytische Philosophie der Emotionen einflussreichen Werk von Anthony Kenny zu finden.[13] Kenny zufolge leiht sich die Emotion die Intentionalität von ihrer kognitiven Basis. Auch bei den streng kognitivistischen Ansätzen, die die Emotionen auf Urteile oder Wahrnehmungen reduzieren, wird die Intentionalität der Emotionen als Intentionalität dieser anderen Akte verstanden. Eine Ausnahme in der analytischen Philosophie bildet Peter Goldie mit seiner These von den Emotionen als „feelings towards“, und seit Goldie versuchen auch andere Analytiker, die Idee weiterzuentwickeln, wenngleich sie stark dem Kognitivismus verhaftet bleiben. Im Anschluss an die Kritik an Brentanos Auffassung der Emotionen als intentionale Akte und im Anschluss an die Weiterentwicklung seiner Auffassung durch die Frühphänomenologen plädiere ich für die These einer ursprünglichen und sui generis bestehenden

---

[11] Vgl. hierzu auch Anthony Kenny, *Metaphysics of Mind,* a.a.O.

[12] In diesem Sinne auch Mulligan, „From Appropriate Emotions to Values“, a.a.O.

[13] A. Kenny, *Action, Emotion and Will*, a.a.O., S. 193f.

Intentionalität der Emotionen, die sich nicht auf die Intentionalität der kognitiven Grundlagen der Emotionen reduzieren lässt. Spezifisch für die Intentionalität der Emotionen ist, dass die Emotionen erstens leiblich gefühlt werden und sich zweitens auf eine besondere Klasse von Objekten richten. Über das leibliche Moment der Emotionen wurde schon gesprochen, nun wird es darum gehen, was die Objekte der Emotionen sind und was als formales Objekt der Emotionen fungiert.

Wenn die Basis der Emotionen nicht nur Urteile sind, sondern auch Wahrnehmungen und Vorstellungen sein können, ergibt sich, dass die Objekte von Emotionen nicht unbedingt Tatsachen sind. In der aktuellen Debatte gelten als Objekte der Emotionen meist nur Tatsachen, schließlich sollen die Emotionen auf Urteilen gründen. Wenn ich Angst vor dem Tier im Zoo habe, wäre Objekt der Angst demnach das Urteil, dass das Tier gefährlich ist und ausbrechen könnte. Wenn als emotionale Grundlagen allerdings nicht nur Urteile, sondern auch Wahrnehmungen und Vorstellungen fungieren können, wird das Feld der Objekte von Emotionen erweitert. Konkret können nach der These, die ich hier im Anschluss an die Frühphänomenologie[14] und an aktuelle Autoren wie Wollheim und Goldie[15] vertrete, Entitäten, Tatsachen und Situationen Objekte der Emotionen sein. So kann als Objekt einer Emotion ein anderer Mensch, ein Tier, eine Pflanze oder irgendeine andere Entität vorliegen – wenn ich mich etwa vor etwas ekele oder ein Gemälde bewundere. Es kann aber auch eine Situation oder ein Sachverhalt sein, der das Objekt der Emotion ist – wenn ich mich z.B. ärgere, dass es regnet, oder wenn ich bedauere, in einer bestimmten Lage zu sein. Wichtig ist auch, dass selbst etwas nicht real Existierendes Objekt einer Emotion sein kann.

Damit entsteht die Frage, wie die Beziehung zwischen einer Emotion und ihrem derartigen Objekt aufzufassen ist. Drei verschiedene Deutungen dieser Beziehung lassen sich unterscheiden: Kausalität, Intentionalität im starken Sinn und Intentionalität im schwachen Sinn. Nach der ersten Deutung gibt es eine kausale Beziehung: Die Objekte der Emotionen sind die Ursache derselben, Emotionen sind körperliche Zustände als Wirkungen des Reizes eines Objektes. Eine solche Ansicht finden wir etwa in der cartesianischen Tradition bei James und Lange. Hier ist die Verbindung zwischen Objekt und Emotion zufällig und kontingent – eine Auffassung, die heute als unhaltbar gilt. Der Fehler der Kausalitätstheorien besteht darin, die Verbindung zwischen der Emotion und ihrem Objekt als das bloße Haben eines Objektes zu verstehen. Das ist aber nicht ausreichend, wie ein Vergleich mit den Empfindungen verdeutlichen wird. Während die Empfindungen Zustände sind, die ein Objekt haben können oder auch nicht, sind Emotionen ohne das Objekt, auf das sie sich richten, nicht zu denken. Ich freue mich über etwas, ich fürchte etwas usw. Denke ich dieses „Etwas" als Objekt weg, verschwindet die Emotion: Die Freude ist ohne das Erfreuliche, die Furcht ist ohne das Furchterregende nicht zu fassen. Das ist bei den Empfindungen nicht der Fall: Der Schmerz am Bein existiert auch ohne das brennende Objekt weiter. Es ist heute ein gemeinsamer Topos der Philosophie der Gefühle, die Emotionen als intentionale Akte des Bewusstseins zu bezeichnen. Was bedeutet es jedoch, den Emotionen Intentionalität zuzuschreiben? Die Antwort auf diese

---

[14] Etwa A. Pfänder, *Psychologie der Gesinnungen*, a.a.O.

[15] R. Wollheim, *Die Emotionen,* a.a.O., S. 124f.; P. Goldie, *The Emotions*, a.a.O., S. 17.

Frage versuchen die beiden anderen Theorien über die Beziehung zwischen Emotionen und ihren Objekten zu geben.

Intentionalität einem psychischen Akt zuzuschreiben, impliziert, das Objekt sei wesentlicher Bestandteil des Aktes selbst. Im Fall der Emotionen ist das Objekt Bestandteil der Emotion selbst. Die enge Beziehung zwischen Akt und Objekt impliziert zweitens, dass das intentionale Objekt nicht nur zufällig mit der Emotion verbunden ist. Das Objekt der Freude kann nur das Erfreuliche sein, das der Furcht nur das Furchterregende usw. – sei uns nun ein konkretes Wesen, eine Tatsache oder eine Situation gegeben. Um sich auf dieses Charakteristikum der Objekte der Emotionen zu beziehen, hat Anthony Kenny in *Action, Emotion and Will* den Terminus „formales Objekt" der Emotionen benutzt: „The formal object of ϕing is the object under that description which must apply to it if it is to be possible to ϕ it. If only what is P can be ϕd, then ‚thing which is P' gives the formal object of ϕing."[16] Dieser spezifische Begriff des formalen Objekts ist nicht zu verwechseln mit dem allgemeinen Begriff des Objekts, den wir oben benutzt haben. Nach solcher Auffassung ist jede Emotion notwendig mit einem bestimmten formalen Objekt verbunden. Die Emotion a kann sich nur auf das Objekt A richten, die Emotion b auf das Objekt B usw. Wenn man die Emotion a in Bezug auf das Objekt B hat, kann man behaupten, die Emotion sei nicht richtig oder nicht angemessen. Intentionalität impliziert somit zweitens, dass die Emotionen „restricted objects" haben.

Intentionalität bedeutet für uns demnach, dass die formalen Objekte der Emotionen Bestandteile derselben sind und es zwischen beiden eine notwendige Beziehung gibt, so dass bestimmte emotionale Objekte nur bestimmte Emotionen auslösen können, aber nicht andere. Damit stellt sich aber eine Frage bezüglich der emotionalen Objekte, die in der aktuellen Philosophie noch wenig Beachtung findet und je nach Antwort, die man auf sie gibt, zwei Möglichkeiten der Beziehung zwischen Emotionen und ihren Objekten eröffnet. Gegeben, dass die formalen Objekte Bestandteil der Emotionen sind: Sind sie es, weil die Emotionen sie *erfassen*? Oder weil die Emotionen sich auf sie als Objekte *wesentlich richten*, sie jedoch in einem anderen Typus von Akten erfasst werden? Im ersten Fall haben die Emotionen Intentionalität in einem starken Sinne des Wortes: Sie erfassen ihr Objekt. Im zweiten Fall sind die Emotionen intentional in einem sozusagen „schwachen" Sinne: Sie richten sich wesentlich auf ein Objekt, doch das Objekt ist in anderen Akten gegeben, die nicht selbst Emotionen sind. Beide Ansichten kann man in der Frühphänomenologie vorgezeichnet finden. Schon in seinem Aufsatz „Das Bewußtsein von Gefühlen" (1911) beschreibt Moritz Geiger beide Richtungen: einerseits Brentanos und Husserls Ansicht, nach der die Emotionen ihr Objekt erfassen; andererseits Geigers Auffassung, nach der die Emotionen ihr Objekt nicht erfassen, aber wesentlich gegenstandsgerichtete Phänomene sind.[17] Auch in der aktuellen Debatte über die Beziehung zwischen Emotion, Fühlen und Wert spiegelt sich die Alternative wider.

---

[16] A. Kenny, *Action, Emotion and Will*, a.a.O., S. 192.

[17] M. Geiger, „Das Bewußtsein von Gefühlen", a.a.O., S. 141.

6.1.3. Emotionen und Werte

Verstehen wir die Intentionalität als Erfassung eines Objektes oder als wesentliche Objektgerichtetheit, so ist dabei wesentlich, dass die Emotionen formale Objekte haben. Das Ekelhafte ist das formale Objekt des Ekels, das Bewunderungswürdige das der Bewunderung usw. Diese formalen Objekte sind nicht auf Urteile oder andere Kognitionen zurückzuführen. Eine Möglichkeit besteht darin, sie als eine besondere Art von Qualitäten zu erfassen, die uns an den Sachen gegeben sind, so wie auch Farben eine bestimmte Art von Qualitäten der Sachen sind.[18] Jene besonderen emotionalen Qualitäten bezeichnet man als „axiologische Eigenschaften" oder „Werte". Die Werte sind dafür verantwortlich, dass uns die Welt nicht als eine neutrale Ebene gegeben ist, sondern mit emotionaler Färbung. Im Folgenden werde ich die Werte als formale Objekte der Emotionen behandeln.[19] Welche Verbindung besteht zwischen Werten und Emotionen? Sind diese Eigenschaften tatsächlich da, oder sind sie einfach Projektionen in der Welt von Emotionen, die uns erfüllen? Die Alltagssprache stellt eine intuitive Verbindung fest: Werte wie ekelhaft, bewunderungswürdig, furchterregend usw. sind direkt auf Emotionen bezogen: Ekel, Bewunderung, Furcht usw. Diese sprachliche Feststellung soll mit Blick auf einschlägige philosophische Stellungnahmen erläutert werden. Die Debatte über die Verbindung zwischen Emotionen und Werten hat in der Geschichte der Philosophie eine lange Tradition – Brentano, Husserl, Meinong, Scheler u.a. haben sich damit beschäftigt –, und in den letzten zehn Jahren ist das Thema in den Diskurs über die Emotionen wieder eingeführt worden. Die Beziehung zwischen Emotionen und Werten als formalen Objekten der Emotionen zu erläutern und argumentativ zu untersuchen, ist der Zweck dieses Abschnitts.

Die Frage lautet: Inwiefern existieren die axiologischen Eigenschaften real und tatsächlich?[20] Eine erste Möglichkeit, die Emotionen mit den Werten zu verbinden, bietet der Emotivismus an. Nach ihm sind Werte etwas, das wir aufgrund unserer emotionalen Zustände in die Dinge und die Welt hineinlegen.[21] Wenn ich demnach Ekel empfinde, dann bewerte ich deshalb einen fraglichen Gegenstand als ekelhaft, und zwar ohne dass an ihm selbst etwas als ekelhaft gegeben wäre. So bewerte ich etwas allein deswegen als ekelhaft, weil ich mich ekele. Hier sind die Werte als Projektionen unserer emotionalen Zustände auf die Dinge aufzufassen. Dem könnte man folgenden Einwand entgegenhalten: Wenn ich etwas als traurig bewerte, weil ich einfach meine Traurigkeit in den Gegenstand hineinprojiziere, wie ist es dann möglich, dass ich etwas als traurig bewerten kann, ohne dabei traurig zu sein? Wenn ich gar nicht traurig bin, kann es schließlich nicht der Fall sein, dass ich eine Traurigkeit in etwas hineinprojiziert habe. So kann der Emotivismus keine Rechenschaft über die Verbindung zwischen Emotionen und Werten geben.

---

18 Zu diesem Parallelismus vgl. C. Tappolet, *Emotions et valeurs*, a.a.O.

19 So auch R. de Sousa, *The Rationality of Emotion*, a.a.O., S. XV und S. 45.

20 1987 nannte Ronald de Sousa diese Frage die „Euthyphro question", vgl. ebd., S. 109.

21 Holmer Steinfath nennt als Exponenten eines solchen Emotivismus den jungen Alfred Ayer. Vgl. A. Ayer, *Language, Truth and Logic*, London 1936; H. Steinfath, „Handlungen, Gründe und Emotionen", in: S. A. Döring/V. Mayer, *Die Moralität der Gefühle*, a.a.O., S. 105–122, hier S. 110.

Eine andere Möglichkeit bilden die Theorien über die Konstitution der Werte durch Emotionen. Nach diesen Theorien ist etwas dann wertvoll, wenn es Objekt einer richtigen (angemessenen) Emotion sein kann. Hierbei variiert es von Autor zu Autor, auf welche Art und Weise die Emotionen „richtig" in Bezug auf ihre Objekte sein und dann auf Werte hinführen sollen. Grundsätzlich aber wird die These der Konstitution der Werte durch emotionale Erfahrungen bevorzugt.[22] Bei der Konstitution der Werte spielen kulturelle und soziale Faktoren eine Rolle. Dabei stößt die These auf Schwierigkeiten, wenn es darum geht, die Universalität einiger Werte zu erläutern: Wie kann es zum Beispiel sein, dass verschiedene Menschen verschiedener Kulturen dieselben Werte, etwa ekelhaft, konstituieren? Die Konstitutionstheoretiker können nicht erklären, warum es z.B. in jeder Kultur das Beschämende und das Ekelhafte gibt, denn diese Universalität zeigt, dass sich der Aufbau der Werte vielleicht nicht durch soziale und kulturelle Faktoren erklären lässt. Auch ist es in solchem Rahmen schwierig zu erklären, wie neue Werte entdeckt werden können, wo sie doch von uns konstituiert werden sollen und daher in unseren momentanen Daseinsmöglichkeiten ihre Grenzen finden.

Eine dritte Möglichkeit habe ich bereits bei der Darstellung von Brentanos Thesen über Emotionen und Werte aufgezeigt: den Dispositionalismus. Etwas hat einen bestimmten Wert, wenn es im Betrachter eine bestimmte Emotion auszulösen pflegt. Das heißt, ein fraglicher Gegenstand ist deswegen und nur insofern ekelig, weil er in mir Ekel auslöst. Hier wird die Richtigkeit oder Falschheit einer Emotion postuliert, ohne dass dabei eine vom Subjekt unabhängige Existenz der Werte behauptet wird. Somit werden die Werte auf natürliche Eigenschaften reduziert.[23] Die These, dasjenige sei liebenswert, was Liebe auszulösen pflegt, ist aber relativ, da die Bedingungen für jeden Menschen anders sind: Was für mich liebenswert ist, kann für einen anderen nicht liebenswert sein.[24]

Eine Variante der dispositionalistischen These hat in der Gegenwartsphilosophie Kevin Mulligan entwickelt. Seine These lautet: „Emotions [...] are indeed sometimes appropriate and sometimes inappropriate. But they are, in the first place, appropriate or inappropriate to natural objects. [...] For to be valuable is just for certain emotional responses to be appropriate. Appropriateness [...] is to be understood in terms of justification. Emotions are justified by perceptions, memories and non-axiological beliefs. They also justify axiological beliefs."[25] Mulligan ist hier Dispositionalist in dem Sinne, dass er die Werte nicht als von den Menschen unabhängige Eigenschaften auffasst, d.h. sie sind nicht monadische axiologische Eigenschaften, wie es beim Wertrealismus der Fall ist. Doch im Unterschied zum Dispositionalismus versteht er die Werte nicht als natürliche Eigenschaften der Sachen, auch wenn sie natürliche Eigenschaften in den Subjekten benötigen, die diese Werte fühlen. So sagt er: „Since the account of value to be given is not a naturalistic account, I shall assume that no axiological property can be identified with any bundle of natural properties. But it is quite plausible to assume that posses-

22 Michael Stocker vertritt eine Theorie der Werte, bei der diese durch Emotionen konstituiert werden. Vgl. M. Stocker/E. Hegeman, *Valuing Emotions*, a.a.O.

23 K. Mulligan, „From Appropriate Emotions to Values", a.a.O., S. 161–188.

24 C. Tappolet, *Émotions et valeurs*, a.a.O.

25 K. Mulligan, „From Appropriate Emotions to Values", a.a.O., S. 162.

sion of some thick axiological property entails possession of certain determinate natural properties. To be courageous is, amongst other things, to know fear and overcome it. One type of injustice involves behaviour which can be characterised as treating people who are relevantly similar and in relevantly similar contexts in different ways. To be unfree is amongst other things, to be constrained. And the different types of constraint can be characterised in natural terms. For abortion to be good, bad or ethically indifferent it must be identifiable in natural terms. The vice of *ressentiment* can be characterised in large measure in terms of a complex psychological description."[26] Die Wertqualitäten, selbst wenn sie nicht in naturalistischer Form zu interpretieren sind, implizieren nach Mulligans Einschätzung den Besitz einer natürlichen Eigenschaft. So bedeutet mutig zu sein in seinem Beispiel, Angst zu kennen und die Fähigkeit zu besitzen, die Angst zu überwinden. Das heißt, eine Wertqualität benötigt, in Mulligans Termini, eine „thick axiological property" eines fühlenden Subjekts, um als solche zu existieren.

Schließlich gibt es noch eine andere Möglichkeit, die Verbindung zwischen Emotionen und Werten zu verstehen. Die ersten Phänomenologen wie Husserl, Meinong, Scheler, Stein und andere haben für eine realistische Auffassung der Werte argumentiert. In der aktuellen Debatte vertritt Christine Tappolet eine wertrealistische These, die von den Frühphänomenologen inspiriert ist. Im Folgenden werde ich mich Schelers Thesen in *Der Formalismus in der Ethik und die materiale Wertethik* zuwenden, um den Wertrealismus zu erläutern. Schelers These lautet zusammengefasst: Die Werte sind unabhängig sowohl von den Gegenständen, an denen sie gegeben sind, als auch von den psycho-physischen Subjekten, die die Werte erfassen: „Wie ich mir ein Rot auch als bloßes extensives Quale z.B. in einer reinen Spektralfarbe zur Gegebenheit bringen kann, ohne es als Belag einer körperlichen Oberfläche, ja nur als Fläche oder als ein Raumartiges überhaupt aufzufassen, so sind mir auch Werte wie angenehm, reizend, lieblich, aber auch freundlich, vornehm, edel prinzipiell zugänglich, ohne daß ich sie mir hierbei als Eigenschaften von Dingen oder Menschen vorstelle."[27] Auf der Analogie zwischen Werten und Farben aufbauend, behauptet Scheler, es sei für die Existenz dieser Werte insofern gleichgültig, an welchem Wertträger sie gegeben sind und ob sie von einem psychophysischen Subjekt erfasst werden oder nicht. Aus dieser Ontologie der Werte sollen nun einige Punkte hervorgehoben werden. Nach Schelers sehr starker These existieren die Werte als axiologische Eigenschaften in einer von der dinglichen Welt unabhängigen eigenen Sphäre des Seienden. Die Ontologie der Werte postuliert ferner, die Werte würden in einer bestimmten Rangordnung existieren, so dass einige von ihnen „höher" stehen als andere. Außerdem teilen sich die Werte in positive und negative auf. Als negative Werte werden sowohl die realen Gegenteile von positiven Werte gerechnet – etwa gemein als Gegenteil von edel – als auch die Nicht-Existenz eines positiven Werts.

Die Ontologie der Werte verlangt auch die Entwicklung einer eigenen Epistemologie. Nach dem schon erörterten Korrelationsprinzip von Erfahrungsgegenstand und Gegebenheitsweise entspricht den Werten als bestimmten Erfahrungsgegenständen eine eigene Art von Gegebenheit. Der Zugang zu jener Sphäre von Seiendem ist den Menschen nur

---

26 Ebd., S. 165.

27 M. Scheler, *Formalismus*, a.a.O., S. 35.

durch spezifische Akte möglich. Die spezifischen Akte, die uns die Kenntnis der Werte ermöglichen, sind nach Scheler und den Frühphänomenologen Akte des Fühlens: „Dieses Fühlen hat daher genau dieselbe Beziehung zu seinem Wertkorrelat wie die ‚Vorstellung' zu ihrem ‚Gegenstand' – eben die intentionale Beziehung. Hier wird nicht das Fühlen entweder unmittelbar mit einem Gegenstand oder mit einem Gegenstand durch eine Vorstellung hindurch [...] *äußerlich zusammengebracht*, sondern das Fühlen geht *ursprünglich* auf eine *eigene* Art von Gegenständen, eben die *‚Werte'*."[28] So ist das Fühlen von Werten nicht nur ein affektiver Akt, sondern es gewinnt mit dem phänomenologischen Postulat eine *kognitive Funktion*. Daher spricht Scheler vom Fühlen als einem „Organ der Werterfassung" oder als einem „Wertnehmen"[29]. Ob dieses Fühlen gleich ein Gefühl ist oder ob es von den Emotionen getrennt werden soll, sei dahingestellt. Die Terminologie verweist auf eine Analogie zwischen Wahrnehmen und Fühlen, denn die Werte sind laut Scheler Qualia für das Fühlen, so wie die Farben für die Wahrnehmung.

Im Einklang mit dem Korrelationsprinzip werden ferner die Werte nun nicht nur erfasst, sondern ihre Rangordnung schlägt sich auch in einer jeweils verschiedenen Gegebenheitsweise im Fühlen selbst nieder. Die verschiedenen Klassen von Werten sind in verschiedenen emotionalen Akten gegeben. Und es ist sogar möglich, dass neue Werte in spezifischen Akten entdeckt werden. Eben für die letzten beiden Möglichkeiten des Erfassens der Rangordnung und der Entdeckung neuer Werte prägt Max Scheler den Ausdruck „Akte des Fühlens" (das Vorziehen und Nachsetzen einerseits und die Liebe und den Hass andererseits) im Unterschied zu den „Funktionen des Fühlens" (dem Fühlen von Gefühlszuständen, Stimmungscharakteren und Werten). Die Akte des Fühlens sind dann eine besondere Art affektiver Akte, die auch eine kognitive Funktion erfüllen.

Der Wertrealismus scheint mir gegenüber den anderen Theorien aus folgenden Gründen vorteilhaft zu sein und eine würdige Alternative darzustellen. Erstens kann er die Frage beantworten, auf die der Emotivismus keine Antwort findet. Nach dem Wertrealismus kann etwas – z.B. eine Situation – die objektive Qualität „traurig" haben, und ich kann dann diese Qualität des Traurigen wahrnehmen, ohne dafür eine eigene Traurigkeit in einen Gegenstand hineinzuprojizieren. Wenn ich etwas als traurig wahrnehme, ohne dabei traurig zu sein, kann es sich hier nicht um eine Projektion handeln. Man könnte zwar gegen das Argument einwenden, dass ich etwas als traurig wahrnehme, weil das Etwas mit bestimmten Qualitäten auftritt, die ich mit meiner Traurigkeit assoziiere. Auf den Assoziationseinwand lässt sich aber Folgendes entgegnen: Wer sagt, wir nähmen etwas als traurig wahr, weil wir gewisse sichtbare Aspekte mit Trauer assoziieren, etwa das Grau des Himmels, der verschiebt nur die Frage, denn offen bleibt, warum wir eine bestimmte, dominierende Farbe oder eine bestimmte Anordnung auch mit einer ganz bestimmten Stimmung oder einem ganz bestimmten Gefühl assoziieren. Anders gesagt: Warum erscheint uns ein grauer Himmel „traurig" und ein buntes Meer von Blumen

---

28 Ebd., S. 272.

29 Damit das Fühlen von Werten nicht irrational erscheint, schließt sich Scheler der These von Husserl an, dass neben dem Wahrnehmen auch ein Wertnehmen möglich ist. Husserl erklärt das Wertnehmen in seinen „Vorlesungen über Ethik und Wertlehre", vgl. W. Henckmann, *Max Scheler,* a.a.O.

„heiter" und nicht umgekehrt? Etwas erscheint uns einfach deswegen als „traurig", weil es mit den objektiven Werten intrinsisch etwas von der Qualität „traurig" hat.

Zweitens kann die Phänomenologie erklären, wie neue Werte entdeckt werden. Brentano und die Konstitutionstheoretiker behaupteten, dass die Werte weder als „Auslöser" unserer Emotionen fungieren noch von uns hervorgebracht werden. Damit gibt es keinen Raum für emotionale Akte mit einer entdeckenden Funktion neuer Werte. Der Wertrealismus hingegen erlaubt die Entdeckung neuer Werte, die vorher verborgen waren. Scheler postuliert hierfür sogar eigene Akte des Fühlens, die er als „Liebe und Haß" bezeichnet.

Drittens wird der Realismus unserer Erfahrung der Werte gerecht, da nach ihm die Wertqualitäten uns als etwas Gegenüberstehendes gegeben sind. Wenn ich etwas als ungerecht empfinde, dann habe ich weder etwas projiziert oder assoziiert noch ist die Ungerechtigkeit von meiner eigenen Lage abhängig – denn ich kann etwas als ungerecht fühlen, auch wenn ich dabei z.B. fröhlich bin – noch ist die Ungerechtigkeit etwas Relatives.

Allerdings ringt auch der Wertrealismus mit gewissen Schwierigkeiten. Eine erste lässt sich als das Problem des „Werthimmels"[30] bezeichnen. Wenn die Werte als solche existieren und nicht von den Gefühlen des psychophysischen Subjekts abhängig sind, stellt sich die Frage: Welche Rolle spielt das psychophysische Subjekt in Bezug auf die Werte? Dies ist das Problem einer vom Menschen unabhängigen Realität der Werte. Nach der realistischen These haben die Werte eine ontische Existenz, ohne dass hierfür psychophysische Subjekte nötig wären, die die Wertqualitäten erfassen. Eine Wertqualität wie das Ekelhafte existiere unabhängig von einem Subjekt, das den Ekel empfindet.

Max Scheler hat sich selbst mit der Problematik auseinandergesetzt. Neben der starken These einer unabhängigen Existenz der Werte findet sich bei ihm die Aussage, die Werte seien immer an einem Gegenstand als Wertträger gegeben und benötigten Subjekte, um zur Gegebenheit zu kommen. So meint er z.B.: „Es genügt unter Umständen eine einzige Handlung oder ein einziger Mensch, damit wir in ihm das Wesen dieser Werte erfassen können."[31] Demnach würde bei der Frage nach der Existenz der Werte auch die Existenz fühlender Wesen berücksichtigt werden müssen. In solcher Hinsicht ist es dann für den Wertrealismus grundlegend, dass die Werte ohne die fühlenden Subjekte nicht gegeben sind. In Bezug auf den Vorwurf eines „Werthimmels" heißt das: Die Werte existieren nicht unabhängig von den psychophysischen Subjekten, die die Werte intendieren, und auch nicht unabhängig von den Sachen, an denen sie gegeben sind, den „Wertträgern". Die Existenz der Werte setzt also die Existenz fühlender Subjekte voraus. Nicht weil die Subjekte die Werte konstituieren würden, sondern weil die Wertqualitäten die Existenz natürlicher Eigenschaften in den fühlenden Wesen implizieren, wie Mulligan es postulierte.

Eine zweite Schwierigkeit ist der Universalitätsanspruch hinsichtlich der Verbindung zwischen Emotionen und Werten. Nach dem Wertrealismus ist die Verbindung

---

30 So drückt sich auch Henckmann aus. Vgl. W. Henckmann, „Person und Wert. Zur Genesis einer Problemstellung", in: C. Bermes/W. Henckmann/H. Leonardy (Hg.), *Person und Wert. Schelers „Formalismus" – Perspektiven und Wirkungen*, Freiburg/München 2000, S. 11–29, hier S. 20.

31 M. Scheler, *Formalismus*, a.a.O., S. 37.

zwischen Emotionen und Werten nicht „relativ". So sagt Christine Tappolet, es müsse unterschieden werden zwischen dem, was man für angemessen hält, und dem, was wirklich angemessen ist.[32] Wenn es – so ihr Beispiel – in einer Gesellschaft als angemessen betrachtet wird, große Menschen zu bewundern, in einer anderen hingegen nicht, wird in der ersten Gesellschaft – anders als in der zweiten – Größe als bewunderungswürdig beurteilt. Für einen Realisten kann allerdings nur eines der beiden Urteile richtig sein, wobei beide Gesellschaften ihre Werturteile rechtfertigen können. Im Folgenden werde ich mich trotz dieser Schwierigkeiten für eine wertrealistische Position entscheiden und mein Augenmerk auf die epistemologische Frage richten: Wie werden die Werte erkannt? Und welcher Art ist bei einer wertrealistischen Position die konkrete Beziehung zwischen Emotion und Wert?

6.2. Die Emotionen und das Fühlen: Ist Fühlen ein Gefühl?

6.2.1. Emotionen als Fühlen von Werten

Im Abschnitt 6.1.2 wurde gezeigt, dass der Zusammenhang zwischen Emotionen und Werten als ihren Objekten kein kausaler Zusammenhang, sondern ein intentionaler ist. Allerdings blieb zu klären, ob es dabei um Intentionalität in einem starken oder einem schwachen Sinne geht, das heißt, ob die Werte in den Emotionen selbst erfasst werden oder ob sich Emotionen zwar auf Werte richten, zum Erfassen der Werte aber andere Akte nötig sind. Das „Erfassen der Werte" werde ich im Anschluss an die phänomenologische Tradition als „Fühlen" bezeichnen. Man kann die obige Frage auch so formulieren: Ist dieses Fühlen, in dem uns die Werte gegeben sind, gleichzeitig ein Gefühl, so dass Emotionen Fühlen der Werte und Gefühl in einem sind? Oder sind die Emotionen etwas anderes als das Fühlen der Werte? Im Folgenden werde ich der Frage sowohl in ihrer historischen Entwicklung in der realistischen Phänomenologie nachgehen als auch sie unter dem Gesichtspunkt ihrer davon unabhängigen Plausibilität untersuchen.[33]

Nach der ersten These sind Fühlen, also das Erfassen der Werte, und Gefühl zwei Aspekte ein und desselben Moments der Emotion, die nur analytisch zu trennen sind. Das heißt, die Emotionen besitzen Intentionalität in einem starken Sinne. Sie sind nicht nur auf ihre formalen Objekte gerichtet, sondern durch sie werden die Werte überhaupt *erfasst*. Die Emotionen haben damit die „kognitive" Funktion der Werterkenntnis.

Die historischen Wurzeln dieser These sind bei Husserl zu finden und, wenn wir Geiger folgen, sogar bei Brentano. Schon in den *Logischen Untersuchungen* schreibt Husserl in Bezug auf die Emotionen: „... ein Gefallen ist ohne Gefälliges nicht denkbar.

32 C. Tappolet, *Émotions et valeurs*, a.a.O., S. 241.

33 Vgl. K. Mulligan, „Feelings, Preferences and Values", a.a.O.; Kevin Mulligan hat in Bezug auf beide Positionen auch eine Untersuchung von Brentano, Husserl, Meinong und Scheler sowie aktuellen Autoren vorgenommen. Vgl. K. Mulligan, „Husserl on the ‚Logics' of Valuing, Values and Norms", a.a.O., S. 177–225.

Und nicht etwa bloß darum ist Gefallen ohne Gefälliges nicht denkbar, weil wir es hier mit korrelativen Ausdrücken zu tun haben; also derart, wie wir z.B. sagen, eine Ursache ohne Wirkung, ein Vater ohne Kind sei nicht denkbar: sondern weil das spezifische Wesen des Gefallens die Beziehung auf ein Gefallendes fordert."[34] Konkreter wird dann dieses Gefallen als Freude im folgenden Abschnitt spezifiziert: „So ist z.B. die Freude über ein glückliches Ereignis sicherlich ein Akt. Aber dieser Akt, der ja nicht ein bloßer intentionaler Charakter, sondern ein konkretes und *eo ipso* komplexes Erlebnis ist, befaßt in seiner Einheit nicht nur die Vorstellung des freudigen Ereignisses und den darauf bezogenen Aktcharakter des Gefallens; sondern an die Vorstellung knüpft sich eine Lustempfindung, die einerseits als Gefühlserregung des fühlenden psychophysischen Subjekts und andererseits als objektive Eigenschaft aufgefaßt und lokalisiert wird: das Ereignis erscheint als wie von einem rosigen Schimmer umflossen [In A folgt: ‚die Lust erscheint als etwas an dem Ereignis']. Das in dieser Weise lustgefärbte Ereignis als solches ist nun erst das Fundament für die freudige Zuwendung, für das Gefallen, Angemutetwerden, und wie man es sonst nennen mag."[35] Die Freude wird hier als Akt erfasst, dessen Basis eine Vorstellung ist. Dieser Akt hat nach Husserls Beschreibung zwei Momente: einerseits den Akt des Gefallens, der mir das Ereignis, auf das ich mich freue, nicht als neutrales, sondern als „gutes" Ereignis vermittelt. Das Ereignis hat bereits eine laut Husserl „objektive Eigenschaft", d.h. eine Qualität, die nicht etwa erst von mir in das Ereignis hineingelegt wird. Das wird deutlich, wenn Husserl sagt, die Lust erscheine als etwas an dem Ereignis, also als eine Qualität desselben. Andererseits ist auch die Freude eine „Gefühlserregung des fühlenden psychophysischen Subjekts", so dass die Freude als „Gefühl" in dem Sinne zu interpretieren ist, dass sie leiblich gefühlt wird. Demnach sind das Fühlen einer Qualität und das Gefühl selbst zwei Aspekte ein und desselben Phänomens.

Diese These lässt sich auch bei anderen Frühphänomenologen finden. Alexius von Meinong betont, dass die Emotionen ein Erfassen der Werte sind: „Allgemein also: ist P der durch die Emotion p präsentierte Gegenstand, dann ist, an den Gegenstand A die Emotion p zu knüpfen, berechtigt, falls P dem A tatsächlich zukommt, somit das Urteil ‚A ist P' im Rechte ist."[36] Das heißt, ein bestimmter Wert, der an einem Gegenstand gegeben ist, wird uns in der diesem Wert entsprechenden Emotion „präsentiert". Auch Edith Stein macht geltend, dass die Emotionen immer Fühlen von etwas sind. So sind Fühlen und Gefühl zwei Momente eines Aktes: „Ferner ist auch das Fühlen, Fühlen von etwas, ein gebender Akt, und andererseits ist auch jeder Akt als Zuständlichkeit des seelischen Ich anzusehen, nachdem sich dieses einmal konstituiert hat."[37]

Ein und derselbe Akt hat also zwei verschiedene Aspekte, unter denen man ihn betrachten kann: als Fühlen eines Objektiven oder als Gefühl. Danach ist es nicht möglich, beim Fühlen einen Wert zu erfassen, ohne dabei sich selbst zu erleben, weil beide Momente

[34] E. Husserl, *Logische Untersuchungen,* II. Band, a.a.O., S. 404.

[35] Ebd., S. 408.

[36] A. Meinong, „Über emotionale Präsentation", in: ders., *Abhandlung zur Werttheorie,* Band III, Graz 1968, S. 130f.

[37] E. Stein, *Zum Problem der Einfühlung,* a.a.O., S. 109f.; im selben Sinne auch S. 112.

uns in einer Einheit gegeben sind. Aurel Kolnai drückt sich ähnlich wie Meinong aus. In seinem Aufsatz über den Ekel schreibt er dieser Emotion eine kognitive Funktion zu, die darin besteht, uns das Ekelhafte als solches zu präsentieren: „[...] Ekel [...] vermag unmittelbar eine Teilerkenntnis seines Gegenstandes – und mag sein, eine recht anschauliche – zu vermitteln."[38] In einem späteren Aufsatz formuliert er die These, dass die „emotive responses" ein Fühlen der Werte sind, noch deutlicher. Die Emotionen seien „something closely germane I think to Meinong's *emotionale Präsentation*, meaning thereby acts or attitudes or cognative states of consciousness which on the one hand are clearly governed by an intentional object, and on the other hand express something like a passion aroused in the self, an impact exercised upon it down to its somatic sounding-board: in other words intention (*Gegenständlichkeit*) as linked essentially, though not in a uniform or inequivocal or causally necessary fashion, to condition (*Zuständlichkeit*). This close linkage is emphasized in both phrasings: ‚emotive response' and, more profoundly perhaps, ‚emotional presentation'."[39] Wenn nach Kolnai die Emotionen etwas präsentieren, schreibt er ihnen Intentionalität im Sinne der Erfassung eines Gegenständlichen zu.

In der aktuellen Debatte wird die These, Emotionen seien ein Fühlen von Werten, von Christine Tappolet vertreten. In *Émotions et valeurs* entwickelt sie im Ausgang von ihrer Interpretation von Scheler und Meinong eine „épistémologie expérientialiste", die in diese Richtung weist. Auf Basis einer realistischen Ontologie der Werte – nach der „les valeurs seraient indépendantes de toute attitude ou réaction subjective"[40] – untersucht Tappolet, wie die Werte uns in den Emotionen gegeben sind. Tappolets wertrealistische These lautet, dass die Werte von Emotionen erfasst werden, so wie die Farben uns in Wahrnehmungen gegeben sind: „Quand les circonstances sont favorables, nos émotions fournissent un accès cognitif fondamental aux valeurs. Tout comme les expériences perceptuelles nous permettent d'avoir conscience des formes et des couleurs, les émotions consisteraient en des représentations des valeurs. Nos émotions pourraient donc être qualifiées de perceptions des valeurs."[41]

Argumentativ lässt sich die These der Emotionen als „perceptions de valeurs" durch folgende Punkte stützen, die sich aus der Analogie zwischen Emotionen und Wahrnehmungen (expériences perceptuelles) ableiten lassen. Erstens werden die Wahrnehmungen und die Emotionen durch Dinge unserer Umwelt „verursacht" (causées), wobei die Kausalität für Emotionen weniger direkt als für Wahrnehmungen ist, denn die Emotionen benötigen eine kognitive Basis. Ferner besitzen Emotionen und Wahrnehmungen „propriétés phénoménales"[42], d.h. unsere Wahrnehmungen von Farben und unsere Emotionen fühlen sich auf eine bestimmte Weise an. Darüber hinaus können weder Wahrnehmungen noch Emotionen dem Willen unterworfen werden. Ferner haben Emotionen und Wahrnehmungen einen Inhalt und können in Bezug auf ihn angemessen oder unange-

38 A. Kolnai, „Der Ekel", a.a.O., S.128 und 166. Auch von Mulligan notiert: K. Mulligan, „Feelings, Preferences and Values", a.a.O.

39 A. Kolnai, „The Standard Modes of Aversion. Fear, Disgust and Hatred", a.a.O., S. 582.

40 C. Tappolet, *Émotions et valeurs*, a.a.O., S. 5.

41 Ebd., S. 8f.

42 Ebd., S. 169.

messen sein. Außerdem ist der Inhalt nicht unbedingt propositional, d.h. die Inhalte der Wahrnehmung und der Emotionen sind nicht begrifflich. Anhand dieser These behauptet Tappolet im Anschluss an Meinong, dass die Emotionen Werturteile fundieren: „[A]dmis que les émotions consistent en des perceptions de valeurs, il est naturel de penser que les émotions jouent un rôle important dans la justification des croyances axiologiques. Il semble ainsi plausible d'affirmer qu'une croyance axiologique impliquant un concept affectif est justifié dans la mesure où elle se fonde sur l'émotion correspondante et qu'il n'y a pas, à la connaissance de la personne concernée, de raison de penser que l'émotion manque de fiabilité."[43] So rechtfertige die Bewunderung, die man beim Anblick einer Person fühlt, das Urteil, dass die Person bewunderungswürdig ist. Tappolet postuliert also – genau wie die ersten Phänomenologen – eine starke Analogie zwischen dem Fühlen von Werten (Wertnehmen) und der Wahrnehmung, ferner die Existenz der Wertqualitäten analog zu den Qualia der Farben, die kognitive Leistung der Emotionen in ihrer Erfassung der Werte und die Bedeutung der Emotionen für einen moralischen Intuitionismus.

Ich lasse hier die Komplikationen einer zu strengen Analogie zwischen Wertnehmen und Wahrnehmen dahingestellt sein. Hier interessiert vielmehr die Frage, inwiefern an der These der Emotionen als Fühlen von Werten festzuhalten ist. Die These, Emotionen seien ein Fühlen von Werten, scheint unserer ersten Intuition zu entsprechen, dass jedes Fühlen der Werte auch *gefühlt* wird, d.h. dass Fühlen und Emotion dasselbe sind. Die Tatsache, dass man mit demselben Wortstamm „Fühlen – Gefühl" beide Phänomene benennt, scheint die These zu stützen.

Allerdings stößt diese Ansicht auf einige Schwierigkeiten. Die erste Schwierigkeit ist das Problem der Korrespondenz zwischen den Werten und den Gefühlsarten, die diese Werte erfassen.[44] Nach dem dargestellten Korrelationsprinzip von Erfahrungsgegenstand und Gegebenheitsweise muss es sich um eine Korrespondenz eins zu eins handeln. Wenn jedem Fühlen von Werten auch eine Emotion korrespondiert, muss es so viele Arten von Emotionen geben, wie es Arten von Werten gibt. Das scheint insofern nicht der Fall zu sein, als die Vielfalt unserer Emotionen viel begrenzter ist als die Anzahl von Werten, die wir erfassen können. Wie könnte die Korrelation zwischen Wert und Emotion zu verstehen sein, wenn es sich nicht um eine Korrespondenz eins zu eins handelt? Eine mögliche Lösung wäre, zu postulieren – wie einige Phänomenologen und aktuelle Autoren dies tun –, dass es keine Eins-zu-eins-Korrespondenz zwischen Wert und Emotion gibt, weil die Emotionen *kein* Fühlen von Werten sind. Das führt uns zur anderen Alternative, nach der Emotionen intentional in einem „schwachen Sinne" sind. Fühlen und Gefühl sind dann zwei verschiedene Phänomene, von denen das Fühlen die Werte erfasst, auf die sich die Emotionen wesentlich richten. Diese Alternative scheint mir erstens die einzige Lösung des Korrelationsproblems zu sein[45] und wird mich im nächsten Abschnitt beschäftigen. *Innerhalb* des Rahmens der Interpretation der Emotionen als gleichzeitiges Fühlen und Gefühl ist das Korrelationsproblem unlösbar, denn

43 Ebd., S. 259. Im selben Sinne S. 9.

44 Auf das Problem der Korrespondenz ist mehrmals hingewiesen worden, so z.B. bei Henckmann und Mulligan.

45 Im selben Sinne Mulligan, „Feelings, Preferences and Values", a.a.O.

entweder wird Husserls Korrelationsprinzip selbst in Frage gestellt oder es muss eine menschliche Unfähigkeit postuliert werden, die Vielfalt von Gefühlsarten selbst als Vielfalt zu erfassen.

Zweitens scheint es so zu sein, dass man einen Wert fühlen kann, ohne dabei ein Gefühl zu haben. So kann uns etwa eine Situation als traurig gegeben sein, ohne dass wir uns dabei traurig fühlen. Der Bereich der Ästhetik bietet hier gute Beispiele: Wenn man ein melancholisches Bild mit einer grauen Landschaft betrachtet und dann die Melancholie des Bildes erfasst oder wenn man die Freude, die ein Gemälde ausstrahlt, erfasst, ist man in der Lage, diese axiologischen Eigenschaften zu fühlen, ohne dabei ein Gefühl der Melancholie oder der Freude zu haben. Wenn Fühlen und Gefühl dasselbe wären, wäre es wahrscheinlich nicht mehr möglich, in bestimmte Abteilungen von Museen zu gehen, ohne dabei depressiv zu werden. Oder ein anderes Beispiel: Ich kann die Qualität des Traurigen bei einem anderen Menschen fühlen, ohne dass die Trauer auf mich übergeht oder auch in mir erzeugt wird.[46] Eben das ist ja das Wesen des Mitfühlens als einer Funktion, in der der Gefühlszustand des Anderen uns als Gefühlszustand des Anderen gegeben ist.

Dass das Fühlen sich auch in einem anderen Sinne nicht wie die Emotionen verhält, bildet eine dritte Schwierigkeit. Während man die Gefühle anderer, ausgehend von den entsprechenden Ausdrucksformen, erfahren kann, kann man nie von einem anderen erfahren, dass er einen Wert fühlt, wenn nicht gleichzeitig eine Emotion gegeben ist. Derart verhält sich das Fühlen der Werte nicht wie die Emotionen, sondern eher wie ein privater Akt des Denkens, Urteilens usw. So, wie es mir unzugänglich ist, dass jemand denkt, es schneie heute wieder, oder urteilt, ein Satz sei falsch usw., ist es mir auch unzugänglich, dass jemand eine Situation als ungerecht oder gemein empfindet. Nur wenn der Mensch, der denkt, dass es heute wieder schneit, sich dabei ärgert, kann ich schließen, dass er einen solchen Gedanken hat. In derselben Hinsicht gilt: Nur wenn der Mensch, der die Situation als ungerecht gefühlt hat, sich empört, kann ich vermuten, er empfinde die Situation als ungerecht. Nur wenn eine Emotion gegeben ist, kann ich wissen, dass ein Anderer einen Wert fühlt, doch ohne die Emotion bleibt es mir verschlossen, wie es mir verschlossen bleibt zu wissen, was ein anderer Mensch denkt oder annimmt oder wahrnimmt usw. Wenn dies wahr ist, entsteht die Frage, warum das Fühlen, wenn es wie ein Denkakt ist und eine kognitive Funktion erfüllt, trotzdem zur Klasse der affektiven Akte gerechnet und so oft als eine Art von Gefühl aufgefasst wird. Obwohl hier das Fühlen wie das Denken, das Urteilen usw. als eine kognitive Funktion aufgefasst wird, ist das Fühlen dabei – im Gegensatz zum Denkakt – aus zwei Gründen ein affektiver Akt: zum einen, weil es die Emotionen als Antwortreaktionen unmittelbar *ermöglicht* – denn ohne die Funktion des Fühlens könnten die Emotionen nicht entstehen, wie ich unten zeigen werde[47] – und zum anderen, weil es eine Sorte von emotionalen Qualitäten erfasst: die Werte.

Viertens scheint es mir weitere Unterschiede zwischen Emotionen und Fühlen zu geben. Die Emotionen sind fundierte Akte, weil sie immer auf Urteilen, Annahmen, Wahrnehmungen usw. basieren. Für die Vertreter der These, die Emotionen seien ein

---

[46] M. Scheler, „Wesen und Formen der Sympathie", a.a.O., S. 53.

[47] M. Scheler, „Ordo amoris", in: ders., *Gesammelte Werke*, Band 10, Bonn 1986, S. 373.

Fühlen der Werte, ist das Fühlen ebenfalls ein fundierter Akt.[48] Da das Fühlen fundiert ist, kann es unseren Zugang zur Welt nicht ermöglichen, d.h. unser Weltbezug ist kein affektiver, sondern ein kognitiver. Mir scheint aber das Fühlen grundlegender als die Denkakte zu sein und sogar eine Möglichkeitsbedingung derselben darzustellen, denn unser Interessenehmen an den Sachen, unser Erkennen und die Richtung unseres Willens sind bereits im Fühlen der Gegenstände nach ihrem Wertaspekt fundiert. Die Denkakte sind schon in dieser Hinsicht von einer Grundhaltung geleitet.

Explizit widerlegt hat die These von den Emotionen als einem Fühlen von Werten Kevin Mulligan. Bei ihm sind weitere Argumente gegen die Auffassung des Fühlens als Gefühl zu finden.[49] Gegen die These spricht nach Mulligan, dass in Bezug auf einen gefühlten Wert verschiedene Emotionen entstehen können und eine Emotion mit mehreren Werten verbunden auftreten kann, so etwa die Emotion der Achtung. Darüber hinaus können, wie Mulligan meint, Emotionen negativ, positiv oder neutral sein, so dass eine Gradualität von einem positiven Pol zum negativen Gegenpol möglich ist. Man kann jemanden lieben, jemanden achten, jemandem gegenüber indifferent sein, jemanden verachten, jemanden hassen usw. Das ist aber beim Fühlen eines Wertes nicht der Fall, denn es hat keinen Gegenpol. Somit verhält es sich mit dem Fühlen wie mit dem Sehen und anderen Akten der Kenntnis eines Objektes, für die es keinen Gegen-Akt gibt. Ferner sagt Mulligan, Emotionen seien kein Fühlen von Werten, weil sie im Gegensatz zum Fühlen keine Wissensfunktion erfüllen können. Emotionen können richtig oder falsch sein: So könnte man etwas bereuen und die Reue könnte falsch sein, weil das, was bereut wird, nicht bereuenswürdig ist. Das alles ist aber beim Fühlen nicht der Fall.

Zusammenfassend lässt sich sagen: Die These, Emotionen seien ein Fühlen von Werten, kann diesen Schwierigkeiten nicht entkommen. Eine Alternative soll versucht werden, indem die Emotionen und das Fühlen von Werten als zwei verschiedene Phänomene getrennt werden. Das ist der Vorschlag, den ich hier im Anschluss an Scheler und Mulligan machen möchte.

6.2.2. Die Trennung von Fühlen und Gefühl

Wenden wir uns nun der These zu, zwischen dem Fühlen der Werte und dem Gefühl müsse unterschieden werden. Dieser These zufolge erfasst das Fühlen die Werte, doch dieses Fühlen ist keine Emotion. Das Fühlen ist intentional in einem starken Sinne des Wortes: Es leistet die Werterfassung und hat daher auch eine kognitive Funktion. Die Emotionen dagegen sind intentional in dem Sinne, dass sie sich auf ihre formalen Objekte – die Werte – richten, aber nicht in dem Sinne, dass sie formale Objekte erfassen. Sie erbringen daher auch keine kognitive Leistung. Somit wird hier die Analogie zwischen Emotionen und Wahrnehmungen aufgelöst, denn während die Wahrnehmung das Wahrgenommene erfasst, erfassen die Emotionen ihre Objekte nicht, diese müssen uns vielmehr

---

48 Edith Stein scheint das anzuerkennen, wenn sie behauptet: „[A]lles Fühlen bedarf also zu seinem Aufbau theoretischer Akte." Vgl. E. Stein, *Zum Problem der Einfühlung*, a.a.O., S. 112.

49 K. Mulligan, „Feelings, Preferences and Values", a.a.O.

schon vorher gegeben sein. Historisch und argumentativ muss die These von der Trennung zwischen Fühlen und Gefühl untersucht werden. Daher wende ich mich zunächst ihren Wurzeln bei Geiger und Scheler zu sowie ihrer Wiedereinführung bei Mulligan und dann den Argumenten, auf die sie sich stützt.

In dem erwähnten Aufsatz von 1911 spricht Geiger über eine Möglichkeit, die Verbindung zwischen Emotionen und ihren Objekten auf eine andere Weise zu verstehen, als Brentano und Husserl es tun. Nach dieser alternativen Ansicht erfassen die Emotionen ihre Objekte nicht, obwohl sie sich auf die Objekte richten. Geiger weigert sich, die Emotionen als intentional zu bezeichnen, weil er den Terminus für die Erfassung von Gegenständlichem reserviert, und zieht es vor, von einer Gegenstandsrichtung zu sprechen.[50] Was bedeutet das für den Bezug der Emotionen auf Werte?

Um die historischen Wurzeln der These zu erforschen, müssen wir zwei andere Texte Geigers berücksichtigen. In „Zum Problem der Stimmungseinfühlung" untersucht er, wie wir die Gefühlscharaktere von Farben und Landschaften in Gemälden erfassen. Geiger spricht von „zwei" Seiten des Bewusstseins, einer gegenständlichen Seite, die wir erblicken und betrachten, und einer Gefühlsseite, die Erlebnis ist. Das Bewusstsein kann etwas Gegenständliches wie den „Gefühlscharakter" oder „Stimmungscharakter" einer Farbe oder Landschaft erfassen, so etwa das „Heitere" einer Landschaft. Etwas anderes ist das Gefühl der Heiterkeit, das in uns entstehen kann. Es handelt sich nach Geiger um verschiedene Phänomene, zwischen denen ein Wechselspiel besteht, denn das Gefühl der Heiterkeit kann wiederum das Erfassen der Landschaft beeinflussen. Eben diese Färbung des Objekts seitens des Subjekts wäre demnach dafür verantwortlich, dass man gemeinhin übersieht, dass der Charakter der Heiterkeit von uns unabhängig ist.[51]

Es scheint mir von Interesse, dass Geiger erkennt, dass bei der Erfassung von etwas Gegenständlichem die Einstellung dem Gegenständlichen gegenüber verschiedenartig sein kann. Hinsichtlich der Gefühlscharaktere im Allgemeinen – der Heiterkeit der Farbe, der Schwermut der Landschaft usw. – kann man ebenso verschiedene Einstellungen einnehmen. Man kann ein rein objektives Interesse am Gegenstand haben, so dass man der Stimmung der Landschaft als etwas Fremdem gegenübersteht.[52] Man kann auch eine Einstellung gegenüber den Stimmungscharakteren des Objekts haben, die Geiger als „stellungnehmende" bezeichnet. Hier ist die Einstellung nicht vollkommen passiv, sondern es gibt ein aktives Moment, denn ich habe nach dem ersten Erfassen des Gesamtcharakters, z.B. der Landschaft, eine ganz bestimmte Einstellung gegenüber den einzelnen Gegenständen in ihr; nämlich die, dass diese Gegenstände den Charakter der Landschaft teilen müssen. Es fließt also etwas von der Landschaft in mein Betrachten der Landschaft ein, so dass ihr Gefühlscharakter zwar noch als etwas Objektives erfasst wird, doch die Trennung zwischen den Gefühlscharakteren und meinem Erleben ist nicht mehr so streng, denn in mir selbst taucht etwas von dem Gefühlscharakter der Land-

50 M. Geiger, „Das Bewußtsein von Gefühlen", a.a.O., S. 141. Da er nicht zwischen formalen und materialen Objekten unterscheidet, verschwimmen die Unterschiede.

51 M. Geiger, „Zum Problem der Stimmungseinfühlung", in: *Zeitschrift für Ästhetik* VI.

52 Ebd., S. 45.

schaft auf.[53] Noch eine andere Einstellung ist möglich, die Geiger als „sentimentalisch" bezeichnet. Bei ihr kommt es gar nicht auf den Gegenstand an, sondern einzig und allein auf seinen Stimmungscharakter oder Stimmungsgehalt, in den man sich einfühlt und den man in sich selbst dann zur Entfaltung kommen lässt. Der Gegenstand ist nur Anlass für die Entstehung meiner eigenen Stimmung, so dass die Grenzen zwischen meiner Subjektivität und dem objektiven Stimmungscharakter noch weiter verschwimmen. Schließlich ist noch eine andere Einstellung möglich, nämlich die, sich in den Gegenstand ganz zu versenken und sich in den Gefühlscharakter des Objektes einzufühlen.[54] Bei diesen Beispielen verschiedener Einstellungsmöglichkeiten scheint mir die Trennung zwischen Fühlen einer Eigenschaft und Gefühl deutlich zu sein.

In „Beiträge zur Phänomenologie des ästhetischen Genusses" ist diese Trennung zwischen Fühlen und Gefühl für den Fall der Werte noch stärker ausgedrückt. So sagt Geiger: „Der Wert eines Gegenstandes kann vollkommen adäquat erfaßt werden, ohne daß ich im mindesten ein Lusterlebnis habe. [...] Und umgekehrt: der Genuß wird oft genug erlebt, ohne daß irgendein Werterfassen verknüpft ist – nicht in jedem Genuß am Weine z.B. steckt ein Werten des Weines."[55] Also ist für Geiger das Erfassen eines Wertes in sich selbst nicht dasselbe wie ein Gefühl. Allerdings entwickelt er die These der Trennung von Fühlen und Gefühl nicht weiter, weshalb wir uns Max Scheler zuwenden müssen.

Obwohl philosophiegeschichtlich oft behauptet wird, die Emotionen würden nach Scheler Werte erfassen, ist diese weit verbreitete Interpretation – wie Kevin Mulligan gezeigt hat – falsch.[56] Im Folgenden werde ich daher Mulligans Interpretationslinie historisch verfolgen, sie belegen und die Argumente für die Trennung beider Phänomene herausarbeiten. Dazu nehme ich zunächst Bezug auf Schelers Unterscheidung zwischen Zuständen, Funktionen und Akten des Fühlens.

Zu den *Zuständen* des Fühlens (Gefühlszuständen) gehören die nicht intentionalen Gefühle: die Gefühlsempfindungen – Schmerz und Lust – und die Stimmungen. Diese Phänomene sind zwar mit einem Objekt verbunden, doch reicht das nicht aus, um ihnen Intentionalität zuzuschreiben. Die Verbindung mit dem Objekt wird nämlich durch ein Vorstellen, durch ein Wahrnehmen oder durch Assoziation gewährleistet, doch sie erfassen selbst die Objekte nicht.[57]

Von solchen Zuständen völlig verschieden ist die *Funktion* des Fühlens von etwas.[58] Im Gegensatz zu den Zuständen ist das Fühlen intentional in dem Sinne, dass es etwas Objektives erfasst. Das Objektive kann verschiedenartig sein. Zunächst gibt es das Fühlen von Zuständen. Dabei können die Gefühlsempfindungen und Stimmungen, obgleich sie nicht intentional sind, selbst Objekt eines intentionalen Fühlens werden. In der Tat werden die

53 Ebd., S. 48.

54 Ebd., S. 53.

55 M. Geiger, „Beiträge zur Phänomenologie des ästhetischen Genusses", in: *Jahrbuch für Philosophie und phänomenologische Forschung* I, S. 567–884, Sonderdruck Tübingen 1974, S. 8.

56 Vgl. K. Mulligan, „Feelings, Preferences and Values",a.a.O.

57 M. Scheler, *Formalismus*, a.a.O., S. 271.

58 Ebd., S. 269f.

Gefühlszustände überhaupt erst dann erlebt, wenn sie zum Gehalt eines Fühlens werden und in verschiedenen Formen erlebt werden. Im Fall des Schmerzes z.B. kann dieselbe Gefühlsempfindung betrachtet, erlitten, ertragen, erduldet oder sogar genossen werden, wobei dann eben das Fühlen variiert, ohne dass sich der Zustand des Schmerzes verändert. Zweitens gibt es auch ein Fühlen objektiver Stimmungscharaktere, das Scheler nicht weiter erläutert, für das er aber einige Beispiele nennt, so etwa die „Ruhe eines Flusses, Heiterkeit des Himmels, Trauer in einer Landschaft“[59]. Das lässt sich meiner Ansicht nach durch Geigers Erklärung der Stimmungseinfühlung ergänzen. Zuletzt gibt es ein Fühlen der Werte, das Scheler als Organ des Erfassens der Werte charakterisiert und das zu Erfüllung und Nichterfüllung fähig ist.[60] *Nur dieses* Fühlen von Werten hat laut Scheler eine kognitive Funktion, die bei den anderen zwei Arten des Fühlens nicht vorliegt. Das Fühlen fungiert als Organ für die Werterfassung, genauso wie es Organe für die Wahrnehmung gibt. Hier liegt eine sehr starke Version von moralischem Intuitionismus vor, weil hier ein neues Vermögen für die Erfassung der Werte postuliert wird.

Scheler unterscheidet noch eine weitere Sorte von Phänomenen, die er als *Akte* des Fühlens bezeichnet. Darunter sind einerseits die Akte des Vorziehens und Nachsetzens als „Präferenz“-Akte zu erwähnen. Diese Klasse von Akten hat als kognitive Leistung die Rangordnung der Werte zu erfassen – „ihr Höher- und Niedrigersein“[61], wie Scheler sagt. Sie sind insofern weder Akte des Urteilens noch Akte des Wählens und Strebens, sondern ursprünglicher als diese. Andererseits gelten die als Liebe und Hass bezeichneten Akte auch als Akte des Fühlens, die die Fähigkeit haben, neue Werte sichtbar zu machen oder sie in der Verborgenheit zu halten. Der Sprachgebrauch – „Liebe und Hass“ – steht im Gegensatz zum intuitiven Gebrauch beider Termini, doch er wurzelt in der Tradition, der Liebe und dem Hass eine Sonderstellung innerhalb der emotionalen Akte zu geben (Brentano selbst bezeichnet die Gemütsbewegungen mit diesem Namen). Sie erweitern oder verengen den Bereich der Werte, die jedem von uns zugänglich sind, indem sie eine Offenheit oder Verschlossenheit für die Wahrnehmung neuer Qualitäten der Sachen implizieren. Liebe impliziert eine Erweiterung unseres Werthorizonts und unseres Welthorizonts (denn es werden neue Qualitäten sichtbar), und sie ist schöpferisch.[62] Der Hass ist Verschlossenheit, führt zu Wertblindheit und zu einer Verarmung unseres Welthorizonts.

Wenn das Fühlen verantwortlich für die Werterfassung ist, die Präferenzakte für die Erfassung der Rangordnung der Werte und die Liebe und der Hass für die Entdeckung neuer Werte, entsteht die Frage, welche Rolle die Emotionen für die Werte spielen. Scheler unterscheidet zwischen Affekten und „emotionalen Antwortreaktionen“, also Emotionen. Die *Affekte* – wie etwa der Zorn – haben *keine* wesentliche Verbindung mit Werten: Sie sind weder intentional im Sinne einer Gerichtetheit noch im Sinne der Erfassung ihres Gegenstandes. Damit ich zornig bin, muss ich zunächst ein Übel im Fühlen erfassen, und dann erregt das erfasste Übel in mir möglicherweise Zorn. Derart sind die Affekte „wertblind“. Anders ist es bei den *Emotionen*, wie etwa der Freude. Die Sachen, über die

---

59 M. Scheler, *Formalismus,* S. 271, Fußnote.

60 Ebd., S. 272.

61 Ebd., S. 274.

62 Ebd., S. 275.

ich mich freue, sind mir hier in einem Fühlen gegeben, und die Freude richtet sich dann wesentlich auf jene Sachen: „Die in dem betreffenden Wertverhalten liegenden Wertqualitäten *fordern* von sich aus gewisse Qualitäten derartiger emotionaler ‚Antwortreaktionen'."[63]

Die Emotionen sind insofern Antwortreaktionen auf das Fühlen von Werten. Die Verbindung zwischen dem, was ich als Erfreuliches in dem Fühlen erfasse, und der Freude selbst ist hierbei eine wesentliche. Die Emotionen sind intentional – nicht weil sie die Werte erfassen, sondern weil sie sich wesentlich auf einen Wert richten und auf ihn in einer bestimmten Weise antworten: Sie sind „wertsichtig".[64] Dass die Emotionen Antwortreaktionen auf einen gefühlten Wert sind und dieser Wert eine emotionale Reaktion fordert, zeigt sich z.B., wenn ich etwas als Erfreuliches erfasse und mich dann – aus irgendeinem Grund – darüber *nicht* freuen kann, wie es der gefühlte Wert fordert. Zwei Implikationen der Auffassung der Emotionen als Antwortreaktionen werde ich später herausarbeiten. Erstens, dass die Emotionen als Antwortreaktionen auf einen gefühlten Wert in Bezug auf den Wert angemessen oder unangemessen sind. Zweitens, dass man je nachdem, welcher Klasse der erfasste Wert angehört, zwischen Klassen von Gefühlen unterscheiden kann.

Das bisher Gesagte zusammenfassend, sind folgende Thesen von Bedeutung: erstens die These, dass nach Scheler die emotionalen Phänomene drei verschiedene Arten von kognitiven Funktionen erfüllen: Das Fühlen erfasst die Werte, das Vorziehen und Nachsetzen die Rangordnung derselben und die Liebe fungiert als Entdecker der Werte, indem sie eine Grundhaltung der Offenheit ist (Umgekehrtes gilt für den Hass). Zweitens ist die Klasse des Fühlens streng von den Emotionen zu trennen, die keine Werte erfassen, sondern nur Antwortreaktionen auf ein Fühlen von Werten sind. Und drittens ist die These von Bedeutung, dass es einen Unterschied gibt zwischen wertblinden Affekten, wertsichtigen Gefühlen als Antwortreaktionen und der Liebe und dem Hass, die keine Antwortreaktionen sind.

Inwiefern ist der Kern von Schelers Trennung zwischen Fühlen und Gefühl heute noch zu halten? Obwohl die These Schelers altmodisch oder fremd klingen mag, kann eine Neuformulierung derselben eine neue Perspektive in die aktuelle Debatte über Emotionen und ihre ethische Rolle bringen. Mulligan hat, ausgehend von Scheler, eine Theorie über die Trennung von Emotionen und Fühlen entwickelt. Seine These lautet: Weder Emotionen noch Affekte noch Wünsche (desires) können Werte erfassen. Nur das Fühlen und die Präferenzakte (ähnlich Schelers Vorziehen und Nachsetzen) können eine solche Funktion erfüllen: „Feelings and preferences disclose values."[65] Wie Scheler meint er, „feelings" würden die Werte erfassen und „preferences" uns die Werte in ihrer Rangordnung geben. Gegenüber dem Fühlen und den Präferenzakten, die eine kognitive Funktion der Werterkenntnis erfüllen, sind die Emotionen bloße „responses" auf den gefühlten

---

63 Ebd., S. 272.

64 In „Ordo amoris" schreibt er, dass die Leidenschaften, d.h. in unseren Termini die Emotionen, wertsichtig seien.

65 Vgl. K. Mulligan, „From Appropriate Emotions to Values", a.a.O; ders., „Husserl on the ‚Logics' of Valuing, Values and Norms", a.a.O., „Feelings, Preferences and Values", a.a.O.

Wert, ohne kognitive Leistung. Neu ist die Auffassung heutzutage in dem Sinne, dass sie im Gegensatz zu aktuellen reduktiv-kognitivistischen Auffassungen der Emotionen steht; etwa zu den Theorien, die die Emotionen als eine besondere Klasse von Kognitionen auffassen, wie Nussbaums Auffassung der Emotionen als Werturteile, oder zu denjenigen Theorien, die den Emotionen kognitive Leistungen zuschreiben, wie Tappolets Auffassung der Emotionen als Wertperzeptionen. Im Gegensatz dazu schreibt Mulligan den Emotionen keine kognitive Funktion zu. Nicht die Emotionen, sondern das Fühlen als Vermögen der Erfassung der Werte ist hier der Grundstein des moralischen Intuitionismus.

Es mag auf den ersten Blick kontraintuitiv sein, das Fühlen von den Gefühlen zu trennen. Schließlich benutzt man für beide Akte denselben Wortstamm, und es scheint schwierig, sich ein Fühlen vorzustellen, das nicht auch leiblich gefühlt wird und sich wie ein Denkakt verhält. Jenseits solcher Vorbehalte ist die These der Trennung beider Phänomene aber besser durch Argumente zu stützen als die These, Emotionen seien ein Fühlen von Werten. Die Argumente Mulligans, die dafür sprechen, sind überzeugend. An erster Stelle und im Gegensatz zu der These, die Emotionen seien Fühlen *und* Gefühl, entsteht nicht das Problem der Eins-zu-eins-Korrespondenz zwischen Werten und Gefühlsarten. Das Fühlen kann hier einen Wert erfassen, dann kann eine bestimmte emotionale Reaktion entstehen oder eine andere oder gar keine, wie man ja tatsächlich etwas als traurig auffassen und dann traurig werden, gleichgültig bleiben oder sich freuen kann. Für die Trennung spricht auch, dass das Fühlen im Gegensatz zu den Emotionen – die negativ, positiv oder neutral sein können – keinen affektiven Gegenpol hat: „To be struck by the injustice of a situation or the grace of a gesture is not itself to take up a pro or a contra attitude.“[66] Drittens entsteht nicht das Problem, dass nicht alle Werte von derselben Art sind und daher nicht alle Emotionen ein Fühlen von Werten sind. Nicht alle Emotionen sind so wie der Ekel, der schlicht das Ekelhafte als Objekt hat. Für andere Emotionen ist die Verbindung nicht so eindeutig. Viertens können die Emotionen in Bezug auf die Werte, auf die sie sich richten, richtig oder falsch sein – falsch in dem Sinne, dass man sich z.B. über etwas freut, das nicht erfreulich ist. Wenn diese Möglichkeit überhaupt gegeben ist, kann es nicht der Fall sein, dass die Freude uns per se etwas Erfreuliches präsentiert. Es gibt also eine Reihe von Gründen für die Trennung von Fühlen und Gefühl und insbesondere für den Vorzug jener These vor der, es handele sich um ein einziges Phänomen. Auf die am Anfang gestellte Frage, ob Fühlen ein Gefühl ist, muss man dann abschlägig antworten: Fühlen und Gefühl sind zwei verschiedene Phänomene.

6.2.3. Emotionale Antwortreaktionen und Persönlichkeitsemotionen

Obwohl ich mich Schelers und Mulligans Auffassung der Emotionen als Antwortreaktionen auf einen gefühlten Wert anschließe, möchte ich meine Position gegenüber den genannten Autoren in einigen Punkten spezifizieren und die These vertreten, dass dies nicht für alle Arten von Emotionen gilt.

[66] K. Mulligan, „Husserl on the ‚Logics‘ of Valuing, Values and Norms“, a.a.O.

Der Charakter der Antwortreaktion bedeutet nicht für alle Emotionen dasselbe. Einige Emotionen – wie der Ekel, der auf das Ekelhafte „antwortet“ – sind starke Antwortreaktionen, andere Emotionen sind von diesem Charakter hingegen nicht so deutlich geprägt – wie etwa die Achtung, die nicht so „unmittelbar“ wie der Ekel ist, weil sie nicht in Wahrnehmungen, sondern in Urteilen gründet. Somit ist der Charakter der Antwortreaktion einer Emotion nicht immer gleich, und die Unmittelbarkeit hängt davon ab, welche kognitive Basis der Emotion zugrunde liegt, also von der Frage, ob für ihr Stattfinden eine bloße Wahrnehmung ausreicht oder ob sie komplexe Kognitionen voraussetzt und daher die Rolle des Subjekts eine besonders aktive ist.

Ein weiterer Unterschied zwischen meiner Position und den Positionen Schelers und Mulligans ist der, dass meines Erachtens nicht alles, was als Emotion bezeichnet wird, eine Antwortreaktion auf einen gefühlten Wert ist. Es gibt Emotionen, die nicht als Antworten aufzufassen sind. Der Hass etwa „antwortet“ auf nichts, da es nicht die Qualität des Hassenswerten per se gibt, und zugleich impliziert der Hass eine sehr aktive Rolle des Subjekts in Bezug auf sein Objekt.[67] Dasselbe gilt für die Liebe. Auch andere Emotionen, wie religiöse Emotionen, etwa Seligkeit, oder existenzielle Emotionen, wie z.B. ein existenzieller Neid, sind nicht als Antwortreaktionen aufzufassen. Es scheint eher so zu sein, dass diese anderen Emotionen nicht auf Werte antworten, sondern uns vielmehr spezifische Werte zugänglich machen. Also antworten sie nicht auf das Hassenswerte, Liebenswürdige, Heilige als Werte, sondern sie sind dafür verantwortlich, dass uns etwas als hassenswert, liebenswürdig oder heilig erscheint.

Um den Unterschied zwischen emotionalen Antwortreaktionen und diesen anderen Emotionen, die nicht als Antwortreaktionen aufzufassen sind, zu verdeutlichen, folge ich einem Hinweis von Else Voigtländer und Max Scheler. Nach Voigtländer gilt: „[E]s gibt zwei ganz verschiedene Arten von Gefühlen: diejenigen, die schlicht als Reaktion auf einen Gegenstand, ein Ereignis auftreten – Gefühle der Trauer, Furcht, Freude, usw., – und diejenigen, die aus sich heraus ein verklärendes Licht über den Gegenstand werfen, ja den Gegenstand in einer anderen Region gleichsam erst schaffen: das sind die Gefühle der Liebe, Bewunderung, Zärtlichkeit, – alle die Gefühle, aus denen die Eindruckswerte – anmutig, schön, lieblich, herrlich usw. – geschaffen werden.“[68] Auch Scheler unterscheidet in seinem Formalismusbuch zwischen „seelischen Gefühlen“, die Antwortreaktionen sind, und „geistigen Gefühlen“, die „Licht“ auf die Gegenstände werfen, und von beiden Arten von Gefühlen getrennt gibt es dann nach Scheler noch die Liebe und den Hass. In ähnlicher Richtung möchte ich die Existenz zweier Klassen von Emotionen postulieren, obgleich ich anders als Scheler Liebe und Hass nicht von den Gefühlen trenne. Die hier vorgeschlagene Unterteilung der Emotionen in zwei Klassen je nach ihrer Beziehung auf das formale Objekt ist folgende:

---

67 In diesem Sinn Kolnai, „Der Ekel“, a.a.O., S. 122. Ebenso A. Kolnai, „The Standard Modes of Aversion“, a.a.O., S. 587.

68 E. Voigtländer, *Vom Selbstgefühl*, a.a.O., S. 111. Ein Eindruckswert ist hier als ein Wert zu verstehen, der in der Interaktion mit einem anderen Mitmenschen entsteht: Während etwas per se furchterregend sein kann, ist etwas nur dann imponierend, wenn es diesen Eindruck macht.

1) Eine Sorte von Emotionen kann man als „Antwortreaktionen“ auf einen gefühlten Wert auffassen. Der Charakter der Antwortreaktion ist dabei, wie erörtert, unterschiedlich. Zu dieser Gruppe der Emotionen gehören Ekel, Trauer, Angst, Furcht usw. Solche Emotionen sind durch die Situation bedingt, sie sind angemessen oder unangemessen in Bezug auf den intendierten Wert. Eben diese Klasse von Emotionen deckt sich mit der Klasse von Emotionen, die ich in Kapitel 5 erörtert habe, bei denen der Aspekt der hedonistischen Valenz eine wichtige Rolle spielt. So ist etwa eine Freude eine Antwortreaktion auf etwas Erfreuliches. Die Freude ist positiv, weil sie sich lustvoll anfühlt und weil sie eine bejahende Stellungnahme in Bezug auf das Erfreuliche beinhaltet. Sie ist angemessen, wenn sie den Wert „erfreulich“ als Objekt hat, und unangemessen, wenn sie ein anderes Objekt hat.

2) Eine andere Klasse von Emotionen dagegen scheint nicht auf gefühlte Werte zu antworten, sondern die Werte sichtbar zu machen. Solche Emotionen entdecken Werte oder lassen Werte in Verborgenheit bleiben. Das gilt – so meine These – sowohl für religiöse und existenzielle Emotionen im Allgemeinen als auch für die Liebe und den Hass, die meiner Ansicht nach nicht von dieser Klasse von Emotionen zu trennen sind, wie Scheler und Mulligan es tun. Diese Emotionen spielen eine besondere Rolle, weil sie nicht antworten, sondern den Zugang zu bestimmten Werten ermöglichen. Sie sind dafür verantwortlich, dass uns etwas als heilig, liebenswert usw. erscheint. Ich nenne sie „Persönlichkeitsemotionen“, weil es von uns als Individuen abhängt, dass uns etwas als heilig, hassenswert usw. erscheint. Die Angemessenheit dieser Emotionen hat mit uns als Personen zu tun, und mit der Umgebung, in der wir leben, und nicht wie bei den Antwortreaktionen mit dem intendierten Wert. So ist etwa eine Liebe keine Antwortreaktion auf einen gefühlten Wert. Wenn ich jemanden liebe, antworte ich nicht auf einen bestimmten Wert der Person, sondern ich sehe die Person in einem bestimmten Licht, das dafür verantwortlich ist, dass sie mir als liebenswert erscheint. Ich kann jemanden lieben und diese Liebe kann entstanden sein, weil ich in einer Person bestimmte Qualitäten gesehen habe, doch ist die Liebe keine Antwort auf jene Qualitäten. Erst durch meine Liebe werden bestimmte Eigenschaften der Person liebenswürdig – und das hängt von mir selbst als Person ab. Diese Liebe ist positiv, weil sie eine bejahende Stellungnahme zu ihrem Gegenstand beinhaltet, jedoch nicht, weil sie unbedingt als lustvoll gefühlt würde. Bei dieser Art von Emotionen ist – wie gezeigt – die hedonistische Valenz für ihre Einordnung als positiv oder negativ nicht ausschlaggebend, denn es kann auch der Fall sein, dass die Liebe unlustvoll und schmerzhaft ist. Diese Liebe kann außerdem nicht angemessen oder unangemessen sein, da auf keine bestimmten Werte geantwortet wird.

Aus den Merkmalen der Leiblichkeit und der Objektgerichtetheit ergeben sich einige Unterschiede, die es erlauben, zwischen zwei Klassen von Emotionen zu unterscheiden: emotionalen Antwortreaktionen und Persönlichkeitsemotionen, wobei zu letzteren auch die Liebe und der Hass gehören. Bei Scheler und Mulligan werden sie aus dem Bereich der Emotionen verbannt, weil sie keine Antwortreaktionen sind. Solche Verfahrensweise scheint mir unserem alltäglichen Verständnis und unseren Erfahrungen zu widersprechen. Daher schlage ich eine alternative Auffassung vor, nach der Liebe und Hass zu den Persönlichkeitsemotionen gehören, weil sie die zwei Wesensmerkmale besitzen, die ich als definitorisch für die Emotionen postuliert habe: Leiblichkeit und Intentionalität. Eben diese zwei Momente der Emotionen, die in der Erfahrung als Einheit gegeben sind, sind das, was die Emotionen als solche ausmacht.

6.3. Ursprünglichkeit des Fühlens und Weltbezug

6.3.1. Persönlichkeitsstruktur und Weltbezug: die affektive Grundhaltung

Die Welt erscheint nie als eine monotone neutrale Oberfläche, sondern als ein Horizont, in dem einige Wertqualitäten zu erfassen sind, während andere nicht in unsere Reichweite kommen; einige fesseln unser Interesse, andere nicht. Die Welt präsentiert sich somit in einer Art Koordinatensystem, das nach unseren Werterfassungsmöglichkeiten und Präferenzen geordnet ist. Nach dem oben Gesagten scheinen hierfür affektive Akte die Verantwortung zu tragen. Doch welche sind es, und wie tun sie es? Die Antwort auf diese Frage wird uns zur Thematik der Persönlichkeit und unseres affektiven Weltbezugs führen – also zu Überlegungen der Philosophischen Anthropologie.

Wenn es darum geht, unseren Zugang zur Welt durch affektive Akte zu untersuchen, zeichnen sich zwei Perspektiven ab. Auf der einen Seite stehen die Theorien, die den Zugang zur Welt als durch die Emotionen bedingt verstehen. So fasst etwa Martha Nussbaum in ihrem kognitivistischen Ansatz die Emotionen als eine besondere Art von Werturteilen auf, die fähig sind, uns über die Welt zu informieren. Christine Tappolet versteht in ihrem intuitionistischen Ansatz die Emotionen als Perzeptionen von Werten, die uns somit die Welt als gefärbten Horizont zugänglich machen. Auch die Phänomenologen Meinong, Stein und Kolnai, die die Emotionen als Fühlen von Werten auffassen, schreiben den Emotionen eine starke kognitive Funktion zu. Eine der Implikationen dieser Auffassung aber ist es, dass unser Weltbezug niemals primär affektiver Natur ist, denn um eine Emotion zu haben, die uns über die Welt informiert, müssen wir zunächst zu den theoretischen Akten fähig sein. Gegen diese These spricht, dass keine theoretischen Akte frei von einem affektiven Rahmen stattfinden können. Immer, wenn wir eine Wahrnehmung, ein Urteil oder eine Annahme vollziehen, befinden wir uns in einer affektiven Grundhaltung, einer Befindlichkeit.

Auf der anderen Seite stehen die Theorien, die den Zugang zur Welt als durch andere affektive Akte bestimmt sehen. Eine solche Theorie vertritt in jüngerer Zeit Matthew Ratcliffe mit dem Begriff des „existential feeling“ als „way in which the world appears“[69]; einem Begriff, den er hauptsächlich von Heidegger, aber auch von Merleau-Ponty ausgehend entwickelt. Die Rede ist hier nicht von Emotionen, sondern von einer besonderen Art von „feelings“, was auf eine Weise des fühlenden Seins, sich zur Welt zu verhalten, hindeutet. Auch in meiner Studie plädiere ich für eine entsprechende These mithilfe des Begriffs der „affektiven Grundhaltung“, gehe dafür aber nicht auf Heideggers Phänomenologie der Befindlichkeit zurück, sondern auf eine andere phänomenologische Tradi-

[69] M. Ratcliffe, „Existential Feeling and Psychopathology“, unveröff. Vortrag, Bonn, Dezember 2006.

tion, die in Schelers und Ortega y Gassets Theorie der Liebe als eines Akts des Fühlens wurzelt, denn der Liebe kommt in der realistischen Auffassung eine zentrale Bedeutung beim Verständnis der menschlichen Struktur und des menschlichen Weltbezugs zu.[70]

In „Liebe und Erkenntnis“ und „Ordo amoris“ postuliert Scheler, die Liebe habe bei unserem Zugang zur Welt das Primat vor jedem anderen Akt. Das Primat wird in zweierlei Hinsicht verstanden: aus der Sicht der Persönlichkeit und aus der Perspektive des Weltzugangs. Betrachten wir zunächst den Aspekt der Persönlichkeit, so ist laut Scheler die Liebe der Kern unserer Person. Derart ist sie kein Gefühl, sondern vielmehr eine bestimmte Weise, Werte zu erfassen, eine individuelle Rangordnung und ein Präferenzsystem, das unseren Weltzugang und Wertzugang vorbestimmt. Schelers These besagt: Jeder Mensch hat einzigartige Liebes- und Hassrichtungen, von denen das abhängig ist, was er oder sie fühlen kann. So kann ein Mensch stets zur Perzeption einer bestimmten Art von Werten neigen und andere übersehen, während es sich bei einem anderen Menschen vielleicht genau umgekehrt verhält. Ebenso kann ein Mensch die Werte in einer ganz bestimmten Rangordnung sortiert haben. Liebe und Hass sind dann eben diese Offenheit und Verschlossenheit für jeweils bestimmte Werte, diese individuellen Präferenzen und Vorlieben und diese Rangordnungen, die jeden von uns als Person ausmachen. Daher spricht auch Ortega y Gasset von der Liebe als „ratio essendi“[71], weil jeder Mensch in Abhängigkeit von den „Liebesmöglichkeiten“ eine andere Persönlichkeit hat, die seinen Weltzugang bedingt. Jenen Persönlichkeitskern belegt Scheler mit dem Terminus „Ordo amoris“. Ich spreche stattdessen von einer „affektiven Grundhaltung“ als Kern der Persönlichkeit und entferne mich damit von Schelers Terminologie. Allerdings kann eine genaue Analyse des Begriffs „Ordo amoris“ hilfreich sein, um die affektive Grundhaltung zu bestimmen.

Den Begriff „Ordo amoris“ gebraucht Scheler in drei verschiedenen Bedeutungen: deskriptiv, objektiv und normativ.[72] Unter dem *deskriptiven* „Ordo amoris“ eines Menschen oder Kollektivs wird das System der faktischen Wertschätzungen und des faktischen Wertvorziehens verstanden, das auch als Ethos bezeichnet wird. Das ist die Weise, in der ein Individuum oder Kollektiv tatsächlich fühlt, die im Laufe des Lebens je nach Erfahrungen gebildet wurde und die ihrerseits die Möglichkeit neuer Lebenserfahrungen beeinflusst. Der „Ordo amoris“ ist zeitlich gebunden und hat mit der individuellen und kollektiven Geschichte zu tun. Da der deskriptive „Ordo amoris“ von Mensch zu Mensch anders ist – denn jeder Mensch hat bestimmte Wertschätzungen, die seinen Zugang zur Welt prägen und die auch von der Lebensgeschichte und den historischen Umständen geprägt werden –, bezeichnet Scheler damit die Person selbst in ihrer Einzigartigkeit. Er behauptet: „Wer den ordo amoris eines Menschen hat, hat den Menschen.

---

70 Das hat die Philosophische Anthropologie oft vergessen. Wenn man an die philosophische Anthropologie Schelers denkt, werden besonders die späteren Texte der 20er Jahre rezipiert, so dass die grundlegende Bedeutung der Emotionen und der Akte des Fühlens – der Liebe – oft unbeachtet bleibt.

71 J. Ortega y Gasset, *Über die Liebe. Meditationen*, a.a.O., S. 195.

72 Wobei Scheler nur von zwei Bedeutungen spricht. Vgl. A. Sander, „Normative und deskriptive Bedeutung des *ordo amoris*“, in: C. Bermes/W. Henckmann/H. Leonardy (Hg.), *Vernunft und Gefühl. Schelers Phänomenologie des emotionalen Lebens*, Würzburg 2003, S. 63–81.

Er hat für ihn als moralisches Subjekt das, was die Kristallformel für den Kristall ist. Er durch-schaut den Menschen so weit, wie man einen Menschen durchschauen kann."[73] Demnach ist es berechtigt, den deskriptiven „Ordo amoris" mit dem empirischen Charakter eines Menschen gleichzusetzen.

Der Begriff „Ordo amoris" bekommt in Schelers Diskurs auch noch eine *objektive* Bedeutung. Darunter ist Folgendes zu verstehen: „die Idee eines streng objektiven und von Menschen unabhängigen Reiches der geordneten Liebenswürdigkeiten aller Dinge"[74]. Diese Ordnung der Werte existiert unabhängig von den Subjekten, so dass wir sie nur erkennen und niemals konstituieren können. Freilich würde sie ohne die Subjekte niemals zur Gegebenheit kommen.

Schließlich gibt es noch einen *normativen* „Ordo amoris", der laut Scheler ebenfalls objektiv ist und als solcher erkannt werden kann. Er ist ein Ausschnitt aus der objektiven Wertordnung bzw. ein Mikrokosmos der Wertewelt: „Dieser Ausschnitt beinhaltet alle Werte, die einer Person ihrem Wesen nach zugänglich sind und im Laufe ihrer Lebensgeschichte verwirklicht werden sollen."[75] Der normative Aspekt bedeutet dabei keine imperative Aufforderung, ein bestimmter Mensch zu sein, sondern er impliziert ein potenzielles Bild von uns selbst, das zur Verwirklichung gebracht werden kann und als solches einen Spielraum von Lebenspotentialitäten schon von vornherein bestimmt. Der normative „Ordo amoris" ist im Unterschied zum deskriptiven „Ordo amoris" nicht zeitabhängig, wird nicht im Laufe des Lebens gebildet und durch die individuelle Geschichte geformt, sondern er deutet auf einen von Geburt an spezifischen Spielraum von Möglichkeiten der Wertpräferenz und Werterfassung, den jede Person als solche hat.

Mit den drei verschiedenen Bedeutungen wird eine Erklärung der Tatsache versucht, dass die Menschen nicht dasselbe fühlen: Es gibt neben dem objektiven „Ordo amoris" der Existenz der Werte einen deskriptiven „Ordo amoris", der im Laufe unserer Erfahrungen gebildet wird und der unser empirischer Charakter ist, und einen normativen „Ordo amoris", der die Möglichkeiten unserer Erfassung der Werte und unser System von Präferenzen beinhaltet. Auch wenn also die Werte, ihre Polarität und Gradualität eine von uns unabhängige eigene Logik besitzen und wir sie erfassen können, können demnach nicht alle Menschen sie gleich erfassen, weil nicht alle Menschen denselben deskriptiven und normativen „Ordo amoris" – in Schelers Worten – besitzen. Somit wird die Diskrepanz erklärt zwischen dem, was Scheler „Logik der Gefühle" nennt, d.h. der Tatsache, dass die Emotionen Werte und ihre Rangordnung präsentieren, und der „Logik des Herzens", d.h. dem, was eine Person konkret fühlt, an Werten erfasst usw. Es gibt also eine affektive Grundhaltung, die für jeden Menschen einzigartig ist, so dass sie den Kern seiner Persönlichkeit bildet und dafür verantwortlich ist, dass er oder sie zu bestimmten Werten Zugang hat und ein Präferenzsystem besitzt.[76]

---

[73] M. Scheler, „Ordo amoris", a.a.O., S. 348.

[74] Ebd. S. 351.

[75] A. Sander, ebd., S. 64.

[76] In der aktuellen Literatur hat Harry Frankfurt eine ähnliche Auffassung der Liebe entwickelt. Die Liebe ist ein „mode of caring" und wird somit nicht in affektiven oder kognitiven Termini charakterisiert, sondern als „volitional necessity" bestimmt. Das bedeutet, dass der Mensch nicht darüber

Richten wir unsere Aufmerksamkeit nun auf die Liebe, insofern sie unseren Weltbezug fundiert. Nach Scheler ist die Liebe ein Urakt oder eine Grundhaltung, durch die ein Seiendes – ohne aufzuhören, es selbst zu sein – an einem anderen Seienden teilnimmt. Das Primat der Liebe besteht darin, dass sie uns erst das Erscheinen der Gegenstände ermöglicht, die man in einem Fühlen erfassen kann. Sie ist fundierend für andere Akte in Bezug auf den Gegenstand, auf den wir so unser Interesse richten, also für Urteile, Wahrnehmungen, Vorstellungen, Erinnerungen, Bedeutungsintentionen etc. Anders gesagt: „Der Mensch ist, ehe er ein ens cogitans ist oder ein ens volens, ein *ens amans*."[77] Liebe und Hass sind ursprünglicher als die Denk- und Willensakte, so dass unser Zugang zur Welt aus ihnen entstammt. Die Liebe ermöglicht uns den Zugang zu Werten, der Hass bestimmt, welche Werte uns verborgen bleiben. Somit ist die Liebe, wie Ortega y Gasset auch sagt, „ratio cognoscendi". In derselben Richtung behauptet Scheler: „Der entscheidende Kern unserer Individualität ist nicht aus unseren Meinungen und Lebenserfahrungen gewirkt; er besteht nicht aus unserem Temperament, sondern aus etwas Feinerem, Unfassbarem und diesem allem Voraufgehendem. Wir sind in erster Linie ein natürliches System des Vorziehens und Verwerfens. [...] Das Herz, die Maschine, die vorzieht und verwirft, ist der Träger unserer Persönlichkeit. Bevor wir die Welt kennen, die uns umgibt, treibt es uns in diese oder jene Richtung, zu diesen oder jenen Werten."[78] Die These, dass die Liebe – oder in unseren Termini: die affektive Grundhaltung – jeden anderen Akt fundiert, muss untersucht werden. Das heißt, es ist der Frage nachzugehen, inwiefern man behaupten kann, die affektive Grundhaltung sei ursprünglicher als kognitive und volitive Akte.

Ein möglicher Grund dafür ist, dass sie die Richtungen unseres *Interessenehmens* bedingt. Ohne dieses *Interesse* – das triebhaft oder willkürlich sein kann – an einer Sache kann man sie gar nicht empfinden, sie sich vorstellen, über sie urteilen usw. Ich kann etwas in meiner Umwelt nicht wirklich wahrnehmen, wenn sich meine Aufmerksamkeit nicht auf dieses Etwas richtet. Das setzt voraus, dass das Interessenehmen eine Funktion ist, die immer gegeben ist und die stärker oder schwächer, gesteigert oder vermindert sein kann. So ist die Tatsache, dass sich der Mensch immer in einer emotionalen Grundhaltung befindet, die *conditio sine qua non* aller theoretischen und praktischen Aktivitäten.

Ein weiterer Grund für das Primat der affektiven Grundhaltung ist, dass sie die *Auswahl* der Dinge bestimmt, die unser Interesse wecken können. Eben das will Scheler

entscheidet, was er liebt und was er nicht lieben kann. Damit wird die Liebe als „essential nature" des Menschen verstanden, die unseren Blick auf die Welt bedingt. Die Grundidee lautet, dass es eine affektive Grundhaltung gibt, die unsere Persönlichkeit ausmacht und somit unser Interesse an der Welt leitet, so dass uns bestimmte Werte zugänglich sind und andere nicht, wobei das von Person zu Person unterschiedlich ist. Vgl. H. Frankfurt, *The Reasons of Love*, Princeton/Oxford 2004, S. 42ff.; H. Frankfurt, *Necessity, Volition and Love,* Cambridge 1999, S. 129, 138. Allerdings sei kritisch angemerkt: Die Liebe als Gefühl ist nicht dasselbe wie dieses „caring about", denn die Liebe beinhaltet mehr. Nicht immer, wenn uns etwas wichtig ist, lieben wir es. Doch immer, wenn wir etwas lieben, kümmert es uns auch. Das scheint mir bei Frankfurts Ansatz nicht genügend berücksichtigt.

77 M. Scheler, „Ordo amoris", a.a.O., S. 356; auch S. 370; ders., „Wesen und Formen der Sympathie", a.a.O., S. 71.

78 J. Ortega y Gasset, „Über die Liebe", a.a.O., S. 167.

ausdrücken, wenn er in „Ordo amoris" schreibt: „Er gewährt durch die Fenster dieses Gehäuses die Welt und sich selbst – nicht *mehr* von der Welt und sich selbst und nichts *anderes* als das, was ihm diese Fenster nach ihrer Lage, Größe, Farbe zeigen. Denn die Umweltstruktur jedes Menschen – in ihrem Gesamtinhalt schließlich gegliedert nach ihrer *Wert-Struktur* – wandert und verändert sich nicht, wenn der Mensch immer weiter wandert im Raume."[79] In der affektiven Grundhaltung ist angelegt, was uns interessieren kann oder nicht interessieren kann, so dass vor jedem anderen Akt eine Auswahl der Sachen getroffen ist, die zur Gegebenheit kommen und Bedeutung für uns erlangen können. Sie ist insofern das „Fenster", das uns einen Ausschnitt der Welt zeigt. Nicht nur unser Zugang zur Welt wird durch diese Grundhaltung bestimmt, sondern auch das, was wir von der Welt wahrnehmen können.

Zuletzt sei erwähnt, dass die affektive Grundhaltung nicht als ein psychologischer Akt zu verstehen ist, sondern als etwas, das unsere *faktische Existenz* betrifft. Scheler macht geltend, dass es einen Zusammenhang zwischen der Erweiterung oder Verengung der Liebes- und Hassbewegungen und der entsprechenden Erweiterung oder Verengung unseres Wert- und Welthorizonts gibt – nicht in dem Sinne, dass diese Liebe Werte schaffe, sondern in dem Sinne, dass sie durch die Richtung auf neue Wertqualitäten der Sachen diese selbst erreichbar mache. Schon im Formalismusbuch hat Scheler deutlich gemacht: „Wenn ich von ‚Erweiterung' und ‚Verengerung' des Wertreiches spreche, das einem Wesen gegeben ist, so meine ich natürlich nicht im Entferntesten ein Schaffen, Machen, resp. Vernichten der Werte durch Liebe und Hass. [...] Aber ich meine, dass dem Akt der Liebe nicht das wesenhaft ist, dass er *nach* gefühltem Wert oder *nach* vorgezogenem Wert sich auf diesen Wert ‚antwortend' richte, sondern dass dieser Akt vielmehr die eigentlich *entdeckerische* Rolle in unserem Werterfassen spielt – und dass nur er sie spielt –, dass er gleichsam eine *Bewegung* darstellt, in deren *Verlauf* jeweilig *neue* und *höhere*, d.h. dem betreffenden Wesen nach völlig unbekannte Werte aufleuchten und aufblitzen. Er *folgt* also nicht dem Wertfühlen und Vorziehen, sondern schreitet ihm als sein *Pionier* und Führer voran."[80]

Die affektive Grundhaltung ist nicht etwas bloß Psychisches, sondern es handelt sich um faktische Modi des Sichbeziehens und des In-der-Welt-Seins. Damit bekommen diese Aussagen eine ontische Bedeutung, die jenseits der bloß psychologischen und erkenntnistheoretischen steht, denn die affektive Grundhaltung betrifft sowohl unsere faktische Existenz als auch die Existenz des im Akt der Liebe Erfassten: Das Erfasste bekommt sein volles Sein nur im Erfasstwerden selbst. Daraus ist zu schließen, dass die Welt uns niemals als eine neutrale, abstrakte Ebene gegeben ist, sondern als ein Horizont, in dem die Richtungen unserer Persönlichkeit zu finden sind. Auch in der Phänomenologie Heideggers ist unser Zugang zur Welt niemals primär theoretisch, sondern von unseren Interessen geleitet. Die Leitlinien sind aber bei Heidegger andere als bei Scheler. Während das emotionale Interessenehmen bei Heidegger durch die Sorge und die Angst geleitet wird, geschieht es in der realistischen Phänomenologie durch eine Haltung der Öffnung oder Liebe, die darauf gerichtet ist, so viele Wertqualitäten wie möglich wahrzunehmen. Damit wird die Idee formuliert, dass die menschliche Natur

79 M. Scheler, „Ordo amoris", a.a.O., S. 348.

80 M. Scheler, *Formalismus*, a.a.O., S. 275.

durch eine offene Haltung charakterisiert ist, die in der philosophischen Anthropologie phänomenologischer Provenienz als Liebe bezeichnet wird und die ich hier als affektive Grundhaltung verstehe.

6.3.2. Selbstgefühle und Spiegelselbstgefühle

Meine These lautet: Die affektive Grundhaltung, die die Persönlichkeit eines Menschen und seinen Weltbezug bestimmt, offenbart sich in einem „Gefühl" besonderer Art. Im Anschluss an die phänomenologische Tradition von Lipps, Voigtländer und Scheler werde ich diese Klasse von Gefühlen als „Selbstgefühle" bezeichnen.[81]

Wenden wir den Blick zunächst der analytischen Philosophie zu. Antonio Damasio hat die genannte Klasse von Gefühlen im Auge, wenn er über „background feelings" spricht.[82] „Background feelings" charakterisiert er als Gefühle, die per se weder positiv noch negativ sind, obwohl man sie als Gefühle der Lust oder Unlust klassifizieren kann. Sie sind uns nicht immer bewusst, auch wenn wir von ihnen berichten können. Solche Gefühle beziehen sich nach Damasio auf Stimmungen, aber sie können nicht als Stimmungen aufgefasst werden. Seiner These zufolge wurzelt unsere individuelle Identität in solchen Gefühlen,[83] wobei dies nicht weiter spezifiziert wird. Eine solche Auffassung ist problematisch, weil die „background feelings" als statisch aufgefasst werden und im Vergleich zu den Emotionen nur eine Nebenrolle zugeschrieben bekommen, denn Damasio scheint nicht zu berücksichtigen, dass jene Gefühle im Laufe des Lebens erworben, umgestaltet oder modifiziert werden können, sie somit auch eine soziale Dimension haben und für die Bildung von Emotionen unerlässlich sind.

Matthew Ratcliffe versucht in seiner schon erwähnten Theorie der „existential feelings" ebenfalls, diese Klasse von Gefühlen zu beschreiben. Heidegger folgend, definiert er sie als Modi, in der Welt zu sein, grenzt sich von Heidegger aber in zweierlei Hinsicht ab: Dessen Terminus der „Befindlichkeit" fasst nur eine Sorte von „existential feelings", und ferner lässt Heidegger laut Ratcliffe die Rolle des Körpers unbeachtet. Dagegen gehört zu den „existential feelings" nach Ratcliffe eine ganz heterogene Gruppe von Phänomenen, unter die auch Emotionen und Stimmungen zu zählen sind. Die Heterogenität dieser Gefühle wird folgendermaßen postuliert: „Some are quite mundane, such as feeling ‚settled', ‚at home' or ‚part of things', whereas others, such as ‚feeling estranged from everything', convey less frequent and sometimes pathological forms of experience."[84] Bezeichnend ist, dass sie eine Beziehung zwischen dem Selbst und der Welt leiblich ausdrücken. Damit versucht Ratcliffe, im Rahmen der analytischen Tradition ein Phänomen zu beschreiben, das dort bisher kaum Beachtung gefunden hat. Allerdings kann Ratcliffes Ansatz hier nicht als Ausgangspunkt dienen, denn es mangelt ihm

---

[81] Dieser Terminus wurde in der Philosophie der Romantik geprägt. Vgl. M. Frank, *Selbstgefühl*, a.a.O.

[82] A. Damasio, *Descartes' Error. Emotion, Reason, and the Human Brain*, New York 2005, S. 150.

[83] Ebd., S. 155.

[84] M. Ratcliffe, „Existential Feeling and Psychopathology", a.a.O.

an einem Begriff des Leibes. Außerdem ist mit der Kategorie der „existential feelings" wegen der Heterogenität dieser Gefühle eine einheitliche Analyse des Phänomens schwer zu leisten.

Eine genauere Behandlung und Spezifizierung dieses Phänomens ist in der Frühphänomenologie unter dem Terminus „Selbstgefühl" zu finden, wenngleich das Wort einen engeren Kreis von Phänomenen umfasst als die breite Klasse „existential feelings" von Ratcliffe. Die Phänomenologin Else Voigtländer hat ihre Dissertation dieser Thematik gewidmet. Nach Voigtländer sind Selbstgefühle eine sehr heterogene Klasse von Gefühlen, die ein eigenes Terrain bildet. Grundsätzlich unterscheidet sie zwischen zwei Hauptarten. Zum einen gibt es die *vitalen Selbstgefühle*, die angeboren sind und zu denen etwa Kraftlosigkeit, Schwäche, Müdigkeit, Mattigkeit und Vitalität gehören. Mit ihnen wird ein vitaler Tonus bezeichnet, der uns reflexiv nicht bewusst und immer vorhanden ist. Somit beziehen sich die vitalen Selbstgefühle nicht auf etwas Konkretes. Auf der einen, positiven Seite sind Menschen mit Vitalität zu finden, die eine energische Ausstrahlung besitzen; am anderen Pol Menschen, die sich nichts trauen, die jede Kleinigkeit aus der Bahn wirft und die einen niedrigen vitalen Tonus haben. Selbstgefühle dieser Art fungieren als Basis, auf der unsere Stimmungen, Gefühle, Emotionen, Charakterzüge, Dispositionen usw. gründen und sich weiter gestalten. Zum anderen gibt es die in Erfahrungen und im sozialen Umfeld *erworbenen Selbstgefühle*. Voigtländer beschreibt das folgendermaßen: „Wenn man in sich gewisse Fähigkeiten beobachtet, Erfolge erringt, ‚gut vorwärts kommt', sich der Achtung und Beliebtheit erfreut, so steigert dies das Selbstgefühl. Oder umgekehrt üben Misserfolge, Bemerken eigener Mängel, Erfahrungen über die Überlegenheit anderer Menschen einen stark deprimierenden Einfluss aus."[85]

Wie bildet sich ein solches Selbstgefühl? Voigtländers These lautet, man stehe sich zunächst selbst gegenüber und betrachte sich so, dass man ein Wertbewusstsein gewinne. Das Wertbewusstsein reicht aber nicht aus, denn damit ein Selbstgefühl entstehen kann, muss „eine eigentümliche Berührung solcher Werturteile mit dem ‚Selbst' entstehen, sie müssen einen nahe ‚angehen', tangieren, die gefühlsmäßige Selbsteinschätzung erregen".[86] Dahinter steckt folgende These: Damit ein Selbstgefühl entsteht, muss auf jenes Wertbewusstsein mit einem Gefühl reagiert werden, das sich in einer Habitualität des Fühlens herauskristallisiert. Ich kann mich etwa für eine bestimmte Aufgabe als begabt sehen. Darauf antworte ich mit einem Gefühl, und das bildet sich zu einer Regel aus, nach der ich mich selbst erfahre: Ich erfahre mich immer wieder als für die besagte Aufgabe begabt, weil ich mich als permanenten Träger der Begabung auffasse. So entsteht zum Beispiel Arroganz. Daher sind Selbstgefühle für die Konstitution unserer Charakterzüge von großer Bedeutung. Da man solche Selbstgefühle in der Erfahrung erwerben kann, wird die Möglichkeit berücksichtigt, dass andere Personen eine große Rolle bei der Bildung der Selbstgefühle spielen. Somit wird die soziale Dimension ins Auge gefasst.[87]

---

85 E. Voigtländer, *Vom Selbstgefühl*, a.a.O., S. 39.

86 Ebd.

87 Die Thematik des Charakters hat Voigtländer auch weiterhin interessiert. E. Voigtländer, „Über die ‚Art' eines Menschen und das Erlebnis der ‚Maske'", in: *Zeitschrift für Psychologie* 92, 1923, S. 326–336.

Interessant ist in Voigtländers Untersuchung eine bestimmte Art von Selbstgefühlen, über die auch in Schelers Texten einige Angaben zu finden sind: die Spiegelselbstgefühle. Spiegelselbstgefühle sind Selbstgefühle, die ausgehend von einer potenziellen Perspektive der dritten Person auf uns selbst entstehen. In Voigtländers Worten: „[E]s ist ein Selbstgefühl, das erlebt wird in Rücksicht auf das, was man in der Vorstellung, der Meinung anderer ist, was sich bezieht auf ein ‚Bild‘ von sich.“[88] Hierzu gehören etwa das Bedürfnis nach Anerkennung, der Ehrgeiz, die Ruhmsucht oder die Eitelkeit. Wie ist es möglich, das Bild von mir selbst, das aus einer fremden Perspektive entsteht, in das eigene Selbstgefühl zu inkorporieren? Voigtländers These lautet: Jeder von uns hat ein Bild von sich selbst und von anderen als Trägern von bestimmten Qualitäten. Die Qualitäten existieren in zweierlei Form: Entweder sind sie „natürliche Eigenschaften“ wie kräftig, gesund usw., oder sie sind „Eindruckswerte“, die aus dem Eindruck entstehen, den ich in anderen erwecke, wie etwa schön, elegant, imponierend usw.

In der Gestaltung des eigenen Bildes spielen laut Voigtländer beide Arten von Qualitäten unterschiedliche Rollen. Während die „natürlichen Eigenschaften“ zu unserem Körpergefühl gehören, etwa wenn ich mich gesund und kräftig fühle, können die „Eindruckswerte“ nicht als Körpergefühl gespürt werden: Ich kann nicht in einem Körpergefühl meine Schönheit oder Eleganz empfinden. Es sind Eigenschaften, die nur aus dem Eindruck entstehen, den ich in anderen erwecke. Dennoch können sie – so Voigtländer – in mein Selbstgefühl über einen anderen Weg inkorporiert werden. „Es gibt neben dem realen Erleben unseres Körpers noch ein anderes, eine Art Einfühlung in den eigenen Körper, ein ‚uneigentliches‘, bildmäßiges Erleben desselben. Man hat ein Bewußtsein der Stellungen und Bewegungen des Körpers nicht nur in den Haut-, Gelenk- und Muskelempfindungen und dem Tätigkeitsbewußtsein der Bewegung, sondern auch so, daß man ein ‚Bild‘ davon hat und so, daß man sich in die Bewegungen und Stellungen hineinfühlt und sie ganz ähnlich mit ihrem psychischen Inhalt erlebt, wie es bei der Einfühlung in fremde Bewegungen der Fall ist. Wenn man ‚ruhig‘, ‚fest‘, ‚imponierend‘ geht und sich hält, fühlt man das, nicht in den realen Haut- und Gelenkempfindungen, sondern in dem Bild der ruhigen Haltung, das einem begleitet. Es erstreckt sich natürlich auch auf die Kleidung.“[89] Indem mir also bewusst wird, dass andere von mir einen bestimmten Eindruckswert haben, kann diese Kenntnis ein Selbstgefühl bedingen. So fühle ich zwar nicht meine Schönheit oder Eleganz, doch indem ich weiß, dass andere von mir den Eindruck haben, ich sei schön und elegant, kann das ein Selbstgefühl bewirken, so dass ich mich auch tatsächlich schön und elegant fühle. Voigtländer spricht von *Spiegel*selbstgefühlen, weil man sich selbst im *Spiegel* der Augen potenzieller Anderer sieht und sich hierin einfühlt. Diese Aspekte werden im Folgenden herausgearbeitet. Zunächst ist aber ein Blick auf andere phänomenologische Beiträge aufschlussreich.

In „Über Scham und Schamgefühl“ (Zusatz A) weist Max Scheler flüchtig auf die Möglichkeit hin, dass man ein Bewusstsein des Selbstbildes durch die Augen von Dritten erwirbt. Scheler spricht von einem „Wertbild“, das andere von uns haben und das uns bewusst werden kann, so dass wir ein Bewusstsein dieses Bildes erwerben können. Das

88 E. Voigtländer, *Vom Selbstgefühl*, a.a.O., S. 76.

89 Ebd., S. 86f.

„*Bild*bewußtsein" ist nach Scheler für die Erklärung einiger emotionaler Phänomene von großer Bedeutung, z.B. für das Ehrgefühl: „Beim Ehrgefühl ist das mögliche Fremdbild und das damit verbundene Bewußtsein geringerer Achtungs- und Liebenswürdigkeit ausschlaggebend"[90]. Scheler erörtert den interessanten Gedanken nicht weiter, aber die Grundthese, die daraus zu extrahieren ist, lautet, dass wir in solchen affektiven Phänomenen ein Bewusstsein dessen haben, wie andere uns sehen, und ausgehend von jenem fremden Wertbewusstsein der eigene Selbstwert erlebt werden kann. Die Überlegungen Schelers erlauben zusammen mit Voigtländers Thesen eine bessere Einschätzung, wie Spiegelselbstgefühle als eine bestimmte Art von Selbstgefühlen entstehen. Folgende Abfolge lässt sich herausarbeiten.

1) Zunächst muss ein Bewusstsein des Bildes der eigenen Person in den Augen eines potenziellen Zuschauers vorhanden sein. Aber obwohl dieses Bildbewusstsein eine *conditio sine qua non* ist, reicht es allein nicht aus, ein Spiegelselbstgefühl zu generieren. Denn das Bildbewusstsein ist eine bloße Kenntnis, wie ich auf andere wirke, aber kein Gefühl. Die Kenntnis kann ich erlangen, weil andere mir entsprechende Auskunft geben, oder aufgrund von Lebenserfahrungen, oder weil ich mir einfach vorstelle, wie ich auf andere wirke. Es gibt also einen Unterschied zwischen der bewussten Kenntnis des Bildes von einem selbst und dem Aufbau eines Gefühls auf diesem Bewusstsein. Einige Menschen wissen z.B. sehr genau, wie sie auf andere wirken und nutzen es zu ihren Gunsten; das alles jedoch, ohne dass sie hierauf unbedingt ein Selbstgefühl aufbauen müssten.

2) Der zweite Schritt ist, dass man sich in dieses Bildbewusstsein seiner selbst, das man aus der Perspektive der anderen gewinnt, zumindest der dritten Person, hineinversetzt, und somit ein Gefühl entsteht. Das impliziert eine doppelte Leistung der Phantasie: Ich muss mir sowohl vorstellen, wie ein Zuschauer mich erlebt, als auch mich in das Bild hineinversetzen. Die reale Existenz des Zuschauers ist dabei nicht von Bedeutung, denn es kann sich um einen allgemeinen Anderen handeln, den ich mir einfach vorstelle. Jener Vorgang folgt einer von Lipps aufgestellten Regel, die auch Voigtländer rezipiert: „Das fremde Erleben, von dem ich weiß, hat die Tendenz, zum eigenen zu werden."[91] Das heißt, dass das Bild, das andere von mir haben und von dem ich gleichzeitig Kenntnis habe, auch von mir miterlebt und als mir zugehörig empfunden wird.

Die doppelte Leistung der Imagination eröffnet eine doppelte Möglichkeit. Erstens ist es möglich, dass dieses Bildbewusstsein unser Selbstgefühl beeinflusst und modifiziert, der Blickwinkel jedoch schwerpunktmäßig der des Subjekts auf das eigene Selbst und nicht der des Zuschauers ist.[92] Als Beispiele gelten hier Ehrgefühl, Ehrgeiz, Anerkennungsbedürfnis, Ruhmsucht und andere. Im Fall der Ruhmsucht wird das Bild, das man von außen her hat, als Steigerung des Selbstgefühls erlebt. In anderen Fällen wie der Schüchternheit wird die Kenntnis des eigenen Bildes und des Betrachtetwerdens von außen her als Herabsetzung des Selbstgefühls empfunden, denn der Schüchterne erlebt, indem er sich selbst

---

90 M. Scheler, „Über Scham und Schamgefühl", Zusatz A, a.a.O., S. 149. Hierher gehören laut Scheler auch die Phänomene der Reue und des schlechten Gewissens.

91 E. Voigtländer, *Vom Selbstgefühl*, S. 98.

92 Ebd., S. 97.

in den Augen Dritter vorstellt, dieses Bild von außen als hemmend. Bei Scham wird das Bild von außen ebenfalls als negativ und als Herabsetzung des Selbstgefühls bewertet. Die zweite Möglichkeit besteht darin, dass man vom Bildbewusstsein weiß, sich in den potenziellen Zuschauer einfühlt und dies dann Auswirkungen auf das Selbstgefühl hat, hierbei jedoch das Erlebnisgewicht auf dem Erleben aus der mutmaßlichen Perspektive des Zuschauers liegt. Beispiele sind vor allem Eitelkeit und Selbstgefälligkeit. In diesen Fällen erlebt man sich selbst nicht mehr aus sich selbst heraus, sondern in dem Bild, von dem man denkt, andere würden es von einem haben. Man versucht dann eben, dieses Bild auszustrahlen, sich in das Bild zu hüllen und auf andere nach diesem Bild zu wirken.

3) Das Spiegelselbstgefühl entsteht aber nur, wenn drittens das Hineinversetzen Auswirkungen auf mein eigenes Selbstgefühl zeigt und es beeinflusst. Die Auswirkungen sind verschiedenartig: Man kann im Bild eine Bestätigung finden oder auch das Gegenteil, man kann es für die eigene reale Person halten und sich täuschen. Auf alle Fälle ist anzumerken, dass diese Gefühle die Charakteristika der Unechtheit erfüllen. Im Moment des Erlebens sind sie qualitativ anders gegeben als die echten Gefühle, und das Subjekt befindet sich in einer anderen emotionalen Lage. Wobei das nicht ausschließt, dass sie zu der Bildung von Charakterzügen beitragen, in dem sie Regeln des Sich-selbst-Fühlens gestalten.

Ein Beispiel mag dieses Verfahren verdeutlichen. Nehmen wir an, ich fühle mich elegant. So stelle ich mir vor, wie ein potenzieller Zuschauer mich finden könnte, ob er meine Kleider schön und wertvoll, meine Mienen und Bewegungen grazil, meine Frisur passend usw. findet. Dann versetze ich mich in das Bild des Zuschauers hinein, so dass ich mich von außen her erlebe. Und schließlich hat der Vorgang Auswirkungen auf mein Selbstgefühl. Nicht, weil ich die mutmaßliche Eleganz *per se* an meinem Leib fühle, sondern weil ich durch den Prozess des Hineinversetzens in das fremde Bild von mir selbst spüre oder zu spüren meine, was der Andere fühlen würde, wenn er mich sähe: die Eleganz meiner Bewegungen, positive Gefühle jeder Art usw. Die Möglichkeit, uns perspektivisch zu erleben, und die Tatsache, dass soziale Faktoren mitbestimmen, wie wir uns selbst fühlen und welche Charakterzüge wir entwickeln, bilden insofern den Kern der These von den Spiegelselbstgefühlen.[93]

6.4. Die ethische Dimension der Gefühle

6.4.1. Richtige und falsche Emotionen

Aus der Tatsache, dass die Emotionen objektgerichtet sind, ergeben sich einige Implikationen. Wenden wir uns zunächst den Emotionen als Antwortreaktionen zu. Die emotionalen Antwortreaktionen sind Antworten auf einen gefühlten Wert. Eine Konsequenz

[93] Die Bedeutung sozialer Faktoren für die Bildung von Selbstgefühlen und Charakterzügen habe ich an anderer Stelle gezeigt: Vendrell Ferran, Í., „Unechte Gefühle: Die Ethik des Echten, soziale Normen und Imagination“, in: Neumayr, A. (Hg), *Kritik der Gefühle,* a.a.O.

davon, dass die Emotionen sich auf Werte richten, ist, dass sie in Bezug auf diese Objekte Erfüllungsbedingungen haben. Insofern wird eine Analogie zwischen Emotionen und anderen Akten hergestellt. So ist etwa – wie Ronald de Sousa es formuliert hat[94] – „gut" die Erfüllung von Wollen und „wahr" die Erfüllung von Urteilen. Für die Emotionen kann man auch sagen, dass sie richtig oder falsch sein können. Die Frage, was das bedeutet, wird seit Kenny sehr lebhaft diskutiert und soll anhand eines Beispiels erklärt werden. Ich kann etwas Furchterregendes fühlen. Die Antwortreaktion auf diesen gefühlten Wert ist dann die Furcht. Furcht ist in Bezug auf das gefühlte Furchterregende geeignet, angemessen und richtig. Wenn ich jedoch mit Ekel antworte, ist der Ekel in Bezug auf das Objekt des Furchterregenden ungeeignet, unangemessen oder falsch. Eine der Voraussetzungen für die Richtigkeit einer Emotion ist ihre Angemessenheit in Bezug auf ihr formales Objekt. Sie muss allerdings ferner auch mittels einer kognitiven Basis – eines Wahrnehmens, Denkens, Vorstellens – gerechtfertigt werden können. Dass eine Situation furchterregend ist, heißt, dass die Wertqualität des Furchterregenden an einem Etwas gegeben ist, das als solches furchterregend ist. Aber das Etwas muss uns gegeben sein. Die Furcht ist dann angemessen, wenn eine kognitive Basis der Emotion sie rechtfertigen kann: Die Furcht ist angemessen bei der Wahrnehmung eines Krokodils, der Vorstellung eines Krokodils oder dem Urteil, dass das Krokodil gefährlich ist. Aber die Emotion ist nicht angemessen, wenn sie nicht auf einer solchen kognitiven Basis gründet.[95] Beide Voraussetzungen sind daher notwendig, damit eine emotionale Antwortreaktion angemessen ist: Erfüllung in Bezug auf das formale Objekt und Rechtfertigung durch die kognitive Basis.

Für die Persönlichkeitsemotionen ist – so die These – dies anders. Hier kann man nicht sagen, eine Seligkeit sei richtig, weil das Heilige intendiert werde. Man kann für die Richtigkeit nicht an einen Wert appellieren, sondern vielmehr an uns als Personen und an unsere Fähigkeit, bestimmte Werte wahrzunehmen. Dabei spielen kulturelle und intersubjektive Aspekte eine große Rolle, wobei es nicht möglich ist, von vornherein zu sagen, was angemessen und was nicht angemessen ist.

6.4.2. Rationale und irrationale Emotionen

Gibt es irrationale Emotionen? Im Diskurs über Emotionen wird von Irrationalität in zweierlei Hinsicht gesprochen. Erstens wird eine Emotion als irrational bezeichnet, wenn sie nicht zu den Urteilen einer Person passt. So zum Beispiel in dem Fall, dass ein Mensch davon überzeugt ist, Gartenspinnen seien nicht gefährlich, und trotzdem eine phobische Angst vor ihnen empfindet. In diesem Fall ist die Angst insofern „irrational", als sie nicht zum gefällten Urteil passt. Innerhalb der schon behandelten Diskussion, ob Emotionen Urteile oder Wahrnehmungen sind, sind dabei einige Theoretiker – wie etwa Sabine Döring und Christopher Peacocke[96] – der Meinung, die Existenz solch phobischer Ängste stelle einen Beweis dafür dar, dass die Emotionen Wahrnehmungen mit repräsentativem

94 R. de Sousa, *The Rationality of Emotion*, a.a.O., S. 159.

95 Vgl. K. Mulligan, „From Appropriate Emotions to Values", a.a.O., S. 161–188.

96 Döring, S./Peacocke, C., „Handlungen, Gründe und Emotionen", a.a.O., S. 81–103.

und affektivem Gehalt sind. Da ein Mensch nicht ein Urteil fällen und gleichzeitig das entgegengesetzte Urteil für wahr halten kann – d.h. „Spinnen sind harmlos“ und „Spinnen sind gefährlich“ –, schließen jene Autoren, Emotionen seien nicht Urteile, sondern eine bestimmte Art von Wahrnehmungen. In diesem Fall würden sich Emotionen wie optische Täuschungen verhalten, etwa wie die bekannte Müller-Lyer-Illusion oder der gebrochene Stab im Wasser. Die Erklärung ist für uns aber nicht gültig, weil wir die Emotionen nicht als eine besondere Art von Wahrnehmungen verstehen.

Zweitens wird eine Emotion als irrational bezeichnet, wenn sie zu einer von ihr motivierten Handlung nicht passt. So etwa im Fall, dass man verliebt ist, sich aber nicht dem Geliebten nähert, sondern sich von ihm entfernt und den Kontakt meidet. Die Emotion des Verliebtseins nennt man dann in Bezug auf die motivierte Handlung „irrational“, weil sie nicht zu ihr passt.

Inwiefern kann man in den genannten Fällen der Angst oder des Verliebtseins tatsächlich von Irrationalität sprechen? Und wie lassen sich solche Fälle erklären, ohne dabei die Emotionen auf andere Akte zu reduzieren? Wenden wir uns zunächst dem ersten Fall zu. Für die These, Emotionen seien selbst Urteile (Nussbaum, Solomon), und für die aktuell herrschende Theorie, nach der Emotionen ausschließlich auf Urteilen gründen, sind phobische Ängste eine ernsthafte Herausforderung. Wie Döring und Peacocke bereits gezeigt haben, kann man nicht gleichzeitig ein Urteil und die Negation dieses Urteils für wahr halten. Deshalb aber wie die letztgenannten Autoren zu postulieren, Emotionen seien Wahrnehmungen, stellt keine Lösung dar. Im Laufe der Arbeit wurde gezeigt, dass Emotionen weder auf Urteile noch auf Wahrnehmungen reduziert werden können. Ferner wurde gezeigt, dass als emotionale Basis der Emotionen sowohl Urteile, Annahmen und Glaubenssätze als auch Wahrnehmungen und Phantasiebilder fungieren können. Im Rahmen der These, dass Emotionen nicht nur auf Urteilen, sondern auch auf Wahrnehmungen, Vorstellungen usw. gründen, bietet sich eine Lösung des Problems der phobischen Ängste an. So kann es sein, dass ich eine Emotion aufgrund einer Wahrnehmung habe, etwa die Angst vor einem Tier, obwohl ich Urteile über das Tier habe, denen zufolge es nicht gefährlich ist. Die Angst, die auf der Wahrnehmung gründet, ist dabei, wie dargestellt, unmittelbarer als die Angst, die auf einem Urteil basiert.

Die Implikation einer solchen These ist, dass das Sprechen von „irrationalen Emotionen“ vollkommen ungerechtfertigt ist. Höchstens kann man von einer internen „Inkohärenz“ oder „internen Irrationalität“ sprechen, nach der diejenigen Emotionen irrational sind, die aus der Perspektive des Subjektes inkonsistent oder unerwünscht sind.[97] Emotionen sind inkohärent innerhalb einer Ganzheit, die nicht nur die Emotionen beinhaltet, sondern auch Wünsche, Urteile, Handlungsneigungen usw. So kann es erstens der Fall sein, dass eine Emotion unstimmig mit jener Ganzheit ist, die die emotionale Erfahrung bildet. Der Mensch, der Angst vor Spinnen hat, kann neben der Angst, die er beim bloßen Anblick des Tiers empfindet, der festen Überzeugung sein, das Tier sei nicht gefährlich. So schreibt Jon Elster: „For phobics [...] the panic attack is triggered

[97] Für diesen Sinn von „Inkohärenz“ vgl. M. Cavell, *The Psychoanalytic Mind. From Freud to Philosophy,* a.a.O., S. 193.

by the *perception* of an object of a certain kind, without a concomitant *cognition* that it is dangerous."[98] Also passt die emotionale Antwortreaktion der Angst, die auf einer Wahrnehmung gründet, nicht zum Urteil und es liegt eine Inkohärenz vor.

Noch in einem anderen Sinne kann die Angst inkohärent sein. Es kann nämlich sein, dass man das Urteil fällt, Spinnen seien gefährlich, und dass auf diesem Urteil eine Angst gründet. Gleichzeitig ist es möglich, dass man den Wunsch hat, tapfer zu sein und keine Angst zu empfinden. Hier gibt es eine Unstimmigkeit zwischen der Angst, die ein Urteil als kognitive Basis hat, und dem Wunsch, die Emotion nicht zu haben. Auch im Fall des verliebten Menschen, der den Geliebten meidet, spricht man besser von interner Irrationalität oder Inkohärenz, denn die Emotion der Verliebtheit kann im Gegensatz zu anderen Emotionen, Urteilen usw. stehen. Der Verliebte, der den Geliebten meidet, ist nicht *per se* irrational. Er kann ja neben dieser Liebe z.B. auch eine große Angst empfinden, (wieder) verlassen zu werden, so dass sein Handeln nicht mit der Emotion des Verliebtseins im Einklang steht. Die Rede von irrationalen Emotionen *per se* ist also unbegründet, und man kann von inkohärenten Emotionen nur im Hinblick auf einen Zusammenhang sprechen.

6.4.3. Emotionen und Moral: Über Werte und Normen

Nunmehr werde ich die Frage behandeln, inwiefern die Zusammenhänge zwischen affektiven Phänomenen und Werten von Bedeutung für eine Moral sind. Dabei existieren verschiedene Möglichkeiten eines Zusammenhangs.

Zwischen affektiven Phänomenen und Werten gibt es eine *epistemologische* Verbindung. Die affektiven Phänomene ermöglichen uns den Zugang zu den Werten und zeigen uns somit das, was wertvoll ist. Die affektive Grundhaltung, die den Kern unserer Persönlichkeit bildet, ermöglicht uns einen ersten Zugang zur Welt, leitet unser Interesse, bedingt unser Fühlen und das, was wir vorziehen und nachsetzen. Das Fühlen macht uns die Werte zugänglich, und erst dann sind die Emotionen als Phänomen möglich: eine These, die im Gegensatz steht zu einer langen Tradition, die die Affekte als irrationale, blinde Zustände auffasst.

Außerdem hat dies eine *motivationale* Implikation. Ohne die Werterfassung – die aufgrund affektiver Phänomene funktioniert – wüssten wir nicht, was wertvoll ist, und könnten auch nicht dementsprechend handeln. So sind die affektiven Phänomene Maßstäbe und Gründe unseres Handelns und praktischen Lebens. Die gefühlten Werte und unsere emotionalen Reaktionen fungieren als Willensgründe, wie bereits erläutert wurde. Die affektiven Akte sind unerlässlich, wenn es darum geht zu wissen, wie wir handeln müssen. Die affektiven Phänomene bilden eine Grundlage der Ethik. Diese Auffassung der emotionalen Phänomene als Gründe des Handelns, wie die Phänomenologie sie vertritt, steht im Gegensatz zur Ethik Kants. Nach Kant wird unser Handeln durch Normen und nicht durch Werte regiert, und die affektiven Phänomene dürfen keine Rolle spielen. Kants Ethik ist eine Ethik der Normen, während die Ethik Brenta-

[98] J. Elster, *The Alchemies of the Mind*, a.a.O., S. 169.

nos eine Ethik der Werte ist.[99] Die frühen Phänomenologen haben sich für die Ethik der Werte entschieden und daher ihre Forschungen auf das Feld der Emotionen gerichtet. Die Gründe zum Handeln, die die affektiven Akte liefern, sind nicht der gleichen Art wie die Gründe zum Handeln, die die Pflichten und Normen uns geben.

Ferner sind die Emotionen ein wichtiger Aspekt der Ethik, weil sie *Werturteile rechtfertigen*. Zwar gründen Emotionen auf Kognitionen, doch sie können auch ihrerseits Kognitionen fundieren. Meinungen, Einstellungen, Urteile können als Basis eine Emotion haben, die sie rechtfertigt. Nehmen wir etwa an, ich beobachte das Verhalten von jemandem und weiß nicht ganz genau, was da passiert, fühle mich aber beleidigt. So kann ich wegen dieses Gefühls der Meinung sein, dass jemandes Verhalten beleidigend sei, und dann Werturteile über die Person formulieren. Solche Meinung wird durch mein Beleidigtsein gerechtfertigt, weil in der Form meines Beleidigtseins das Verhalten als schlecht betrachtet wird. So wird die Meinung durch die Emotion gerechtfertigt.

Schließlich gibt es eine Verbindung zwischen Emotionen und Werten, die auf die *Konstitution der Person* hindeutet. Emotionen spielen, wie gezeigt, eine große Rolle in der Charakterkonstitution. So sind die Emotionen nicht mehr etwas bloß Psychisches, sondern sie konstituieren uns in unserer Faktizität, indem sie Modi unseres In-der-Welt-Seins sind. Aber sie zeigen auch, wer wir sind, was uns interessiert, was wir vorziehen und was nicht, und was wir fühlen. Sie sind ein starker Referenzpunkt der Person und ihrer Entwicklung.

Da die Emotionen einen Teil der Basis unseres praktischen Lebens ausmachen, wird es wichtig sein, bestimmte Emotionen zu fördern und bestimmte Emotionen zu verhindern, wenn wir ein gutes Leben führen wollen. Dieser Anspruch ist im Programm der frühphänomenologischen Erforschung der Gefühle enthalten, bei Pfänder in der *Psychologie der Gesinnungen*[100] und bei Scheler insbesondere in seinem Formalismusbuch. Das ist einer der Gründe dafür, dass sich die ethischen Studien aller Phänomenologen auf konkrete Emotionen konzentrieren, und ganz besonders auf Emotionen, die als negativ klassifiziert werden können: Angst, Ekel, Ressentiment, Hochmut usw. Aber auch auf die Liebe als Zentrum der Person.

[99] In diesem Sinne M. Scheler, *Das Ressentiment im Aufbau der Moralen*, a.a.O., S. 88ff.; *Formalismus*, a.a.O., II. Teil., Abt. V., Kap. 3–7.

[100] Explizit kann man das finden bei A. Pfänder, *Zur Psychologie der Gesinnungen*, I. Teil, a.a.O., S. 2.

7. Emotionale Phänomene

Die Frühphänomenologen haben uns eine Vielzahl von Untersuchungen über das Affektive hinterlassen. Außer den großen Werken Pfänders und Schelers richten sich die meisten Analysen der Emotionen auf einzelne, konkrete emotionale Phänomene. Im letzten Kapitel geht es mir darum, die verschiedenen Analysen der Frühphänomenologie mit ihren Hauptthesen und ihrer Rezeptionsgeschichte zu behandeln. Ressentiment, Ekel, Reue, Scham, Hochmut, Demut, Liebe und Hass stehen im Mittelpunkt unserer Aufmerksamkeit.

7.1. Ressentiment

In der frühphänomenologischen Analyse konkreter emotionaler Phänomene nimmt das Ressentiment einen besonderen Platz ein. Schon 1910 beschäftigte sich Else Voigtländer mit diesem Phänomen und ein paar Jahre später widmete Scheler eine seiner ersten Untersuchungen über das Gefühlsleben dem Ressentiment. Das Interesse beider Frühphänomenologen am Ressentiment ist nicht zufällig. Die Analyse des Ressentiments bietet ihnen eine Vielzahl von Ansatzpunkten, verschiedene Aspekte des Emotionalen einer Analyse zu unterziehen und daran die Gültigkeit ihrer Theorien zu zeigen. Im Ressentiment sind viele Aspekte deutlich zu sehen: die Verbindung zwischen Emotion und Wert, die Trennung zwischen Fühlen und Gefühl, die Möglichkeit der Täuschung, die Ursprünglichkeit des Fühlens gegenüber dem Denken und Wollen und schließlich die Bildung des empirischen Charakters, ausgehend von emotionalen Erfahrungen.

Voigtländer versucht im Anschluss an Nietzsche, dieses Phänomen in Verbindung mit der Thematik der Selbstgefühle zu bringen. Das Ressentiment sei ein Mechanismus, mittels dessen man das Selbstgefühl durch Leugnen des Wertes des Begehrten und Unerreichbaren zu erhöhen versuche. Auf Nietzsche verweisend, schreibt sie, das Ressentiment beinhalte „den eigentümlichen Vorgang der Erhöhung des eigenen Wertgefühls durch herabsetzen, leugnen, negieren dessen, was man im tiefsten Grunde als wertvoller empfindet, wenigstens vor dem man einen eigenen Mangel spürt, und demgegenüber man nun den eigenen Mangel als das Wertvollere hinstellt. Der Mensch des Ressentiments vergreift sich an den fremden Vorzügen und Werten, durch die er für sich eine Einbuße fürchtet und erhöht sich dadurch in seinen Augen.“[1]

[1] E. Voigtländer, *Vom Selbstgefühl,* a.a.O., S. 49.

Wie das genau geschieht, wird folgendermaßen erläutert: „Das eigene Wertbewußtsein wird verletzt und getroffen durch die Wahrnehmung fremder Vorzüge, weil es sich mit ihnen verbunden fühlt durch das Bewußtsein eines entsprechenden Mangels; aber dieses Bewußtsein wird übertönt und verdrängt, indem man sich einen Unwert des fremden Gutes vorredet. Die Erhebung des eigenen Selbstgefühls kommt dann durch hineinleben in der Vorstellung eines vorgelogenen eigenen Höherwertes zustande. Es ist also ein Doppeltes zu beachten: Die Umkehrung der Werte und die Verdrängung des ursprünglich und schlicht Erlebten ins Unterbewußte.“[2] Beim Ressentiment wird also etwas als wertvoll empfunden, und da es uns unerreichbar ist, sind wir uns eines eigenen Mangels bewusst. Dieses Bewusstsein wird uns unerträglich und wir versuchen, dem betroffenen Gegenstand oder der betroffenen Person den Wert zu entziehen, damit wir uns besser fühlen. Zwei Prozesse sind hier zu finden: die Leugnung der Werte und die Verdrängung des Mangels. In diesem Rahmen entsteht dann das Ressentiment als Verwandlung eines Mangels in eine Tugend, eines negativen Selbstgefühls in ein erhöhtes Selbstgefühl. Liebe und Wohlwollen sind nach Voigtländer die einzige Möglichkeit, das Ressentiment zu überwinden.

Auch Max Scheler widmet sich dem Ressentiment, das er wie folgt definiert: „… eine dauernde psychische Einstellung, die durch systematisch geübte Zurückdrängung von Entladungen gewisser Gemütsbewegungen und Affekte entsteht, welche an sich normal sind und zum Grundbestande der menschlichen Natur gehören, und die gewisse dauernde Einstellungen auf bestimmte Arten von Werttäuschungen und diesen entsprechenden Werturteilen zur Folge hat. Die hier an erster Stelle in Betracht kommenden Gemütsbewegungen und Affekte sind: Rachegefühl und -impuls, Haß, Bosheit, Neid, Scheelsucht, Hämischkeit.“[3] Demnach ist das Ressentiment ein Phänomen der Persönlichkeit.

Bei der Bildung des Ressentiments spielen negative Emotionen eine große Rolle, da gerade durch ihre Hemmung eine „Wirksamkeit nach innen“[4] ausgeübt wird, die den Bereich des Seelischen vergiftet. Am Anfang des Prozesses steht laut Scheler das Ohnmachtsgefühl oder „Bewußtsein des ‚Nichtkönnens‘“[5], auf das eine Reihe von negativen Emotionen folgt, die gehemmt werden. Dadurch wird das Bewusstsein der Ohnmacht noch gesteigert. Die gefühlte Ohnmacht und die folgenden negativen Emotionen sind dafür verantwortlich, dass man das Objekt nicht mehr als wertvoll wahrnimmt. Eine der erwähnten Emotionen ist der Impuls der Rache, der als Reaktion auf einen Angriff oder eine Verletzung entsteht – in diesem Fall als Reaktion auf die Tatsache, dass man das wertvolle Objekt nicht erreichen kann. Der Racheimpuls wird aber wegen des Bewusstseins der Ohnmacht momentan gehemmt und verschoben. Dann treten auch andere negative Affekte wie Neid auf, die zum Ressentiment führen. Gehemmt und von der inneren Wahrnehmung verdrängt – denn diese Leistung findet gleichsam hinter unserem Rücken statt – bündeln sich solche Affekte und bilden einen „Giftherd“, der bei jeder momentanen Durchlässigkeit des Oberbewusstseins wie von selbst zu fließen beginnt. Das führt dazu,

2 Ebd.

3 M. Scheler, *Das Ressentiment im Aufbau der Moralen*, a.a.O., S. 4.

4 Ebd. S. 28.

5 Ebd. S. 25.

dass man das Objekt der Emotionen und die Motive derselben nicht mehr erkennt, was zu einer Erweiterung des Objektbereiches führt. Der Racheimpuls richtet sich dann auf alle Eigenschaften, Handlungen und Lebenserscheinungen, die das Objekt der Emotion auch besitzt. Danach richtet er sich auf alles, was mit dem Objekt zu tun hat, und trennt sich schließlich völlig vom Objekt. Damit wird er laut Scheler „zu einer negativen Einstellung auf bestimmte *Erscheinungswerte* – gleichgültig, *wer* sie hat, wo und wann sie auftreten; ob ihr Träger sich faktisch gut oder schlecht gegen mich verhielt“[6].

So entsteht bei vollständiger Verdrängung „ein ganz allgemeiner Wertnegativismus, eine ganz unbegründet erscheinende und scheinbar regellos hervorbrechende, plötzliche haßerfüllte Ablehnung selbst gegen Dinge, Situationen, Natur-Objekte, deren losen Zusammenhang mit dem ursprünglichen Objekt des Hasses nur eine schwierige Analyse finden kann“[7]. Damit hat sich, ausgehend von verschiedenen Emotionen, ein Charakterzug gebildet. Während sich die Rache und der Neid noch auf ein bestimmtes Objekt richten, richtet sich das Ressentiment auf kein bestimmtes Objekt: Hier werden eher die negativen Eigenschaften in Objekten aufgesucht. Ressentiment ist also keine Antwortreaktion auf einen gefühlten Wert, sondern eine Charaktereigenschaft, die unser Verhältnis zu allen Objekten prägt und unsere Art und Weise der Begegnung mit der Welt bestimmt. Als solche bedingt das Ressentiment unsere Form des Fühlens und den Zugang zu den Werten. Laut Scheler kann dieser Prozess sowohl auf der Ebene des Individuellen geschehen als auch auf der Ebene von historischen Bildungen und Zeitaltern. Im Folgenden werde ich mich der individuellen Ebene zuwenden und Schelers interessante soziologische Untersuchungen außer Acht lassen.

Das Ressentiment als Haltung prägt unsere Form des Fühlens und bestimmt daher unseren Zugang zu den Werten, indem es als Basis von Denkakten und Willensakten fungiert. Eine besondere Leistung des Ressentiments ist die Werttäuschung. Sie beinhaltet nach Scheler Folgendes: „Das vom ‚Gemeinen‘ gesuchte Bewußtsein der Mehrwertigkeit oder Gleichwertigkeit, das die Spannung löst, wird hier erreicht durch illusionäre *Herunterdrückung* der wertvollen Eigenschaften des Vergleichsobjekts oder durch eine spezifische ‚Blindheit‘ für sie; in zweiter Linie aber – und hierin erst liegt die Hauptleistung des Ressentiments – durch Illusion und Fälschung der *Werte selbst*, unter deren Sein und Geltung mögliche Vergleichsobjekte überhaupt positiv wertvollen und hochwertigen Charakter besitzen.“[8] Zunächst fühlen wir also die positiven Werte von irgendetwas, dann aber versuchen wir unterbewusst (wegen der Unmöglichkeit sie zu erreichen), sie nicht mehr als wertvoll zu sehen und somit unser eigenes Leid zu reduzieren. So entsteht eine illusionäre Unterdrückung der gefühlten Werte, eine sozusagen gewollte Blindheit für die positiven Werte. Die illusionären Werte verdecken somit die echten Werte, die am Anfang gefühlt wurden und nun immer noch versteckt hinter den illusionären Werten als positiv gefühlt werden, durch die sie nur schwach, gleichsam aufgrund deren Transparenz, hindurchscheinen. Die Herabsetzung der wahren Werte durch die Bildung illusionärer Werte ist dann dem Subjekt nicht mehr bewusst, so dass es tatsächlich die wahren, positiven Werte nicht mehr als solche

6 Ebd. S. 27.

7 Ebd. S. 28.

8 Ebd. S. 15f.

wahrnimmt. Dann bestimmen die Wertillusionen unsere Denk- und Willensakte, insbesondere führen sie – so Schelers These – zu falschen Werturteilen.

Die Analyse der Parabel vom Fuchs und den Trauben, die Scheler selbst als paradigmatisch heranzieht, kann den Prozess veranschaulichen. Der Fuchs will die Trauben essen, und erst als sich herausstellt, dass er sie nicht erreichen kann, sagt er, die Trauben seien sauer. Hier ist es tatsächlich so, dass der Fuchs die Trauben nicht mehr als wertvoll perzipiert, sondern als schlecht. Es entsteht insofern eine Wertillusion, von der ausgehend Denk- und Willensakte entstehen, denn der Fuchs betrachtet die Trauben nun nicht mehr als süß, urteilt, sie seien noch nicht reif, und will sie auch nicht mehr haben. Es ist also nicht einfach ein Urteil, das sich verändert, sondern das Fühlen der Werte selbst, und dementsprechend verändern sich die Denk- und Willensakte, die in diesem Fühlen gründen. Es ist nicht so, dass der positive Wert richtig gefühlt und dann bewusst geleugnet wird: Die Fälschung ist nicht im Bewusstsein, sondern im Fühlen selbst. Somit ist das Ressentiment ein Umsturz der Werte. Eine emotionale Haltung hat unser Denken und Wollen geändert; die Grundlagen des rationalen Denkens und Handels sind von einer emotionalen Haltung subvertiert worden. Wenn dies möglich ist, dann eben deshalb, weil das Fühlen ursprünglicher ist als die Denk- und Willensakte. Das durch Ressentiment motivierte Urteil, dass die Trauben unreif sind, ist ein Urteil, das innerhalb einer psychischen Ganzheit von Wünschen, Einstellungen usw. kohärent ist, aber es ist ein falsches Urteil: In Wirklichkeit sind die Trauben nicht unreif.

Die Hauptfunktion des Ressentiments besteht darin, als Anpassungsmechanismus zu dienen. Das hat das Ressentiment mit anderen Phänomenen wie Resignation, Urteilsänderungen oder Wahrnehmungsänderungen gemeinsam, die sich mit Schlagwörtern wie „sour grapes“ und „Verbotene Früchte sind süß“ bezeichnen lassen. Alle diese Mechanismen wären auch in der Parabel vom Fuchs und den Trauben möglich gewesen, um mit ihrer Hilfe die Dissonanz zwischen einer aktuellen und einer erwünschten Lage zu reduzieren. Was das Spezifische des Ressentiments gegenüber den anderen Phänomenen anbelangt, so unterscheidet sich das Ressentiment von der *Resignation.* Während bei der Resignation der Fuchs die Trauben als süß wahrnähme und zugleich akzeptieren würde, dass er sie nicht erreichen kann, liegt im Fall des Ressentiments eine Änderung der Präferenzen und Urteile vor. Im Fall der schlichten *Urteilsänderung* wäre dem Fuchs zwar bewusst, dass die Trauben süß sind. Aber er würde das Urteil hierüber ändern und behaupten, süße Dinge seien nichts Erstrebenswertes, und somit versuchen, die Dissonanz zu reduzieren. Eine *Wahrnehmungsänderung* würde implizieren, dass der Fuchs die Trauben nicht mehr als süß wahrnimmt, weil die Wahrnehmung der Farben der Trauben sich geändert hat, und darauf ein Urteil gründet, dass die Trauben nicht mehr süß sind. Solche Änderungen in der Wahrnehmung der Farbe unterscheiden sich von den Änderungen im Werturteil beim Ressentiment.

Ferner ist das Ressentiment vom Phänomen der *„sour grapes“* zu unterscheiden. Wie schon Jon Elster bemerkt hat, ist das Phänomen der „sour grapes“ eine *„adaptative preference formation* or adaptative preference change“.[9] Es ist ein Mechanismus, jener Dissonanz zu begegnen, indem man versucht, sich an die Gegebenheiten und gegebenen Möglichkeiten anzupassen: „Sour grapes is the adaptation of preferences to what is seen

[9] J. Elster, *Sour Grapes,* Cambridge 2001, S. 110.

as possible."[10] Das Ressentiment besteht hingegen darin, etwas, das man nicht erreichen kann, den Wert abzusprechen. Damit gibt es keine Anpassung der Präferenzen, sondern eine Änderung der Werturteile über das Gewollte. Ressentiment ist auch vom Mechanismus zu unterscheiden, der hinter dem Satz *„Die verbotene Frucht ist süß"* steckt. Wie Elster gezeigt hat, handelt es sich hier um eine „counteradaptative preference".[11] Was nicht erreicht werden kann, wird dadurch noch wertvoller. Dieser Mechanismus steigert insofern die Dissonanz. Es handelt sich um das genaue Gegenteil des Ressentiments.

Ressentiment ist eine Subversion der Rationalität, die die Dissonanz zwischen einer gewünschten Lage und der realen Lage zu reduzieren versucht. Solche Subversion geschieht auf zwei Ebenen. Einerseits wird das, was für uns wertvoll war, nicht mehr als wertvoll anerkannt. Andererseits werden unsere Wollungen deformiert: Wir wollen nicht mehr das erreichen, was wir ursprünglich wollten. Das Ressentiment ist ein Anpassungsmechanismus, der „automatisch" geschieht, also nicht bewusst in Gang gesetzt wird.

2.2. Ekel

Jahrhundertelang war der Ekel ins Feld des bloß Physiologischen, Reaktiven und Instinktiven oder ins Feld der Ästhetik verbannt. Erst mit der Analyse Aurel Kolnais in einem frühen Aufsatz im *Jahrbuch für Philosophie und phänomenologische Forschung* unter dem Titel „Der Ekel" und einem späteren Aufsatz, der unter dem Titel „The Standard Modes of Aversion: Fear, Disgust and Hatred" nach seinem Tod veröffentlicht wurde, wird Ekel als ethisch relevante Emotion für die Philosophie thematisch bedeutungsvoll.

Der Ekel ist – so Kolnai – eine „Abwehrreaktion"[12] und steht als solche in einer Linie mit Missfallen, Hass usw. Diese Charakterisierung erlaubt es Kolnai, einen Parallelismus zwischen Ekel und Angst als Aversionsgefühlen zu postulieren, der als Ausgangspunkt seiner Analyse dient. Da ich in vorliegender Arbeit Leiblichkeit und Intentionalität als definitorisch für die Emotionen verstehe, werde ich auf diesen beiden Merkmalen die Darstellung aufbauen. In Bezug auf ihre Leiblichkeit ist anzumerken, dass beide Emotionen mit heftigen Körperreaktionen auftreten, allerdings in unterschiedlicher Weise gefühlt werden. Die Angst tritt mit der Handlungsneigung der Flucht vor dem Bedrohlichen auf. Fliehen heißt dabei nicht unbedingt, sich räumlich zu entfernen, sondern bezeichnet eher ein Ausweichen vor dem Objekt.[13] Die Absicht ist dabei, die eigene Existenz in Sicherheit zu bringen, somit orientiert sich die Angst auf die eigene leibliche Verfassung. Bei der Angst wird der ganze Leib in seiner „Unversehrtheit" intendiert.[14] Beim Ekel dagegen

10 Ebd.

11 Ebd., S. 111.

12 A. Kolnai, *Der Ekel*, a.a.O., S. 120.

13 A. Kolnai, „The Standard Modes of Aversion", a.a.O., S. 585.

14 A. Kolnai, „Der Ekel", a.a.O., S. 121.

stellen sich gleichzeitig Bewegungsimpulse einer eigentümlichen Nähe zum Ekelhaften und eines Sich-entfernen-Wollens ein.

Auch in Bezug auf die Intentionalität unterliegen beide Emotionen einem Parallelismus. Nach Kolnai sind Emotionen ein Fühlen von Werten (im Gegensatz zur von Scheler und auch von mir entwickelten Ansicht), so dass sowohl dem Ekel als auch der Angst eine kognitive Funktion zukommt: die Erfassung des Ekelhaften und des Angsterregenden. Derart sind beide Emotionen „echte ‚Reaktionen', gewissermaßen ‚angemessene', ‚angeschmiegte' Antworten auf störende Einwirkungen; sie sind es zumindest ihrer Intention gemäß"[15]. Gleichzeitig gibt es zwischen beiden Emotionen große Unterschiede, die eine eingehendere Analyse verlangen.

Angst ist weder eine Stimmung noch eine Befindlichkeit im Sinne Heideggers, sondern eine emotionale Antwortreaktion, die sich immer auf ein Objekt richtet; Angst ist immer Angst vor etwas, obwohl es die Möglichkeit der Angst ohne bewusstes Motiv gibt. Die Intentionalität der Angst ist doppelseitig: Sie „intendiert zugleich zwei völlig auseinandergehaltene Gegenstände: ihren Erreger und ihre Subjektperson. Ich habe Angst beim Anblick des Gefahrdrohenden, beim Gedanken daran; aber auch deutlich nur im Hinblick auf mich selbst, meine Person."[16] Es gibt also zwei intentionale Gegenstände der Angst, das angsterregende Objekt und meine eigene Person. Betrachten wir zunächst das erste Objekt der Angst, das Angsterregende, so handelt es sich um eine besondere Qualität des Bedrohlichen, Gefährlichen usw., die uns an den Sachen gegeben ist. Sie ist in zweierlei Hinsicht relativ. Einerseits kann etwas für den einen angsterregend sein und für den anderen nicht. Eine Katze kann für eine Maus angsterregend sein, während sie für einen Menschen niedlich ist.[17]

Andererseits ist diese Qualität auch relativ insofern, als das Angsterregende unter rationale Kontrolle gebracht werden kann. So haben wir im Zoo in der Regel keine Angst vor wilden Tieren, weil wir denken, wir seien in Sicherheit. So Kolnai: „The almost invariable and complete absence of fear in the visitors reveals the distinctive subjection of that mode of aversion to rational control – as contrasted with disgust, loathing and ‚essential' dislike (and *pro tanto* hatred), and as contrasted with emotive attitudes dependent on ‚taste'. Fear is highly susceptible of being unfastened from its object by convincing argument and cognitive discovery."[18] Die Relativität hat m.E. damit zu tun, dass sowohl Wahrnehmungen als auch Urteile und Vorstellungen kognitive Basis der Angst sein können. Wenn die Angst in einem Urteil gründet, ist anzunehmen, dass die Möglichkeiten, durch Urteilsänderungen die Angst zu kontrollieren, größer sind, als wenn sie in einer Wahrnehmung gründet. Eine weitere Charakteristik der Intentionalität der Angst ist nach Kolnai die, dass die Angst nicht an ihrem Objekt interessiert ist. Das wird am Impuls der Flucht und des Selbstschutzes deutlich. Das Einzige, was uns am Objekt der Furcht interessiert, ist, dass es bedrohlich für uns ist, nicht aber sein Wert oder Unwert, seine Eigenschaften

---

15 Ebd.

16 A. Kolnai, „Der Ekel", a.a.O., S. 125. Aber auch ders., „The Standard Modes of Aversion", a.a.O., S. 585.

17 A. Kolnai, „The Standard Modes of Aversion", a.a.O., S. 586.

18 Ebd.

usw. Dies ist der Angst eigentümlich, denn bei den anderen Aversionsgefühlen des Ekels oder des Hasses gibt es ein Interesse am jeweiligen Gegenstand.

Der Ekel ist wie die Angst eine emotionale Antwortreaktion auf einen Wert und keine Lebenshaltung, wie Sartre behauptet. Kolnai folgend, lässt sich sagen, die Intentionalität des Ekels unterscheide sich aber von der der Angst, insofern der Ekel nicht zwei Pole der Intentionalität besitzt. Der Ekel richtet sich nur „nach außen" und intendiert ein Objekt in seiner sensorischen Fülle. Im Ekel werden demnach nicht Existenz und Sicherheit der eigenen Person intendiert, sondern nur die Oberfläche und die Berührungsebenen mit dem ekelhaften Objekt. Der Gegenstandsbereich des Ekelhaften ist – mit der Ausnahme des „Schmutzes" – das Organische. Kolnai bemerkt zutreffend, dass der Ekel nicht auf Urteilen basiert, sondern als kognitive Basis immer eine Wahrnehmung hat (daher seine Unmittelbarkeit). Außerdem ist die Intention des Ekels einheitlicher als die der Angst, weil durch die Erfahrung der Nähe ein Zusammenhang zwischen Subjekt und Objekt etabliert wird: „Denn die Nähe ist eben nicht lediglich Anlaß, sondern zugleich ein Mit-Objekt des Ekelgefühls. Sie bildet als Sachverhaltsbeziehung die Brücke zwischen Erreger und Subjektperson des Ekels."[19]

Achten wir auf die verschiedenen Sinne, dann ist ein über das Gehör vermittelter Ekel eher unwahrscheinlich, und zwar wegen der „Unkörperlichkeit" des Gehörsinnes und seiner mangelnden intentionalen Ausrichtung auf das Wesen des Gegenstandes. Hauptträger des Ekels sind somit der Geruchs-, der Gesichts- und der Tastsinn. Insbesondere der Geruchssinn ist nach Kolnai der echte Träger des Ekels, weil durch den Geruch „auch Partikelchen des Gegenstandes in das Subjekt hineingetragen" werden[20] und somit eine intime Erfassung des fremden Daseins ermöglicht wird. An zweiter Stelle steht der Tastsinn, weil er das Weiche präsentiert, das zum Ekel prädisponiert. Das Weiche ist mit dem Fauligen verbunden, insbesondere mit Nahrungsmitteln, die nicht mehr essbar sind. Schließlich gibt es den Sehekel, der uns die Objekte nicht so nah präsentiert wie die beiden anderen Sinne. Die besondere Erfahrung der Nähe des Objekts steht demnach im Zentrum des Ekels. Die Beziehung des Ekels zu seinem Objekt wird von Kolnai als Paradoxie beschrieben: Der Ekel stößt vom Objekt weg und ist gleichzeitig an ihm interessiert, ein Sachverhalt, der seinen Ursprung in der kognitiven Rolle dieser Emotion hat: Es „kommt dem Ekel eine kognitive Rolle zu, die der Angst fehlt: Angst kann zum Erkennen des Gefährlichen anleiten, Ekel aber vermag unmittelbar eine Teilerkenntnis seines Gegenstandes – und, mag sein, eine recht anschauliche – zu vermitteln."[21] Die Konsequenz aus der Paradoxie ist, dass das Subjekt in einer ambivalenten Beziehung zum Objekt steht. Das Ekelhafte ist eine Provokation, weil wir uns gegen die Nähe wehren und das Ekelhafte gleichzeitig – wie der Hass – unser Interesse weckt. Das Ekelhafte wird zurückgestoßen, verborgen, entfernt und in die Distanz gebracht und doch gleichzeitig bejaht: „Ekel setzt sozusagen ex definitione eine – unterdrückte – Lust an seinem Erreger voraus."[22] Der Ekel verbirgt insofern laut Kolnai den Wunsch nach einer intimen „Unio"

---

19 A. Kolnai, „Der Ekel", a.a.O., S. 128.

20 Ebd. S. 137.

21 Ebd. S. 128.

22 Ebd. S. 131.

mit seinem Objekt, sei dies via Einverleibung oder Sexualität. Der Ekel inszeniert diese für das Begehren typische Ambivalenz von Anziehung und Distanzierung.

Die Beschreibung des Zusammenseins von zwei Gegenpolen – Abwendung und Angezogensein, Ekel und Begehren in Bezug auf ein Objekt – wird von Kolnai in einem psychoanalytischen Sinne interpretiert, denn hier treten Ekel und Begehren als Gegenpole auf. Allerdings zeigen sich einige Unterschiede zu Freuds Auffassung. Der erste Unterschied ist der, dass Freud das Ekelhafte nicht als eine Eigenschaft konzipiert, die durch ein Gefühl aufgefasst wird, sondern als eine Norm, die die Gesellschaft und die Zivilisation auferlegen. Der Ekel ist – neben der Artschranke, der Inzestschranke, der Gleichgeschlechtlichkeit und der Übertragung der Genitalrolle auf andere Körperteile – eine der fünf Zivilisationsschranken. Die Überschreitung der Ekelschranke kann zu „Anormalität" und Perversion führen, wenngleich sie in gewissem Maße notwendig ist, damit sich die Sexualität entwickelt und man nicht in eine Neurose fällt.[23] So bleibt eine Spannung zwischen Ekel und Begehren, Ekel und erotischer Liebe, die überwunden werden soll.[24] Der Ekel ist eine Zivilisationsschranke, eine auferlegte Norm mit einer prohibitiven Funktion. Eine solche Interpretation des Ekels als Norm ist bei Kolnai nicht zu finden. Für Kolnai hat der Ekel keine negative Funktion und wird mit der Werterkenntnis des Ekelhaften in Verbindung gebracht, so dass hier keine Normüberschreitung stattfindet.

Der zweite Unterschied: Während das Ekelhafte sich für Kolnai durch Nähe, Präsenz und Realität charakterisiert, schlägt er sich für Freud immer im Feld der Erinnerung nieder[25], denn es handelt sich immer um eine verdrängte, aber erinnerte Lust an einem Objekt, das nun nicht mehr gegeben ist. Damit wird der Ekel von seinem Objekt getrennt, so dass er ohne Präsenz und Nähe des Objektes auftritt und vielleicht sogar an anderen Objekten haftet. Der Ekel ist bei Freud Erinnerung an eine phylo- und ontogenetische Phase der Ekellosigkeit, in der die Kultur noch nicht ihre Schranken etabliert hatte. Kolnai hingegen stellt die Präsenz des Objekts ins Zentrum, jene phylogenetischen und ontogenetischen Erklärungen finden sich bei ihm nicht.

Die Nähe zum Objekt prägt auch Kolnais Typologie des Ekels. Sie wird offenbar anhand der Kriterien des *Objekts* und der *Funktion* des Ekels gestaltet. In Bezug auf das *Objekt* unterscheidet Kolnai zwischen physischem und moralischem Ekel. Das *physisch* Ekelhafte sind: die Fäulnis, die Exkremente, die Ausscheidungen (Sekrete), das Klebrige und Schmutzige, Tiere und insbesondere Insekten, bestimmte Speisen, die Nähe des

23 Freud erklärt den Ekel phylo- und ontogenetisch durch den aufrechten Gang. Bevor der Mensch aufrecht gehen konnte, konnte er demnach lustvoll Gesicht, Nase und Mund mit den Sexualorganen und dem Anus in Verbindung bringen. Jedoch werden mit dem aufrechten Gang diese Organe vom Gesicht getrennt, so dass die Geruchszyklen verloren gehen. Trotz der Trennung bleibt irgendwie potenziell die Lust an jener Verbindung gegeben – vielleicht sogar in Form einer Verdrängung –, wie das ekelfreie Verhalten etwa von Kindern zeigt. S. Freud, *Drei Abhandlungen zur Sexualtheorie,* Frankfurt/M. 2004, S. 54.

24 Der Ekel muss nach Freud in gewissem Maße überwunden werden, damit sich die Sexualität entwickelt. Wenn das nicht gelingt, fällt der Mensch in eine Neurose: „Die Neurose ist sozusagen das Negativ der Perversion." Ebd., S. 68.

25 W. Menninghaus, *Ekel,* Frankfurt/M. 2002, S. 311.

menschlichen Leibes, das „wuchernde Leben, die üppige Fruchtbarkeit“[26], die Krankheit und körperliche Verwachsenheit. Das *moralisch* Ekelhafte verweist auf die Sättigung (überstandenen Rausch etwa), übermäßige oder am falschen Ort entfaltete Vitalität (etwa bei ungeordneter Sexualität), Lüge und Verlogenheit, Falschheit, Untreue, Verrat und moralische „Weichheit“. Kolnais These lautet, dass beide Typen, physischer und moralischer Ekel, dieselbe Wesensstruktur teilen.

Andererseits unterscheidet er zwischen Typen des Ekels nach ihrer *Funktion*. Er unterscheidet zwischen Prohibitionsekel und Überdrussekel. Der *Prohibitionsekel* entsteht aus dem Verbot, faule, klebrige und schmutzige Sachen zu essen und mit ihnen in Verbindung zu treten, weil sie gefährlich sein könnten. Er weist auf das Kontaminierende und Verschmutzende hin und auf die gleichzeitige Anziehung, die von den genannten Dingen ausgeht. Bei der Beschreibung dieses Typs von Ekel zeigt sich wieder der Einfluss der Psychoanalyse auf Kolnai. Diese Art von Ekel ist mit dem Tanatosprinzip verbunden, weil die Nichtbeachtung des Ekels zum Tod des Individuums und der Spezies führen könnte. Er hat also eine negative und prohibitive Funktion. Der *Überdrussekel* entsteht aus dem Eindruck, dass es unfunktionales und un- oder niederorganisiertes Leben gibt; eine Wucherung des Lebens ohne Sinn, eine übertriebene Vitalität und „Fécondité“, die, da sie keiner Intention folgt, zugleich dem Zerfall anheimsteht. Damit distanziert sich Kolnai von psychoanalytischen Positionen, indem er einen Ekel über das erotische Lebensprinzip als möglich erachtet und indem Ekel hier keine prohibitive Reaktion ist, sondern aus dem exzessiven Genuss an Süßigkeiten, Sex usw. heraus entsteht. Insofern ist Kolnais Unterscheidung innovativ.

Die Typologie Kolnais gründet jedoch auf problematischen Annahmen. Problematisch ist die These, dass physischer und moralischer Ekel dieselbe Grundstruktur teilen, wie die genaue Untersuchung der Lüge als Beispiel des moralisch Ekelhaften zeigt. Die Lüge ist laut Kolnai moralisch ekelhaft, weil hinter ihr die Absicht steht, zu täuschen, und weil sie eine absurde Vitalität darstellt. Allerdings scheint mir kein Parallelismus möglich zwischen der „absurden Vitalität“ der Lüge und der unorganisierten absurden Vitalität des physisch Ekelhaften, denn die Lüge ist zwar moralisch verwerflich, doch sie hat eine sehr organisierte Struktur. Um das zu zeigen, werde ich mich auf die Analyse der Lüge durch Alexius von Meinong stützen, der schreibt: „Wer täuschen will, hat jedenfalls eine andere Meinung als die er zu haben vorgibt, fällt mithin das Urteil nicht selbst, das er im anderen hervorrufen will. [...] Der Lügner glaubt nicht selbst, was zu glauben er sich den Anschein gibt, und so erhebt sich hier besonders nachdrücklich die Frage, wie er denn eigentlich das erfaßt, was er die anderen glauben machen will.“[27] Der Lügner glaubt also nicht, was er sagt, doch er denkt, was er sagt. Er will im Anderen ein Urteil entstehen lassen, das er nicht teilt. Dafür muss er sich in die Lage versetzen, in der er wäre, wenn er es glauben würde (das mag ein Grund dafür sein, dass man die eigenen Lügen am Ende oft glaubt). Eben dies bringt die Nähe zur Struktur der Annahmen mit sich, aber mit dem Unterschied, dass im Kern der Lüge die Absicht zu täuschen steht. Damit weist die Lüge

---

26 A. Kolnai, „Der Ekel“, a.a.O., S. 148.

27 A. Meinong, *Gesammelte Werke*, Band 4, S. 117.

eine sehr organisierte Struktur auf, so dass der Parallelismus des moralischen und des physischen Ekels hinfällig wird.[28]

An Kolnais Thesen ist auch die Beschreibung des Ekelhaften als etwas Niederorganisierten in seiner Anwendung auf die Sexualität diskussionsbedürftig, denn damit werden einige Aspekte des Sexuallebens als ekelhaft beschrieben und wird somit eine Normativität für die Sexualität postuliert. Sexualität ohne Reproduktionszweck, die Homosexualität und das Weibliche – „fécond" par excellence – werden damit als Ekelhaftes bezeichnet und einer männlichen Sexualordnung untergeordnet. Hinter dieser Analyse steht – darauf hat Menninghaus hingewiesen – eine Ideologie: „Er sichtet nämlich den Kontinent des Ekelhaften vom Ufer einer kulturkonservativen Präferenz für das Männliche, Feste, Maßvolle, Gestalthafte, Zielgerichtete. [...] Kolnai steigert die Unterlegung seiner Analyse des Ekelhaften mit einer selber unbefragten Ideologie des ‚Gesunden' und ‚Richtigen' mehr als einmal bis in Setzungen, die selbst den Ablehnungsimpuls hervorrufen, von dem sie handeln."[29] So bleibt an einigen Stellen die Analyse des Ekels stark an die Vorurteile des Autors gebunden. Problematisch ist ferner, dass Kolnai das Leben im Prozess des Zerfalls als niederorganisiert und daher ekelhaft definiert. Allerdings ist das Verderben eines Apfels – als Beispiel für Leben im Zerfall – kein unorganisierter, sondern ein hochorganisierter Lebensprozess: die Organisation der Dekomposition.[30] So ist die Charakterisierung des Überdrussekels ideologisch geprägt und biologisch falsch. Die beiden letzten Kritikpunkte machen Kolnais Analyse des Überdrussekels fragwürdig.

Ein durchaus interessanter Aspekt seiner Analyse des Ekels ist die Verbindung dieser Emotion mit der Ethik. Durch seine kognitive Leistung der Werterkenntnis übernimmt bei Kolnai der Ekel eine ethische Rolle, die in der Analyse des Ekels als ästhetischer Emotion nicht sichtbar wird. Der Ekel fungiert als Indikator eines Werts: Er spürt und indiziert, wo das Ekelhafte ist. Allerdings kann der Ekel für Kolnai niemals eine Ethik fundieren. Eine Ethik, die auf dem Ekel fundiert ist, wäre nicht richtig, denn die Subjekte, die das Attribut des Ekelhaften hätten, würden diskriminiert und selektiert. Der Ekel dürfe keine Zerstörungsintention gegen das betreffende Objekt begründen, und der Gesichtspunkt des Ekels müsse durch andere Gesichtspunkte relativiert werden.

Interessant ist es, den Unterschied zwischen Kolnais Analyse des Ekels und der von William Ian Miller in „Anatomy of Disgust" anzumerken. Zunächst einmal bestehen gewisse Ähnlichkeiten. Miller charakterisiert das Ekelhafte über verschiedene Qualitäten, untersucht die fünf Sinne in ihrem Zusammenhang mit dem Ekel und kommt zu ähnlichen Ergebnissen wie Kolnai: „Touch is the world of the slimy, slithery, viscous, oozing, festering, scabby, sticky, and moist. Smell brings us to Freud, Swift, and Lear, who were obsessed with the barriers to sexual desire created by the unfortunate placement of our genitals and by the mere fact that humans are a source of odors. Vision forces us to face the ugly and the horrific. Only hearing is relatively exempt from disgust, and even

---

28 Mit anderen Argumenten hat auch Clotilde Calabi die These Kolnais kritisiert. C. Calabi, „Le Dégoûtant", in: *Critique. Penser les émotions*, LV (1999), S. 625f., S. 517.

29 W. Menninghaus, *Ekel*, a.a.O., S. 32.

30 Vgl. im selben Sinne C. Calabi, „Le Dégoûtant", a.a.O., S. 517.

it, via its remarkable sensitivity to annoyance and irritation, can lead us by slow degrees to disgust."[31] Weitere Ähnlichkeiten ergeben sich hinsichtlich der Verbindung zwischen Ekel und Liebe – insbesondere der Sexualliebe. Nach Millers Auffassung sind Ekel und Liebe echte polare Gegensätze. Während die hybride Figur der Hassliebe existiert, gibt es keine ähnliche Ekel-Liebe, so dass der Ekel schon ein Zeichen der Erlöschung der sexuellen Liebe ist. Wie Kolnai unterscheidet Miller zwischen je zwei Typen von Ekel nach ihrem Objekt – physischen und moralischen Ekel – und nach der Funktion – Prohibitionsekel (disgust of prohibition, „to hold back the sexual instinct"[32]) und Überdrussekel (disgust of surfeit, „simply a time-activated barrier that judges (usually too slowly) when enough has been enough"[33]). Trotz der Ähnlichkeiten unterscheiden sich beide Beiträge in wichtigen Punkten, die auf das ethische Terrain verweisen.

Miller scheint es im Unterschied zu Kolnai bewusst zu sein, was für Komplikationen die These mit sich bringt, physischer und moralischer Ekel hätten dieselbe Wesensstruktur. So sagt er: „It is bound up intimately with our responses to the ordinary vices of hypocrisy, betrayal, cruelty, and stupidity. But disgust ranges more widely than we may wish, for it judges ugliness and deformity to be moral offences. It knows no distinction between the moral and the aesthetic, collapsing failures in both into an undifferentiated revulsion."[34] Und im selben Sinne: „[D]isgust makes beauty and ugliness a matter of morals."[35] Trotz des Bewusstseins solcher Implikationen vertritt er die These, dass der Ekel eine Ethik fundieren könne, und unterscheidet sich dadurch von Kolnai. Dieser Punkt ist problematisch, weil er leicht dazu führen kann, das Hässliche als moralisch verwerflich zu betrachten. Clotilde Calabi hat als Problem dieser Theorie auch die Tatsache bezeichnet, dass bestimmte Arten von Grausamkeit eher Ekel als Empörung oder Ähnliches in uns auslösen können. Wenn wir auf solchem Ekel eine Moral fundieren würden, könnte es uns dazu verleiten, uns in einer Situation, in der wir Zeuge dieser Grausamkeit werden, einfach von ihr abzuwenden, statt sie zu bekämpfen. Außerdem bemerkt die Philosophin, dass der Ekel nicht genug zwischen dem kontaminierenden Akt, dem Subjekt und dem kontaminierten Objekt unterscheidet, so dass der Ekel die Opfer stigmatisieren kann: „On peut éprouver du dégout non seulement pour l'action mais aussi pour sa victime. Celle-ci a été violée; elle est donc dégradée moralement."[36]

Darüber hinaus unterscheiden sich beide Analysen in der Tatsache, dass Miller das Ekelhafte als gefährlich und als eine Bedrohung für die Integrität beschreibt, die auch von einem Gefühl der Erniedrigung begleitet wird. Das sei deswegen so, weil das Objekt uns aufgrund der Nähe, des Kontakts oder der Einverleibung kontaminieren kann.[37] Der Ekel

31 W. I. Miller, *The Anatomy of Disgust*, Cambridge (Mass.) 1997, S. 109. Miller analysiert die verschiedenen Körperöffnungen und ihre Verbindungen mit dem Ekelhaften. (Wie Kolnai stellt Miller die Existenz eines Gehörekels in Frage.)

32 Ebd.

33 Ebd., S. 110.

34 Ebd., S. 21.

35 Ebd., S. 200.

36 C. Calabi, „Le Dégoûtant", a.a.O., S. 520.

37 W. I. Miller, *The Anatomy of Disgust*, a.a.O., S. 9.

hat dann die Funktion, unsere Integrität vor der Verschmutzung zu schützen. Nach Kolnai ist dagegen das Ekelhafte weder bedrohlich noch gefährlich, der Aspekt des Selbstschutzes und der Bewahrung der eigenen Existenz spielt beim Ekel nur eine sekundäre Rolle, während er bei der Angst eine primäre Rolle spielt. Trotz seiner Analyse behauptet Miller, der Ekel habe eine soziale Funktion – und das findet sich bei Kolnai nicht. Millers These lautet, dass der Ekel stärker als die Verachtung eine gegebene Ordnung konserviere. Die Verachtung wird demnach gegenüber Menschen eines höheren sozialen Ranges gefühlt und ermöglicht damit eine Änderung der sozialen Ordnung. Da der Ekel eher gegenüber Menschen einer niedrigeren sozialen Klasse gefühlt wird, etabliert er eine Ordnung.[38] Die These passt allerdings nicht zu Millers Beschreibung des Ekelhaften als etwas Bedrohlichen. Miller beschreibt das Objekt des Ekels als gefährlich und begehrenswert zugleich. In dieser Hinsicht unterscheide sich der Ekel von der Verachtung, die immer starke Subjekt-Objekt-Grenzen setzt, keine Begehrenskomponente beinhaltet und daher die Überschreitung der Grenzen zwischen den sozialen Klassen erschwert.[39]

Insofern bleibt es fragwürdig, inwiefern der Ekel eine Moral fundieren kann. Überzeugender scheint da Kolnais Ansicht, das Hässliche könne nicht mit dem moralisch Verwerflichen gleichgesetzt werden. Da darüber hinaus jede Analyse des Ekels implizit die Ideologie des Analysierenden beinhaltet, wäre jede resultierende Moral subjektiver Natur.

7.3. Scham

Eines der wichtigen Ziele der Frühphänomenologie war es, eine Ethik der Werte gegen die Ethik der Normen Kants zu formulieren. Die Frage nach dem Wert sollte in den Mittelpunkt der Ethik rücken. Damit kam dem Emotionalen eine wichtige Rolle zu, denn die Werte sind den Frühphänomenologen zufolge nur durch affektive Akte zugänglich. Für die Emotionen impliziert das, dass sie nicht auf Normen, sondern auf Werte bezogen sind. Gegen einen Teil der philosophischen Tradition versuchten daher die Phänomenologen, die Interpretation, die Emotionen seien normenbezogen, als falsch aufzuweisen. Das haben wir oben im Fall des Ekels gesehen. Die andere Emotion, die geschichtlich als typisch normbezogen galt, ist die Scham. Ihre Beziehung zu den Werten hat vor allem Scheler untersucht.

In „Über Scham und Schamgefühl" wird Scham von ihm als eine Rückwendung auf sich selbst beschrieben, die dem Ziel des Schutzes der Werte des Individuums dient. Zu den Grundbedingungen dieser Rückwendung zählt demnach eine *bewusste Spannung* zwischen den Ansprüchen zweier unterschiedlicher Sphären, denen der Mensch sich gleichzeitig zugehörig fühlt: der Sphäre des Leibes mit ihren Trieben und Bedürfnissen und der Sphäre der geistigen Akte. Danach gibt es zwei Grundbedingungen der Scham: erstens eine *Spannung*, einen „Widerstreit", ein „Gegensatzerlebnis" und eine „Dishar-

38 Ebd., S. 8f.

39 Vgl. im selben Sinne Calabi, „Le Dégoûtant", a.a.O., S. 521.

monie“ zwischen einem geistigen und einem triebhaften Bereich des menschlichen Wesens, und zweitens den Sachverhalt, dass uns diese Spannung *bewusst* wird durch eine „Zurückwendung“ auf den Leib, seine Triebe und Bedürfnisse.[40] Diese Voraussetzungen sind ausschließlich dem Menschen als einzigem Wesen spezifisch, in dem beide Sphären zugleich gegeben sind. Er versteht sich nach Scheler als Brücke zwischen dem Leiblichen und Tierischen einerseits, dem Geistigen und Göttlichen andererseits. Auf keiner der beiden Seiten allein ist Scham möglich: „Kein Gott und kein Tier vermag sich zu schämen“[41] – behauptet Scheler. Daher macht das Gefühl der Scham die besondere Stellung des Menschen und seine Grundstruktur deutlich: „Die *einzigartige Stellung und Lage des Menschen im großen Stufenbau der Weltwesen*, seine Lage zwischen dem Göttlichen und Tierischen, kommt in keinem Gefühl so klar, so scharf und so unmittelbar zum Ausdruck wie im Gefühl der *Scham.*“[42] Im Grunde besagt diese These, dass der Mensch sich vor dem Gott, der in ihm ist, wegen seiner leiblichen Triebe und Bedürfnisse schämt. Somit wird die Scham mit der Ehrfurcht und der Selbstachtung in Verbindung gebracht.

Scham ist dem Menschen wesentlich und für ihn spezifisch: Im Sinne einer philosophischen Anthropologie sei behauptet, dass sie zu der Grundstruktur des Menschen gehört und als solche ein universelles Phänomen ist.[43] Gerade weil es zum Wesen des Menschen gehört, dass er sich zwei Bereichen zugehörig fühlt, und weil der Mensch ein Bewusstsein der eigenen Situation haben kann, ist die Scham als Möglichkeit in jedem Menschen gegeben. Schelers These lautet: „Der Mensch kleidet sich, weil er sich *schämt* – und zwar zunächst derjenigen Teile seines Organismus, die ihn am tiefsten mit dem Ganzen der unteren Lebewelt, über die er sich als Herrscher fühlt, verbinden und von denen aus er sich in jenes große Chaos gleichsam wieder hinuntergezogen fühlt, aus dem er sich aufkämpfte und aus dem ihn sein gefühlter göttlicher Adel erhob […].“[44] Weil der Mensch eine Bewusstseinsschichtung hat und eine Rückwendung auf sich selbst vollziehen kann, ist die Scham eine universelle Emotion: Scham ist „in genere vorhanden.“[45] Es ist also in allen Menschen Scham als Möglichkeit gegeben, in allen Kulturen und Zeiten: „Würde uns […] ein kommender Ethnologe versichern, es gebe eine Äußerung des Schamgefühls bei einem bestimmten Volke nicht […], so werden wir das zweifellose Recht besitzen, ihm zu bedeuten, dass er besser suchen möge, damit er sie finde […].“[46] Scham ist also in der Struktur des Menschen selbst verankert und daher universell; wie sie in einem bestimmten Moment zur Erscheinung kommt und welchen Ausdruck sie annimmt, ist jedoch kulturell bedingt.

---

40 M. Scheler, „Über Scham und Schamgefühl“, a.a.O., S. 67–69.

41 Ebd., S. 69.

42 Ebd., S. 67.

43 So interpretiert auch Matthias Schloßberger Schelers Postulat der Universalität der Scham. M. Schloßberger, „Die Ordnung des menschlichen Gefühlslebens“, in: H.-P. Krüger/G, Lindemann (Hg.): *Philosophische Anthropologie im 21. Jahrhundert,* a.a.O., S. 254–273, hier S. 263.

44 M. Scheler, „Über Scham und Schamgefühl“, a.a.O., S. 75.

45 Ebd., S. 91.

46 Ebd.

Scheler unterscheidet zwischen drei verschiedenen Phänomenen: *Scham* als Möglichkeit einer Rückwendung des Individuums auf sich selbst, in der sein Zwischensein zwischen Leib und Geist bewusst wird und die in der Wesensstruktur des Menschen mitgegeben ist, zweitens *Schamgefühl* als eine besondere, konkrete Erscheinungsweise der Scham und drittens *Äußerungen der Scham*. Das erste Phänomen ist universell und allen Menschen zugehörig; die beiden letzteren sind zeitlich, sozial und kulturell variabel und kontextbedingt. Was unterschiedlich und veränderbar ist, ist nicht die Scham selbst, sondern sind die verschiedenen Äußerungen und Motive dieses Gefühls. Schelers Interesse richtet sich auf die Emotion und ihre Wesensstruktur; die kulturell relativen Ausdrücke und Anlässe, in denen sich Scham zeigt und die zu Scham führen können, behält er einer anthropologischen Untersuchung vor.[47]

Die obige Unterscheidung ist von Bedeutung, denn von ihr ausgehend übt Scheler eine Kritik an Freud und an positivistischen Lehren über die Scham. Die positivistischen Lehren verstehen Scham als eine kulturelle Schranke und daher als relativ. Als Beweis dafür nehmen sie die Existenz von Völkern („Naturvölkern"), die sich nicht schämen, nicht kleiden und sich weigern, bestimmte Teile ihres Körpers zu bedecken. Aus Schelers Perspektive lässt sich diese Theorie kritisieren. Ein erster Kritikpunkt ist der, dass die positivistischen Theorien den Ausdruck der Scham und die Scham selbst verwechseln. Dass manche Gruppen von Menschen sich nicht bekleiden, heißt nach Scheler nicht, dass sie keine Scham haben, sondern nur, dass hier die Ausdrucksformen der Scham andere sind. Definitorisch für die Scham ist nicht, dass man sich bedeckt, sondern dass die Lenkung der Aufmerksamkeit auf einen bestimmten Bereich des Körpers vermieden wird. Bei jenen Naturvölkern kann es der Fall sein, dass eben die Tatsache, dass man einen bestimmten Körperteil bedeckt, die Aufmerksamkeit auf diesen Körperteil lenkt und Anlass zur Scham gibt.[48]

Ein zweiter Kritikpunkt besagt, dass Scham kein Phänomen ist, das durch soziale Schranken oder durch Erziehung entsteht. Wenn Scham ein Gefühl wäre, das man in bestimmten Situationen zu fühlen lernt und das mit einer Überschreitung von sozialen Schranken zu tun hat, dann wäre die Scham ein Gefühl, das mit sozialen Normen zu tun hat. Doch Scheler möchte gerade zeigen, dass Scham nicht mit sozial konstituierten Normen zu tun hat, sondern mit Werten. Damit führt er eine Interpretation der Scham ein, die weder in der Psychoanalyse noch in den normbezogenen Theorien (Elias, Sartre, Landweer) zu finden ist.[49] Worin besteht die Spezifik von Schelers Blickwinkel? Die erwähnten Theorien verstehen Scham als eine auferlegte Schranke, die die Einhaltung von Normen garantiert. Man lernt, wann Scham zu fühlen ist, indem man diese Normen der Gesellschaft verinnerlicht. Scham entsteht dann, wenn die Normen nicht befolgt werden. Wie Schloßberger gezeigt hat, kann man aus Schelers Position heraus einwenden, Scham würde an erster Stelle vor sich selbst gefühlt.[50] Sie kann daher nicht aus

---

47 Vgl. im selben Sinne M. Schloßberger, „Die Ordnung des menschlichen Gefühlslebens", a.a.O., S. 263.

48 M. Scheler, „Über Scham und Schamgefühl", a.a.O., S. 76.

49 Vgl. etwa H. Landweer, *Scham und Macht. Phänomenologische Untersuchungen zur Sozialität eines Gefühls*, Tübingen 1999, S. 45.

50 M. Schloßberger, „Die Ordnung des menschlichen Gefühlslebens", a.a.O., S. 264.

einer Verinnerlichung der sozialen Normen heraus entstehen. Scham hat demnach ihren Ursprung nicht in der Anerkennung der Macht anderer, denn sie ist nach Scheler auch ohne solche Normen möglich.

Ein dritter Kritikpunkt besteht in dem Postulat, Scham sei kein negatives Gefühl. Wenn Scham zur Grundstruktur des Menschen gehört und nicht mit sozialen Normen zu tun hat, ist Scham kein negatives Gefühl, das entsteht, wenn wir eine Norm verletzen. Scham ist vielmehr laut Scheler eine Emotion mit der positiven Funktion, ein Selbst – unser eigenes oder ein anderes – zu schützen. Die Selbstschutzfunktion ist erklärungsbedürftig. Scheler illustriert sie mit folgendem Beispiel: „Eine sehr schamhafte Frau kann z.B. als Modell vor den Augen des Malers oder als Patientin vor den Augen des Arztes oder selbst als Badende vor einem Diener genau so wenig Scham empfinden wie vor dem Geliebten, in dessen Anblick sie sich verlor. […] Fühlt sie sich dem Maler ‚gegeben' als ein Schauplatz ästhetischer Phänomene, als künstlerisch wertvolles Sehding, so kann jene Rückwendung nicht entstehen; und ebenso wenig, wenn sie sich dem Arzt als ‚Fall' oder dem Diener als ‚Herrin' gegeben weiß."[51] Hier wird keine Scham empfunden, weil die Person sich in solchen Fällen nicht als individuiert gegeben fühlt. Verschwindet aber das Bewusstsein, dass die Frau im Beispiel Bild, Fall und Herrin ist, und fühlt sie sich als Individuum betrachtet, reagiert sie nach Scheler mit Scham; auch dann, wenn sie sich umgekehrt vor dem Geliebten nicht mehr als Individuum fühlt, sondern mit einer anderen Frau verglichen wird.

Diese Fälle weisen die Scham als „*Schutzgefühl des Individuums*"[52] gegenüber der Sphäre des Allgemeinen auf: „Jene ‚Rückwendung' auf das Selbst, in deren Dynamik die Scham beginnt, stellt sich weder ein, wenn man sich als Allgemeines, noch wenn man sich als Individuum ‚gegeben' weiß, sondern wenn die fühlbare Intention des anderen zwischen einem individualisierenden und generalisierenden Meinen *schwankt* und wenn die eigene Intention und die erlebte Gegenintention hinsichtlich dieses Unterschiedes nicht gleiche, sondern entgegengesetzte Richtung haben."[53] Hauptfunktion der Scham ist es hier, vor der Auflösung des Individuums zu schützen. Scham indiziert und antizipiert die Werte, so dass sich das Individuum auf höhere Werte des Selbst hin orientiert. Sie bewahrt die Identität des Individuums vor der Auflösung des Selbst. Hierfür ist nach Scheler „ein strikter Beweis die Tatsache, dass in Fällen geistiger Erkrankung bei fünfzig Prozent aller Fälle die Scham mehr als irgendein anderes der höheren Gefühlen eine starke Einbuße erleidet"[54]. Der Zerfall des geistigen Lebens drückt sich in einem Mangel an Scham aus. Scham gilt demnach für Scheler als das Gefühl der Einheit des Individuums und hat damit eine positive Funktion.

Ausgehend von dieser Beschreibung der Scham versucht Scheler, eine *Typologie der Scham* aufzustellen. Er nimmt m.E. eine doppelte Unterscheidung von Typen der Scham vor: einerseits ausgehend davon, ob es sich um leibliche oder seelische Scham handelt, andererseits ausgehend von Subjekt und Objekt der Scham. Im Hinblick auf die *leibliche*

---

51 M. Scheler, Ebd. S. 79.

52 Ebd., S. 80.

53 Ebd., S. 79.

54 Ebd., S. 113.

oder *seelische Scham* behauptet Scheler, Scham sei weder ein ausschließlich geschlechtliches Gefühl noch ein ausschließlich soziales Gefühl. Scham kann sowohl als Leibesscham oder vitales Schamgefühl als auch als Seelenscham oder geistige Scham auftreten. Scheler beschränkt sich bei der Untersuchung auf das geschlechtliche Schamgefühl – aufgrund dessen dominierender Stellung im Leben – und versucht, seine Funktionen aufzuweisen. Insbesondere schreibt er der Scham eine Funktion bei der Liebeswahl zu und versucht, dies biologisch zu begründen.

Scham als Selbstschutzmechanismus hat demnach drei verschiedene Funktionen, die ich nur erwähne, da eine Kritik derselben uns auf das Terrain des Biologischen führen und den Rahmen vorliegender Arbeit sprengen würde. Die primäre Funktion der Scham besteht darin, die Aufmerksamkeit von den Triebimpulsen abzulenken und ihren Ausdruck zu hemmen. Die Leistung der Scham ist nicht nur die, dass sie für den Fortpflanzungsprozess eine Rolle spielt, indem sie die zeitlichen Anfänge und Rhythmen der sexuellen Akte bedingt und die Auswahl der Geschlechtspartner beeinflusst, so dass nicht jede sexuelle Wahl als für die Fortpflanzung nützlich akzeptiert wird, sondern die Leistung der Scham spielt bereits für die Bildung des sexuellen Triebes eine Rolle. Scham fungiert laut Scheler als eine Bedingung für die Bildung des Geschlechtstriebes. Zweitens hat die Scham die Funktion, die normale erstmalige Befriedigung des schon gebildeten Geschlechtstriebes zu verschieben. Die Scham ist demnach dafür verantwortlich, dass die ersten sexuellen Erfahrungen hinausgezögert und die sexuellen Akte reguliert werden. Somit erfüllt die Scham eine meliorative Funktion für die Spezies, da durch sie erreicht wird, dass die Liebeswahl nicht beliebig ist. Scham ist die Bedingung für die Entwicklung der sexuellen Liebe: Sie ist nach Scheler wie eine „Puppenhülle“[55], in der die Geschlechtsliebe so lange reift, bis sie fähig ist, die Scham zu durchbrechen. Eine dritte Funktion übt die Scham vor, während und nach dem Geschlechtsverkehr selbst aus. Das impliziert, dass auch innerhalb einer sexuellen Beziehung, wenn also die Liebeswahl schon getroffen ist, die Scham weiter wirksam ist.

Interessanter ist die andere Typologie in Bezug auf Objekt und Subjekt der Scham. Scham kann ihre schützende Funktion entweder über mein eigenes Selbst oder über das Selbst eines anderen ausüben, und sie kann auch vor uns selbst oder vor anderen entstehen. Scheler schreibt: „Es gibt in jedem Betrachte des Wortes Scham eine ebenso ursprüngliche *‚Scham vor sich selbst‘* und ein ‚Sichschämen vor sich selbst‘ wie eine Scham vor anderen.“[56] Die These scheint auf den ersten Blick etwas widersprüchlich zu sein. Scham ist nach Scheler vor allem, und hier folgt er Voigtländer, „eine Form des Gefühles von uns selbst“. Wie ist es dann möglich, dass das Objekt der Scham nicht unser Selbst ist, sondern das eines anderen? Eine Untersuchung dieser Typologie soll uns hierüber Klarheit verschaffen.

1) Es gibt ein Sichschämen *vor* anderen. Hier ist das Objekt der Scham mein eigenes Selbst, die Perspektive der ersten Person ist in mir zentriert, und die Anderen gelten als „Publikum“. Das ist der typische Fall der Scham: Ich schäme mich – etwa wegen meiner Nacktheit – vor anderen.

---

55 Ebd., S. 130.

56 Ebd., S. 78.

2) Es gibt eine Scham *vor* mir selbst. Hier sind zwei Möglichkeiten gegeben. Erstens: Ich empfinde Scham vor mir selbst und das Objekt der Scham ist mein Selbst. Ich bin Objekt, Subjekt und Publikum der Scham. Ich kann mich so etwa schämen, jemandem übelzuwollen. Zweitens: Ich empfinde Scham vor mir selbst und das Objekt meiner Scham ist ein anderes Selbst (ich versuche damit, das Selbst des Anderen zu schützen). Ich schäme mich so etwa, dass eine geliebte Person sich unsittlich verhält. Das ist eine Art stellvertretende Scham: Ich schäme mich an der Stelle eines Anderen. Ein Anderer ist also in diesem Fall das Objekt der Scham, ich nehme hingegen die Subjektperspektive der ersten Person ein, und das Publikum bin ich.

3) Es gibt die Scham *für* einen anderen. Schelers These ist in diesem Punkt neu: „Denn so ursprünglich wir uns ‚vor' einem anderen oder vor uns selbst schämen können, genau so ursprünglich können wir uns *‚für' einen anderen* schämen."[57] Letztere Möglichkeit wird oft mit der stellvertretenden Scham verwechselt und ist daher kaum berücksichtigt worden.[58] In der Scham *für* einen anderen schäme ich mich *für* einen anderen *vor* Dritten. Objekt ist hier ein anderes Selbst, ich bin Subjekt der Scham – auch wenn die Emotion impliziert, sich in andere hineinzuversetzen – und das „Publikum" sind wiederum andere. Schelers Beispiel mag Licht auf das Phänomen werfen: „Am deutlichsten wird dies in Fällen (die ich an mir selbst häufig beobachtete), wo etwa eine etwas fragwürdige Geschichte erzählt wird, die bei mir unter Männern keinerlei Scham auslöste, wogegen die Anwesenheit eines jungen Mädchens, auch im Falle, dass dieses sich nicht schämte und mithin ein eintretendes Mitgefühl oder ein ansteckendes Gefühl keine Rolle spielte, genügte mich heftige Scham fühlen und erröten zu lassen."[59] Dieses Phänomen hat weder mit Gefühlsansteckung noch mit Mitgefühl zu tun, denn das Mädchen empfindet keinerlei Scham. Das Phänomen ist auch keine stellvertretende Scham, denn Scheler schämt sich nicht an Stelle des Mädchens.

Wie lässt sich diese Möglichkeit der Scham erklären? Hier geschieht etwas sehr Eigentümliches. Ich erlebe die Situation, die Anlass zur Scham gibt, nicht aus meiner Perspektive, sondern aus der Perspektive eines anderen Menschen. Ich versetze mich in ihn hinein und sehe die Situation mit „seinen" Augen, so wie ich denke, dass er die Situation erlebt. Falls ich dann denke, dass ich, wenn ich er wäre, auf die Situation mit Scham reagieren würde, dann reagiere ich mit Scham. Solches Gefühl ist eine Form der Scham, denn es weist die Wesensstruktur jener Emotion auf: Es gibt auch hier eine Rückwendung der Aufmerksamkeit auf ein Selbst in der Absicht, es zu schützen, allerdings ist das Selbst nicht mein eigenes, sondern das Selbst einer anderen Person. In diesem Typus der Scham wird ihre soziale Struktur deutlich. Scham ist sozial nicht im Sinne der normativen Theorien der Scham, sondern weil sie die Fähigkeit impliziert, sich in eine Zuschauerperspektive hineinzuversetzen.

---

57 M. Scheler, „Über Scham und Schamgefühl", a.a.O., S. 81.

58 Mulligan hat freilich auf diese Art von Scham unter Bezug auf Scheler hingewiesen. Vgl. „La Fenomenologia realista", unveröff. Vortragsreihe, Barcelona 1999. Ebenso M. Schloßberger, „Philosophie der Scham", in: *Deutsche Zeitschrift für Philosophie* 48 (2000), 5, S. 807–829.

59 M. Scheler, „Über Scham und Schamgefühl", a.a.O., S. 81.

Auch in der aktuellen Debatte haben einige Autoren Scham als ein positives Schutzgefühl aufgefasst und die Idee jenes Publikums ist weiter untersucht worden. Bernard Williams versteht in *Shame and Necessity* die Funktion der Scham als Selbstschutz. Scham impliziert nach ihm eine Vorstellung davon, was man ist und wie man sich auf andere bezieht.[60] Williams' These lautet: „[S]hame continues to work for us, as it worked for the Greeks, in essential ways. By giving through the emotion a sense of who one is and of what one hopes to be, it mediates between act, character, and consequence, and also between ethical demands and the rest of life. Whatever it is working on, it requires an internalised other, who is not designated merely as a representative of an independently identified social group, and whose reactions the agent can respect."[61] Der internalisierte Andere ist nach Williams der Scham wesentlich. Die internalisierte Figur ist in der Scham ein Zuschauer oder Zeuge, in Bezug auf den das Subjekt einen Machtverlust erlebt.

Interessanter noch ist für diese Untersuchung Gabriele Taylors auf Scheler basierende Analyse der Scham in *Pride, Shame, and Guilt.* Wie Scheler versteht auch Taylor die Scham als Stütze der Identität. Wenn ein Mensch Scham fühlt, hat er einen Sinn für Werte. Der Sinn für Werte hat, so Taylor, die Funktion, das Selbst zu schützen: „[I]t is a sense of value which protects the self from what in the agent's own eyes is corruption and ultimately extinction."[62] Darin stimmen die Thesen von Taylor und Scheler überein. Taylor schreibt weiter: „[S]hame is the emotion of self-protection: it may prevent the person concerned from putting himself into a certain position, or make him aware that he ought not to be in the position in which he finds himself."[63] Scham ist in dieser Hinsicht wertvoll, weil sie unsere Werte schützt. Des Weiteren arbeitet Taylor den Begriff des Publikums heraus. Taylor vertritt die These, Scham impliziere die Idee eines Publikums, die nicht notwendigerweise real sein muss: „It introduces [...] the notion of an audience, for feeling shame is connected with the thought that eyes are upon one."[64]

Diese Idee eines Publikums muss freilich spezifiziert werden. Die These, nach der das Subjekt sich mit einem realen Publikum identifiziert, sich von dieser Perspektive her betrachtet und kritisiert und sich dann schämt, ist nach Taylor eine Simplifizierung, die nicht auf alle Typen der Scham zutrifft. Und zwar aus zwei Gründen. Zum einen setzt sie voraus, dass das Publikum das Subjekt kritisch betrachtet, was aber nicht bei jedem Publikum der Fall ist. Zum anderen übernimmt das Subjekt den Gesichtspunkt des Publikums und übernimmt von ihm die Beschreibung seines eigenen Verhaltens. Allerdings kann es sein, dass das Subjekt Scham empfindet, aber nicht mit der Beschreibung seitens des Publikums einverstanden ist. Das Publikum muss insofern anders konzipiert werden. Taylor schlägt vor, das Publikum als „ein Gesehenwerden" zu verstehen. Um die Idee zu konkretisieren, greift sie auf Schelers Beispiel des Modells zurück, das vor dem Künstler nackt ist, und dann plötzlich merkt, dass der Künstler es nicht mehr als Modell, sondern als nackte Frau betrachtet. Indem es merkt, dass der Künstler es anders betrach-

60 B. Williams, *Shame and Necessity*, Berkeley, Los Angeles 1994, S. 94.

61 Ebd., S. 102.

62 G. Taylor, *Pride, Shame and Guilt. Emotions of Self-assessment*, Oxford 1985. S. 81.

63 Ebd.

64 Ebd., S. 53.

tet, beginnt es sich zu schämen, weil es sich selbst nun in einem anderen Licht ansieht. Taylor schreibt weiter: „The point can be expressed by introducing a second, higher order point of view from which she is seen not as an object of sexual interest, but is seen as *being seen* as such an object. With this point of view she does identify, and this point of view is a critical one. The adverse judgement, however, comes not from the artist, but comes from herself."[65] Also ist es nicht die Idee eines kritischen Publikums, die einen zur Scham bringt, sondern die Tatsache, dass man auf sich selbst aufmerksam wird, weil man sich „gesehen" weiß. Der Begriff des Publikums ist also ein metaphorischer Begriff. Die Existenz eines konkreten, realen Beobachters ist kontingent. Taylor kommt zu folgendem Schluss: „What is essential is the shift in the agent's viewpoint vis-à-vis himself. But this by itself is not enough, for it does not account sufficiently for the complex notion of the audience."[66] Hier ist die Idee eines Selbstbewusstseins zu finden, die den Begriff eines Anderen impliziert, von dem aus wir uns selbst sehen und der als Ausgangspunkt der Emotion fungiert. Damit wird m.E. noch mehr die Idee eines Publikums forciert, die schon in Schelers Text zu finden war.

7.4. Reue

1917 schreibt Max Scheler die Abhandlung „Reue und Wiedergeburt" in der Absicht, der modernen Philosophie eine alternative Analyse der Reue zu bieten. Scheler ist der Meinung, die vorherigen Theorien der Reue würden sie als ein negatives, unökonomisches, überflüssiges, zweckloses und sogar schädliches Phänomen auffassen. Das gilt etwa für die Auffassung Nietzsches, nach der die Reue eine Art innerer Täuschung ist, für die Furchttheorie, nach der die Reue in Angst vor der Bestrafung besteht, für die „Katertheorie", nach der die Reue eine Art moralisches Katergefühl ist, eine traurige Gemütslage, die Exzessen in der Befriedigung sinnlicher Triebe folgt. Diesen Theorien gegenüber möchte Scheler die Reue mit dem Akzent auf einer positiven, befreienden, aufbauenden Funktion der Selbstheilung darstellen: „[D]ie Reue (ist), schon rein moralisch gesehen, eine Form der *Selbstheilung* der Seele, ja der einzige Weg zur Wiedergewinnung ihrer verlorenen Kräfte. Und religiös ist sie noch weit mehr: der natürliche Akt, den Gott der Seele verlieh, um zu Ihm zurückzukehren, wenn sich die Seele von Ihm entfernte."[67] Die selbstheilende Funktion der Reue ist nach Scheler insofern positiv, als sie eine Art Versöhnung mit uns selbst und mit Gott ermöglicht. Diese interpretative Richtung und ihre Implikationen sollen genauer erläutert werden.

Grundbedingung der Reue ist nach Scheler, dass uns der Zugang zu vergangenen Erlebnissen möglich und der Sinn solcher Erlebnisse nicht etwas in sich Geschlossenes ist, sondern etwas, das *immer* für uns offen ist. So schreibt er: „[I]m Gegensatz zu diesem Abfluss der Veränderungen und Bewegungen der toten Natur […] sind uns im Erlebnis

65 Ebd., S. 61.

66 Ebd., S. 66.

67 M. Scheler, „Reue und Wiedergeburt", a.a.O., S. 33.

eines jeden unserer unteilbaren zeitlichen Lebensmomente Struktur und Idee des *Ganzen* unseres Leben und unserer Person mitgegenwärtig. [...] Vermöge dieser wunderbaren Tatsache ist zwar nicht die Wirklichkeit, wohl aber der *Sinn* und der *Wert* des Ganzen unseres Lebens in einem jeden Zeitpunkt unseres Lebens noch in unserer *freien* Machtsphäre."[68] Da unsere Erlebnisse „wert*unfertig* und sinn*unbestimmt*"[69] sind, können wir uns mit dem Vergangenen befassen und es neu bewerten, so dass es eine neue Stellung in unserem Leben bekommt. Eben das geschieht in der Reue.

Scheler erklärt den entsprechenden Prozess im Zusammenhang mit der Rolle der Erinnerung. Zunächst ist es Scheler wichtig, dass die Erinnerung die einzige Möglichkeit ist, einen vergangenen Inhalt oder ein vergangenes eigenes Ich zu präsentieren. Er unterscheidet zwischen zwei Arten von Erinnerung mit verschiedenen Funktionen. Während die „Erscheinungserinnerung" uns bloße Inhalte des Lebens präsentiert, versetzt uns die „Funktionserinnerung" in ein damaliges Verhalten zur Welt, in Willens-, Denk-, Liebes- und Hassrichtungen zurück und präsentiert uns ein vergangenes Ich. Auf dem ersten Typ von Erinnerung gründet die *Tatreue*, in der wir eine Tat oder Untat unseres Lebens bereuen. Auf dem zweiten Typ gründet die *Seinsreue*, in der wir eine „reuevolle Selbsteinkehr"[70] erleben, so dass wir nicht nur eine vergangene Tat bereuen, sondern die Tatsache, dass wir damals ein solches Ich waren.[71] Auch in einem anderen Sinne spielt die Erinnerung eine wichtige Rolle. Sie fungiert als eine Kraft, die die Wirksamkeit von etwas Vergangenem ausschalten kann. Durch Erinnerung wird es möglich, dass wir uns von dieser Vergangenheit distanzieren, sie vergegenständlichen, sie lokalisieren und datieren. Damit wird nach Scheler der Lebensnerv solcher Vergangenheit getroffen und sie hört auf, auf unsere Gegenwart zu wirken. Eine solche Anschauungsweise impliziert die Erinnerung an den Anfang der Freiheit und ist eine Voraussetzung der Reue.

Neben dem Erinnerungsakt, in dem uns etwas Vergangenes schmerzhaft gegeben ist, ist für das Eintreten von Reue unabdingbar, dass wir dem jeweils in Frage stehenden Stück Vergangenheit einen neuen Sinn und Wert geben. Scheler versteht die Reue als einen „operatives Eingriff"[72] in die Vergangenheit, der den „Schulddruck", den die Vergangenheit ausüben mag, auslöschen soll. In Bezug auf solche Schuld übt dann die Reue ihre positive, „heilende" Funktion aus: „Reue ist [...] eine zielmäßige *Bewegung* des Gemüts angesichts der Schuld und auf jene Schuld hin, die sich im Menschen angesammelt hat. Das Ziel dieser ‚Bewegung' ist eine emotionale Negation und eine Entmachtung der Fortwirksamkeit der Schuld, eine geheime Anstrengung, diese aus dem Personkern herauszustoßen, um die Person ‚heil' zu machen. Erst die Rückwirkung des im Akte der Reue zuerst ansteigenden Schulddrucks *auf* diese Bewegung macht den Reue*schmerz* aus."[73] Der operative Eingriff der Reue besteht darin, die Schuld zu entmachten. Den Terminus „Schuld" benutzt Scheler dabei in drei verschiedenen Bedeutungen, die auf den ersten Blick etwas schwierig

68 Ebd.

69 Ebd., S. 34.

70 Ebd., S. 40.

71 Die Möglichkeit, unser ganzes Wesen zu bereuen, schließt Scheler aus.

72 Ebd., S. 37.

73 Ebd., S. 47.

zu verbinden sind. Zunächst ist Schuld nicht als Gefühl, sondern als psychische Qualität des „Bösen" gegeben: „Sie ist jene Qualität ‚böse', die der Person selbst, dem Aktzentrum, *durch* ihre bösen Akte dauernd zugewachsen ist. Eine *Qualität* also, nicht aber ein ‚Gefühl' ist die Schuld."[74] Nun ist auch die Schuld nach Scheler etwas Objektives, auf das die Reue sich richtet und auf das sie antwortet mit dem Ziel, die Schuld zu vernichten und eine Regeneration der Seele zu ermöglichen. Zuletzt konzipiert Scheler die Schuld in einem theologischen Horizont als Sünde. Diese Interpretation der Schuld als eben kein Gefühl ist vergleichsweise neu, denn die Psychoanalyse und andere Disziplinen fassen die Schuld als Gefühl auf, etwa als eine Art verinnerlichter Bestrafung für etwas, das wir schlecht gemacht haben. Scheler versteht die Schuld dagegen als etwas Objektives. Sie ist kein Gefühl, das wir ab und zu fühlen, sondern eine uns objektiv gegebene Tatsache.

In Bezug auf die drei verschiedenen Bedeutungen ist es die Funktion der Reue, unseren Taten einen neuen Sinn und Wert zu geben, indem sie uns zeigt, dass wir damals anders hätten handeln können, als wir es tatsächlich taten. In der Reue wird uns ein ideales Ich gezeigt, das mit dem alten Ich konfrontiert wird: „Es ist also *ein und derselbe* dynamische Aktus, durch den sowohl das Aufklimmen des Ich auf die ihm mögliche Höhe seines idealen Wesens erfolgt, wie das steigende Untersichsehen, die Verwerfung und Ausstoßung des alten Ich."[75] Ein grundlegendes Element jener neuen Sinn- und Wertgebung besteht darin, dass in der Konfrontation eines realen mit einem idealen Ich eine Gesinnungswandlung herbeigeführt wird, oder, mit Schelers Worten, eine „Wiedergeburt", Verjüngung und Selbstheilung: „Die Reue tötet den Lebensnerv der Schuld, dadurch sie fortwirkt. […] Also wirket die Reue sittliche Verjüngung. Junge, noch schuldfreie Kräfte schlafen in jeder Seele. Aber sie sind gehemmt, ja wie erstickt durch das Gestrüppe des Schulddruckes, der sich während des Lebens in ihr angesammelt und verdichtet hat."[76] In der positiven Interpretation der Reue vertritt Scheler die starke These einer Verbindung zwischen Reue und Gesinnungswandel. Durch die neue Bewertung unserer Vergangenheit und die Reduktion der Schuld, durch das Zeigen eines Anderskönnens und den Gesinnungswandel erfüllt die Reue ihre Hauptfunktion, die nach Scheler in der Versöhnung mit uns selbst und mit Gott besteht. Allerdings vergisst Scheler in seiner Analyse die intersubjektive Dimension der Reue in zweierlei Hinsicht. Einerseits zentriert sich die Reue hier im eigenen Selbst des Bereuenden: Die Beziehung zu sich selbst ist es, die wiedergewonnen werden soll. Andererseits wird die Reue in einem theologischen Horizont verortet, so dass sie eine Rückkehr zu Gott implizieren soll. Die Anderen als solche tauchen in Schelers Begriff der Reue nicht auf.

Seine Interpretation wird explizit von Gabriele Taylor in *Pride, Shame and Guilt* übernommen. Scheler folgend, konzipiert sie die Hauptfunktion der Reue als eine Versöhnung mit sich selbst. Ausgangspunkt von Taylors Analyse ist die Unterscheidung zwischen Schuldigsein und Sich-schuldig-Fühlen. Das Erste impliziert, dass man ein Gesetz gebrochen hat, das Zweite impliziert, dass man selbst denkt, man habe falsch gehandelt. Um sich schuldig zu fühlen, muss man nach Taylor nicht unbedingt denken, man habe

74 Ebd., S. 48.

75 Ebd., S. 42.

76 Ebd., S. 36.

andere Menschen verletzt. Damit entfernt sich Taylor von der Interpretation durch Sozialphilosophen wie John Rawls und nähert sich Schelers Perspektive der Reue als einem Akt der Versöhnung mit sich selbst. Wesentlich für das Fühlen von Schuld ist für Taylor, „that what I am doing is forbidden. [...] What is important for guilt is just that some form of action or abstention should present itself as obligatory to the agent [...].“[77] Da man nach Taylor, wenn man sich schuldig fühlt, denkt, man habe etwas Verbotenes getan, fühlt man sich auch für das Geschehen verantwortlich. In dem Zusammenhang kann man auf verschiedene Weise reagieren. Man kann das Geschehen wiedergutmachen, so etwa in der Akzeptanz einer Bestrafung oder dadurch, dass man durch eigene Initiative ein „repayment“[78] herstellt. Es ist auch möglich, dass der Schuldige versucht, kohärent mit seiner Schuld zu sein und sich der Situation anzupassen – „by making the disfigurement disappear by disfiguring himself still further“[79]. Schließlich kann man unter der Schuld leiden, was manchmal zu einer Dissoziation führt, in der man innerlich gespalten ist zwischen einem realen Ich und einem idealen Ich, das frei ist von Schuld.[80] In allen drei Varianten wird auf die Beziehung des Schuldigen zu sich selbst und die eigene Verantwortung hingewiesen, dagegen spielt die Idee, man habe andere verletzt, keine Rolle. Der Mensch, der sich schuldig fühlt, denkt, dass er ein Gesetz verletzt, auf diese Weise sich selbst Schaden zugefügt hat und dafür eine Verantwortung trägt. Mit dieser Interpretation wird die Idee eine Wiedergutmachung, die Taylor am Anfang eingeführt hat und die zu einer intersubjektiven Dimension führen könnte, auf den Sinn einer Restitution einer gebrochenen zwischenmenschlichen Beziehung auf der Ebene des eigenen Subjekts beschränkt.

Der Akzent auf Verantwortung bei der Reue bezeichnet auch das Abgrenzungskriterium zwischen Reue (remorse) und ähnlichen Phänomenen bei Taylor, wie dem Bedauern (regret). Die Unterschiede lassen sich in folgenden Punkten zusammenfassen. Während das Bedauern sich auf etwas Unerwünschtes richtet, richtet sich die Reue auf etwas, das moralisch als schlecht gefühlt wird. Während das Bedauern nicht impliziert, der Mensch, der bedauert, habe etwas mit dem bedauerten Geschehen zu tun, impliziert die Reue dagegen eine aktive Teilnahme des Bereuenden am Geschehen. Während das Bedauern nicht impliziert, dass das Geschehen verändert werden soll, akzeptiert die Reue das Geschehen nicht und wünscht, es hätte nie stattgefunden. In der Analyse Taylors ist der Begriff der Verantwortung für die Reue sehr wichtig, so dass ihr eine positive Funktion zugeschrieben wird. Trotz der Parallelen distanziert sich Taylor von Scheler jedoch in zwei Punkten. Im Unterschied zu Scheler, der die Schuld als negativ und die Reue als positiv versteht, betrachtet Taylor die Möglichkeit, dass die Schuld nicht immer negativ und die Reue nicht immer positiv ist. So kann das Gefühl der Schuld durchaus eine positive Funktion haben, wenn man Formen der Wiedergutmachung sucht. Der andere Punkt, in dem Taylor sich von Scheler entfernt, ist die Idee, dass die Reue eine Wiedergeburt

---

77 G. Taylor, *Pride, Shame and Guilt*, a.a.O., S. 88f.

78 Ebd., S. 93.

79 Ebd.

80 Ebd., S. 96.

bzw. eine Regeneration bzw. einen Gesinnungswandel impliziert, denn Bereuen heißt, wie Taylor treffend bemerkt, nicht immer, dass man sich tief verwandelt.

Trotz der Kritikpunkte bleibt aber Taylors Analyse in den Bahnen der Scheler'schen Analyse der Reue: Sie begrenzt die Untersuchung des Phänomens auf den Bereuenden selbst, und die intersubjektive Dimension wird kaum berücksichtigt. Indem man die Reue als Selbstversöhnungsphänomen versteht, bleiben die Anderen von diesem Gefühl ausgeschlossen. Obwohl ich meiner Tat oder Untat einen anderen Sinn gebe und sie somit nicht mehr meine Zukunft determiniert, weil ich mich mit mir selbst versöhnt habe, hat doch die Tatsache, dass ich etwas getan oder nicht getan habe, schon damals meinen Werdegang beeinflusst und bestimmt, und das ist nicht zu ändern. In Bezug auf meine mitmenschlichen Beziehungen hat das Konsequenzen: Dass ich jemanden verletzt habe, kann in der Reue in einem anderen Licht gesehen werden, doch ist es unabänderlich, und meine Tat bestimmt weiterhin meine Beziehung zu dem, den ich verletzt habe.[81]

Die Beschränkung der Scheler'schen Auffassung – die sich auch bei Taylor widerspiegelt – hat Esser in *Das Phänomen Reue* aus einer phänomenologischen Perspektive heraus zu überschreiten versucht. Reue ist nach Esser eine angemessene Antwortreaktion auf die Schuld, ein positiver Akt, der uns die Freiheit ermöglicht.[82] Vier Charakteristika definieren den Gegenstand des Phänomens: „1. Es handelt sich jeweils um ein *Tun* oder *Nicht-Tun*, eine Unterlassung. 2. Dieses Tun ist immer ein *Getan-Haben*, d.h. es liegt in der Vergangenheit. 3. Dadurch, dass es geschehen ist, handelt es sich um eine bestimmte faktische Tat oder Un-Tat. 4. Die jeweilige Tat ist immer *meine* Tat, d.h. ich kann immer nur bereuen, was ich selbst getan habe."[83] In Bezug auf den ersten Punkt konkretisiert er, es könne nicht nur um ein Tun oder Nicht-Tun gehen, sondern auch um ein Sosein. So kann man bereuen, unachtsam oder untreu gewesen zu sein, und nicht nur, eine Tat begangen zu haben.

Aufgrund solcher Differenzierung unterscheidet Esser wie zuvor Scheler zwischen Tatreue und Seinsreue. Auch hier ist der Ausgangspunkt der Reue die Schuld. Die Erkenntnis der Schuld spaltet uns demnach in der Reue in ein damaliges, schuldiges Ich und in ein Ich, das nicht schuldig sein will. Die Schuld versteht Esser als einen Verstoß gegen ein Gesetz oder Gebot, aber er führt einen neuen Punkt ein, der seine Analyse von derjenigen Schelers unterscheidet: Schuld entsteht immer in Bezug auf Andere. Schuld entsteht entweder aus einer großen Nähe, etwa wenn man in einen Tabubereich eindringt, oder aus einer großen Ferne zu dem Anderen, wenn ich mich ihm entziehe, während ich eigentlich da sein sollte. Essers Interpretation erlaubt es, die Schuld als objektiv zu betrachten, so dass ein außenstehender Betrachter sie erkennen kann. Gleichzeitig aber ist sie etwas Inneres, da sich die Schuld als meine Schuld offenbart.

Das verortet die Reue in einem intersubjektiven Horizont. Wenn man sich die Frage stellt „Wie konnte ich solches tun?" und somit seine Schuld erkennt, sieht man das, was man getan oder nicht getan hat, was man war oder nicht war, in einem anderen Licht.

---

81 A. Esser, *Das Phänomen Reue. Versuch einer Erhellung ihres Selbstverständnisses*, Köln/Olten 1963, S. 134.

82 Damit wendet er sich gegen Sartre, der die Reue als eine Negation der Freiheit ansieht.

83 A. Esser, *Das Phänomen Reue*, a.a.O., S. 47.

Diese neue Perspektive wird nach Esser dadurch eröffnet, dass nicht das Geschehen eine Änderung erfährt, sondern der Betrachter des Geschehens sich verändert hat. So schreibt er: „Das Geschehen, das der Schuld zugrunde liegt, ist dank seiner Faktizität ein der Vergangenheit Angehöriges; darin liegt, daß es als ein solches abgeschlossen und fertig, d.h. unabänderlich ist. Also kann nur ich selbst als Betrachter eine Änderung erfahren."[84] Der Grund dafür, dass wir nun das Geschehen mit anderen Augen sehen, ist der, dass wir uns der Schuld bewusst werden bzw. die „Schuldanrichtung"[85] anerkennen. Durch die Herausarbeitung dieses Begriffes wird die Rolle der Anderen wiedergewonnen, die in Schelers Aufsatz und auch bei Taylor verloren ging. Auf die erkannte Schuld kann man verschiedenartig reagieren: vergessen, resignieren, Trotz empfinden, bedauern oder bereuen. Aber nur die Reue ist der Erkenntnis der Schuld angemessen. So ist der Sinn der Reue nicht eine Wegnahme des Schulddrucks, wie sie es offenbar bei Scheler ist, sondern das Erkennen der Schuld und dessen, was Esser als Schuldanrichtung bezeichnet. Die Schuldanrichtung ist „die Weise, wie ich mich in dem Geschehen des Schuldsachverhaltes an jemanden richte, und zwar so, dass ich gerade damit den Anderen als Partner und als Person umgehe und ihn degradiere zu einem verrechenbaren Moment, das ich gemäß seiner Zweckdienlichkeit meinen Absichten und Plänen unterordnen kann"[86]. So erkenne ich, dass ich schuldig bin und durch meine Taten oder Untaten andere betroffen wurden. Das bedeutet, dass ich die Perspektive des Anderen übernehme. Somit wird hier die Reue auch in ihrem intersubjektiven Moment verstanden.

Esser interpretiert die Reue als Antwort auf die Schuld und verleiht ihr eine mitmenschliche Dimension. Die Reue-Instanz tritt als „ein übergeordnetes Gegenüber auf, vor welchem die Reue geschieht"[87]. Der Gedanke der Reue-Instanz impliziert ein Forum, vor dem die Reue stattfindet. Sie findet gleichsam zwischen zwei Gesprächspartnern statt, wobei der Bereuende in einer subordinierten Position ist und die Bereitschaft zeigt, sich etwas sagen zu lassen. Esser beschreibt den Sinn dieser Situation so: „Diese Unterordnung zeigt sich als ein Sich-etwas-sagen-lassen-Müssen. Nur auf dem Boden einer prinzipiellen Bereitschaft, sich auch gerade das sagen zu lassen, was man nicht hören möchte, ist Schuldoffenbarung möglich. In dieser Bereitschaft aber habe ich immer schon dem zu mir sprechenden Partner die Geltung einer Instanz zuerkannt."[88] Das Gegenüber kann ein Mitmensch, es kann Gott oder ich selbst sein, so dass die Reue soziale Reue, religiöse Reue oder Selbstreue sein kann. Wichtig bei der Reue ist, dass ich den Partner als solchen anerkenne und damit die Beziehung zum Anderen, die ich gestört habe, wiederhergestellt wird. Die Schuld kann dann durch die Anerkennung des Anderen weggeräumt werden. Die Reue geschieht nicht in der Gewissheit, dass der Andere uns vergeben wird, sondern in einer Ohnmacht und Nichtigkeit, aber mit der Hoffnung auf eine Versöhnung. Die Hoffnung auf eine Versöhnung ist nach Esser die

[84] Ebd., S. 70.
[85] Ebd., S. 71.
[86] Ebd., S. 72.
[87] Ebd., S. 176.
[88] Ebd., S. 177.

Reue selbst. Allerdings bleibt auch in seinem Beitrag die Bedeutung des Anderen in einem Punkt relativiert, denn er versteht Gott als letzte Schuld- und Reue-Instanz.[89]

Eben diesen Punkt hat Wallroth kritisiert: „In Essers Sicht ist es fraglich, ob sich der betroffene Mitmensch überhaupt als ursprünglicher Partner und damit allererst als Schuld- und Reue-Instanz begreifen läßt, wenn er nicht in seiner Gottesebenbildlichkeit erkannt wird. Hier ließe sich zumindest die Gegenfrage stellen, ob die Erkenntnisrelation nicht genau umgekehrt zu denken sei."[90] Wegen Essers letztlicher Verortung der Reue in einem religiösen Horizont schlägt sein Versuch, die intersubjektive Dimension wiederzugewinnen, in gewissem Maße fehl. In „Der Wert der Reue" versucht Wallroth eben dieser theologischen Dimension, die auf Scheler zurückgeht, zu entkommen. Einem Vorschlag von Raimond Gaita folgend, versteht Wallroth die Reue als eine Emotion, die Täter und Opfer vereinzelt und dann in dieser Vereinzelung aufeinander bezieht. Der Täter wird in der Reue durch das Opfer verfolgt. Das verlangt aber eine Wiedergutmachung, damit die Beziehung restituiert wird, was wichtig ist, denn es „verweist damit auch auf die Zufügung eines Übels, das zugleich ein Übel für den Täter ist"[91]. Das macht dem Täter klar, dass er einem Anderen ein Übel zugefügt hat, und damit auch sich selbst, so dass eine Wiedergutmachung verlangt ist. Eine solche Wiedergutmachung soll nach Wallroth im Rahmen der Beziehung zwischen Täter und Opfer und des Täters zu sich selbst verstanden werden.

7.5. Hochmut und Demut

Hochmut und Demut sind emotionale Haltungen, die den Charakter einer Person offenbaren. Beide Selbstgefühle werden aber in der heutigen Debatte außer Acht gelassen, eine Tatsache, die m.E. im verbreiteten Vorurteil wurzelt, beide Phänomene seien nur in einem religiösen Kontext zu verstehen, und in der Tendenz, die Thematik des Charakters nur aus einer psychologischen Sicht zu analysieren. Was die Struktur von Hochmut und Demut angeht, so hat eine Gruppe von Frühphänomenologen beide Phänomene ausführlich untersucht. Hinter den Untersuchungen Voigtländers, Schelers und Kolnais steht erneut ein Interesse an den ethischen Implikationen solcher Haltungen. Eben die ethische Dimension sollte für die Philosophie zurückgewonnen werden.

Voigtländers These lautet, dass Hochmut ein Selbstgefühl ist, das sich in einer Gesinnung des Verachtens und Hassens gegenüber anderen Menschen auslebt. Im Hochmut bewertet man die anderen als minderwertig und versucht damit, sich selbst höher zu stellen. Dagegen erlebt man sich in der Demut als einer geliebten Person oder Gott untergeordnet. Voigtländer merkt an, dieses Untergeordnetsein habe mit einem herabgesetzten

89 Ebd., S. 181f.

90 M. Wallroth, „Der Wert der Reue. Schelers Analyse der Reue im Lichte neuerer angelsächsischer Beiträge", in: C. Bermes/W. Henckmann/H. Leonardy (Hg.), *Vernunft und Gefühl*, a.a.O., S. 51–63, hier S. 59.

91 Ebd., S. 60.

Selbstwertbewusstsein nichts zu tun: „Es findet keinerlei Negierung, keine Depression, keine Entmutigung statt, sondern eher eine Erhebung des Wertgefühls, die aber erlebt wird in Ansehung der Sache oder der Person, der man sich hingibt [...].“[92] Demut ist insofern eine Erhöhung des Anderen und in dieser Erhöhung fühlt man sich auch erhöht.

In „Zur Rehabilitierung der Tugend“ versteht Scheler die Demut als Tugend. Die Charakterisierung derselben wird vom Vergleich mit dem Stolz her versucht. Stolz gibt es prinzipiell in zwei Formen: Stolz auf etwas und Seinsstolz. „Stolz auf etwas“ ist auf Liebe aufgebaut, so Schelers These. Er kommt vor, wenn wir etwa sagen, dass wir auf einen geliebten Menschen oder unsere Arbeit stolz sind. „Seinsstolz oder absoluter Stolz“ ist hingegen in einem anderen Sinne zu verstehen. Das ist der Stolz auf den eigenen ethischen Wert, als ob er der höchste aller möglichen Werte wäre: „Es gibt nur *einen* Stolz, der teuflisch ist: Das ist der Stolz auf den eigenen moralischen als den höchsten Wert, der Sittenstolz oder das Laster des Engels, der fiel.“[93] Diese Art von Stolz hat mit Liebe nichts zu tun, denn sie lässt die Welt und die Anderen verarmen, und das Subjekt bleibt ichzentriert.

Den Seinsstolz beschreibt Scheler wie folgt: „Die eigentliche Hölle, das ist der Nichtbesitz der Liebe. Und diesem Vakuum der Liebe zu beweget sich der das Ich immer enger und enger einkreisende, das Wertbewusstsein immer stärker und stärker auf den bloßen Punkt des Ich einspannende Stolz entgegen.“[94] Diese Definition ist vor einem theologischen Hintergrund formuliert worden, von dem ich absehe. Der Vergleich mit der christlichen Hölle bedeutet nämlich nur, von einem Reichtum an Werten umgeben zu sein und sie nicht fühlen zu können aufgrund der eigenen geschlossenen Haltung, die uns blind macht. Was Scheler meint, ist, dass man sich im Seinsstolz auf das eigene Ich beschränkt und damit auch den eigenen Werthorizont begrenzt. Seinsstolz ist daher Isolation: „Der Stolze, dessen Auge auf seinem Wert – wie gebannt – hängt, lebt notwendig in Nacht und Finsternis. Seine Wertewelt verdunkelt sich von Minute zu Minute; denn jeder erblickte Wert ist ihm wie Diebstahl und Raub an seinem Selbstwert. [...] Im Gefängnis seines Stolzes eingeschlossen, wachsen und wachsen die Wände, die ihm das Tageslicht der Welt absperren.“[95] Die These lautet: Der Anspruch auf Unabhängigkeit von der Welt aufgrund einer Zufriedenheit mit dem eigenen Wert führt zu absoluter Isolation von der Welt und den Anderen. Die Wertblindheit gilt auch in Bezug auf das Selbst, in dem Sinne, dass es von sich selbst nichts anderes als den einmal ausgemachten Wert erfassen kann. Selbsterkenntnis und Selbstwissen sind ebenfalls betroffen. Schelers Seinsstolz lässt sich m.E. mit dem Hochmut gleichsetzen. Wegen jener Wertblindheit ist der Hochmut ein Modus des Hasses: In diesem entscheidenden Punkt entfernen sich der Stolz und der Seinsstolz oder Hochmut voneinander, insofern der erste ein Modus der Liebe ist, der zweite nicht.

---

92 E. Voigtländer, *Vom Selbstgefühl*, a.a.O., S. 58.

93 M. Scheler, „Zur Rehabilitierung der Tugend“, in: ders., *Gesammelte Werke*, Band 3, Bern 1972, S. 13–31, hier S. 19.

94 Ebd.

95 Ebd., S. 21.

Dem Seinsstolz oder Hochmut gegenüber steht die Demut. Demut ist nach Scheler – genauso wie nach Voigtländer – weder Bescheidenheit noch Unterwürfigkeit. Demut und Bescheidenheit unterscheiden sich in zwei Punkten. Bescheidenheit wird als ein Wettlauf zwischen Scham und Eitelkeit beschrieben, in dem die Scham gewinnt. Demut dagegen ist nicht mit Scham verbunden. Die Bescheidenheit ist eine soziale Haltung, die immer in Referenz auf andere Menschen verstanden werden muss. Die Demut dagegen wird von Scheler als sehr persönlich verstanden und nicht unbedingt in der mitmenschlichen Welt verortet. Andererseits grenzt sich die Demut von der Unterwürfigkeit ab. Der Unterwürfige will herrschen, und da er es nicht kann, dient er; der Demütige dagegen ist der geborene Herr. Die Haltung der Unterwürfigkeit ist die Dienstbereitschaft, und in ihrem Zentrum steht eigentlich das Herrschenwollen. Bei der Demut ist das Gegenteil der Fall: Die Haltung ist die des Herrschenwollens, und in ihrem Zentrum steht die Dienstbereitschaft.

Schelers These lautet, dass die Demut einen Vergleich des eigenen Wertes mit einem Idealen impliziert, das er als Gott bezeichnet. In diesem Vergleich erkennt der Demütige, dass er weit entfernt ist vom Idealen, und eben jene Anerkennung macht die Demut so wertvoll, denn der Demütige behält eine sehr offene Haltung für die Entdeckung neuer Werte. Somit erweist sich die Demut nach Scheler als Modus der Liebe: „Demut: das ist ja eben die Bewegung der Selbsterniedrigung, die Bewegung also des Herkommens von oben, des Kommens aus der Höhe, des Sichhinabgleitenlassens Gottes zum Menschen, des Heiligen zum Sünder – diese freie, kühne, angstlose Bewegung eines Geistes, dessen selbstverständliche Fülle ihm selbst noch den Begriff der Selbstverschwendung unfasslich macht; der sich nicht ‚verbergen' kann, da er selbst nur quellendes Geben *ist*."[96] Die Charakterisierung der Demut als Modus der Liebe impliziert, dass die Demut uns für neue Werte offen macht.

Ebenso beschreibt Scheler die Demut als Entspannung der Seele und als Fähigkeit, sich in den Sachen zu verlieren, offen für die Werte zu sein. Damit vollzieht der Demütige die entgegengesetzte Bewegung zum Hochmütigen, der denkt, sein Wert sei der höchste, und sich in dieser Zufriedenheit – zu Unrecht – aufsteigen sieht. Hochmut und Demut erweisen sich daher als Gegensätze, obgleich beide als Selbstgefühle oder Haltungen interpretiert werden. Die Tatsache, dass Scheler das eine als Wertblindheit und das andere als Modus der Liebe interpretiert, scheint mir darauf hinzuweisen, dass beide, Hochmut und Demut, einen Einfluss auf das Fühlen ausüben. Dadurch, dass Scheler Gott als Vergleichsmaßstab heranzieht, gerät seine Interpretation des Phänomens allerdings als ganze in einen theologischen Horizont. Die Gleichsetzung des Idealen mit Gott wäre aber gar nicht nötig; wir können jenes Ideale mit einem idealen Ich gleichsetzen, von dem wir glauben, sehr weit entfernt zu sein. In beiden Richtungen geht dennoch die intersubjektive Dimension, auf die Voigtländer hinwies, verloren, denn die Tatsache, dass die Demut in einem mitmenschlichen Horizont und nur in ihm zu verstehen ist, wird von Scheler nicht berücksichtigt.

In derselben interpretativen Richtung wie Scheler versteht Kolnai den Hochmut im Aufsatz „Über den Hochmut". Auch er beginnt mit einer Unterscheidung zwischen Hochmut und anderen Gefühlen. Zunächst unterscheidet er zwischen Stolz und Hochmut.

[96] Ebd., S. 25.

Während der Stolz immer Stolz auf etwas ist, ist der Hochmut niemals auf etwas gerichtet.[97] Außerdem ist der Stolz immer ein Fühlen von Werten (und daher eine Emotion im Sinne Kolnais), der Hochmut dagegen eine Haltung, die sich am Eigenwert der Person orientiert. Eine dritte Unterscheidung liegt darin, dass die Beziehung zum Ich nach Kolnai in beiden Fällen unterschiedlich ist. Der Stolze reagiert auf eigene Werte und sagt sich: „Ich bin es, der dies und das tat" und unterscheidet dabei zwischen den Werten des Ich und sich selbst. Der Hochmütige sagt: „Ich bin Ich"[98], und verwechselt die Werte, die er in sich findet, mit sich selbst. Noch ein weiterer Unterschied ist im Weltbezug bei beiden Phänomenen zu finden. Der Stolze übertreibt seine Bedeutung für die Welt; allerdings gibt es für ihn immer noch eine Welt, auf die er sich bezieht. Der Hochmütige dagegen lebt in einer Welt, die auf ihn selbst begrenzt ist, und nur insofern existiert, als sie für ihn selbst eine Bedeutung hat. Er ist blind für andere Werte. Daher charakterisiert Kolnai den Hochmut als „Inkommensurabilität" und „Unzugänglichkeit gegen jede Relativierung".[99] Der fünfte Unterschied: Während der Stolze die Verbindung zu den Anderen und zu der Welt beibehält, hat der Hochmütige die Fäden dieser Verbindung verloren. Daher hat der Stolze in der Ordnung seiner Welt den höheren Platz, der Hochmütige dagegen ist sein einziger Herr.

Damit folgt Kolnai den Hauptthesen Schelers und vergisst ebenfalls die mitmenschliche Ebene des Hochmuts, d.h. die Tatsache, dass der Hochmut sich in der Verbindung mit einem Anderen bildet. Er unterscheidet zwischen Hochmut und Persongefühl oder Individualismus, denn Hochmut setzt nach Kolnai einen „Apriorismus des Selbstwertgefühls"[100] voraus, was beim Persongefühl nicht der Fall sei. Außerdem kann der Hochmut kollektiv sein; ein Punkt, den Scheler übersehen hat. Hochmut wird auch von der Eitelkeit unterschieden, denn während die Eitelkeit übertrieben auf die Umwelt achtet, achtet der Hochmut auf die Umwelt überhaupt nicht. Zusammenfassend lässt sich sagen: Hochmut ist nach Kolnai ein besonderes Selbstgefühl, das sich nicht auf Objekte richtet. Hochmut ist ein Akt, in dem das Ich seine Grundhaltung in der Welt offenbart: „Im ‚Akte' selbst, gleichviel welche seine unmittelbare Intentionsrichtung sei, steckt der Hochmut, jene merkwürdige, ideell ‚zerstörerische' Rückbiegung der Intention auf ihr ‚Subjekt', gleichsam ihren abstrakten Ausgangspunkt, ihre dem Gegenstand gegenüber eingenommene ‚Blickhöhe' hin; – jener innere Widerruf der oberflächenhaft vollzogenen Gegenstandsintention."[101] Der Hochmut ist als Grundhaltung für unseren Weltzugang bestimmend, er macht uns für Werte blind und bedeutet daher eine Verarmung. Da der Hochmut zur Isolation führt und unsere Bindungen zur Welt zerstört, setzt Kolnai ihn in Bezug zum Bösen, so wie Scheler ihn mit der Hölle verbunden hat. Der Hochmut ist insofern auch für Kolnai ein Modus des Hasses im Sinne der Wertblindheit und entsprechenden Weltverarmung.

---

[97] A. Kolnai, „Der Hochmut", in: *Philosophisches Jahrbuch der Görres-Gesellschaft* 44 (1931), 2, S. 153–331, hier S. 154.

[98] Ebd., S. 155.

[99] Ebd., S. 156–158.

[100] Ebd., S. 157.

[101] Ebd., S. 159.

In der heutigen Literatur hat Gabriele Taylor eine Analyse des Stolzes und des Hochmuts versucht. Taylor differenziert zwischen „Pride“ (Stolz), „Conceit“ (Stolz auf sich selbst) und „Arrogance“ (Hochmut). In dieser Unterscheidung zeigen sich Parallelen zu Schelers und Kolnais Auffassungen. Eine Parallele ist der Unterschied zwischen Stolz auf sich selbst und Hochmut. Stolz auf sich selbst oder „conceit“ setzt laut Taylor einen Vergleich mit anderen voraus, in dem man sich zu bestätigen versucht. Somit ist er sozial und ein „look for the applause of others“[102]. Hier handelt es sich um eine Emotion: Man reagiert auf gefühlte eigene Werte, die man in der Interaktion mit anderen erkennt. Hochmut oder „arrogance“ dagegen nimmt die eigene Überlegenheit als garantiert an und braucht die Verbindung zu anderen nicht: Der Hochmütige braucht keinen Applaus und ist „self-sufficient“. Der Hochmut ist keine Emotion, sondern ein Charakterzug. Allerdings führt Taylor einen wichtigen Punkt ein, der ihre Position von der frühphänomenologischen unterscheidet. Taylor berücksichtigt nämlich die intersubjektive Dimension von Hochmut oder „arrogance“. Während bei Scheler und Kolnai der Hochmut als totale Isolation des Subjekts und die Demut als Bezug zu Gott verstanden wird und beide in einem theologischen Horizont verortet werden, der die Mitmenschlichkeit ausschließt, versteht Taylor Hochmut und Demut im Rahmen der Beziehungen zu anderen Menschen. Damit ist ihre Analyse viel näher an der Erfahrung als die frühphänomenologische.

Eine weitere Analogie besteht darin, dass Taylor beide Haltungen nicht intellektualisiert, indem sie sie nicht auf eine Kette von Urteilen und Denkakten zurückzuführen versucht, sondern andere Elemente des Lebens des Subjektes in Anspruch nimmt: biographische Episoden, in der Vergangenheit gebildete Gedankengänge usw. Allerdings entstehen in Taylors Analyse einige problematische Aspekte. Zwar reduziert sie die Emotionen nicht auf Urteile, doch Urteile individuieren nach Taylor die Emotionen.[103] Der leibliche Aspekt spielt dagegen für Taylor keine Rolle. Diese These führt zu einem zweiten Problem. Ihr zufolge lassen sich Hochmut und Demut durch ein individuierendes Urteil erklären. Das jedoch ist nicht besonders überzeugend, denn Urteile richten sich auf etwas Konkretes, in Bezug auf das sie richtig oder falsch sein können. Hochmut und Demut können zwar Urteile implizieren, aber man ist nicht hochmütig auf etwas, und der Hochmut hat keine Bedingungen von „Angemessenheit“. Hier handelt es sich um Lebenshaltungen, bei denen Urteile eine Rolle spielen, die sich aber nicht durch Urteile individuieren lassen. In dieser Hinsicht scheint mir die These der Phänomenologie überzeugender, die Hochmut und Demut als Haltungen versteht. Ein drittes Problem entsteht aus Taylors Charakterisierung des Objekts des Stolzes. Ausgehend von Hume behauptet sie, im Stolz hätten das Selbst und das Objekt des Stolzes eine sehr enge Beziehung. Allerdings versucht sie, diese These in Termini von Urteilen zu klären, denn gegen Hume behauptet sie, der Stolz habe das Selbst nicht als Objekt.

Mir scheint jedoch diese Verbindung nicht im Sinne von Urteilen erklärbar zu sein, sie muss vielmehr in affektiver Hinsicht interpretiert werden. Das finden wir in der heutigen Literatur z.B. von Michael Stocker dargestellt: „[O]nly the proud people focus on – or

---

102 G. Taylor, *Pride, Shame and Guilt*, a.a.O., S. 49.

103 Vgl. in diesem Sinne auch Peter Goldies Kritik an Taylor. P. Goldie, *The Emotions*, a.a.O., S. 45.

better, *take* – these qualities *personally.*“[104] Im selben Sinne: „It is not enough for taking something personally that one holds ‚This is mine‘ or ‚This affects me‘. You can recognize that something good is your own but not care about yourself because of it. Nor is it enough to say that taking something personally is taking it from your own point of view. As noted earlier, your own point of view comes in different varieties: for example, proud or thankful ones. This goes some way toward showing that the notion of taking things personally cannot be explained in terms of a purely cognitive understanding of a structural relation: for example, seeing this to be your own. Rather, that notion must be understood in terms of at least partially affective ways of taking those things.“[105] Urteile reichen demnach nicht. Ich kann etwas als wertvoll beurteilen und trotzdem keinen Stolz empfinden. Daher wird der Faktor einer Einstellung benötigt, die sich nur affektiv erklären lässt.

7.6. Liebe und Hass

Das meistuntersuchte Phänomen in der Frühphänomenologie ist die Liebe. Alexander Pfänder bezeichnet sie zusammen mit dem Hass als Hauptphänomen der Klasse der Gesinnungen. Else Voigtländer, Max Scheler und José Ortega y Gasset widmen dem Phänomen mehrere Aufsätze. Edith Stein macht in ihrem Werk zahlreiche Bemerkungen über die Liebe und Kolnai schreibt einen Aufsatz über den Hass. In all diesen Texten schließen die Frühphänomenologen an eine alte philosophische Tradition an, die teils christlich, aber auch in der arabischen Philosophie zu finden ist, nach der die Liebe eine Sonderstellung innerhalb der Gefühle hat, die sie von den anderen Emotionen trennt. Daher sprechen Pfänder, Voigtländer und Stein von der Liebe als einer Gesinnung, Scheler von einem fundierenden Akt des Fühlens und Ortega y Gasset von einem aktiven Gefühl. Die Sonderstellung wird dadurch bestimmt, dass die Liebe von ihrem Objekt unabhängig zu sein scheint: Auch den Menschen, von dem wir wüssten, dass er der allerschrecklichste ist, könnten wir lieben. Die frühphänomenologischen Thesen werde ich hier deshalb behandeln, weil die Beschreibungen und Analysen zu der Erkenntnis führen, dass beide Phänomene von großer Bedeutung für die anthropologische Philosophie sind, da sie die menschliche Struktur gestalten und den Zugang des Menschen zur Welt bestimmen. Die Hauptfrage ist die Sonderstellung der Liebe und des Hasses gegenüber anderen Emotionen.

Pfänder – wie später auch Voigtländer und Stein – versteht die Liebe (und den Hass) als Gesinnung. Gesinnungen sind eine besondere Sorte affektiver Phänomene, zu der neben der Liebe und dem Hass auch die Freundschaft und die Feindschaft, das Wohlwollen und das Übelwollen gehören. Stein scheint die Gesinnungen als Gefühle zu verstehen, die sich auf Personen richten,[106] und Kolnai definiert sie als Phänomene mit einer ausgeprägten Gegen-

[104] M. Stocker/E. Hegeman, *Valuing Emotions*, a.a.O., S. 251.

[105] Ebd., S. 252.

[106] E. Stein, *Zum Problem der Einfühlung*, a.a.O., S. 113.

standsintention.[107] Nach Pfänder richten sich Gesinnungen jedoch nicht nur auf Personen, sondern auch auf Tiere, Pflanzen, körperliche Dinge, soziale Gemeinschaften, kulturelle Gebilde, übermenschliche Wesen usw. Sie unterscheiden sich in zweierlei Hinsicht von den Gefühlen. Ein erster Unterschied betrifft die Verbindung mit ihren Objekten: Gefühle sind nach Pfänder Zuständlichkeiten, Gesinnungen dagegen charakterisieren sich durch eine Art „Überbrücken" der Distanz zwischen Subjekt und Objekt und sind daher „zentrifugal".[108] Das impliziert, dass bei den Gesinnungen vom Subjekt als Ausgangs- und Erzeugungspunkt aus eine Bewegung zum Objekt entsteht (und niemals umgekehrt). Das Subjekt hat hier außerdem eine spezifische Stellung in Bezug auf das Objekt: Je nachdem, wie das Objekt innerlich erlebt wird, kann das Subjekt übergeordnet, gleichgeordnet oder untergeordnet sein. So ist die Freude als Gefühl eine Antwort auf etwas Erfreuliches, eine Liebe antwortet dagegen auf nichts, sie ist eine Bewegung des Liebenden zum Geliebten. Diese Liebe kann – im Gegensatz zur Freude – in ihrer Beziehung zum Objekt unterschiedlich sein. Die Liebe eines Kindes zur Mutter ist untergeordnet, weil es eine Richtung des seelischen Aufblickens nach oben gibt, da nicht beide Glieder der Vereinigung gleichgewichtig sind; eine gleichgeordnete Gesinnung ist demnach etwa die kameradschaftliche Liebe, eine übergeordnete Liebe ist etwa die Liebe der Mutter zum Kind. Ein zweiter Unterschied zwischen Gesinnungen und Gefühlen betrifft die Beteiligung von Lust und Unlust. Gefühle schwanken zwischen den Polen der Lust und Unlust, Gesinnungen nicht. Eine Freude ist immer lustvoll, eine Liebe kann unlustvoll sein. Obwohl Pfänder Lust und Unlust von den Gesinnungen trennt, vertritt er die These – die auch Kolnai übernimmt – einer möglichen Beeinflussbarkeit von Gefühlen der Liebe durch solche der Lust bzw. von Gefühlen des Hasses durch solche der Unlust. Aus der Lust an einer Sache kann demnach leichter Liebe entstehen. Eben das ist nach Pfänder der Grund dafür, dass beide Arten von Phänomenen oft verwechselt wurden.[109]

Eine interessante Unterscheidung Pfänders ist die zwischen „warmen" und „kalten" seelischen Vorkommnissen. Die Gesinnungen, ebenso wie Gefühle und Stimmungen, zeigen gegenüber intellektuellen Akten wie Wahrnehmen, Denken, Aufmerken und Vorstellen und gegenüber dem Streben und dem Wollen eine „seelische Wärme".[110] Diese seelische Wärme wird für den Fall der positiven Gesinnungen als „fördernde, wärmende, belebende Beschaffenheit" oder „wärmende Belebungskraft" beschrieben und für den Fall der negativen Gesinnungen als „ätzende, verbrennende, zerstörende Beschaffenheit" oder „ätzende Virulenz".[111] Damit ist eine besondere Qualität des Fühlens der Gesinnungen gemeint, die ihre Verbindung mit dem Objekt prägt. Ein weiteres Charakteristikum der Gesinnungen – und daher auch der Liebe und des Hasses – ist die Vereinigung mit oder Entzweiung von dem Objekt. Liebe sucht die Vereinigung mit dem geliebten

---

[107] A. Kolnai, *Der ethische Wert und die Wirklichkeit,* Freiburg i.Br. 1927. Anmerkung zu VI, 1., S. 151.

[108] A. Pfänder, *Psychologie der Gesinnungen*, I. Teil, a.a.O., S. 15, S. 9.

[109] Ebd., S. 31. Diese These steht im Gegensatz zu Schelers These der Unterteilung der Gefühle in Schichten, nach der die Möglichkeit der Beeinflussung ausgeschlossen ist.

[110] Ebd., S. 38.

[111] Ebd., S. 40–42.

Objekt, der Hass ist ein Fall von Entzweiungsgefühl, da man bei ihm eine Vertiefung der Kluft oder Distanz zum Objekt will. Gesinnungen werden auch durch Bejahungs- oder Verneinungsakte charakterisiert. Damit sind keine Urteilsakte gemeint, sondern es handelt sich um eine Parteinahme für die Existenz des Objekts. Liebe ist ein Bejahungsakt der Existenz des Geliebten und der Hass ein Verneinungsakt der Existenz des Gehassten.

Max Scheler widmet dem Thema Liebe Teile des Formalismusbuchs und von *Wesen und Formen der Sympathie*, ebenso die Aufsätze „Ordo amoris", „Die christliche Idee der Liebe" und „Liebe und Erkenntnis". In all diesen Schriften wird der Liebe eine Sonderstellung zugeschrieben, wonach sie sich auf keine der Gefühlssorten und keinen der affektiven Akte zurückführen lässt. Liebe ist nach Scheler weder ein sinnliches Gefühl noch eine Emotion im Sinne der seelischen Gefühle oder Persönlichkeitsgefühle; sie ist auch nicht mit dem Fühlen von Werten und den Präferenzakten zu verwechseln. Liebe ist vielmehr ein Phänomen besonderer Natur: ein Urakt oder eine Grundhaltung, die den Kern unserer Persönlichkeit bildet und unseren Wert- und Weltzugang ermöglicht. Als solche ist die Liebe fundierend für jeden anderen Akt.[112] Liebe besteht in einer Bewegung in Richtung des höheren möglichen Wertes, ohne dass der Wert gegeben wäre. Der Hass ist die Bewegung in Richtung des niedrigeren Wertes.

Schelers These lautet: „Liebe […] ist die Bewegung in der Richtung niederer Wert → höherer Wert; und zwar *ohne* dass uns hierbei die *beiden* Werte *gegeben* sein müssten. Gemeinhin ist uns der niedrigere Wert gegeben entweder in einem Fühlen des Wertes, der die Liebe erregt, wie im Falle, wo sofort der Liebesakt einsetzt, oder nach Stattfinden eines Vorzugsaktes zwischen mehreren gegebenen Gegenständen. Aber wie dies auch sei: ‚Liebe' beginnt erst zu dem betreffenden Gegenstande oder Wertträger, wenn jene Bewegung zu einem möglichen höheren Wert des geliebten Gegenstandes einsetzt, wobei noch völlig dahingestellt ist, ob dieser ‚höhere Wert' schon existiert (nur z.B. noch nicht ‚wahrgenommen', ‚entdeckt' ist), oder ob er noch nicht existiert und nur (im idealen und individualen, nicht auf Allgemeingültigkeit abzielenden Sinne des Wortes) an ihm sein ‚soll'. Gerade in dem *Indifferentsein* gegen diese zwei Fälle besteht ein Wesenszug der Liebe."[113] Die Liebe richtet sich demnach auf das Höhersein eines Wertes, ohne dass jener Wert uns gegeben ist. Sie hat daher eine entdeckende Funktion. Es handelt sich um eine Bewegung, die das Höhersein des Wertes des geliebten Gegenstandes intendiert. Insofern sucht die Liebe nicht neue Werte an dem Gegenstand, denn das wäre Zeichen eines Mangels an Liebe, und sie ist auch kein Schaffen des höheren Wertes durch Erziehung. Wir lieben einen Gegenstand so, wie er ist, und mit all seinen Werten, und nicht wie er sein soll, aber in dieser Liebe selbst wird der Gegenstand in einem neuen Licht gesehen, und es werden neue Werte an ihm entdeckt. Die Liebe bedeutet nach Scheler, dass man den Anderen in seiner Realität annimmt. Demnach gehört es zum Wesen der Liebe, dem Anderen seine selbständige Individualität zu lassen.

Was den Hass anbelangt, so hat er nicht wie die Liebe die Aufmerksamkeit fast aller Frühphänomenologen bekommen. Er wird entweder kaum behandelt, oder wenn doch,

---

[112] M. Scheler, „Wesen und Formen der Sympathie", a.a.O., S. 157.

[113] M. Scheler, *Formalismus*, a.a.O., S. 159, auch S. 191.

dann nur als Gegensatz der Liebe.[114] Eine Ausnahme bieten allerdings die Analysen Kolnais in „Versuch über den Hass" und „The Standard Modes of Aversion". Kolnai versteht den Hass als ein eigenständiges Phänomen, das nicht das bloße Gegenteil der Liebe ist.[115]Aus Kolnais Analysen lassen sich einige Thesen über die Wesensmerkmale des Hasses herausdestillieren. Zunächst ist der Hass durch eine negative Grundtönung zu charakterisieren, die ihn anderen negativen Emotionen verwandt macht: etwa der Feindschaft, dem Widerstreben, der Ablehnung, der Antipathie, dem Zorn, dem Ekel und der Verachtung. Diese Grundtönung ist nach meiner Interpretation als eine Qualität des Sichanfühlens dieser Emotion zu verstehen, die mit der ablehnenden Beziehung zum Objekt zu tun hat. Was die Bewegungssuggestionen betrifft, wird der Hass durch die Intention der Vernichtung, Trennung, Entfernung, Zerstörung und Auslöschung des Gegenstandes geprägt.[116] Ganz im Gegensatz dazu umwirbt die Liebe stets ihren Gegenstand, bejaht und vereinigt sich mit ihm. Ein weiteres Merkmal des Hasses ist, dass er viel stärker als andere Gefühle in unserer persönlichen Geschichte und in biographischen Elementen wurzelt.[117] Daher ist der Hass eine Emotion mit „Tiefe" und hat den Charakter einer Haltung statt einer vorübergehenden Emotion.

Ferner lässt sich der Hass dadurch charakterisieren, dass er sein Objekt nicht verändern und schon gar nicht verbessern, sondern es schlechter sehen will. Hass ist ein Heraussuchen schlechter Eigenschaften.[118] Damit ähnelt Kolnais Charakterisierung derjenigen Schelers, der den Hass als Akt versteht, der sich auf die Existenz des niedrigsten Wertes des Gehassten richtet. Charakteristisch für dieses Verhältnis von Subjekt und Objekt des Hasses ist auch eine „dynamische Beziehung", so dass von einer „Daseinsverbundenheit des Fühlenden (Hassenden) mit dem Gegenstande" gesprochen werden kann.[119] Sie ist dafür verantwortlich, dass der Hass ursprünglich nicht auf eine Eigenschaft des Gegenstandes abzielt, sondern zunächst eher als eine abstrakte Gegenkraft zum gehassten Gegenstand erlebt wird. Erst dann werden die bösen Züge am Gegenstand gesucht. Das ist so, weil der Hass keine Antwortreaktion auf einen gefühlten Wert ist,[120] denn im Unterschied zu anderen Emotionen wie dem Ekel richtet sich der Hass auf keine Qualität. Während der Ekel sich auf das „Ekelhafte" richtet, existiert beim Hass laut Kolnai keine Qualität des „Hassenswerten". Bei der Liebe und dem Hass spielt das Subjekt eine beson-

---

114 In *Psychologie der Gesinnungen* vertritt Pfänder die These, dass die Gesinnungen – hauptsächlich Liebe und Hass – in polaren Gegensätzen auftreten. Max Scheler und Aurel Kolnai dagegen vertreten explizit die These, dass es sich um asymmetrische Phänomene handelt.

115 Auch Hans-Peter Krüger liefert eine Analyse des Hasses, die sich an Max Schelers Ressentiment-Analyse orientiert und nach der der Hass nicht das bloße Gegenteil der Liebe ist. Vgl. H.-P. Krüger: „Hassbewegungen. Im Anschluss an Max Schelers sinngemäße Grammatik des Gefühlslebens", in: Deutsche Zeitschrift für Philosophie 54 (2006) 6, S. 867–883.

116 A. Kolnai, „Versuch über den Hass", S. 152; ders., „The Standard Modes of Aversion", a.a.O., S. 590.

117 A. Kolnai, „Versuch über den Haß", a.a.O., S. 151.

118 Ebd., S. 157; A. Kolnai, „The Standard Modes of Aversion", a.a.O., S. 591; A. Pfänder, *Psychologie der Gesinnungen*, I. Teil, a.a.O., S. 97.

119 A. Kolnai, „Versuch über den Haß", a.a.O., S. 157.

120 A. Kolnai, „The Standard Modes of Aversion", a.a.O., S. 592.

dere objektkonstituierende Rolle. So ist der Hass nicht nur vom Gegenstand abhängig, sondern auch und in gleichem Maße vom Subjekt des Hasses.

Kolnais Ansatz zur Verbindung zwischen Subjekt und Objekt beim Hass hat einige ethische Implikationen. Der Hass richtet sich auf etwas, das für böse gehalten wird. Somit offenbart der Hass ein Moralsystem. Als Implikation dieser Tatsache entwickelt Kolnai den Ausdruck „Weltbild des Hasses“[121]. Die Charakterisierung des Objekts als „böse“ ist dafür verantwortlich, dass man das Objekt des Hasses vernichten oder bekämpfen will. Mehr noch: Da das Objekt des Hasses als böse beschrieben wird bzw. als etwas, das eine böse Rolle in der Welt spielt, sollte es nach Auffassung des Hassenden nicht nur von ihm selbst bekämpft werden, sondern von der ganzen Welt: „The intention of hatred is inquisitive, aggressive, propulsive. It impinges not only on the object as such but on its existential status in the world and thereby on the world itself, with an eye on its finiteness: the world is, as it were, ‚too narrow a place to hold us both‘.“[122] Der Hass setzt immer eine Verteufelung und Dämonisierung des Objekts voraus, während laut Kolnai bei der Liebe nicht immer die Beziehung zu einem guten Weltprinzip, wie etwa Gott, derart im Vordergrund steht.

Der andere Phänomenologe, der die Liebe und den Hass ausführlich analysiert hat, ist José Ortega y Gasset, der einen eigenen Beitrag über die Liebe und teilweise auch über den Hass in seinen Texten „Züge der Liebe“, „Für eine Kultur der Liebe“ und „Zur Geschichte der Liebe“ geliefert hat, wobei er die Thesen Pfänders und Schelers aufgegriffen hat. Von Scheler übernimmt er die Thesen, die Liebe und der Hass seien fundierende Akte (wobei die Liebe bei beiden Autoren auch für den Hass fundierend ist), und sie seien keine Antworten auf Werte. Von Pfänder übernimmt er die Thesen, Liebe und Hass besäßen eine „seelische Temperatur“, sie bedeuteten eine Vereinigung mit oder Entzweiung vom Objekt und es handele sich um andauernde zentrifugale Akte.[123]

Obgleich Ortega y Gasset den Rahmen der phänomenologischen Analysen Pfänders und Schelers übernimmt, entwickelt er einen sehr originellen Beitrag, in dem Liebe und Hass als diejenigen Akte charakterisiert werden, die ein „inneres Tun“ [124] gegenüber ihrem Objekt beinhalten, eine aktive Intention, die als solche laut Ortega y Gasset nicht in Gefühlen wie etwa Traurigkeit zu finden ist. So sagt er: „Liebe und Haß aber sind ein beständiges Tun; ob nah oder fern, die Liebe hüllt ihren Gegenstand in eine günstige Atmosphäre, sie ist Liebkosung, Lob, Bestätigung. Der Haß hüllt den seinen, mit nicht weniger Feuer, in eine ungünstige Atmosphäre; er frißt ihn an, er dörrt ihn aus wie ein glühender Schirokko, er hebt ihn virtuell auf und zerstört ihn. Es ist, um es noch einmal zu sagen, nicht nötig, daß dies in Wirklichkeit geschieht; ich spreche von der Intention, die im Haß liegt, von dem inneren Tun, das den Haß zum Haß macht.“[125] Dieses innere Tun ist das, was Liebe und Hass als solche individuiert, meiner Meinung nach ist es sowohl

---

121 A. Kolnai, „Versuch über den Haß“, a.a.O., S. 178.

122 A. Kolnai, „The Standard Modes of Aversion“, a.a.O., S. 593.

123 J. Ortega y Gasset, *Über die Liebe. Meditationen*, Stuttgart 1957, S. 97.

124 Ebd. S. 104.

125 Ebd. Im selben Sinne ist die Vernichtungsintention des Hasses als konstitutiver Aspekt jener Emotion bei Kolnai zu finden. Vgl. A. Kolnai, „Versuch über den Haß“, a.a.O.

als intentional als auch als leiblich zu verstehen, da Ortega y Gasset Namen von Bewegungssuggestionen benutzt, um es zu beschreiben. So wird hier die Idee angedeutet, dass Liebe und Hass trotz ihrer Sonderstellung die Wesensmerkmale der Emotionen zeigen: Leiblichkeit und Intentionalität. Konkret meint Ortega y Gasset, dass sie eine besondere Klasse von Gefühlen bilden, die er als „aktive Gefühle" bezeichnet und die sich von der Klasse der „passiven Gefühle", wie etwa Freude und Trauer, unterscheidet.[126] Das Unterscheidungsmerkmal ist dabei folgendes: Während passive Gefühle Antwortreaktionen auf einen Wert sind, machen die aktiven Gefühle, wie Liebe und Hass, etwas mit dem Objekt, auf das sie sich richten, und offenbaren darin etwas von unserer Persönlichkeit.

Von den phänomenologischen Analysen ausgehend, lässt sich die These einer Sonderstellung der Liebe und des Hasses innerhalb der Emotionen stützen. Beide Emotionen zeigen die Merkmale der Klasse der Persönlichkeitsemotionen. Da ist zum einen ihre Objektgerichtetheit: Als Gefühl soll die Liebe (und der Hass) von den Gefühlen als Antwortreaktionen unterschieden werden, weil es möglich ist, etwas zu lieben, dessen Wert wir nicht erkennen. Es wird also nicht auf einen Wert reagiert, eher ist es so, dass Liebe und Hass etwas mit dem Objekt machen – dass sie sich in besonderer Weise auf ihren Gegenstand richten und ihn in ein anderes Licht setzen. Sie schreiben dem Objekt einen Wert zu. Gründe für Liebe und Hass sind in Wahrnehmungen oder Urteilen nicht zu finden. Liebe und Hass sind ursprünglicher als jene Akte und fungieren selbst als Quelle des Denkens und Wollens. Was die Leiblichkeit der besagten Phänomene betrifft, ist anzuerkennen, dass Liebe nicht immer lustvoll, Hass nicht immer unlustvoll ist. Vor solchem Hintergrund wäre es sinnvoller gewesen, Liebe und Hass nicht aus der Klasse der Emotionen zu verbannen, wie es einige Phänomenologen taten, sondern sie wie Ortega y Gasset als „aktive Gefühle" zu bezeichnen oder – in der Terminologie vorliegender Arbeit – als Persönlichkeitsemotionen.

In der gegenwärtigen analytischen Philosophie hat die Liebe – im Unterschied zum Hass – viel Aufmerksamkeit gefunden und ist eines ihrer zentralen Themen.[127] Das könnte Objekt einer ausführlichen Untersuchung der Parallelen und Unterschiede hinsichtlich dieser Emotion in beiden Traditionen sein, was den Rahmen meiner Untersuchung allerdings sprengen würde. Interessant ist anzumerken, dass auch in der analytischen Philosophie oft für eine Sonderstellung der Liebe gegenüber anderen Emotionen plädiert wird, und zwar in dem Sinne, dass dieses Gefühl als Kern unserer persönlichen Identität verstanden wird. Darin besteht eine Übereinstimmung mit der phänomenologischen Tradition. Und hinter dieser Übereinstimmung verbirgt sich das anthropologische Postulat, dass der Mensch in der Liebe und nicht im Hass seine Bestimmung finde, dass also die Grundhaltung der Offenheit im Bezug zur Welt den Kern der menschlichen Persönlichkeit bilde.

---

126 Ebd., S. 105. Auch S. 129.

127 Vgl. D. Thomä, *Analytische Philosophie der Liebe*, Paderborn 2000.

Literaturverzeichnis

Accarino, B./Schloßberger, M. (Hg.), *Internationales Jahrbuch für Philosophische Anthropologie*, Band 1, Berlin 2008.

Avé-Lallemant, E./Gladiator, R./Kuhn, H. (Hg.), *Die Münchener Phänomenologie.* Vorträge des internationalen Kongresses in München, 13.–18. April 1971, Den Haag 1975.

Avé-Lallemant, E./Spiegelberg, H. (Hg.), *Pfänder-Studien*, Den Haag 1982.

Avé-Lallemant, E., „Die Antithese Freiburg-München in der Geschichte der Phänomenologie", in: Avé-Lallemant, E./Spiegelberg, H. (Hg.), *Pfänder-Studien*, Den Haag 1982, S. 19–38.

Becker, O., „Die Philosophie Edmund Husserls", in: *Kantstudien* 35 (1930), S. 119–150.

Ben-ze'ev, A., *The Subtility of Emotions*, Cambridge/Mass. 2000.

Bermes, C./Henckmann, W./Leonardy, H. (Hg.), *Person und Wert. Schelers „Formalismus" – Perspektiven und Wirkungen*, Freiburg/München 2000.

Bermes, C./Henckmann, W./Leonardy, H. (Hg.), *Vernunft und Gefühl. Schelers Phänomenologie des emotionalen Lebens*, Würzburg 2003.

Bernet, R./Kern, I./Marbach, E., *Edmund Husserl. Darstellung seines Denkens*, 2., verb. Aufl., Hamburg 1996.

Bernet, R., „Zur Phänomenologie von Lust und Scham", in: Bermes, C./Henckmann, W./Leonardy, H. (Hg.), *Vernunft und Gefühl. Schelers Phänomenologie des emotionalen Lebens*, Würzburg 2003, S. 25–39.

Blume, A./Demmerling, C., „Gefühle als Atmosphären? Überlegungen zu Reichweite und Grenzen der gefühlstheoretischen Analysen von Hermann Schmitz", in: Landweer, H. (Hg.), *Gefühle – Struktur und Funktion*, Berlin 2007.

Boruah, B. H., *Fiction and Emotion. A Study in Aesthetics and the Philosophy of Mind*, Oxford 1988.

Brentano, F., *Psychologie vom empirischen Standpunkt*, Band I, Leipzig 1924.

Brentano, F., *Psychologie vom empirischen Standpunkt*, Band II, Hamburg 1959.

Brentano, F., *Vom Ursprung sittlicher Erkenntnis*, Hamburg 1921.

Bühler, K., *Krise der Psychologie*, Stuttgart 1965.

Bühler, K., *Ausdruckstheorie. Das System an der Geschichte aufgezeigt*, Stuttgart 1968.

Calabi, C., „Le Dégoûtant", in: *Critique. Penser les émotions* LV, Nr. 625–626 (1999), S. 512–521.

Calhoun, C./Solomon, R. C., *What is an Emotion? Classic Readings in Philosophical Psychology*, New York 1984.

Cannon, W. B., *Bodily Changes in Pain, Hunger, Fear and Rage*, Boston 1953.

Cavell, M., *The Psychoanalytic Mind. From Freud to Philosophy*, Cambridge/Mass./London 1996.

Centi, B./Gigliotti, G., *Fenomenologia della Ragion Practica. L'Etica di Edmund Husserl*, Neapel 2004.

Conrad-Martius, H., „Edith Stein", in: Stein, E., *Briefe an Hedwig Conrad-Martius*, München 1960.

Damasio, A., *Descartes' Error. Emotion, Reason, and the Human Brain*, New York 2005.

Darwin, Ch., *Der Ausdruck der Gemüthsbewegungen bei dem Menschen und den Tieren*, Stuttgart 1901.

Descartes, R., *Die Leidenschaften der Seele* (Französisch – Deutsch), Hamburg 1984.

de Sousa, R., *The Rationality of Emotion*, Cambridge 1987.

de Sousa, R., „The Rationality of Emotions", in: Oksenberg Rorty, A., *Explaining Emotions*, Berkeley/Los Angeles/London 1980, S. 127–153.

de Sousa, R., „Self-deceptive Emotions", in: Oksenberg Rorty, A., *Explaining Emotions*, Berkeley/Los Angeles/London 1980, S. 283–299.

Döring, S. A./Mayer, V., *Die Moralität der Gefühle*, Deutsche Zeitschrift für Philosophie, Sonderband 4, Berlin 2002.

Döring, S. A./Peacocke, C., „Handlungen, Gründe und Emotionen", in: Döring, S. A./Mayer, V., *Die Moralität der Gefühle*, Deutsche Zeitschrift für Philosophie, Sonderband 4, Berlin 2002, S. 81–104.

Dunlop, F., *The Life and Thought of Aurel Kolnai*, Hampshire 2002.

Ekman, P./Davidson, R. J., *The Nature of Emotion*, New York 1994.

Ekman, P., „All Emotions are basic", in: Ekman, P./Davidson, R. J., *The Nature of Emotion*, New York 1994, S. 15–20.

Ekman, P., *Emotions revealed. Recognizing Faces and Feelings to Improve Communication and Emotional Life*, New York 2004.

Elster, J., *Alchemies of the Mind*, New York 1999.

Elster, J., *Sour Grapes. Studies in the Subversion of Rationality*, Cambridge 2001.

Elster, J., *Strong Feelings. Emotion, Addiction, and Human Behavior*, Cambridge, Mass./London 2000.

Esser, A., *Das Phänomen Reue. Versuch einer Erhellung ihres Selbstverständnisses*, Köln/Olten 1963.

Frank, M., *Selbstgefühl. Eine historisch-systematische Erkundung*, Frankfurt/M 2002.

Frankfurt, H. G., *Necessity, Volition and Love*, Cambridge 1999.

Frankfurt, H. G., *The Reasons of Love*, Princeton and Oxford 2004.

Frankfurt, H. G., *The Importance of What We Care about*, Cambridge 2005.

Freud, S., *Die Traumdeutung*, Frankfurt/M. 1991.

Freud, S., *Das Ich und das Es*, Frankfurt/M. 2005.

Freud, S., *Schriften über Liebe und Sexualität*, Frankfurt/M. 2004.

Freud, S., *Drei Abhandlungen zur Sexualtheorie*, Frankfurt/M. 2004.

Freud, S., *Briefe 1873–1939*, Frankfurt/M. 1960.

Gabás, R., „Schelers Phänomenologie der Gefühle und der Begriff der Stimmung bei Martin Heidegger", in: Bermes, C./Henckmann, W./Leonardy, H. (Hg.), *Vernunft und Gefühl. Schelers Phänomenologie des emotionalen Lebens*, Würzburg 2003, S. 199–215.

García-Baró, M., *Vida y Mundo. La práctica de la Fenomenología*, Madrid 1999.

Geiger, M., „Fragment über den Begriff des Unbewußten und die psychische Realität", in: *Jahrbuch für Philosophie und phänomenologische Forschung* IV, Halle a. d. S. 1921, S. 1–137.

Geiger, M., „Beiträge zur Phänomenologie des ästhetischen Genusses", in: *Jahrbuch für Philosophie und phänomenologische Forschung I*, Tübingen 1974, S. 1–118.

Geiger, M., „Zum Problem der Stimmungseinfühlung", in: *Zeitschrift für Ästhetik VI*, S. 1–42.

Geiger, M., „Das Bewußtsein von Gefühlen", in: *Münchener Philosophische Abhandlungen* (1911), S. 125–162.

Geiger, M., „Über das Wesen und die Bedeutung der Einfühlung", in: *Bericht über den IV. Kongreß für experimentelle Psychologie in Innsbruck vom 19. bis 22. April 1910*, Leipzig 1911, S. 29–74.

Geiger, M., „Bemerkungen zur Psychologie der Gefühlselemente und Gefühlsverbindungen", in: *Archiv für die Gesamte Psychologie*, Band IV, Leipzig 1905, S. 233–289.

Geiger, M., „Alexander Pfänders methodische Stellung", *Neue Münchener Philosophische Abhandlungen* (hg. v. E. Heller und F. Löw), Leipzig 1933, S. 1–16.

Goldie, P., *The Emotions. A Philosophical Exploration*, Oxford 2002.

Goldie, P., „Explaining Expressions of Emotion", in: *Mind* 109 (2000) 433, S. 24–38.

Goldie, P., *On Personality*, London 2004.

Goldie, P., „Imagination and the Distorting Power of Emotion", in: *Journal of Consciousness Studies* 12 (2005) 8–10, S. 130–142.

Green, O. H., *The Emotions*, Dordrecht, Boston, London 1992.

Greenspan, P., „A case of mixed feelings: ambivalence and the logic of emotion", in: Rorty, Amélie O. (ed.), *Explaining Emotions*, Berkeley/Los Angeles 1980, S. 223–250.

Griffiths, P. E., *What Emotions really are,* Chicago 1998.

Haas, W., *Über Echtheit und Unechtheit von Gefühlen*, Nürnberg 1910.

Hayes, S. Perkins, „A study of the affective qualities", in: *American Journal of Psychology* XVII, (Edited by G.Stanley Hall), Worcester/Mass./New York 1906, S 358–393.

Helm, B., „Felt Evaluations", in: *American Philosophical Quarterly*, 39 (2002), 13–30.

Henckmann, W., *Max Scheler*, München 1998.

Henckmann, W., „Person und Wert. Zur Genesis einer Problemstellung", in: Bermes, C./Henckmann, W./Leonardy, H. (Hg.), *Person und Wert. Schelers „Formalismus" – Perspektiven und Wirkungen*, Freiburg/München 2000, S. 11–29.

Henckmann, W., „Über Vernunft und Gefühl", in: Bermes, C./Henckmann, W./Leonardy, H. (Hg.), *Vernunft und Gefühl. Schelers Phänomenologie des emotionalen Lebens,* Würzburg 2003, S. 9–25.

Hermanns, L. M., „Karl Abraham und die Anfänge der Berliner Psychoanalytischen Vereinigung", in: *Abhandlungen zur Geschichte der Medizin und der Naturwissenschaften* 81 (1997).

Honkavaara, S., *The Psychology of Expression*, The British Journal of Psychology. Monograph Supplements, XXXII, Cambridge 1961.

Husserl, E., *Logische Untersuchungen*, Erster Band, G.S. 2 (Hua. XVIII), Hamburg 1992.

Husserl, E., *Logische Untersuchungen*, Zweiter Band, I. Teil, G.S. 3 (Hua. XIX/1), Hamburg 1992.

Husserl, E., *Logische Untersuchungen*, Zweiter Band, II. Teil G.S. 4 (Hua. XIX/2), Hamburg 1992.

Husserl, E., *Philosophie als strenge Wissenschaft*, Frankfurt/M. 1965.

Husserl, E., *Ideen zur einer reinen Phänomenologie*, G.S. 5 (Hua III/1 und V), Hamburg 1992.

Husserl, E., *Die Krisis der europäischen Wissenschaften und die transzendentale Phänomenologie, Gesammelte Schriften*, Band 8, Hamburg 1992.

Husserl, E., *Die phänomenologische Methode*. Ausgewählte Texte I, Stuttgart 1998.

James, W., *The Principles of Psychology*, Band II, New York 1905.

James, W., „What is an emotion?", in: Lange, C. G./James, W., *The Emotions*, New York/London 1967.

Johanssen, C., *Die Bestimmung des Realen in phänomenologischer Perspektive*, unveröff. Magisterarbeit, FU Berlín 2004.

Kenny, A., *The Metaphysics of Mind,* Oxford 1989.

Kenny, A., *Action, Emotion and Will,* London 1963.

Kieran, M. (ed.), *Contemporary Debates in Aesthetics and the Philosophy of Art,* Oxford 2006.

Kochinka, A., *Emotionstheorien. Begriffliche Arbeit am Gefühl,* Bielefeld 2004.

Kolnai, A., „Der Ekel", in: *Jahrbuch für Philosophie und phänomenologische Forschung X,* Tübingen 1974, S. 119–175.

Kolnai, A., „Der Hochmut", in: *Philosoph. Jahrbuch der Görres-Gesellschaft* 44 (1931) 2, S. 153–331.

Kolnai, A., „Versuch über den Haß", in: *Philosoph. Jahrbuch der Görres-Gesellschaft* 48 (1935) 2/3, S 147–187.

Kolnai, A., „Max Schelers Kritik und Würdigung der Freudschen Libidolehre", in: *Imago. Zeitschrift für Anwendung der Psychoanalyse auf die Geisteswissenschaften* XI (1925), S. 135–146.

Kolnai, A., *Der ethische Wert und die Wirklichkeit*, Freiburg i. Br. 1927.

Kolnai, A., „The Standard Modes of Aversion: Fear, Disgust and Hatred", in: *Mind* CVII (1998), S. 581–595.

Kohnstamm, O., *Erscheinungsformen der Seele*, München 1927.

Krüger, H-P, *Zwischen Lachen und Weinen*, Band II, Berlin 2001.

Krüger, H.-P./Lindemann, G. (Hg.), *Philosophische Anthropologie im 21. Jahrhundert*, Berlin 2006.

Krüger, H.-P.: „Hassbewegungen. Im Anschluss an Max Schelers sinngemäße Grammatik des Gefühlslebens", in: *Deutsche Zeitschrift für Philosophie* 54 (2006) 6, S. 867–883.

Kühn, R., „Die Psychiatrie und Alexander Pfänders phänomenologische Psychologie", in: Avé-Lallemant, E./Gladiator, R./Kuhn, H. (Hg.), *Die Münchener Phänomenologie*. Vorträge des internationalen Kongresses in München 13.–18. April 1971, Den Haag 1975, S. 51–74.

Külpe, O., *Grundriß der Psychologie*, Leipzig 1893.

Külpe, O., *Über die moderne Psychologie des Denkens. Internationale Monatschrift für Wissenschaft, Kunst und Technik*, 1912.

Lamarque, P., „How can we Fear and Pity Fictions?", in: *British Journal of Aesthetics*, Vol. XXI, S. 291–304.

Landweer, H., *Scham und Macht. Phänomenologische Untersuchungen zur Sozialität eines Gefühls*, Tübingen 1999.

Landweer, H., „Selbsttäuschung", in: *Deutsche Zeitschrift für Philosophie* 49 (2001) 2, S. 209–227.

Landweer, H., „Phänomenologie und die Grenzen des Kognitivismus", in: *Deutsche Zeitschrift für Philosophie* 52 (2004) 2, S. 467–486.

Landweer, H., „Situation, Leib und Ausdruck bei Helmuth Plessner und Hermann Schmitz", in: Accarino, B./Schloßberger, M. (Hg.), *Internationales Jahrbuch für Philosophische Anthropologie*, Band 1, Berlin 2008 (preprint version benutzt).

Lange, C. G./James, W., *The Emotions*, New York/London 1967.

Lange, C. G., „The Emotions. A Psychophysiological Study", in: Lange, C. G. and James, W., *The Emotions*, New York and London 1967.

Leahey, Th. H., *Historia de la Psicología*, Madrid 2005.

Levenson, R. W., „The Search for Autonomic Specifity", in: Ekman, P./Davidson, R. J., *The Nature of Emotion*, New York 1994, S. 252–257.

Lyons, W., *Emotion*, Cambridge 1980.

MacIntyre, A. C., *The Unconscious*, Bristol 1997.

Meinong, A., „Über emotionale Präsentation", in: ders., *Gesamtausgabe*, Band 3, Abhandlungen zur Werttheorie, Graz 1968.

Meinong, A, *Gesamtausgabe*, Band 4, Über Annahmen, Graz 1977.

Menninghaus, W., *Ekel. Theorie und Geschichte einer starken Empfindung*, Frankfurt/M. 2002.

Métreaux, A., „Edmund Husserl und Moritz Geiger", in: Avé-Lallemant, E./Spiegelberg, H. (Hg.), *Pfänder-Studien*, Den Haag 1982, S. 139–157.

Miller, W. I., *The Anatomy of Disgust*, Cambridge/Mass 1997.

Miller, W. I., *Humiliation. And Other Essays on Honor, Social Discomfort, and Violence*, Ithaca/London 1993.

Montgomery, W., „Charles Darwin's Thought on Expressive Mechanisms in Evolution", in: Zivin, G. (ed.), *The Development of Expressive Behavior: Biology-Environment Interactions*, Orlando 1985, S. 27–50.

Mulligan, K., „The Spectre of inverted Emotions and the Space of Emotions", in: *Acta Analytica* (1998), S 89–105.

Mulligan, K., „From Appropriate Emotions to Values", in: *The Monist* 81 (1998) 1, S. 161–188.

Mulligan, K., „La fenomenologia realista", unveröffentlichte Vortragsreihe in Institut d'Estudis Catalans und Universitat de Barcelona, (Mai 1999–Oktober 1999), Teile davon durch die Verfasserin rezensiert. Siehe unten.

Mulligan, K., „Phenomenology: Philosophical Aspects", in: *International Encyclopedia of the Social and behavioral Sciences*, Elsevier 2001.

Mulligan, K., „Actes Socials i Objectes Socials“, in: *Comprendre. Revista Catalana de Filosofia* IV (2002) 2, S. 193–204.

Mulligan, K., „Husserl on the ‚Logic‘ of Valuing, Values and Norms“, in: Centi, B./Gigliotti, G., *Fenomenologia della Ragion Practica. L'Etica di Edmund Husserl*, Neapel 2004, S. 177–225.

Mulligan, K., „Feelings, Preferences and Values“, unveröffentl. Vortrag, Lissabon August 2005 und Neuchâtel Oktober 2005.

Mulligan, K., „Was sind und was sollen die unechten Gefühle?“, in: Amrein, U., *Das Authentische. Zur Konstruktion von Wahrheit in der säkularen Welt*, Zürich 2006.

Neumayr, A. (Hg.), *Kritik der Gefühle*, Wien 2007.

Nussbaum, M., *The Therapy of Desire: Theory and Practice in Hellenistic Ethics*, Princeton 1994.

Nussbaum, M., *The Upheavals of Thought. The Intelligence of Emotions*, Cambridge 2005.

Ortega y Gasset, J., *Obras completas. El Espectador II*, Madrid 1947–1969.

Ortega y Gasset, J., *Über die Liebe. Meditationen*, Stuttgart 1957.

Ortega y Gasset, J., „Vitalität, Seele, Geist“, in: ders., *Gesammelte Werke*, Band 1, Stuttgart 1954, S. 317–350.

Ortega y Gasset, J., „Für eine Kultur der Liebe“, in: ders., *Gesammelte Werke*, Band 1, Stuttgart 1954, S. 91–109.

Ortega y Gasset, J., „Über den Ausdruck als kosmisches Phänomen“, in: ders., *Gesammelte Werke*, Band 1, Stuttgart 1954, S. 393–415.

Palacios, J. M., „Vorziehen und Wählen bei Scheler“, in: Bermes, C./Henckmann, W./Leonardy, H. (Hg.), *Vernunft und Gefühl. Schelers Phänomenologie des emotionalen Lebens*, Würzburg 2003, S. 135–147.

Pfänder, A., *Phänomenologie des Wollens*, München 1963.

Pfänder, A., *Motive und Motivation*, München 1963.

Pfänder, A., *Zur Psychologie der Gesinnungen*, Halle 1922.

Plessner, H., *Mit anderen Augen. Aspekte einer philosophischen Anthropologie*, Stuttgart 2000.

Plessner, H., „Die Deutung des mimischen Ausdrucks“ (zusammen mit F. J. J. Buytendijk), in: *Gesammelte Schriften* VII, Frankfurt/M. 1982, zuerst 1925/26.

Prinz, J., *Good Reactions. A perceptual Theory of Emotion*, New York 2004.

Pugmire, D., „Real Emotions“, in: *Philosophy and Phenomenological Research*, 54 (1994) 1, S. 105–122.

Pugmire, D., *Rediscovering Emotion*, Edinburgh 1998.

Pugmire, D., *Sound Sentiments: Integrity in the Emotions*, Oxford 2005.

Radford, C., „How can we be moved by the fate of Anna Karenina?“, in: *Proceedings of the Aristotelian Society*, Supplementary Volume XLIX, 1975, S. 67–80.

Ratcliffe, M., „Existential Feeling and Psychopathology“, unveröffentl. Vortrag, Bonn Dezember 2006.

Reinach, A., „Über Phänomenologie“ (Vortrag gehalten in Marburg im Januar 1914), in: *Sämtliche Werke*, Textkritische Ausgabe in 2 Bänden, Band I, *Die Werke*, München 1989, S. 531–550.

Rorty, Amélie O. (ed.), *Explaining Emotions*, Berkeley, Los Angeles/London 1980.

Rutishauser, B., *Max Schelers Phänomenologie des Fühlens. Eine kritische Untersuchung seiner Analyse von Scham und Schamgefühl*, Bern/München 1969.

Sander. A., „Normative und deskriptive Bedeutung des *ordo amoris*“, in: Bermes, C./Henckmann, W./Leonardy, H. (Hg.), *Vernunft und Gefühl. Schelers Phänomenologie des emotionalen Lebens*, Würzburg 2003, S. 63–81.

Scheler, M., *Der Formalismus in der Ethik und die materiale Wertethik. Gesammelte Werke*, Band 2, Bern 1954.

Scheler, M., „Zur Rehabilitierung der Tugend“, in: ders., *Gesammelte Werke*, Band 3, Bern 1972, S. 3–31.

Scheler, M, *Das Ressentiment im Aufbau der Moralen*, Frankfurt/M. 1978.

Scheler, M., „Die Idole der Selbsterkenntnis", in: ders., *Gesammelte Werke*, Band 3, Bern 1972, S. 215–292.

Scheler,M., „Die Psychologie der sogenannten Rentenhysterie und der rechte Kampf gegen das Übel", in: ders., *Gesammelte Werke*, Band 3, Bern 1972, S. 295–309.

Scheler, M., „Vom Ewigen im Menschen: Reue und Wiedergeburt", in: ders., *Gesammelte Werke*, Band 5, Bern 1954, S. 27–60.

Scheler, M., „Die christliche Liebesidee und die gegenwärtige Welt", *Gesammelte Werke*, Band 5, Bern 1954, S. 356–401.

Scheler, M., „Vom Sinn des Leides", in: ders., *Gesammelte Werke*, Band 6, Bern/München 1973, S. 36–72.

Scheler, M., „Liebe und Erkenntnis", in: ders., *Gesammelte Werke*, Band 6, Bern/München 1963, S. 77–98.

Scheler, M., „Zu einer philosophische Lehre von Schmerz und Leiden", in: ders., *Gesammelte Werke*, Band 6, Bern/München 1963, S. 331–333.

Scheler, M., „Wesen und Formen der Sympathie", in: ders., *Gesammelte Werke*, Band 7, hg. von Manfred Frings, Bern/München 1973, S. 9–258.

Scheler, M., „Die Stellung des Menschen im Kosmos", in: ders., *Gesammelte Werke*, Band 9, Bern/ München 1976, S. 7–72.

Scheler, M., „Idealismus – Realismus", in: ders., *Gesammelte Werke*, Band 9, Bern/München 1976, S. 183-242.

Scheler, M., „Über Scham und Schamgefühl", in: ders., *Gesammelte Werke*, Band 10, Bern 1957, S. 67–154.

Scheler, M., „Ordo amoris", in: ders., *Gesammelte Werke*, Band 10, Schriften aus dem Nachlaß, Bonn 1986, S. 345–376.

Scheler, M., „Phänomenologie und Erkenntnistheorie" in: ders., *Gesammelte Werke*, Band 10, Schriften aus dem Nachlaß, Bonn 1986, S. 377–430.

Schloßberger, M., „Philosophie der Scham", in: *Deutsche Zeitschrift für Philosophie* 48 (2000) 5, S. 807–829.

Schloßberger, M., *Die Erfahrung des Anderen. Gefühle im menschlichen Miteinander*, Berlin 2005.

Schloßberger, M., „Die Ordnung des menschlichen Gefühlslebens", in: Krüger, H.-P./Lindemann, G. (Hg.), *Philosophische Anthropologie im 21. Jahrhundert,* Berlin 2006, S. 254–273.

Schmitz, H., *System der Philosophie,* Zweiter Band, Bonn 1965.

Schmitz, H., *System der Philosophie:*, Dritter Band, 2, Bonn 1981.

Schmitz, H., *Der Leib, der Raum und die Gefühle*, Stuttgart 1998.

Schmitz, H., *Was ist neue Phänomenologie?*, Rostock 2003.

Schwankl, P., „Alexander Pfänders Nachlass-Texte über das virtuelle Psychische", in: Avé-Lallemant, E./Gladiator, R./Kuhn, H. (Hg.), *Die Münchener Phänomenologie.* Vorträge des internationalen Kongresses in München, 13.–18. April 1971, Den Haag 1975, S. 75–78.

Slaby, J., „Nicht-reduktiver Kognitivismus als Theorie der Emotionen", in: *Handlung, Kultur und Interpretation. Zeitschrift für Sozial- und Kulturwissenschaften* 13 (2004) 1, S. 50–85.

Slaby, J., *Gefühl und Weltbezug,* Paderborn (im Erscheinen, preprint Version benutzt).

Slaby, J., „Don't Believe the Hype", unveröfftl. Vortrag, Universität Bielefeld 2006.

Smid, R. N., „‚Münchener Phänomenologie' – Zur Frühgeschichte des Begriffs", in: Avé-Lallemant, E./Gladiator, R./Kuhn, H. (Hg.): *Die Münchener Phänomenologie.* Vorträge des internationalen Kongresses in München, 13.–18. April 1971, Den Haag 1975, S. 109–154.

Soldati, G., „Frühe Phänomenologie und die Ursprünge der analytischen Philosophie", in: *Zeitschrift für philosophische Forschung,* 54 (2000), 3, S. 313–340.

Solomon, R. C., *The Passions: Emotions and the Meaning of Life*, Indianapolis 1993.

Spader, P. H., „The Logic of Feelings and the Primacy of the Heart", in: Bermes, C./Henckmann, W./

Leonardy, H. (Hg.), *Vernunft und Gefühl. Schelers Phänomenologie des emotionalen Lebens*, Würzburg 2003, S. 109–121.
Spiegelberg, H., *The phenomenological Movement. A Historical Introduction*, Two Volumes, Den Haag 1960.
Stein, E., *Zum Problem der Einfühlung*, Halle 1917.
Stein, E., „Beiträge zur philosophischen Begründung der Psychologie und der Geisteswissenschaften", in: *Jahrbuch für Philosophie und phänomenologische Forschung*, Fünfter Band, Halle a. d. S. 1922.
Stein, E., *Briefe an Hedwig Conrad-Martius*, München 1960.
Steinfath, H., „Handlungen, Gründe und Emotionen", in: Döring, S. A./Mayer, V., *Die Moralität der Gefühle, Deutsche Zeitschrift für Philosophie*, Sonderband 4, Berlin 2002, S. 105–122.
Stocker, M., „Emotional Toughts", in: *American Philosophical Quarterly* 24 (1987) 1, S. 59–69.
Stocker, M., mit Hegeman, E., *Valuing Emotions*, New York 1996.
Stumpf, C., *Gefühl und Gefühlsempfindung*, Leipzig 1928.
Stumpf, C., „Über Gefühlsempfindungen", in: *Bericht über den II. Kongress für experimentelle Psychologie in Würzburg vom 18. bis zum 21. April 1906*, Leipzig 1907, S. 209–213.
Tappolet, C., *Émotions et Valeurs*, Paris 2000.
Taylor, G., *Pride, Shame and Guilt. Emotions of Self-assessment*, Oxford 1985.
Titchener, E. B., *Textbook of Psychology*, New York 1980.
Titchener, E. B., *Lectures on the Elementary Psychology of Feeling and Attention*, New York 1973.
Titchener, E. B., „Ein Versuch die Methode der paarweisen Vergleichung auf verschiedene Gefühlsrichtungen anzuwenden", in: *Philosophische Studien*, XX, (Hg. W. Wundt), Leipzig 1902, S. 382–406.
Thomä, D., *Analytische Philosophie der Liebe*, Paderborn 2000.
Vendrell Ferran, Í., „Contemplazione delle rovine: su María Zambrano", in: *Arcipelago*, 4 (1999), S. 115–121.
Vendrell Ferran, Í., „Memòria del seminari de maig de 1999, Actes i Objectes. Una anàlisi de la fenomenologia realista. Kevin Mulligan", in: *Anuari de la Societat Catalana de Filosofia* (2001), S. 41–64.
Vendrell Ferran, Í., „Introducción", in: Scheler, M., *Los ídolos del autoconocimiento*, Salamanca 2003, S. 9–15.
Vendrell Ferran, Í., „Presentación", in: Scheler, M., *Sobre el pudor y el sentimiento de vergüenza*, Salamanca 2004, S. 9–15.
Vendrell Ferran, Í., „Presentación", in: Scheler, M., *Esencia y Formas de la Simpatía*, Salamanca 2005, S. 9–22.
Vendrell Ferran, Í., „Über den Neid. Eine phänomenologische Untersuchung", in: *Deutsche Zeitschrift für Philosophie* 54 (2006) 1, S. 43–68.
Vendrell Ferran, Í., „Carrera universitaria y Género: primeras filósofas y sociólogas en las universidades alemanas", in: Miqueo, C., Magallón, C., Barral, M. J., Fernández, T., Delgado, I., (eds.), *VI Congreso Iberoamericano de Ciencia, Tecnología y Género*, Zaragoza 2006, S. 111–112.
Vendrell Ferran, Í., „Estructura familiar, religión y Género", in: *Espacio Abierto. Cuaderno venezolano de sociología* 15 (2006) 4.
Vendrell Ferran, Í., „Unechte Gefühle. Die Ethik des Echten, soziale Normen und Imaginaiton", in: Neumayr, A. (Hg.), *Kritik der Gefühle*, Wien 2007.
Vendrell Ferran, Í., „Zwischen Phänomenologie und analytischer Philosophie: Aurel Kolnai", in: Accarino, B./Schloßberger, M. (Hg.), *Internationales Jahrbuch für Philosophische Anthropologie*, Band 1, Berlin 2008.
Voigtländer, E., *Vom Selbstgefühl. Ein Beitrag zur Förderung psychologischen Denkens*, Leipzig 1910.
Voigtländer, E., *Über die Typen des Selbstgefühls*, Leipzig 1910.
Voigtländer, E., „Über die ‚Art' eines Menschen und das Erlebnis der ‚Maske'" in: *Zeitschrift für Psychologie*, 92, 1923, S. 326–336.

Voigtländer, E., „Bemerkungen zur Psychologie der Gesinnungen“, in: *Neue Münchener Philosophische Abhandlungen*, Hg. E. Heller und F. Löw, Leipzig 1933, S. 143–164.

Walther, G., „Zur Ontologie der sozialen Gemeinschaften“, in: *Jahrbuch für Philosophie und phänomenologische Forschung* VI, Halle a. d. S. 1923, S. 1–158.

Wallroth, M., „Der Wert der Reue. Schelers Analyse der Reue im Lichte neuerer angelsächsischer Beiträge“, in: Bermes, C./Henckmann, W./Leonardy, H. (Hg.), *Vernunft und Gefühl. Schelers Phänomenologie des emotionalen Lebens,* Würzburg 2003, S. 51–63.

Walton, K. L., *Mimesis as Make-Believe. On the Foundations of the Representational Arts,* Cambridge/Mass./London 1993.

Watson, J. B., *Behaviorismus*, Köln/Berlin 1968.

Weston, M., „How can we be moved by the fate of Anna Karenina?“, in: *Proceedings of the Aristotelian Society*. Supplementary Volume XLIX (1975), S. 81–94.

Williams, B., *Shame and Necessity*, Berkeley, Los Angeles 1994.

Wollheim, R., *Emotionen. Eine Philosophie der Gefühle*, München 1999.

Wundt, W., *Grundriss der Psychologie*, Stuttgart 1920.

Wundt, W., *Grundzüge der physiologischen Psychologie*, 3. umgearb. Aufl., Zweiter Band, Leipzig 1887.

Personenverzeichnis

www.ingramcontent.com/pod-product-compliance
Lightning Source LLC
LaVergne TN
LVHW081332011026
849161LV00013BB/2906